Lang (Hrsg.)

Datenkompetenz

Michael Lang (Hrsg.)

Datenkompetenz

Daten erfolgreich nutzen

HANSER

MIX
Papier aus verantwortungsvollen Quellen
FSC® C083411
www.fsc.org

Print-ISBN: 978-3-446-47585-4
E-Book-ISBN: 978-3-446-47743-8

Bibliografische Information der Deutschen Nationalbibliothek:
Die Deutsche Nationalbibliothek verzeichnet diese Publikation in der Deutschen Nationalbibliografie; detaillierte bibliografische Daten sind im Internet unter http://dnb.d-nb.de abrufbar.

www.hanser-fachbuch.de
Lektorat: Lisa Hoffmann-Bäuml
Herstellung: le-tex publishing services, Leipzig
Titelmotiv: © stock.adobe.com/Siarhei
Coverrealisation: Max Kostopoulos
Satz: Eberl & Koesel Studio, Kempten
Druck und Bindung: CPI books GmbH, Leck
Printed in Germany

Vorwort

Durch den digitalen Wandel entstehen immer mehr Daten, die für die Geschäftstätigkeit genutzt werden können. Für Unternehmen ergeben sich damit enorme Chancen und Risiken zugleich. Somit ist es für den zukünftigen Erfolg von Unternehmen entscheidend, wie gut es ihnen gelingt, relevante Daten zu sammeln, diese systematisch auszuwerten, daraus wertvolle Erkenntnisse abzuleiten und diese für die Geschäftstätigkeit zu nutzen.

Die zentrale Grundlage dafür ist, dass die Mitarbeitenden des Unternehmens die erforderlichen Kompetenzen für eine erfolgreiche Nutzung von Daten besitzen.

Doch welche Kompetenzen sind erforderlich?

Die Antwort auf diese Frage - und viele weitere praxisrelevante Impulse - erhalten Sie in diesem Buch.

Ich freue mich sehr, dass dazu zehn ausgewiesene Expertinnen und Experten an diesem Buch mitgewirkt haben und Ihnen die relevanten Datenkompetenzen vermitteln.

Ich wünsche Ihnen viel Spaß beim Lesen des Buches und viel Erfolg beim Umsetzen der dabei gewonnenen Erkenntnisse!

Ihr Herausgeber

Michael Lang

Inhalt

1 Datenkompetenz – Grundlagen

Robert Butscher

Fortschritt und Prosperität hängen zunehmend davon ab, wie es gelingt, Daten aus den unterschiedlichsten Bereichen und Quellen verfügbar und nutzbar zu machen. In Unternehmen sind Daten längst zum zentralen Produktionsfaktor geworden. Ohne die Fähigkeit, Daten aus verschiedenen Quellen systematisch zu sammeln, aufzubereiten und zu analysieren, gäbe es weder datenbasierte Wertangebote noch Erlöse. In der Folge steigt der Bedarf nach Kompetenzen und Berufen, die auf datenspezifische Belange und Anforderungen von Unternehmen ausgelegt sind.

In diesem Beitrag erfahren Sie,

- was den Begriff Datenkompetenz auszeichnet und welche besonderen Merkmale er aufweist,
- welche typischen Fähigkeiten im Kontext von Datenkompetenz gesehen werden,
- welche unterschiedlichen Begrifflichkeiten rund um Datenanalyse im Laufe der Jahre entstanden sind,
- welche typischen Vorgehensmodelle es gibt, aus Daten Wissen und Erkenntnisse zu gewinnen,
- welche typischen datenzentrierten Berufsfelder entstanden sind.

1.1 Der Begriff Datenkompetenz (Data Literacy)

Der englische Begriff **Data Literacy** wird im Deutschen meist mit **Datenkompetenz** übersetzt. Literacy selbst steht für die Lese- und Schreibkompetenz.

Beide Kompetenzen zählt das Goethe-Institut zu den Schlüsselqualifikationen (Goethe-Institut 2022): Unter Literacy fallen Kompetenzen wie Lesen und Sinnverstehen von Texten, sprachliche Abstraktionsfähigkeit oder die Fähigkeit, Texte eigenhändig zu verfassen oder mit eigenen Worten wiederzugeben. Literacy befähigt somit den Einzelnen, Inhalte zu erzeugen, niederzuschreiben oder Information aus Texten zu ziehen. Zu Literacy zählt auch die Fähigkeit, den Sinn gesprochener wie geschriebener Sprache zu verstehen und zu kommunizieren. Das dafür nötige Kompetenzspektrum ermöglicht den sicheren Umgang mit einer Sprache.

Bezogen auf den Umgang mit Daten bezeichnet Data Literacy bzw. Datenkompetenz die Fähigkeit, mit Daten kompetent umzugehen. Ähnlich wie für den Umgang mit einer Sprache setzt Datenkompetenz ein Kompetenzbündel voraus, um Daten sachgerecht zu verarbeiten oder aus Daten nützliche wie sinnvolle Information abzuleiten. Zu Datenkompetenz gehört etwa die Kompetenz, ein fachliches Problem in ein datenanalytisches zu überführen. Dazu zählt, Daten für ein bestimmtes fachliches Problem zu erfassen, zu sammeln und adäquat zu speichern. Eine solche Datengrundlage zusammenzutragen und nur jene Datensätze zu verwenden, die im Hinblick auf das zu lösende Problem nützlich sind, ist eine weitere Fähigkeit im Kontext der Datenkompetenz. Gleiches gilt auch, wenn umfangreiche Datenmengen für Machine-Learning-Modelle oder für Anwendungen der künstlichen Intelligenz aufzubauen und entsprechend zu kuratieren sind.

In dem Zusammenhang spielen Data Governance und betriebliches Datenmanagement als weiteres Kompetenzbündel eine wichtige Rolle: So spannt Data Governance einen Ordnungsrahmen auf und umfasst rechtliche wie ethische Vorgaben, welche Daten wie und für welche Zwecke gespeichert und verarbeitet werden dürfen. Das betriebliche Datenmanagement regelt den gesamten Datenlebenszyklus, etwa wie gesammelte Daten auszuzeichnen, in welcher IT-Infrastruktur Daten zu verarbeiten oder gesetzeskonform zu löschen bzw. zu archivieren sind.

Eine weitere Fähigkeit im Rahmen der Datenkompetenz liegt darin, Daten kritisch nach ihrer Qualität und Eignung beurteilen zu können. Ferner umfasst Datenkompetenz alle Fähigkeiten, die zur Analyse von Daten erforderlich sind, etwa geeignete Data-Mining-Algorithmen ausfindig zu machen und diese sachgerecht anzuwenden. Dazu zählt auch, Daten adäquat aufzubereiten, korrekt zu visualisieren und eventuell vorhandene Muster in Daten fachgerecht zu interpretieren. Auch die Fähigkeit, Analyseergebnisse an Dritte kommunizieren zu können, fällt unter Datenkompetenz. Weiterhin gehört dazu, Daten für neue Produkte oder Dienstleistungen nutzen zu können. Daten werden hierbei zum Produktionsfaktor für Unternehmen und bilden die Grundlage für datengetriebene Geschäftsmodelle. Datenkompetenz erstreckt sich nicht nur auf individuelle Fähigkeiten einer Person, sondern auch auf die gesamte Organisation: Datengetriebene Geschäftsmodelle setzen eine datenfokussierte Unternehmenskultur voraus.

Datenkompetenz wird somit zum immateriellen Vermögensgegenstand eines Unternehmens, eng verbunden mit der Fähigkeit zur Innovation und digitalen Transformation. Bild 1.1 zeigt zusammenfassend das Kompetenzbündel rund um Datenkompetenz.

Bild 1.1 Datenkompetenz im Überblick

Das US-Marktforschungsunternehmen Gartner definiert Datenkompetenz wie folgt (Panetta 2021):

> „Gartner defines **data literacy** as the ability to read, write and communicate data in context, including an understanding of data sources and constructs, analytical methods and techniques applied, and the ability to describe the use case, application and resulting value."

1.2 Definitionen

1.2.1 Business Intelligence

Viele Analytics-Begriffe sind Buzzwords. Unternehmensberatungen oder Softwarehersteller prägen diese, selbst wenn die Ursprünge im akademischen Bereich, wie z. B. bei künstlicher Intelligenz, liegen. In der Folge lassen sich die Begrifflichkeiten selten trennscharf voneinander abgrenzen oder einheitlich definieren: Jeder Begriff muss vor seinem zeitlichen wie technischen Hintergrund interpretiert und mit anderen in Beziehung gebracht werden. Erst so treten Unterschiede und Gemeinsamkeiten zutage.

Bedingt durch den Einsatz betrieblicher Informations- und Datenbanksysteme stieg das Datenvolumen spätestens seit den 1980er-Jahren an. Ebenso der Wunsch, diese Datenbestände auszuwerten und daraus Erkenntnisse, z. B. für die Planung und Steuerung des Unternehmens, zu gewinnen. Mit dem Ziel, mittels Datenanalyse bessere Geschäftsentscheidungen zu treffen, ist Business Intelligence verbunden. Solche Verbesserungen können Umsatzsteigerungen, Kosteneinsparungen oder Effizienzgewinne sein. Hans Peter Luhn, der bei IBM angestellt war, führte 1958 den Begriff Business Intelligence ein (Luhn 1958). Howard Dresner, der später für das US-Marktforschungsunternehmen Gartner arbeitete, griff in den 1990er-Jahren den Begriff auf und machte ihn populär. Er definiert Business Intelligence wie folgt (Kottbauer 2015):

> **Business Intelligence** (BI) ist „[...] the process of transforming data into information and, through discovery into knowledge".

BI stellt einen technologiegetriebenen Prozess dar, der darauf abzielt, aus Daten nützliche Information für Führungskräfte und Mitarbeitende gleichermaßen zu liefern. „Klassische" BI-Anwendungsgebiete sind Planung, Controlling, Reporting und Unternehmensführung. Die Informationen, die von BI-Systemen bereitgestellt werden, können für verschiedene Zwecke verwendet werden, wie z. B. die Überwachung von Leistungsindikatoren, die Identifikation von Märkten, die Vorhersage von Trends oder die Optimierung von Geschäftsprozessen.

Bedingt durch die Bedeutung von Daten für operative Abläufe, strategische Entscheidungen, Geschäftsmodelle und datengestützte Wertangebote spielt BI mit der damit einhergehenden datengestützten Entscheidungs- und Führungskultur heute in allen Bereichen des Unternehmens eine wichtige Rolle. Im Einklang mit ihren Befugnissen und Aufgaben müssen alle Beschäftigte des Unternehmens Zugriff auf Daten bekommen.

Vor dem Hintergrund der digitalen Transformation ist eine offene datengetriebene Unternehmenskultur zum Erfolgsfaktor geworden. Ein weiteres Erfolgskriterium bildet die (unternehmensweite) Datenkompetenz. Bild 1.2 zeigt die Stufen auf dem Weg hin zu einer datengetriebenen Unternehmenskultur mit dem Ziel, am Ende mithilfe von künstlicher Intelligenz (KI) Daten für „smarte" Produkte und Dienstleistungen nutzen zu können. Grundlage bildet das Datenverständnis, welches eng mit Business Intelligence verknüpft ist. Ohne die aus der Domäne stammenden Daten zu verstehen, ist es nicht möglich, aus Daten Nutzen zu schöpfen.

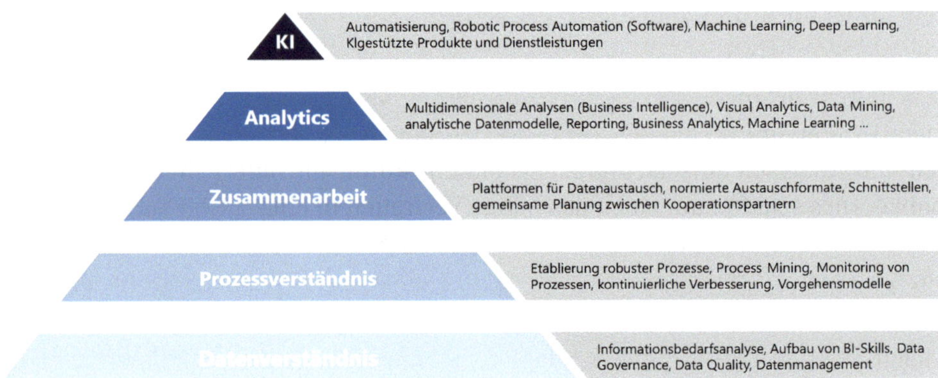

Bild 1.2 Stufen auf dem Weg hin zu einer datengetriebenen Unternehmenskultur

Ohne *Datenverständnis* einer fachgerecht aufbereiteten Datenbasis und ohne Datenkompetenz, beides gepaart mit fachlicher Expertise, bleiben BI-Werkzeuge wirkungslos. BI-Werkzeuge wenden sich zunehmend an die fachliche Nutzerschaft: Diese kennt die fachlichen Anforderungen und wird durch intuitiv benutzbare BI-Werkzeuge befähigt, eigenständig Daten zusammenzuführen, zu bereinigen, analytische Datenmodelle zu erstellen und auf deren Grundlage Daten zu analysieren. Ermittelte Ergebnisse entsprechend zu visualisieren und in Form (interaktiver oder paginierter) Berichte oder Dashboards zu kommunizieren, sind weitere Leistungsmerkmale. BI-Werkzeuge, die den Einzelnen im Umgang mit Daten befähigen, zählen zur Kategorie Self-Service-BI. Data Governance spannt einen Ordnungsrahmen für den angemessenen Umgang mit betrieblichen Daten als wichtige Wirtschaftsgüter auf (Gluchowski/Leisten/Presser 2022). Die Grundlage bilden Tätigkeiten, die regulatorische Vorschriften umsetzen oder Maßnahmen zur Datensicherheit oder Datenqualität sicherstellen.

Die Stufe Datenverständnis begünstigt auf der nächsten Stufe das **Prozessverständnis**: Der Einsatz von BI-Technologien wird nur dann effizient, wenn es gelingt, möglichst reibungslose und automatisierte Prozesse für die Datenversorgung und -analyse aufzusetzen und im Unternehmen dafür passende Vorgehensmodelle zu etablieren. Dies bedingt auch, bestehende Prozesse zu hinterfragen, zu messen, zu bewerten und entsprechend zu verbessern.

Reibungslose und nahtlose Prozesse fördern die inner- wie überbetriebliche **Zusammenarbeit**. Diese spielt eine wichtige Rolle, den stetigen Wandel durch Kooperationen und Partnerschaften mit anderen Unternehmen bewältigen zu können. Zudem ist die Kooperationsfähigkeit eine zentrale Voraussetzung, notwendiges Know-how ins Unternehmen zu bringen. Interdisziplinäre Zusammenarbeit, inner- wie überbetrieblich, bildet ferner eine Voraussetzung, Analytics-Projekte erfolgreich bewältigen zu können.

Mit der Stufe **Analytics** geht ein breites Spektrum einher: angefangen von klassischen Auswertungen bin hin zu avancierten Verfahren im Zusammenhang mit Data Mining. Ein wichtiger Aspekt bei der Stufe Analytics liegt darin, eine auf Daten und Analysen aufsetzende Entscheidungskultur im Unternehmen platziert zu haben. Dies schafft zum einen das nötige Vertrauen in eine solche Vorgehensweise und zum anderen begünstigt es eine Experimentierbereitschaft im Unternehmen.

Die in der Pyramide oberste Stufe bildet **künstliche Intelligenz (KI).** Nicht nur wegen der eingesetzten Algorithmen und Verfahren, sondern vor allem wegen der vielen Voraussetzungen, die für die letzte Stufe erforderlich sind. Etwa die Fähigkeit, umfangreiche Daten zu sammeln, zu speichern und entsprechend vorzubereiten bzw. auszuzeichnen. Oder die Fähigkeit, ein tragfähiges Geschäftsmodell für smarte Wertangebote gefunden bzw. diese überhaupt erst entwickelt und funktionsfähig gemacht zu haben.

Es ergibt sich somit ein Kontinuum bis hin zur Spitze der Pyramide: Alle Stufen müssen erfolgreich durchlaufen sein und ineinanderwirken, damit ein Umfeld geschaffen ist, aus Daten das innewohnende Potenzial im Hinblick auf Automatisierung vollends auszuschöpfen. BI stellt für diese Entwicklung einen Startpunkt dar.

Auch wenn Business Intelligence zunächst unabhängig von IT-Architekturen wie Data Warehouses entstanden ist, wird BI heute in Zusammenhang mit solchen Ansätzen und insbesondere Cloud-basierten IT-Infrastrukturen gebracht. Per ETL (Extract, Transform, and Load) werden meist strukturierte Daten aus verschiedenen Datenquellen zusammengeführt und in eine Struktur überführt, auf der analytische Datenmodelle für mehrdimensionale Analysen aufbauen. Hierbei kommt dem Data Warehouse als zentralisierte analytische Datenbank die Rolle zu, die heterogenen und oftmals dezentral anfallenden Daten zu konsolidieren und in einen für die Analyse konsistenten und qualitätsgesicherten Zustand zu überführen.

Die im Zusammenhang mit Business Intelligence oft vorkommende Abkürzung OLAP (Online Analytical Processing) zielt auf die interaktive Navigation in verdichteten mehrdimensionalen Daten ab: Eine typische OLAP-Operation ist, aggregierte Daten nach ihren Einzelwerten aufzulösen, etwa wenn bei einem Summenwert die dazugehörenden Einzelwerte interessieren. In Fachbereichen (z. B. Controlling) browsen Anwenderinnen und Anwender mittels OLAP-Systemen interaktiv in multidimensionalen Daten oder stellen Datenkonstellationen anhand von (Pivot-)Tabellen oder Datenvisualisierungen nach. Mit diesem Ansatz lassen sich Auffälligkeiten in Daten interaktiv nachgehen, nachvollziehen und auch verstehen sowie an Dritte kommunizieren.

BI verwendet zur Analyse strukturierte Daten aus betrieblichen Vorsystemen, etwa Warenwirtschafts-, Buchhaltungs- oder Enterprise-Resource-Planning-Systemen. Klassische BI-Analysen sind oftmals deskriptiv und diagnostisch. Sie zielen darauf ab, nach Ursachen für bestimmte Entwicklungen oder Probleme zu suchen. Predictive Analytics und Prescriptive Analytics bleiben bei BI meist unberücksichtigt. BI umfasst Prozesse, strukturierte Daten aus verschiedenen Datenquellen zu bereinigen, aufzubereiten und zu verdichten: Sie bleiben so für den Menschen übersichtlich.

Das Zusammenspiel von Analysen, die einerseits strukturierte und andererseits unstrukturierte Daten nutzen, brächte für Unternehmen neue Erkenntnisse. Die Analyse unstrukturierter Daten in Form von Texten, etwa Rezensionen auf Online-Portalen, Blogs oder in den sozialen Medien, schüfe für Unternehmen interessante Einblicke, wie die Kundschaft Produkte des Unternehmens wahrnimmt oder beurteilt. Solche Einblicke werden im Zusammenspiel mit BI-Auswertungen interessant, die sich aus betrieblichen Informationssystemen speisen. So ließen sich z. B. Umsatzrückgänge bestimmter Produkte oder Dienstleistungen anhand der analysierten Rezensionen der Kunden weitaus besser verstehen, als nur die Daten aus internen Systemen auszuwerten und Zusammenhänge darin zu finden. Der Anspruch, strukturierte, semistrukturierte und unstrukturierte Daten gleichermaßen analysieren zu wollen, führt zu neuen Architekturen und macht es erforderlich, klassisches BI damit zu verbinden.

Der Definitionsansatz von Dietmar Schön (2018) fasst nochmals Aspekte rund um BI abschließend zusammen:

„Business Intelligence ist die Integration von fachlichen Managementmethoden, IT-Verfahren und analytischen Prozessen, die sowohl die Aufbereitung und Bereitstellung von Daten als auch die Aufdeckung relevanter Zusammenhänge sowie die Kommunikation der gewonnenen Erkenntnisse zur Entscheidungsunterstützung für das Management umfassen und hierzu für die Planung, die Analysen und die Prognosen leistungsfähige IT wie Data-Warehouse- und Big-Data-Technologien einsetzen."

1.2.2 Data Mining

Data Mining ist ein weiterer Analytics-Fachbegriff.

Fayyad, Piatetsky-Shapiro und Smyth verstehen unter **Data Mining**: „Extraction of interesting (non-trivial, implicit, previously unknown and potentially useful) information or patterns from data in large databases. [...] By non-trivial, we mean that some search or inference is involved; that is, it is not a straightforward computation of predefined quantities like computing the average value of a set of numbers [...]" (Fayyad/Piatetsky-Shapiro/Smyth 1996).

Nach Bissantz und Hagedorn beschreibt der „[...] Begriff Data Mining, im Folgenden übersetzt mit **Datenmustererkennung**, die Extraktion implizit vorhandenen, nicht trivialen und nützlichen Wissens aus großen, dynamischen, relativ komplex strukturierten Datenbeständen" (Bissantz/Hagedorn 1993).

Beiden Definitionsansätzen ist der Ansatz von Data Mining gemeinsam, aus Daten nützliche Muster zu extrahieren, die sich in Wissen überführen lassen.

Data Mining greift in der Regel auf strukturierte Daten zu, die in relationalen Datenbanken oder in Data Warehouses vorliegen. Sind unstrukturierte Daten wie Texte die Datengrundlage, handelt es sich um Text Mining. Data Mining zielt primär darauf ab, aus relativ komplex strukturierten Datenbeständen nützliches und nicht triviales Wissen zu gewinnen.

Data Mining lässt sich dabei in Descriptive Data Mining und Predictive Data Mining unterteilen (Bild 1.3). Die deskriptive Facette von Data Mining hat Berührungspunkte zur explorativen Datenanalyse. Explanatory Data Analysis (EDA) ist ein Teilgebiet der Statistik. Sie geht auf *John Tukey*, einem Vordenker für die computergestützte Statistik, zurück. Er etablierte Explanatory Data Analysis in den 1970er-Jahren und führte auch Methoden zur grafischen Datenanalyse wie etwa das Boxplot (Box and Whisker Plot) ein. Data Mining nutzt diese Ansätze, Daten visuell zu inspizieren und darin z.B. nach Ausreißern zu suchen oder Verteilungen zu visualisieren. Die dafür typischen Ansätze bzw. Verfahren lassen sich in folgende Anwendungsfelder (Auswahl) gliedern:

- **Klassifikation**

  Bei der Klassifikation geht es darum, Objekte (z.B. Personen) anhand ihrer Merkmale automatisiert in Klassen einzuteilen. Die Klassen sind vorgegeben, die Klassenzugehörigkeit eines Objekts ist nicht bekannt. Die Herausforderung für das Klassifikationsmodell besteht darin, das jeweilige Element möglichst treffsicher einer der vorhandenen Klassen zuzuordnen. Die Klassifikation fällt in den Bereich Predictive Analytics und zählt zum sogenannten Supervised Learning (überwachtes Lernen), einem Teilbereich des Machine Learning. Das Klassifikationsmodell wird anhand einer sogenannten Trainingsmenge gebildet. In den Trainingsdaten ist pro Objekt bekannt, in welche Klasse es fällt. Das Klassifikationsmodell stellt einen Zusammenhang zwischen den ausgewählten Merkmalen (Features) und der Klassenzugehörigkeit her.

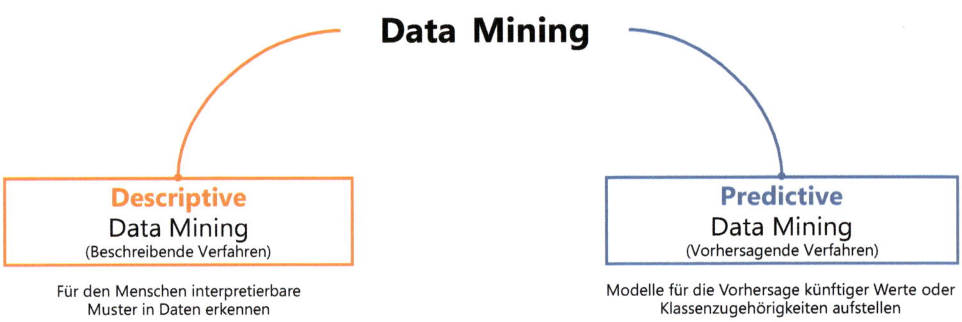

Bild 1.3 Kategorien von Data Mining

- **Segmentierung/Clustering**

  Beim Clustering geht es darum, bestehende Objekte bzw. eine Grundgesamtheit anhand ihrer Merkmale in vorab unbekannte Gruppen einzuteilen. Die Herausforderung für das Clustering-Modell liegt darin, die Gruppen so zu bilden, dass die den jeweiligen Teilgruppen zugewiesenen Objekte hinsichtlich ihrer Merkmalsausprägungen möglichst homogen sind. Zwischen den Teilgruppen sollten die Unterschiede hingegen möglichst groß sein.

- **Regression**

  Bei der Regression geht es darum, Zusammenhänge zwischen Merkmalsausprägungen von Objekten zu finden. Mit einem Regressionsmodell wird eine abhängige, stetige Merkmalsausprägung durch mehrere unabhängige erklärt. Die dafür nötige Schätzfunktion ist das sogenannte Regressionsmodell. Bei der linearen Regression entspricht das Regressionsmodell einer Funktion ersten Grades: Sind die Werte der unabhängigen Variablen bekannt, lässt sich der numerische Output der abhängigen Variable bestimmen. Auch wenn Regression und Klassifikation beide zur Kategorie Predictive Analytics zählen, unterscheiden sie sich. Während die Klassifikation eine Wahrscheinlichkeit zu einer bestimmten Klassenzugehörigkeit angibt, errechnet die Regression einen bestimmten Zahlenwert als numerischen Output.

- **Abhängigkeitsentdeckung/Assoziation**

  Ziel ist, Abhängigkeiten zwischen Merkmalen oder einzelnen Merkmalsausprägungen zu erkennen, die innerhalb des Datenbestandes bzw. einer Teilmenge des Datenbestandes vorliegen. Ein typisches Beispiel für eine Assoziationsanalyse ist die Untersuchung von Warenkörben: Finden sich etwa Produkte, die überdurchschnittlich häufig gemeinsam gekauft werden, so lassen sich daraus Empfehlungen ableiten. Wenn eine Person etwa ein Produkt gekauft hat, das überdurchschnittlich oft in der Vergangenheit mit einem anderen Produkt gemeinsam gekauft wurde, so lässt sich dieses als Empfehlung vorschlagen.

Bild 1.4 stellt Aufgabenfelder bzw. Geschäftsanwendungsfälle Analytics-Anwendungsfeldern und potenziell geeigneten Algorithmen gegenüber. Aus der Abbildung wird ersichtlich, dass es oftmals eine Reihe von Algorithmen gibt, die sich für ein Anwendungsfeld eignen.

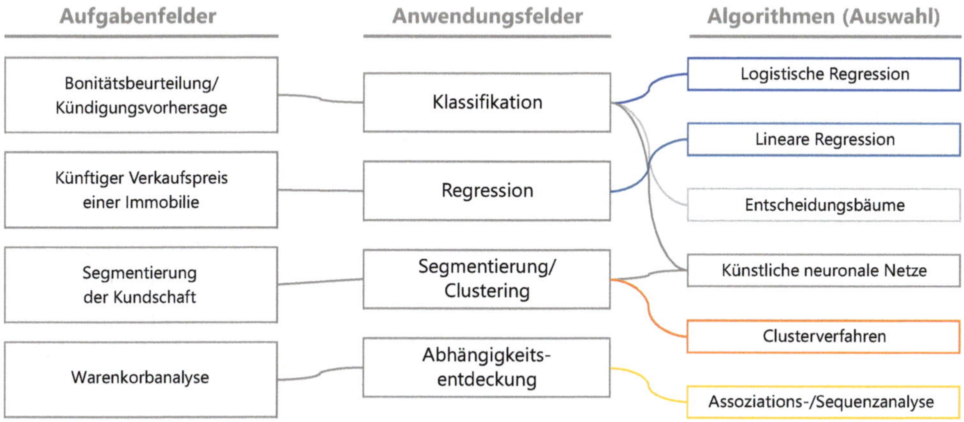

Bild 1.4 Aufgabenfelder, Anwendungsfelder und Algorithmen von Data Mining (Auswahl)

Verschiedene Vorgehensmodelle nutzen den Begriff Data Mining unterschiedlich: Bei Standardvorgehensmodellen wie z. B. Knowledge Discovery in Databases oder CRISP-DM bildet Data Mining eine eigene Phase innerhalb des Gesamtprozesses. Data Mining lässt sich aber ebenso als Oberbegriff sehen, unter den sich alle zur Wissensentdeckung erforderlichen Prozesse subsumieren lassen. Stellenweise wird die Suche nach Mustern in Big-Data-Beständen ebenso zu Data Mining gezählt, obgleich Data Mining ursprünglich strukturierte Daten nutzt, die aus (meist) relationalen Datenbanksystemen oder Data Warehouses stammen. Im Vergleich dazu greifen Big-Data-Analysen auf polystrukturierte Daten zu, die auf verteilten Dateisystemen liegen oder in NoSQL-Datenbanken gespeichert sein können. Wenn Data Mining agnostisch von der technischen Datenhaltung gesehen wird, passt der Begriff zum Verständnis von Big Data (Analytics), in sehr großen Datenbeständen nach Mustern zu suchen.

Es gibt aber hinsichtlich der Herangehensweise zwischen Data Mining und Big Data Analytics Unterschiede: Bei Data Mining sucht der Mensch computergestützt mittels (häufig statistischer) Datenanalyse- und Entdeckungsalgorithmen situativ und meist einzelfallbezogen nach neuen Mustern in einem vorliegenden Datenbestand. Das Modell ist auf die gegenwärtige Datenverteilung abgestimmt. Big Data Analytics setzt hingegen auf Methoden aus dem Umfeld von Machine Learning oder Deep Learning im Kontext künstlicher Intelligenz. Machine Learning verfolgt den Anspruch, Computer durch verschiedene Lernansätze (z. B. Supervised Learning) zu befähigen, Aufgaben zu erledigen, ohne Computer dafür im Vorfeld explizit programmiert zu haben (programming by example).

Bei Supervised Learning soll anhand von Vergangenheitsdaten computerbasiert neues Wissen generiert werden. Der Computer soll „befähigt" werden, aus Daten eigenständig Muster zu erkennen, die sich künftig auch auf unbekannte Daten anwenden lassen. Ziel ist dabei, einen Kreislauf zu schaffen, der computerbasiertes Lernen möglich macht, ohne in späteren Stadien noch einen Menschen involvieren zu müssen.

Die Abgrenzung von Data Mining und Machine Learning ist nicht immer trennscharf. Im Zuge der computerbasierten Suche nach Mustern in Daten greift Data Mining ebenso auf Algorithmen zurück, die sich für Machine Learning nutzen lassen bzw. aus diesem Fachbereich stammen. Die Schwerpunkte beider Ansätze liegen anders: Bei Data Mining steht im Vordergrund, aus einem konkreten Datenbestand Muster zu extrahieren und einzelfallbezogen unbekannte Muster aufzudecken. Machine Learning zielt darauf ab, aus gesammelten Daten Algorithmen bzw. Modelle abzuleiten, die sich eignen, in neuen Daten nach bekannten Mustern zu fahnden. Finden sich Gesetzmäßigkeiten, kann der Computer (unter anderem) künftige Werte vorhersagen oder die Wahrscheinlichkeit für eine bestimmte Klassenzugehörigkeit bestimmen. Idealtypisch funktioniert ein kalibriertes Machine-Learning-Modell nach einer Einschwingphase zunehmend ohne menschliches

Zutun, lässt sich wiederverwenden und verbessert sich laufend selbständig. Es verfolgt somit auch den Anspruch, wiederverwendbar und möglichst generisch zu sein. Data Mining sucht nicht nach einem generischen und für alle Datenbestände anpassbaren Modell, sondern erstellt ein für die vorliegenden Daten optimales. Dies rechtfertigt auch den hohen Aufwand, den der Mensch in einem Data-Mining-Projekt hat. Idealerweise fördert Data Mining nützliche Einsichten zutage: Der Mensch muss diese interpretieren, aufbereiten, kommunizieren und danach handeln.

1.2.3 Data Science

Der Begriff Data Science wurde 1974 vom Informatiker Peter Naur in seinem Werk *Concise Survey of Computer Methods* eingeführt. Er definiert Data Science wie folgt (Naur 1974):

Data Science ist „the science of dealing with data, once they have been established, while the relation of the data to what they represent is delegated to other fields and sciences".

In seinem Beitrag „Future of Statistics: Data Science" schlägt Jeff Wu im Jahr 1986 vor, den Begriff Statistik durch Data Science zu ersetzen und statt Statistiker die Bezeichnung Data Scientist zu verwenden. So sollte die Bedeutung der **computergestützten Datenanalyse** zum Ausdruck gebracht werden. Ein Umstand, auf den bereits der Statistiker John Tukey in den 1960er-Jahren hinwies, wobei er die Bedeutung der aufkommenden Computer für Datenanalyse hervorhob.

Data Mining und Data Science eint wiederum das gemeinsame Ziel, aus Daten nützliche Erkenntnisse und Wissen abzuleiten. Im Vergleich zu Data Mining wird Data Science von vornherein als interdisziplinäre Datenwissenschaft definiert: Diese beschäftigt sich mit der Extraktion von Wissen und Erkenntnissen aus großen Mengen von Daten. Data Science kommt in vielen Bereichen zum Einsatz, wie etwa der Wirtschaft, der Medizin, der Wissenschaft, der Technologie und der Sozialwissenschaften. Data Science nutzt Methoden und Techniken aus verschiedenen Bereichen wie der Informatik, Statistik, Mathematik, Machine Learning und der Visualisierung, um komplexe Probleme zu lösen und Daten zu analysieren.

Diese Überschneidungen im Zusammenspiel mit dem Wissen der jeweiligen Fachdisziplin (Domain Knowledge) sind oftmals als Venn-Diagramme visualisiert (Bild 1.5). Die gemeinsame Schnittmenge aus den verschiedenen Fachdisziplinen bildet dabei Data Science. Die Definition von Data Science als Schnittmenge löst kontroverse Diskussionen aus und wirft die Frage auf, ob dies bereits ausreichend für eine eigenständige Wissenschaft sei. Auch bei anderen Analytics-Fachbegriffen wie etwa Data Mining gibt es starke Berührungspunkte zur Mathematik/Statistik. Die bei Data Mining vorhandene Überschneidung zur IT wird aber weitaus weniger in den Vordergrund gestellt als bei Data Science. Bei Data Science werden vor allem die spezifischen Kenntnisse rund um Programmierung, Big-Data-Technologien sowie Analytics-Infrastrukturen im Generellen hervorgehoben. Data Science beleuchtet damit auch die zur Speicherung, Analyse und Verarbeitung von Daten nötigen Ressourcen.

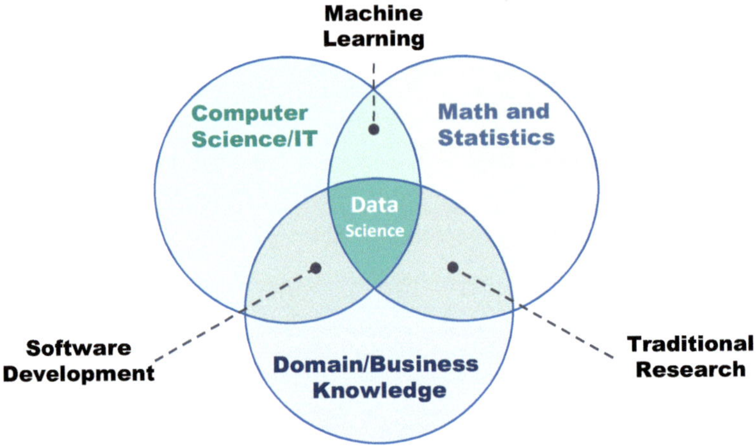

Bild 1.5 Data Science mit Berührungspunkten zu anderen Disziplinen (Luellen 2018)

Bild 1.6 zeigt den umfassenden Ansatz von Data Science, auf die verschiedensten Aspekte rund um Analytics einzugehen, damit ist Data Science deutlich breiter aufgestellt als etwa Data Mining.

Die Data Science Association definiert Data Science wie folgt (Haneke et al. 2021):

> „Data Science means the scientific study of the creation, validation and transformation of data to create meaning. [...] Data science uses scientific principles to get meaning from data and uses machine learning and algorithms to manage and extract actionable, valuable intelligence from large data sets."

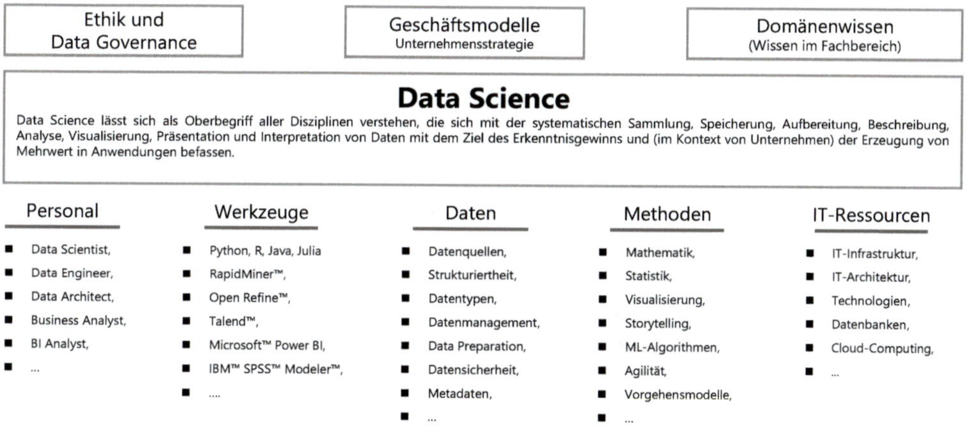

Bild 1.6 Facetten rund um Data Science

1.2.4 Business Analytics

Für Business Analytics gibt es keine übereinstimmende Definition. *Davenport* und Harris (2007) betonen in ihrem Buch *Competing on Analytics* die strategische Bedeutung der Analytik für die Wettbewerbsfähigkeit von Unternehmen. *Provost* und Fawcett (2013) argumentieren in ihrem Werk *Data Science for Business* in eine ähnliche Richtung. Einhergehend mit Big Data stieg der Bedarf, polystrukturierte Daten zur Lösung unternehmensrelevanter Aufgaben zu nutzen bzw. darin nach Wissen zu suchen.

Vor diesem Hintergrund kam in den 2000er-Jahren der Begriff Business Analytics (BA) auf: Der Aspekt Analytics wird als Kernbereich in Business Analytics besonders hervorgehoben. Die Abgrenzung zu Business Intelligence ist nicht immer trennscharf. Oftmals werden daher BI und BA zu BI&A oder BIA zusammengezogen. Meist wird Business Analytics mit prognostischen Verfahren assoziiert, während der Fokus von Business Intelligence eher auf deskriptiven Methoden liegt. Eine solche Unterscheidung zeigt Bild 1.7. Hierbei wird Business Analytics vor allem mit Predictive Analytics und Prescriptive Analytics assoziiert. Predictive Analytics richtet den Blick auf die Zukunft und versucht mithilfe verschiedener Methoden, von Daten aus der Vergangenheit auf zukünftige Trends und Entwicklungen zu schließen. Statt Business Intelligence und Business Analytics anhand der eingesetzten Analytics-Verfahren zu trennen, verfolgen Chen, Chiang und Storey einen anderen Ansatz: Sie sehen Business Analytics und Business Intelligence als angewandtes Data Science im Geschäftskontext (Chen/Chiang/Storey 2012):

> ✓ „[...] BI&A is data science in business."

Im Folgenden wird Business Analytics als Data Science im Business verstanden. Mit dem Fokus auf die betriebliche Anwendungsdomäne. Der Ansatz trägt dem Umstand Rechnung, Business Intelligence und Business Analytics mittels eingesetzter Analyseverfahren trennscharf voneinander abgrenzen zu können. Data Science berücksichtigt nicht nur die notwendigen Algorithmen und Analyseverfahren, sondern betrachtet auch die für Analytics nötigen Ressourcen. Darunter fallen unter anderem Fachleute mit dem erforderlichen Know-how, Datenmanagement, IT-Management, IT-Infrastrukturen, fachliche Aspekte der jeweiligen Anwendungsdomäne, Organisation sowie Vorgehensmodelle einschließlich Projektmanagement. Erst das reibungslose Zusammenspiel all dieser (nicht vollständig aufgelisteten) Faktoren macht es möglich, die mit Business Analytics verknüpften Erwartungen erfüllen zu können.

Gartner definiert Business Analytics wie folgt - auch hier ist die Trennung insbesondere zu BI nicht trennscharf, sodass im Folgenden Business Analytics als Data Science im Business gesehen wird.

„Business analytics is comprised of solutions used to build analysis models and simulations to create scenarios, understand realities and predict future states. Business analytics includes data mining, predictive analytics, applied analytics and statistics, and is delivered as an application suitable for a business user [...].“

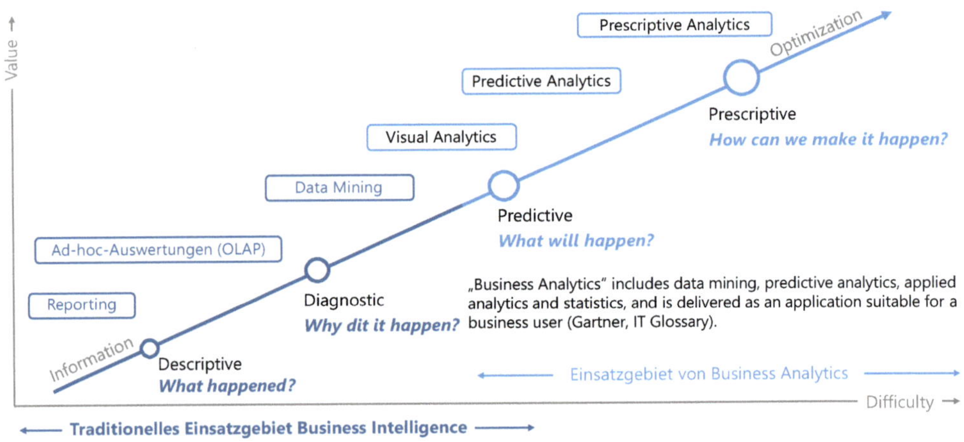

Bild 1.7 Facetten von Business Analytics (in Anlehnung an Seiter 2019)

Bild 1.8 zeigt einen Vorschlag, wie sich die verschiedenen Begrifflichkeiten einordnen ließen. Das gemeinsame Ziel aller Analytics-Aktivitäten liegt darin, aus Daten Wissen zu schöpfen. Hierfür bildet Data Science als interdisziplinäre Wissenschaft die Klammer über sämtliche Begriffe. Data Science hat Berührungspunkte zur Mathematik/Statistik, Informationstechnologie/Informatik und ebenso zu den jeweiligen fachspezifischen Wissenschaften. Data Science in der wirtschaftswissenschaftlichen Domäne angewandt, wird zu Business Analytics. Aus Sicht des Informationsbedarfs, der Anwendungen, aber auch der Daten (Strukturiertheit, Menge usw.) ergeben sich unterschiedliche Ansätze, aus den zugrunde liegenden Daten nützliches Wissen abzuleiten oder datengetriebene Anwendungen zu erstellen. Auf unterster Ebene spielt es eine Rolle, ob die jeweiligen (Analyse-)Ergebnisse an den Menschen adressiert sind, etwa um bessere Geschäftsentscheidungen zu treffen oder ob datenbasierte Vollautomatisierung bzw. autonome, KI-basierte Anwendungen das Ziel sind. Auch wenn etwa Data Mining, BI oder KI usw. in der Darstellung getrennt sind, arbeiten sie in praxi eng zusammen und konvergieren auch technologisch, etwa im Bereich der Analytics-Architekturen (z. B. Data Lakehouse).

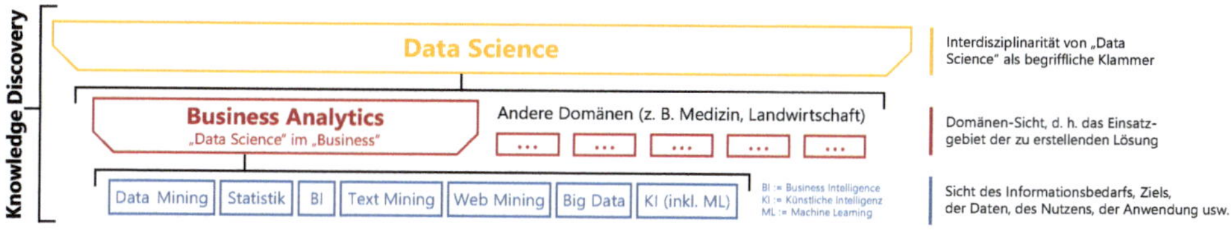

Bild 1.8 Zusammenfassung und Einordnung von Business Analytics

■ 1.3 Vorgehensmodelle

1.3.1 Knowledge Discovery in Databases (KDD)

Ein wesentliches Ziel eines Analytics-Projekts liegt darin, aus Daten nützliche Information und Wissen zu gewinnen. Dies erfordert ein systematisches und nachvollziehbares Vorgehen. Ein Vorgehensmodell dafür stellt der KDD-Prozess (Knowledge Discovery in Databases) dar. KDD geht auf Gregory Piatetsky-Shapiro zurück, der ihn bereits im Jahr 1989 vorschlug. Nach Usama Fayyad, Gregory Piatetsky-Shapiro und Padhraic Smyth bezieht sich KDD auf den gesamten Prozess, der aus Daten nützliches Wissen gewinnt. Im KDD-Prozess bildet hingegen Data Mining einen Teilschritt in diesem Gesamtprozess und zielt darauf ab, anhand von (Data-Mining-)Algorithmen Muster in Daten zu finden (Fayyad/Piatetsky-Shapiro/Smyth 1996).

Gregory Piatetsky-Shapiro beschreibt in einem Beitrag auf LinkedIn seine Motivation („can we find such patterns in data automatically?" (Piatetsky-Shapiro 2021)). An KDD orientieren sich weitere Vorgehensmodelle, etwa CRISP-DM. KDD gilt somit als einer der ersten computergestützten Ansätze, durch systematisches sowie standardisiertes Vorgehen aus Daten schrittweise Information und Wissen zu ziehen. KDD zielt darauf ab, durch Data Mining in Daten Muster zu finden, die sich möglichst generalisieren und in Wissen überführen lassen (Bild 1.9).

Den Ausgangspunkt für den KDD-Prozess bildet eine Grundgesamtheit an Daten in Form von Rohdaten. Ein Teil dieser Daten wird in Folgeschritten aufbereitet und in eine qualitativ gesicherte Datengrundlage überführt. Für die jeweiligen Data-Mining-Algorithmen oder Analysewerkzeuge müssen die Daten in einem bestimmten Format bzw. einer bestimmten Struktur vorliegen. Die transformierten Daten werden anschließend mittels Data-Mining-Algorithmen analysiert. Hierbei ist grundlegend, welches analytische Problem zu lösen ist. Die einzusetzenden Data-Mining-Algorithmen müssen dafür passend und geeignet sein. Am Beispiel einer Klassifikation lässt sich aufzeigen, wie der KDD-Prozess induktive und deduktive Ansätze für den Erkenntnisgewinn kombiniert. Anhand von Trainingsdaten erstellt ein Algorithmus induktiv ein Modell. Nach Interpretation/Evaluation dienen die gefundenen Regeln dazu, Aussagen über unbekannte Daten in Form von Zuordnungen machen zu können. Die Klassifikation unbekannter Daten in gegebene Klassen sind regelbasierte Aussagen: Für jede Instanz bestimmt der Algorithmus die Klassenzugehörigkeit einer Instanz. Das induktiv gewonnene, nun allgemeine Modell auf neue Daten anzuwenden, ist Deduktion.

Die von den jeweiligen Data-Mining-Algorithmen gefundenen Muster sind zu interpretieren und auch hinsichtlich ihrer Güte zu evaluieren. Die Evaluation hängt davon ab, welches analytische Problem zu lösen war. Bei einer Klassifikation etwa lassen sich die Ergebnisse anhand von Testdaten überprüfen, während dieser Ansatz bei einer Cluster-Analyse ausscheidet. Führt die Evaluation zu qualitätsgesicherten Ergebnissen, lassen sich die aus den Daten gefundenen Erkenntnisse nutzbringend verwenden. Aus Daten gewonnene Erkenntnisse führen nach Fayyad, Piatetsky-Shapiro und Smyth zu Wissen. Der KDD-Prozess liefert ein systematisches Vorgehensmodell, das sich als Ausgangspunkt für weitere Referenzmodelle eignet, die Phasen noch weiter zu verfeinern und zu konkretisieren. Der KDD-Prozess selbst ist implementierungs-, werkzeug- und anwendungsneutral.

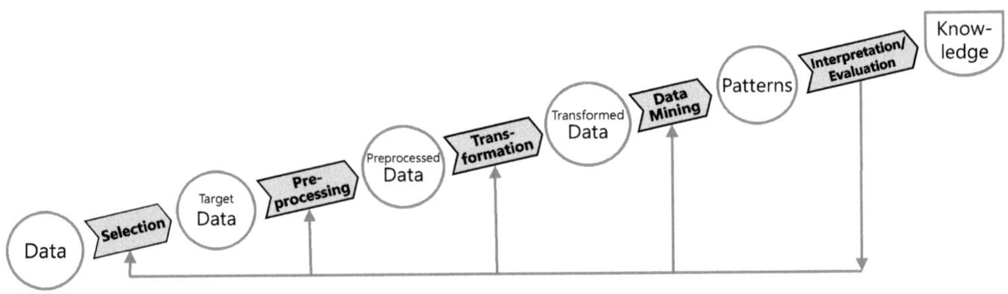

Bild 1.9 Knowledge Discovery in Databases (KDD) (Fayyad/Piatetsky-Shapiro/Smyth 1996)

1.3.2 CRISP-DM

Ein weiteres Vorgehensmodell für Analytics-Projekte stellt CRISP-DM (CRoss Industry Standard Process for Data Mining) dar. CRISP-DM ist ein branchenübergreifendes Referenzmodell, das von der EU gefördert wurde. Es entstand ab Mitte der 1990er-Jahre unter Federführung von (damals) Daimler-Benz AG, SPSS (damals ISL) und NCR Corporation, die Analytics-Lösungen im Angebot hatten oder bereits Data Mining operativ einsetzten (Alby 2022). CRISP-DM ist werkzeugneutral, implementierungsunabhängig und weitverbreitet (KDnuggets 2014).

Bild 1.10 zeigt die Phasen von CRISP-DM als Kreislaufmodell: Der äußere Kreis versinnbildlicht die Iteration des gesamten CRISP-DM-Modells. Jede Iteration kann dabei neue Fragen aufwerfen oder schrittweise das Vorgehen verbessern. Die inneren Pfeile zwischen den Phasen machen Abhängigkeiten und Rückkopplungen deutlich. Es kommt vor, dass von einer Phase auf die vorherige zurückgesprungen werden muss (Alby 2022). Neue Erkenntnisse oder Probleme können dies erforderlich machen. CRISP-DM ist als nie endender Kreislauf zu verstehen: Wenn ein Zyklus durchlaufen ist, setzt ein neuer ein – mit dem Ziel der stetigen Verbesserung bislang erreichter Ergebnisse bzw. Einsichten in Daten.

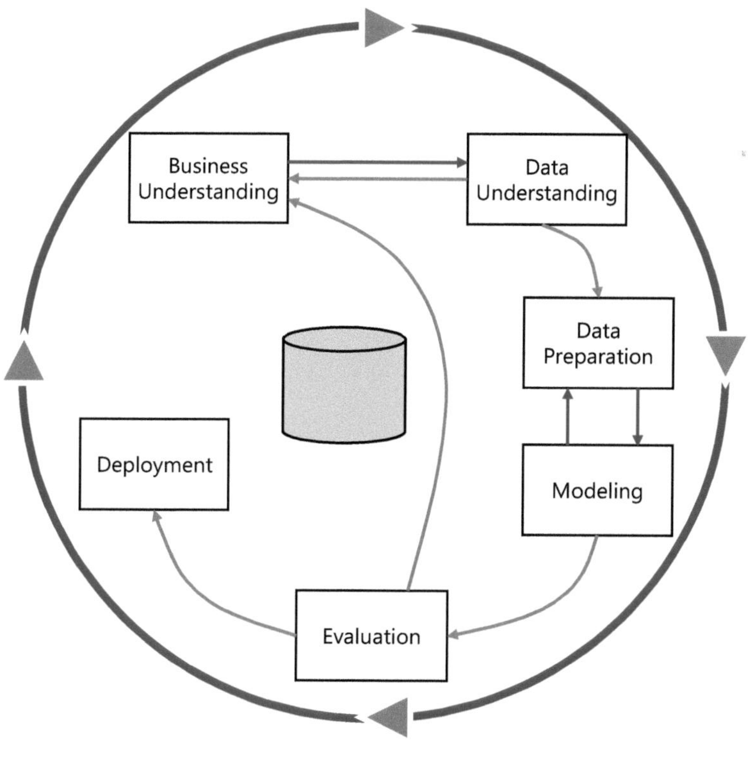

Bild 1.10 CRISP-DM als Kreislaufmodell (Alby 2022)

Zu Beginn des CRISP-DM-Modells steht die Phase Business Understanding: In einem Analytics-Projekt sollte nicht die Modellierung bzw. Analyse den Startpunkt bilden, sondern zunächst das Geschäft mit seinen Abläufen bzw. die fachliche Problemstellung im Generellen („Anwenderseite“) verstanden werden. Bei Business Understanding steht im Vordergrund, Geschäftsziele zu bestimmen und die gegenwärtige Situation zu bewerten. Darüber hinaus sind im Zuge von Business Understanding operationalisierbare Ziele sowie der Nutzen des Analytics-Projekts festzulegen. Auch potenzielle Risiken und Handlungsalternativen („Plan B“) sollte Business Understanding betrachtet haben, falls keine geeigneten Daten vorliegen oder deren mangelhafte Qualität eine tiefer gehende Analyse verhindert (Gutman et al. 2022). In der Phase Business Understanding ist die Entscheidung zu fällen, ob das beabsichtigte Analytics-Projekt starten soll oder nicht. Dafür lassen sich etwa folgende Kontrollfragen heranziehen (Herbold 2022):

- Sind die benötigten Daten vorhanden?
- Lassen rechtliche Rahmenbedingungen sowie ethische Normen und Werte das Projekt zu?
- Sind die technologischen Ressourcen vorhanden bzw. überhaupt im Zeitraum zu beschaffen?
- Steht die (rechnerische) Personalkapazität für den Projektzeitraum uneingeschränkt bereit?
- Gibt es die benötigten Fähigkeiten (Stichwort Datenkompetenz) im Unternehmen?
- Lassen die identifizierten Risiken das Projekt zu?
- Wie sehen die ökonomischen Zielvorstellungen und die Projektplanung aus?

Der Phase Business Understanding folgt Data Understanding: Hierbei stehen die Daten und Datenquellen im Mittelpunkt. Dazu zählt, die erforderlichen Daten zu sammeln, zu beschreiben, zu untersuchen und deren Datenqualität zu beurteilen. Ein Hilfsmittel dafür ist die explorative Datenanalyse (EDA), die auf den Statistiker John Tukey zurückgeht. In der explorativen Datenanalyse dienen Daten dazu, zu neuen Hypothesen und Einsichten zu kommen. Fahrmeir et al. sehen die explorative Datenanalyse „[...] konzipiert zur Suche nach Strukturen und Besonderheiten in den Daten und kann so oft zu neuen Fragestellungen oder Hypothesen in den jeweiligen Anwendungen führen“ (Fahrmeir et al. 2011). Im Rahmen von Data Understanding interessieren bisher unbekannte Strukturen, Auffälligkeiten bzw. Besonderheiten in den Daten.

EDA bildet bei CRISP-DM den „Einstieg“ in die Datenanalyse, bevor in Folgeschritten avanciertere Verfahren (z. B. Machine Learning) zum Einsatz kommen. Anhand deskriptiver Statistik und visueller Analysemethoden sind Strukturen in einem Datenbestand oder in einer gezogenen Stichprobe (= Auszug einer Grundgesamtheit) so prägnant wie möglich zu charakterisieren. Die explorative Datenanalyse nutzt dafür Parameter, Tabellen und insbesondere Grafiken. Welche Verfahren sich auf die Daten anwenden lassen, hängt mit dem Skalenniveau (nominal, ordinal oder metrisch) der Merkmale zusammen. Die Untersuchungen zielen darauf ab, im Datenbestand auffällige Muster zu erkennen. Darüber hinaus interessieren Zusammenhänge und Korrelationen zwischen den einzelnen Merkmalen. Ebenso eventuell vorhandene Dimensionalität in den Daten, etwa dann, wenn es einen Zeit- oder Ortsbezug gibt. Im Zuge der explorativen Datenanalyse werden auch Ausreißer oder fehlende Werte identifiziert. Anhand der Analyseergebnisse und Plots wird entschieden, welche Merkmale sich für weiterführende Analysen eignen oder nicht. Die vielseitigen Untersuchungen tragen dazu bei, die Daten zu verstehen und damit auch die Datenqualität beurteilen zu können.

Nach Data Understanding liegt ein Bild vor, welche Daten, Merkmale und Datenquellen relevant sind. Darüber hinaus wurden Strukturen und Zusammenhänge in den Daten identifiziert und auch wesentliche Merkmale für das spätere Analytics-Modell bestimmt. Data Preparation folgt auf Data Understanding und umfasst alle vorbereitenden Maßnahmen, die im Hinblick auf die Phase Modeling/Data Mining nötig sind. Darunter fallen Tätigkeiten zum Aufbau von Datenkatalogen, anhand derer Datenbestände mithilfe von Metadaten beschrieben werden. Zu Data Preparation zählen sämtliche Maßnahmen, die im Zuge der Datenbereinigung (Data Cleansing) anfallen: etwa fehlende Werte zu ersetzen, fehlerhafte Werte zu bereinigen, Werte zu konvertieren, Werte zu filtern, Werte zu (re-)codieren, unterschiedliche Größenordnungen bei Werten zu normalisieren oder doppelt vorhandene Werte zu entfernen. Tätigkeiten rund um Data Preparation sind meist zeitintensiv und wenig „glamourös“, spielen aber eine neuralgische Rolle für die späteren Ergebnisse. Ein Ziel der Phase Data Preparation liegt darin, eine qualitativ gesicherte Datengrundlage für die nachfolgenden Analyse- und Modellierungsschritte zu erstellen.

In Abhängigkeit zu den später eingesetzten Machine-Learning-Verfahren werden in der Phase „Data Preparation“ die Daten in ein für die Analysemethoden benötigtes Format bzw. Struktur überführt. Eine solche Struktur ist etwa die sogenannte Analytical Base Table (ABT), welche bei prognostischen Verfahren, z. B. einer Klassifikation, die Datengrundlage in Form einer flachen, denormalisierten Tabelle beschreibt. Zu Data Preparation zählen zudem Tätigkeiten, wenn Daten aus unterschiedlichen Quellen in eine einheitliche Struktur zu überführen sind, etwa wenn die Notwendigkeit besteht, Datenbanktabellen aus verschiedenen Datenbanken zusammenzuführen.

Die bei Business Understanding definierte Aufgabe gibt bereits vor, welches Analytics-Anwendungsfeld grundsätzlich infrage kommt. Algorithmen erzeugen kalibrierbare Machine-Learning-Modelle (ML), anhand derer sich Muster und Zusammenhänge in Daten auffinden lassen. Für ein bestimmtes Analytics-Problem stehen meist etliche Algorithmen zur Auswahl: So gibt es beispielsweise für das Analytics-Problem der Klassifikation (Supervised Learning) eine Vielzahl infrage kommender Algorithmen: etwa logistische Regression, Naive Bayes, neuronales Netzwerk, Random Forest oder Decision Tree – um nur einige zu nennen. Dies zieht die Frage nach sich, welcher der potenziell möglichen ML-Algorithmen der am besten für den jeweiligen Datensatz geeignete ist. Bedingt durch die vielfältigen ML-Algorithmen ergibt sich ein Wechselspiel mit der Phase Data Preparation. Führt ein ML-Algorithmus nicht zu aussagekräftigen Ergebnissen, kommt ein anderer zum Zug. Dieser kann aber andere Daten, Merkmale oder Skalenniveaus voraussetzen, was wiederum Nacharbeiten bei Data Preparation bedingen kann.

Die Phase Modeling ist dann erfolgreich abgeschlossen, wenn zum Untersuchungsgegenstand und zum Datensatz passende Analysemethoden und ML-Algorithmen gefunden wurden. Darüber hinaus geeignete ML-Algorithmen und Analysemethoden auf den Datensatz angewendet und ML-Modelle erstellt wurden. Und weiterhin verschiedene Modellvarianten bzw. -reihen mit unterschiedlichen Parametern „durchgerechnet" wurden. Die Modeling-Phase soll nützliche Ergebnisse in Form von Modellen liefern und Muster in Daten zum Vorschein bringen. Auf diesen Aspekt zielt auch die alternative Bezeichnung Data Mining für „Modeling" ab: Data Mining sucht nach interessanten Mustern in Daten. Solche identifizierten Muster können Korrelationen, Trends, Regelmäßigkeiten, Auffälligkeiten usw. sein.

Die Phase Evaluation ist inhaltlich davon abhängig, welches Analytics-Problem bei Modeling/Data Mining zu lösen war: Je nach Analytics-Problem gibt es unterschiedliche Ansätze bei der Evaluation. Bei einer Klassifikation (Supervised Learning) wird die Datengrundlage für die Analyse in einen Trainings- und Testdatenbestand aufgeteilt. Testdaten dienen dazu, das anhand des Trainingsdatensatzes angelernte Modell mithilfe von Gütekriterien zu beurteilen. So geht es etwa bei einer Klassifikation darum, ein möglichst generalisierbares Modell generiert zu haben, das auch auf unbekannten Datensätzen eine hohe Trenngüte besitzt. So soll durch Training das Modell einen Zusammenhang zwischen den eingehenden Variablen (Features) und einem Output (Target) in Form einer Klassenzugehörigkeit finden. Durch die Evaluation lässt sich sicherstellen, wie trennscharf das Modell arbeitet. Zudem lässt sich durch eine Evaluation beurteilen, welche Nutzen die erzielten Ergebnisse haben und wie passgenau sie im Hinblick auf die Zielsetzung ausfallen.

Bei anderen Analyseproblemen (z. B. Clustering) lassen sich nur rein fachliche Beurteilungskriterien heranziehen, da es weder gelabelte Trainings- noch Testdaten gibt. Bei gelabelten Daten ist pro Datensatz bekannt, zu welcher Klasse sie zählen Die Phase „Evaluation" zielt darauf ab, die vom ML-Algorithmus erzeugten Modelle bzw. Ergebnisse auszuwerten. Überprüft werden dabei alle Ausführungsschritte, auch aus ökonomischer Sicht. Die Ergebnisse legen offen, wie hoch der Reifegrad des Modells bzw. ob das Modell für die produktive Inbetriebnahme bereits genügend qualitätsgesichert ist. Die Phasen Modeling/Data Mining und Evaluation finden im Wechsel statt und werden meist mehrfach durchlaufen.

In der Phase Deployment wird das erfolgreich evaluierte ML-Modell der Nutzerschaft produktiv bereitgestellt. Die den Evaluationsprozess durchlaufenen Ergebnisse (Modelle, Analysen, Erkenntnisse usw.) werden dabei zielgruppenspezifisch aufbereitet und innerhalb der Organisation an Stakeholder kommuniziert und verteilt. Menschen oder Maschinen zählen dabei gleichermaßen zur „Nutzerschaft". Die Spannweite ist groß: Das ML-Modell kann als Visualisierung (z. B. Entscheidungsbaum) vorliegen und Grundlage für Entscheidungen durch einen Menschen bilden. Oder das ML-Modell wird in ausführbaren Programmcode überführt und ermöglicht dann autonome Entscheidungen durch eine Maschine. Das ML-Modell kann in Form von Programmcode auch als Herzstück einer „smarten" Anwendung, App oder Website fungieren. Ebenso ließe sich das ML-Modell in eine Abfragesprache übersetzen und dann direkt in einer Datenbank ausführen. Deployment markiert den Wechsel in den Verantwortungsbereich des IT-Bereichs. Produktiv gesetzte Modelle werden somit in Workflows oder Wertangebote integriert. Es erschließen sich somit Potenziale zur Verbesserung oder Automatisierung. Entscheidungen werden im Generellen vermehrt datengestützt getroffen. Deployment beendet nicht zwangsläufig ein Analytics-Projekt, sondern legt vielmehr die Grundlagen, laufend die Ergebnisse hinsichtlich Aktualität und Verbesserungspotenzial zu überwachen (Monitoring) oder Pläne zur Wartung (Maintenance) der Modelle aufzustellen. Zur Phase Deployment gehört auch, das Analytics-Projekt aus der Retroperspektive zu beurteilen (Review) und somit Verbesserungspotenziale für künftige Projekte ausfindig zu machen.

Tabelle 1.1 listet typische Kontrollfragen im Zuge der verschiedenen CRISP-DM-Phasen auf.

Tabelle 1.1 Kontrollfragen bei den einzelnen CRISP-DM-Phasen

Business Understanding („Geschäftsverständnis")	▪ Warum ist das Projekt wichtig? ▪ Wen betrifft das Problem? ▪ Was ist zu tun, wenn nicht die richtigen Daten vorliegen? ▪ Wann ist das Projekt zu Ende? ▪ Was tun wir, wenn die Ergebnisse nicht gefallen?
Data Understanding („Datenverständnis")	▪ Wer hat die Daten erhoben und wie wurden sie gewonnen? ▪ Sind die Daten repräsentativ? ▪ Wie wurden Ausreißer oder fehlende Werte behandelt? ▪ Welche Merkmale sind relevant und haben welche Rolle? ▪ Können die Daten abbilden, was zu messen beabsichtigt ist?

Tabelle 1.1 Kontrollfragen bei den einzelnen CRISP-DM-Phasen *(Fortsetzung)*

Data Preparation („Datenvorbereitung")	▪ Wurden alle relevanten Datenquellen berücksichtigt? ▪ Wurden alle relevanten Daten bereinigt? ▪ Wurden die zur Zielsetzung passenden Daten gewählt? ▪ Wurden die Daten hin auf Anomalien usw. geprüft? ▪ Liegen die Daten in dem benötigten Format vor? ▪ Ist die Datenqualität gut genug für die Modellbildung?
Modeling („Modellierung/Analyse")	▪ Wurden alle potenziellen ML-Algorithmen bedacht? ▪ Ist das Skalenniveau für den ML-Algorithmus geeignet? ▪ Ist ein Testentwurf generiert worden? ▪ Ist das Modell bewertet worden und ist es verständlich?
Evaluation („Überprüfung")	▪ Wurden unterschiedliche ML-Algorithmen eingesetzt? ▪ Wurde das Modell anhand von Trainingsdaten erzeugt? ▪ Wurden die Ergebnisse anhand von Testdaten überprüft? ▪ Wurden die Evaluations-/Gütekriterien festgelegt?
Deployment („Inbetriebnahme")	▪ Wurden Pläne für das Deployment aufgestellt? ▪ Wurde der IT-Bereich rechtzeitig eingebunden? ▪ Gibt es definierte Übergabeprozesse für ML-Modelle? ▪ Gibt es ausreichend technische Ressourcen/ Kapazitäten? ▪ Bewährt sich das Modell angesichts neuer Daten fortlaufend?

1.3.3 ASUM-DM

Das CRISP-DM-Referenzmodell wurde in den 1990er-Jahren entwickelt. Auch wenn CRISP-DM heute noch vergleichsweise weitverbreitet ist (KDnuggets 2014), gibt es neuere Ansätze, die systemische Schwächen von CRISP-DM zu beseitigen versuchen. Ein zentraler Kritikpunkt an CRISP-DM liegt darin, dass erst zu einem sehr späten Zeitpunkt, bei der Phase Deployment, IT-spezifische Belange wie etwa ein reibungsloser IT-Betrieb berücksichtigt werden.

Der CRISP-DM-Prozess zielt sehr isoliert auf Data Mining ab. Die dafür typischen Vorarbeiten wie Data Understanding oder Data Preparation sind wenig mit anderen betrieblichen Prozessen, vor allem mit denen aus dem IT-Bereich und IT-Betrieb, synchronisiert und abgestimmt. Analytics-Projekte haben heute einen weitaus stärkeren Bezug zum IT-Betrieb, als dies seinerzeit bei der Konzeption von CRISP-DM der Fall war. Ansätze wie etwa Agile Software Development haben die Softwareentwicklung geändert. Dies erfordert einen hohen Integrationsgrad bei Prozessen, Projektmanagement, Tools sowie umfangreiche Kommunikation. Eher isolierte Modelle wie CRISP-DM benötigen daher Schnittstellen zu anderen Prozessen, die aber wiederum unternehmensspezifisch sind.

Bei CRISP-DM wird der IT-Bereich adressiert, wenn Datenquellen zu suchen oder Daten-Pipelines anzubinden sind. Erst die Phase Deployment berücksichtigt aber den IT-Betrieb. Dies vermittelt den Eindruck, dass die IT erst zu einem späten Zeitpunkt betroffen sei. Tatsächlich gibt es bereits vor Projektstart starke Berührungspunkte und Abhängigkeiten: Allein die vorhandene IT-Infrastruktur (IT-Landschaft) mit ihrer Kapazität und Funktionalität gibt vor, ob die erzeugten ML-Modelle, die dafür genutzten Technologien und benötigten Werkzeuge später überhaupt lauffähig sein werden. Oder ob das Unternehmen in neue Infrastruktur investieren oder Dienstleistungen wie Cloud-Computing in Betracht ziehen muss. Ohne die Integration des ML-Modells in die bestehende IT-Infrastruktur des Unternehmens bleibt das ML-Modell ein Prototyp. Ein Modell entfaltet seinen Nutzen erst, wenn es produktiv in Betrieb geht und dauerhaft an entsprechende Datenquellen angebunden ist. Der Bezug zur IT steigt noch weiter, wenn ML-Modelle in „smarte" Apps, Web-Dienste oder Anwendungen zu integrieren sind. Die technischen Voraussetzungen müssen dem Analytics-Projektteam frühzeitig bekannt sein – dies gelingt nur, wenn der IT-Bereich von Anfang an ins Projekt eingebunden ist.

Dem CRISP-DM-Konsortium ist kein Vorwurf zu machen, da sich die Rahmenbedingungen in Unternehmen seit Ende der 1990er-Jahre stark geändert haben. CRISP-DM eignet sich demnach, insbesondere alle erforderlichen Phasen rund um Data Mining zu beschreiben und in ein standardisiertes Ablaufmodell zu überführen. Sind die vielfältigen Beziehungen zum IT-Betrieb, zu Software Engineering oder -entwicklung zu berücksichtigen, böte sich z.B. mit ASUM-DM (Analytics Solutions Unified Method for Data Mining/Predictive Analytics) ein spezifischeres Modell an.

IBM hat 2009 den Softwarehersteller SPSS übernommen. SPSS war seinerzeit Teil des CRISP-DM-Konsortiums und einer der Wegbereiter von CRISP-DM, insofern liegt es nahe, dass IBM das Referenzmodell CRISP-DM weiterentwickelt. Im Jahr 2015 veröffentlichte IBM ASUM-DM als ein überarbeitetes bzw. erweitertes Modell, das auf CRISP-DM aufsetzt. ASUM-DM gibt es in einer öffentlichen und IBM-internen, proprietären Version. ASUM-DM ist wiederum Bestandteil des generischen Prozessmodells ASUM (Analytics Solutions Unified Method). ASUM stellt eine detaillierte Schritt-für-Schritt-Anleitung dar, mit deren Hilfe sich ein kompletter Implementierungslebenszyklus für IBM-Analytics-Lösungen durchführen lässt (Bild 1.11). Das detaillierte Prozessmodell ASUM lässt sich in fünf Phasen gliedern und wurde von IBM unter der Bezeichnung ASUM-DM veröffentlicht (*Luber*/Nitzel 2019a):

1. **Analyze**

   In der Phase Analyze werden die Anforderungen und Ziele des Analytics-Projekts definiert und von allen Beteiligten verabschiedet. Darunter fallen die funktionalen (Features) und nicht funktionalen Eigenschaften (z.B. Performance, Usability). Die Phase Analyze ähnelt einer agilen Herangehensweise bzw. der kreativen Ideenfindung wie etwa beim *Design Thinking*. Insbesondere der Aspekt der konsensuellen Abstimmung wird hervorgehoben, ähnlich dem Gedanken selbststeuernder Teams bei der agilen Softwareentwicklung.

2. **Design**

   Bereits zu einem frühen Zeitpunkt werden im Zuge der Phase Design die Komponenten der Lösung bestimmt, Ressourcen und auch die Entwicklungsumgebung geklärt. Es entsteht ein erster Prototyp bzw. Lösungsansatz der Lösung. Eine solche Phase gibt es bei CRISP-DM nicht, darin liegt auch ein wesentlicher Kritikpunkt an CRISP-DM.

3. **Configure and Build**

   In dieser Phase werden die benötigten Komponenten in verschiedenen Umgebungen konfiguriert, getestet und wird das Deployment vorbereitet.

4. **Deploy**

   In diesem Schritt wird das ML-Modell produktiv gesetzt, d. h. in den operativen Betrieb genommen bzw. für die breite Nutzung freigegeben. Zu dieser Phase zählt auch, einen Wartungsplan zu erstellen und einen Support Service aufzusetzen.

5. **Operate and Optimize**

   Hierbei wird das Modell operativ genutzt und laufend verbessert bzw. neuen Anforderungen angepasst. Auch hier zeigt sich ein agiles Prinzip der Softwareentwicklung: In iterativen Schritten wird Software funktional ausgebaut und es fließt laufend Feedback der Kundschaft ein. Ziel ist ein kontinuierlicher Verbesserungsprozess.

ASUM-DM ist wie CRISP-DM ein Zyklus vielfach verknüpfter Prozesse mit Iterationen auf unterschiedlichen Ebenen. Zusätzlich überwacht ein Projektmanagement-Stream sämtliche Phasen und sorgt für Konsistenz, Zusammenarbeit und Kommunikation zwischen den einzelnen Phasen (Luber/Nitzel 2019a). ASUM-DM orientiert sich im Vergleich zum (älteren) CRISP-DM deutlich mehr an Ansätzen zur Softwareentwicklung. Zudem knüpft bereits die zweite Phase Design Berührungspunkte zum IT-Betrieb. Ähnlich wie in der Softwareentwicklung spielen Wiederverwertbarkeit (etwa von ML-Modellen, Daten-Pipelines usw.), Reproduzierbarkeit der Lösung, Versionskontrolle, Zusammenarbeit in verteilten Teams, Dokumentation und lernende Organisation (z. B. in Form von Retroperspektiven) auch für ML-Projekte eine Rolle. Software- und Analytics-Projekte haben eine Vielzahl von Berührungspunkten, und ASUM-DM trägt diesem Umstand Rechnung. Ziel ist ein Zustand wie Continuous Deployment: Ähnlich einer möglichst automatisierten, fortlaufenden Bereitstellung von (Software-)Funktionalität sind auch datenbasierte oder per KI/ML gewonnene Einsichten fortlaufend zu entwickeln und in Schüben an die Nutzerschaft auszuliefern.

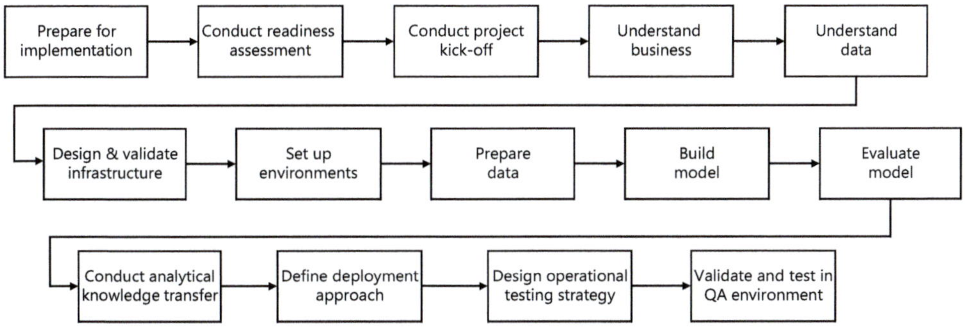

Bild 1.11 ASUM als detailliertes Prozessmodell (Kienzler 2018)

1.4 Berufsfelder

1.4.1 Data Scientist (m/w/d)

Infolge der hohen strategischen Bedeutung von Daten für Geschäftsmodelle oder datengetriebener Produkte und Dienstleistungen haben sich in den letzten Jahren zahlreiche datenfokussierte Berufsfelder etabliert. Die Anforderungen an die jeweiligen Berufsfelder sind aus der Berufspraxis heraus entstanden und unterscheiden sich auch stets unternehmens- bzw. branchenspezifisch.

Eines der bekanntesten Berufsfelder im Analytics-Umfeld ist das des Data Scientist. In einem Artikel des *Harvard Review* von 2012 bezeichneten Davenport und Patil die Tätigkeit als „[...] sexiest job in the 21st century" (Davenport/Patil 2012). Veröffentlichungen wie diese und der Erfolg KI-basierter Anwendungen ab den 2015er-Jahren haben diesem Berufsfeld zu einer gewissen Aufmerksamkeit in der öffentlichen Wahrnehmung verholfen, die andere datenfokussierte Berufe in den Schatten haben treten lassen. Auf der anderen Seite ist aber durch diesen Hype das Berufsfeld des Data Scientist auch verklärt worden bzw. oftmals klischeebehaftet oder gar mit zu hohen Erwartungen konfrontiert.

Ein Data Scientist ist eine Person, die sich mit der Analyse großer Datenmengen (Big Data) befasst, um Muster, Trends und Verbindungen zu erkennen, die für das Unternehmen von Nutzen sein können. Dazu verwenden Data Scientists verschiedene Methoden und Techniken aus dem Bereich der Statistik, der Informatik und der Mathematik. Ein Data Scientist trägt dazu bei, Vorhersagemodelle aufzustellen, um zukünftige Ergebnisse vorherzusagen. Data Scientists sind daran beteiligt, neue Datenprodukte oder -lösungen zu entwickeln. Bild 1.12 zeigt typische Facetten: Zentral sind Kenntnisse aus den Bereichen Mathematik, Statistik und Informatik. Dazu kommen noch Kenntnisse aus dem Fachgebiet. Dieses Kompetenzbündel ist erforderlich, da das Aufgabenumfeld nicht nur darin besteht, Daten zusammenzuführen, zu bereinigen und Machine- oder Deep-Learning-Modelle aufzusetzen, sondern auch die Daten aus dem Anwendungsbereich zu verstehen und aus den Ergebnissen einen wirtschaftlichen Nutzen zu schöpfen. Zu den Kernkompetenzen kommen noch unternehmensspezifische Anforderungen hinzu, etwa spezifische Kenntnisse rund um die im Unternehmen eingesetzten Analytics-Infrastrukturen, Datenbanksysteme oder Umgebungen zur Speicherung und Verarbeitung der Daten. Dazu kommen die vom Unternehmen eingesetzten Programmiersprachen sowie das Analytics-Toolset im Generellen hinzu. Dazu zählt ebenso ein tiefgreifendes Verständnis von Datenstrukturen, Datenbanksystemen und Datenmodellen.

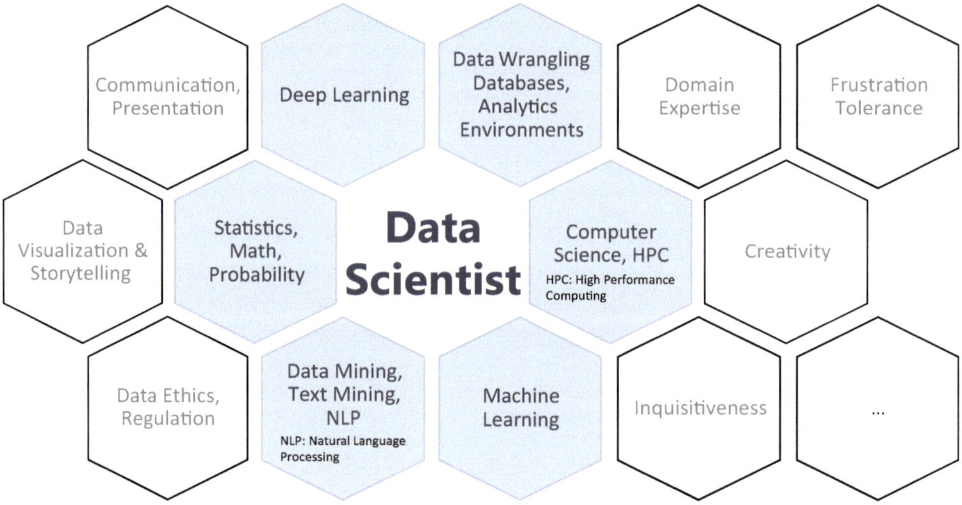

Bild 1.12 Facetten des Berufsfelds Data Scientist (in Anlehnung an Haneke et al. 2021)

Hilfreich ist, Erfahrungen in der agilen Softwareentwicklung zu haben und die dortigen Rollen zu kennen. Erforderlich ist weiterhin, das Geschäftsmodell und die strategische Ausrichtung verstanden zu haben. Nur so lassen sich im Einklang dazu datengetriebene Produkte und Dienstleistungen entwickeln. Dazu zählt auch, die gesetzlichen Regularien im Umgang mit personenbezogenen Daten zu kennen und kritisch zu reflektieren, wo ethische Bedenken der Datenanalyse Einhalt gebieten sollten. Neben die „harten" Kompetenzen treten noch „weiche": So ist etwa Kreativität erforderlich, wie sich die gesammelten Daten für „smarte" Anwendungen einsetzen lassen und sich daraus ein Geschäftsmodell ergeben könnte. Die Ergebnisse zielgruppengerecht aufzubereiten und verständlich zu kommunizieren, zählt zu den weiteren Kompetenzen. Nur dadurch kann sich eine datengetriebene Unternehmenskultur auf breiter Front im Unternehmen etablieren und Analytics bleibt keine Angelegenheit für Eingeweihte. Weitere Faktoren betreffen die Persönlichkeit: So sind Neugier und Wissensdurst weitere Voraussetzungen, um mit den technischen und fachlichen Änderungen laufend Schritt zu halten. Weiterhin zählt die Fähigkeit dazu, sich eigenständig zu motivieren und „Rückschläge" wegstecken zu können: Modelle liefern weder stets die gewünschten Ergebnisse noch findet sich in den Daten immer die erhoffte Spektakularität. Weiterhin bestehen viele Tätigkeiten, wie auch bei anderen datenfokussierten Berufsfeldern, aus Routinetätigkeiten, etwa dem Sammeln, Zusammenführen und Bereinigen „verschmutzter" Daten.

Bild 1.13 zeigt eine Untersuchung des Jobportals „Joblift": Bei 64 000 analysierten Stellenanzeigen wurden die entsprechenden Punkte in der Reihenfolge ihrer Wichtigkeit genannt (Lasse 2018). Trotz der vielen Anforderungen darf nicht übersehen werden, dass ein Data Scientist auch Teil eines interdisziplinären Teams ist. Dieses wird nur dann sehr gute Ergebnisse liefern, wenn es gelingt, wertschätzend zusammenzuarbeiten, und jedes Teammitglied seine spezifischen Fähigkeiten einbringen kann. Der Hype rund um das Berufsfeld Data Scientist darf nicht zum Fehlschluss führen, Data Scientists seien alleinig für den Erfolg von Analytics-Projekten verantwortlich, auch wenn sie ein integraler Bestandteil des Projektteams sind.

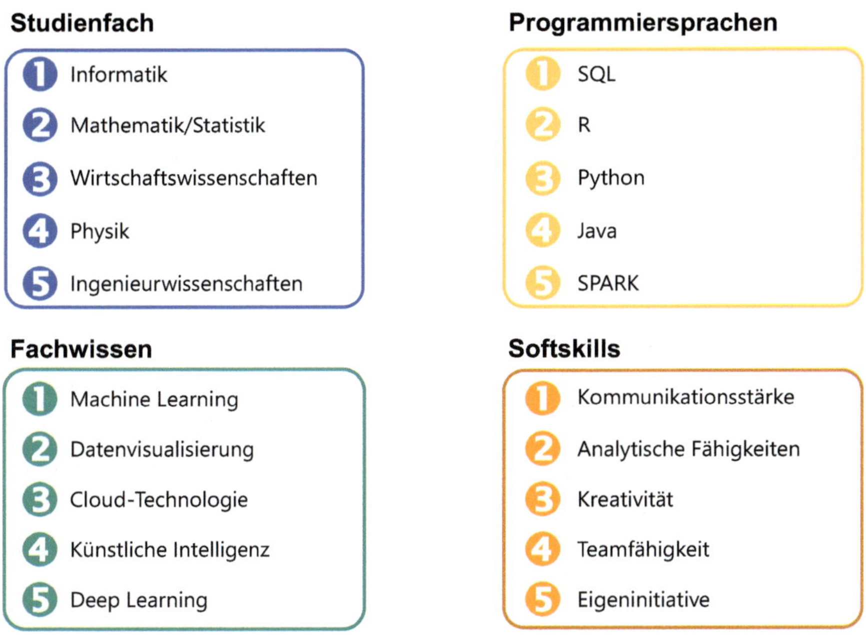

Bild 1.13 Ranking der Anforderungen an das Berufsfeld Data Scientist

1.4.2 Data Engineer (m/w/d)

Während das Berufsfeld Data Scientist im „Rampenlicht“ steht, steht das des Data Engineer etwas im Schatten, obgleich diese Rolle für den Erfolg eines Analytics-Projekts ähnlich neuralgisch ist wie die des Data Scientist.

Ein Data Engineer ist eine Person, die sich mit der Entwicklung, dem Aufbau und der Wartung von Infrastrukturen und Systemen zur Verarbeitung von großen Datenmengen (Big Data) befasst. Dazu verwenden Data Engineers verschiedene Tools und Technologien aus dem Bereich der Informatik und der Datenverarbeitung. Ein Data Engineer ist dafür verantwortlich, dass die Daten für die weitere Analyse und Verwendung aufbereitet und bereitgestellt werden und dass die Infrastrukturen leistungsfähig sind und zuverlässig funktionieren. Darunter fallen, Hardware- und Softwareinfrastruktur aufzubauen, zu warten und zu monitoren. Ein weiterer wichtiger Aspekt dabei ist, die Sicherheit und Stabilität des gesamten Systems zu garantieren und gegen Fremdzugriffe abzuhärten. Zu dieser Aufgabe zählt auch, die gesetzlichen Vorgaben hinsichtlich Datenschutz technisch umzusetzen und sicherzustellen. Ohne eine leistungsfähige wie performante IT-Infrastruktur und erstellte Daten-Pipelines wäre es nicht möglich, große Datenmengen zu analysieren. Data Engineers tragen Daten zusammen, bereiten sie auf und stellen sie „Datenkonsumenten“ zur Verfügung (Luber 2022). „Datenkonsumenten“ können wiederum Data Scientists sein oder auch Personen, die für Business Analytics oder Business Intelligence verantwortlich sind. Den Data Engineers kommt somit die neuralgische Rolle zu, die benötigten Daten im richtigen Zuschnitt, in der benötigten Qualität und im benötigten Umfang zeitgerecht bereitzustellen – insofern sind Data Engineers für ein funktionierendes Informationsmanagement im Unternehmen auf operativer Ebene verantwortlich.

Für ihre Tätigkeiten benötigen Data Engineers die Fähigkeit und das Wissen, Daten-Pipelines zu erstellen, Datenbanken aufzubauen und abzufragen sowie Cloud-basierte Infrastrukturen zu bedienen oder mit ETL-Tools Daten zu bereinigen und zu transformieren. Data Engineers benötigen somit umfangreiches Wissen im Bereich Datenverarbeitung, Datenspeicherung und Dateninfrastrukturen (Luber 2022). Weiterhin zählt Stefan Luber zu den fachlichen Fähigkeiten eines Data Engineer: Erfahrung im Umgang mit Big-Data-Technologien (z. B. Hadoop, NoSQL-Datenbanksysteme), Programmierung, Abfragesprachen, Softwareentwicklung, Speichersysteme, verteiltes Computing, serviceorientierte Architektur (SOA) und Datenmodellierung (Luber 2022). Data Engineers arbeiten oft in interdisziplinären Teams zusammen mit Data Scientists. Der Schwerpunkt der Arbeit von Data Engineers liegt in der Regel auf der technischen Seite der Datenverarbeitung, während Data Scientists sich hauptsächlich mit der Analyse von Daten befassen.

1.4.3 Data Architect (m/w/d)

Die Rolle des Data Architect ist oftmals nicht überscheidungsfrei mit der des Data Engineer definiert. Meist wird der Data Architect mit der Konzeption und dem Aufbau einer ganzheitlichen Datenarchitektur verbunden, während der Data Engineer eher auf die operativen Aspekte rund um die Datenversorgung abzielt (Luber/Nitzel 2019c). Ein Data Architect ist eine Person, die für die Konzeption von Datenspeichersystemen verantwortlich ist. Data Architects arbeiten daran, dass die Daten innerhalb eines Unternehmens in einer zweckmäßigen Form vorliegen und die Compliance-Vorgaben eingehalten werden. Bei Data Architects wird vor allem der Aspekt betont, in der Konzeptionierung der Datenarchitektur vor allem die Compliance- und Data-Governance-Vorgaben zu berücksichtigen. Data Architects müssen sich auch mit Datenschutzbestimmungen und -vorschriften auseinandersetzen und sicherstellen, dass sie eingehalten werden. Zudem entwickeln Data Architects Datenmodelle und -strukturen, die den Anforderungen des Unternehmens entsprechen und Datenintegrität sowie -sicherheit gewährleisten sollen. Sie arbeiten auch an der Integration von Daten aus verschiedenen Quellen und sorgen dafür, dass die Daten in verschiedenen Systemen konsistent bleiben.

1.4.4 Data Analyst (m/w/d) und BI Analyst (m/w/d)

Data Analyst ist ein Berufsfeld mit einer breiten Tätigkeitsspanne, die bei einer Stellenausschreibung zu spezifizieren und einzugrenzen wäre. Eine Ausprägung eines Data Analyst ist der BI Analyst. Zu seinen Aufgaben zählen, Daten zu sammeln, aufzubereiten und Ergebnisse fachgerecht zu visualisieren. Das Tätigkeitsspektrum orientiert sich dabei an den typischen Phasen eines datengetriebenen Projekts und den dabei spezifischen Aufgaben. Dafür bietet das CRISP-DM-Modell eine Orientierung. Je nach Berufserfahrung übernimmt ein BI Analyst unterschiedlich Verantwortung: So kann etwa ein Berufsanfänger damit betraut sein, Daten für Fachabteilungen oder Führungskräfte aufzubereiten und in aussagekräftige Berichte oder Dashboards zu überführen. Ein erfahrener BI Analyst kann hingegen mit der Aufgabe betraut sein, selbständig nach Verbesserungspotenzialen für das laufende Geschäft zu suchen oder als erfahrene Fachkraft ein Analytics-Team mit Personalverantwortung zu leiten. Für avanciertere Analysen kann die Person einen vollumfänglichen Zugriff auf das interne Data Warehouse erhalten und mit geeigneten Self-Service-BI-Werkzeugen nach Mustern in den Daten suchen oder eigene Modelle, etwa für die Prognose von Werten, aufstellen. Zu dem Aufgabenspektrum kann auch gehören, analytische Datenmodelle für multidimensionale Analysen aufzubauen, zu warten und zu betreuen. Weiterhin kann zu den Aufgaben gehören, ein unternehmensweites Reporting bzw. Deployment für die

Berichtsverteilung aufzubauen. In diesem Zusammenhang kann es auch Aufgabe sein, das Informationsdesign der Berichte und Analyseergebnisse unternehmensweit zu gestalten oder Richtlinien für die Normierung aufzustellen und zu überwachen. Der Grad an Autonomie steigt mit der Berufserfahrung und den vorhandenen Fähigkeiten. Neben dem „klassischen" Business Intelligence kann es auch für BI Analysten interessant sein, sich in das Wachstumsfeld von Big Data Analytics einzuarbeiten oder Kenntnisse im Bereich Machine oder Deep Learning aufzubauen. An dieser Stelle überschneiden sich zunehmend die Aufgaben von Data Scientists und BI Analysts.

Zu den Kompetenzen eines BI Analysts gehören Abfragesprachen, Grundkenntnisse im Bereich von Datenbanken, Datenhaltung sowie profunde Kenntnisse im Bereich von Tabellenkalkulations- und insbesondere BI-Programmen, Cloud-basierten Analytics-Umgebungen sowie Visualisierungstechniken.

1.4.5 Business Analyst (m/w/d)

Auch das Berufsfeld Business Analyst ist nicht eindeutig definiert und stark unternehmens- oder branchenspezifisch. Das Tätigkeitsspektrum kann sich dabei wiederum stark mit dem eines BI Analysts überdecken. Häufig spielt sich das Tätigkeitsspektrum eines Business Analysts an der Schnittstelle von Technik, IT und Betriebswirtschaft ab. Business Analysts sind oft Generalisten und haben übergreifende Kenntnisse, etwa betriebswirtschaftliche in Kombination mit datenanalytischen. Im Tätigkeitsprofil von Business Analysts findet sich häufig die Aufgabe, bestehende Geschäftsprozesse in einem Unternehmen oder einer Organisation aufzunehmen und diese zu verbessern. Demnach untersucht ein Business Analyst das Geschäftsmodell, die Geschäftsprozesse und die IT-Systeme einer Organisation und identifiziert Schwachstellen oder Verbesserungspotenzial.

Business Analysts arbeiten mit verschiedenen Methoden, wie etwa „Business Process Modeling" (BPM), um Prozesse zu modellieren und zu optimieren. Sie sammeln auch Anforderungen von verschiedenen Stakeholdern, wie z. B. Mitarbeitende, Kunden oder Lieferanten, und erstellen daraus Anforderungsdokumente, welche die Basis für die Entwicklung von Software oder anderen Lösungen bilden. Zu den benötigten Fähigkeiten zählen fundierte Kenntnisse in der Unternehmensanalyse und die Fähigkeit, komplexe Prozesse analysieren und strukturieren zu können. Hierbei sind Kompetenzen nötig, Daten aus unterschiedlichen Quellen zu sammeln, aufzubereiten und mit BI-Werkzeugen zu analysieren und darzustellen. Je nach Tätigkeitsschwerpunkt können auch noch profunde Kenntnisse im Bereich Prozessmodellierung und -analyse sowie Process Mining von Relevanz sein. Business Analysts arbeiten ebenfalls in interdisziplinären Teams und haben etliche Berührungspunkte zur IT oder zu Data Science. Häufig fungieren Business Analysts als „Übersetzer“ zwischen diesen oftmals „getrennten“ Welten. Entsprechend sind auch Basiskenntnisse im Bereich von Datenanalytik und den entsprechenden Technologien notwendig. Genauso wie auch bei andern datenfokussierten Berufsfeldern spielen „weiche“ Skills wie etwa Kommunikationsfähigkeit, Teamfähigkeit und Empathie eine wichtige Rolle, um der Funktion als „Übersetzer“ zwischen dem fachlichen, technischen und datenanalytischen Bereich gerecht zu werden.

1.4.6 Data Steward (m/w/d)

Eine zentrale Voraussetzung für aussagekräftige Analysen und nachvollziehbare Entscheidungen sind qualitativ gesicherte und verlässliche Daten. In vielen Unternehmen herrscht aber oftmals kein klares Bild vor, welche Daten überhaupt vorhanden sind, welche inhaltliche Bedeutung sie haben oder wer für die Qualität der Daten verantwortlich ist. Erschwerend liegen die Daten in „Datensilos“ und sind wenig mit anderen integriert. Dies erschwert es, zu planen und das Unternehmen zu steuern. Zudem geht die Chance verloren, Daten übergreifend auswerten und aus unterschiedlichen Perspektiven kritische Sachverhalte analytisch beleuchten zu können. Ohne Datenmanagement fehlt den Unternehmen die Grundlage, aus Daten nützliches Wissen zu schöpfen oder Daten für „smarte“ Produkte und Dienstleistungen nutzen zu können. Damit entgeht den Unternehmen ein wichtiger Wettbewerbsvorteil, und das Risiko steigt, die mit der digitalen Transformation einhergehenden nötigen Änderungen, etwa Prozessveränderungen oder Geschäftsmodellanpassungen, nicht angehen und umsetzen zu können.

Entsprechend viele Aufgaben fallen in den Verantwortungsbereich eines Data Steward: Verwaltung von Dateninhalten anhand von Metadaten, Überwachung der Datenqualität, Entwicklung von Datenstandards und -Policies, Klassifikation der Daten nach Vertraulichkeit sowie Überwachung der Einhaltung von Datenschutzgesetzen und -vorschriften. Ein Data Steward überblickt somit den gesamten Lebenszyklus von Daten – von deren Erzeugung bis hin zur Archivierung bzw. Löschung. Ein Data Steward trägt dazu bei, Datenqualität, Datenintegrität und Datensicherheit sicherzustellen, und schafft damit auch das erforderliche Vertrauen in eine ordnungsgemäße Datenhaltung und -analyse im Einklang mit den geltenden Compliance- und Data-Governance-Richtlinien. Dies sind zentrale Voraussetzungen für qualitätsgesicherte Daten und Analysen und stärkt das Vertrauen von Partnern und Kunden in die Kompetenz des Unternehmens. Ohne diese Maßnahmen bleibt stets ein Zweifel, ob die Analyseergebnisse auf korrekten Daten aufsetzen, und es entstehen im Unternehmen zeitraubende Diskussionen, die auf die Umsetzung hemmend wirken. Aus diesem Anspruch heraus leiten sich die zentralen Aufgaben eines Data Steward ab: Angefangen mit der Identifikation der zu managenden Daten und Datenquellen über die Analyse der Qualität der Daten und Metadaten bis hin zur Behebung von Datenproblemen oder zur Beantwortung von Fragen bezüglich der Datenqualität (Luber/Nitzel 2019b).

Das Kompetenzprofil eines Data Steward ist entsprechend breit. Erforderlich sind technische Fähigkeiten im Bereich von Datenbanktechnologien, Data Warehousing, Cloud-basierten Analytics-Infrastrukturen, Abfragesprachen und auch BI- bzw. Reporting-Werkzeugen. Hinzu kommt noch die Fähigkeit, komplexe Abläufe verständlich modellieren und dokumentieren zu können. Eine weitere wichtige Kompetenz sind juristische Kenntnisse, insbesondere zu einschlägigen Datenschutzgesetzen oder -vorschriften.

Genauso wie auch bei andern datenfokussierten Berufsfeldern spielen „weiche" Skills wie etwa Kommunikationsfähigkeit, Teamfähigkeit und Empathie eine wichtige Rolle, allein um die mit dem Qualitätsanspruch einhergehenden Maßnahmen im Unternehmen möglichst reibungslos einzuführen.

1.5 Die wichtigsten Punkte in Kürze

- Datenkompetenz (Data Literacy) ist die Fähigkeit, mit Daten sinnvoll, kompetent und effektiv umzugehen. Der Vergleich mit der Sprach- und Lesekompetenz (Literacy) „drängt" sich hier förmlich auf: Lesen und Schreiben zählen heute zu den Schlüsselkompetenzen. Analog dazu gilt auch der sichere Umgang mit Daten als Schlüsselkompetenz in vielen Berufen. Datenkompetenz ist heutzutage von großer Bedeutung, da immer mehr Unternehmen große Datenmengen sammeln und analysieren, um bessere Entscheidungen treffen, neue Geschäftsmodelle initiieren oder „smarte" Produkte und Dienstleistungen entwickeln zu können. Personen mit hoher Datenkompetenz sind in der Lage, diese Daten zu nutzen, um wichtige Chancen für das Unternehmen zu erschließen. Ohne eine solche Kompetenz sind Unternehmen und Gesellschaft nicht imstande, Prosperität und Wohlfahrt dauerhaft zu erhalten. Datenkompetenz umfasst in der Regel verschiedene Fähigkeiten, wie die Fähigkeit, Daten zu sammeln und zu speichern, Daten zu analysieren und zu visualisieren, und die Fähigkeit, Ergebnisse zu interpretieren und zu kommunizieren. Somit umfasst die Datenkompetenz sowohl technische Fähigkeiten wie das Verständnis von Datenstrukturen und -systemen als auch analytisches Denkvermögen und die Fähigkeit, komplexe Probleme zu lösen. Datenkompetenz ist ein wichtiger Bestandteil des modernen Management- und Führungsverständnisses und wird immer wichtiger, je mehr Unternehmen auf Daten als Basis für Entscheidungen setzen (Stichwort „datengetriebene Unternehmenskultur").

- Business Intelligence ist eine Sammlung von Strategien, Prozessen, Anwendungen und Technologien, die dazu verwendet werden, geschäftlich relevante Daten zu sammeln, zu speichern und mit dem Ziel zu analysieren, sinnvolle Einsichten und Erkenntnisse für die Entscheidungsfindung in Unternehmen zu gewinnen. Die Idee von Business Intelligence ist es, die Führungskräfte und Mitarbeitenden von Unternehmen mit den Informationen und Einsichten zu versorgen, die sie benötigen, um bessere Geschäftsentscheidungen treffen zu können. Erkenntnisse werden z. B. mittels Apps, (interaktiven) Berichten oder Dashboards kommuniziert.
- Data Mining ist der Prozess, große Mengen von Daten auf der Suche nach Mustern, Beziehungen und Trends zu untersuchen. Es wird häufig in Verbindung mit Business Intelligence und Data Warehousing verwendet. Data Mining kann auf verschiedene Arten durchgeführt werden, je nachdem, welche Art von Daten und welche Art von Muster gesucht werden. Es kann beispielsweise dazu verwendet werden, Kundenverhalten zu analysieren, um bessere Marketingstrategien zu entwickeln oder Risiken in Finanztransaktionen zu identifizieren. Data Mining lässt sich zum einen als Phase in einem Vorgehensmodell wie etwa KDD sehen oder als eine integrierte Prozesskette, die aus verschiedenen Schritten besteht, wie die Sammlung von Daten, die Reinigung und Vorbereitung der Daten, die Anwendung von Analysemethoden und die Interpretation der Ergebnisse. Es erfordert in der Regel eine Kombination aus technischen Fähigkeiten und analytischem Denkvermögen.
- Data Science ist ein interdisziplinäres Feld, das sich damit befasst, aus großen Datenmengen Information, Erkenntnisse und Wissen zu extrahieren. Data Science umfasst sowohl die Anwendung von Methoden aus den Bereichen Statistik, Machine Learning, künstliche Intelligenz und Data Mining als auch das Verständnis von Geschäftsprozessen und der Struktur von Daten. Data Science hat dank seiner Interdisziplinarität eine breite Sicht auf alle zur Analyse und Datenverarbeitung erforderlichen Ressourcen.
- Business Analytics ist „Data Science in Business“ (Chen/Chiang/Storey 2012).
- Knowledge Discovery in Databases (KDD) umfasst als Prozess verschiedene Schritte, wie die Sammlung und Vorverarbeitung von Daten, die Anwendung von Analysemethoden, die Interpretation und die Evaluation der Ergebnisse. KDD erfordert in der Regel eine Kombination aus technischen Fähigkeiten und analytischem Denkvermögen (Stichwort „Datenkompetenz“) und lässt sich auf verschiedene Arten durchführen, je nachdem, welche Art von Daten und welche Art von Mustern zu suchen sind. Der Begriff Knowledge Discovery in Databases wurde ursprünglich vom US-amerikanischen Informatiker Gregory Piatetsky-Shapiro im Jahr 1989 eingeführt und diente als Vorlage für weitere Analytics-Vorgehensmodelle.

- CRISP-DM (Cross Industry Standard Process for Data Mining) ist ein standardisierter Prozesszyklus zur Durchführung von Analytics-Projekten. CRISP-DM wurde ursprünglich von einem durch die EU geförderten Industriekonsortium entwickelt und ist heute eines der am weitesten verbreiteten Vorgehensmodelle für Analytics-Projekte.
- CRISP-DM umfasst sechs Hauptphasen:
  - Business Understanding
  - Data Understanding
  - Data Preparation
  - Modeling
  - Evaluation
  - Deployment

  Jede Phase umfasst verschiedene Aktivitäten, die dazu beitragen, das Analytics-Projekt voranzutreiben und zu einem erfolgreichen Abschluss zu bringen. Der Prozess ist modular aufgebaut und lässt sich anpassen, um den Bedürfnissen des Projekts und der Organisation gerecht zu werden. CRISP-DM ist ein wichtiges Werkzeug für die Durchführung von Analytics-Projekten und wird häufig in Verbindung mit Business Intelligence, Business Analytics oder Data Science verwendet. CRISP-DM hilft dabei, den Projektfortschritt zu planen und zu überwachen und sicherzustellen, das Projekt erfolgreich abzuschließen.
- ASUM-DM (Analytics Solutions Unified Method for Data Mining/Predictive Analytics) ist ein von IBM entwickeltes Vorgehensmodell für Analytics-Projekte. ASUM-DM ist als Nachfolgemodell von CRISP-DM konzipiert und geht einige systemische Schwächen von CRISP-DM an. Es wird vor allem der IT-Betrieb und IT-Bereich zu einer frühen Projektphase hinzugezogen. Zudem finden agile Softwareentwicklungsmethoden verstärkt Eingang in die Philosophie des Vorgehensmodells.
- Ein Data Scientist (m/w/d) ist eine Person, die sich damit beschäftigt, Daten zu analysieren und daraus wichtige Erkenntnisse und Einsichten zu extrahieren. Die Arbeit eines Data Scientist umfasst in der Regel verschiedene Aufgaben, wie (Auswahl):
  - Sammeln und Bereinigen von Daten aus verschiedenen Quellen,
  - Anwenden von Statistik, Machine-/Deep-Learning-Algorithmen und anderen Analysemethoden auf die Daten,
  - Visualisieren von Daten und Ergebnissen,
  - Erstellen von Berichten und Präsentationen, die die Ergebnisse der Analyse vermitteln,

   - Zusammenarbeit mit anderen Teammitgliedern, um die Analyseergebnisse in die Unternehmensentscheidungen einfließen zu lassen.
- Ein Data Engineer (m/w/d) ist eine Person, die sich damit beschäftigt, Dateninfrastrukturen aufzubauen, Daten mittels Daten-Pipelines für unterschiedliche Nutzergruppen zu erschließen und Daten aus verschiedenen Quellen zu integrieren. Ein Data Engineer ist somit dafür verantwortlich, Daten auf sicheren und robusten Infrastrukturen zur weiteren Verwendung durch andere Nutzer bereitzustellen. Die Aufgaben eines Data Engineer können vielfältig sein und hängen in der Regel vom jeweiligen Unternehmen und der Branche ab. Data Engineers können dazu beitragen, Daten aus verschiedenen Quellen zu integrieren, Datenbanken und Data Warehouses zu designen und zu implementieren oder ETL-Prozesse zu entwickeln und zu automatisieren.
- Ein Data Architect (m/w/d) ist eine Person, die sich damit beschäftigt, Dateninfrastrukturen im Einklang mit Compliance- und Governance-Regeln zu planen, zu konzeptionieren und sicherzustellen, dass sie den Anforderungen der Nutzerschaft und der strategischen Ausrichtung des Unternehmens gerecht werden.
- Ein BI Analyst (m/w/d) ist eine Person, die sich damit beschäftigt, eine BI-Infrastruktur zu planen, zu konzipieren, zu implementieren oder Daten mittels BI-Werkzeugen auszuwerten. Dafür ist ein Zugriff auf das Data Warehouse oder etwaige andere Datenspeicher des Unternehmens erforderlich. Die Ausprägung der Rolle hängt stark von den geforderten Kompetenzen ab: So kann der Schwerpunkt auf einer technischen Implementierung oder auf dem Erstellen von Analysen und Berichten zur Entscheidungsfindung liegen.
- Ein Business Analyst (m/w/d) ist eine Person, die sich damit beschäftigt, Geschäftsprozesse und -daten zu analysieren, und versucht, wichtige Einsichten und Erkenntnisse für die Unternehmensführung zu gewinnen. Die Aufgaben eines Business Analyst können vielfältig sein und hängen in der Regel vom jeweiligen Unternehmen und der Branche ab. Business Analysts können dazu beitragen, Kundenverhalten zu analysieren, um bessere Marketingstrategien zu entwickeln oder Risiken in Finanztransaktionen zu identifizieren.
- Ein Data Steward (m/w/d) ist eine Person, die für die Qualität, Integrität und Verfügbarkeit von Daten in einem Unternehmen oder einer Organisation verantwortlich ist. Ein Data Steward stellt sicher, dass die Daten korrekt, vollständig und aktuell sind und dass sie den geltenden Richtlinien und Vorschriften entsprechen. Die Aufgaben eines Data Steward können sehr vielfältig sein und hängen in der Regel vom jeweiligen Unternehmen und der Branche ab. Data Stewards können dazu beitragen, Datenqualitätsprobleme zu identifizieren und zu beheben, Datenrichtlinien und -standards zu entwickeln und zu überwachen oder Datenschutz- sowie Sicherheitsmaßnahmen zu implementieren.

Data Stewards spielen eine wichtige Rolle bei der Sicherstellung der Qualität und Integrität von Daten in einer Organisation und tragen dazu bei, das Vertrauen von Kunden und Geschäftspartnern in die (nicht nur analytische) Kompetenz des Unternehmens zu stärken.

Literatur

Alby, Tom (2022): *Data Science in der Praxis. Eine verständliche Einführung in alle wichtigen Verfahren.* 1. Auflage, Bonn

Baars, Henning; Kemper, Hans-Georg (2021): *Business Intelligence & Analytics – Grundlagen und praktische Anwendungen. Ansätze der IT-basierten Entscheidungsunterstützung.* 4., überarbeitete und erweiterte Auflage, Wiesbaden

Bissantz, Nicolas; Hagedorn, Jürgen (1993): *„Data Mining (Datenmustererkennung)“*, in: *Wirtschaftsinformatik* 93(5), S. 481 – 487

Chen, Hsinchun; Chiang, Roger; Storey, Veda (2012): „Business Intelligence and Analytics: From Big Data to Big Impact“, in: *MIS Quarterly* Vol. 36, No. 4, S. 1165 – 1188, *https://citeseerx.ist.psu.edu/pdf/f117c6f12d067bd66dad40996b3931c069daa2da*, abgerufen am 19. 12. 2022

Davenport, Thomas H.; Harris, Jeanne G. (2007): *Competing on analytics. The new science of winning.* Boston, Massachusetts

Davenport, Thomas H.; Patil, DJ (2012): „Data Scientist: The Sexiest Job of 21st Century“, in: *Harvard Business Review* Oktober, *https://hbr.org/2012/10/data-scientist-the-sexiest-job-of-the-21st-century*, abgerufen am 30. 12. 2022

Fahrmeir, Ludwig et al. (2011): *Statistik. Der Weg zur Datenanalyse.* 7. Auflage, korrigierter Nachdruck, Berlin, Heidelberg

Fayyad, Usama; Piatetsky-Shapiro, Gregory; Smyth, Padhraic (1996): „From Data Mining to Knowledge Discovery in Databases“, in: *AI Magazine* Vol. 17, No. 3, *https://ojs.aaai.org/aimagazine/index.php/aimagazine/article/view/1230*, abgerufen am 18. 08. 2022

Foote, Keith (2020): „A Brief History of Data Lakes“, *https://www.dataversity.net/brief-history-data-lakes*, abgerufen am 19. 12. 2022

Friedman, Uri (2012): „Big Data: A Short History“, *https://foreignpolicy.com/2012/10/08/big-data-a-short-history*, abgerufen am 27. 12. 2022

Gluchowski, Peter; Leisten, Frank; Presser, Gero (Hrsg.) (2022): *Architekturen für BI & Analytics. Konzepte, Technologien und Anwendung.* 1. Auflage, Heidelberg

Goethe-Institut (2022): „Literacy – Lese- und Schreibkompetenz“, *https://www.goethe.de/de/spr/unt/kum/fru/kin/lit.html*, abgerufen am 19. 12. 2022

Haneke, Uwe et al. (2021): *Data Science. Grundlagen, Architekturen und Anwendungen.* 2. Auflage, Heidelberg

Herbold, Steffen (2022): *Data-Science-Crashkurs. Eine interaktive und praktische Einführung.* Heidelberg

Informatik Aktuell (2019): „Dr. Barry Devlin“, *https://www.informatik-aktuell.de/autoren-cv/dr-barry-devlin.html*, abgerufen am 29. 12. 2022

Inmon, William (2005): *Building the Data Warehouse.* New York

Jones, Ben (2020): *Data literacy fundamentals. Understanding the power et value of data.* Bellevue, Washington

KDnuggets (2014): „CRISP-DM, still the top methodology for analytics, data mining, or data science projects“, *https://www.kdnuggets.com/2014/10/crisp-dm-top-methodology-analytics-data-mining-data-science-projects.html*, abgerufen am 10. 12. 2022

Kienzler, Romeo (2018): „Architectural thinking in the Wild West of data science“, *https://developer.ibm.com/articles/architectural-thinking-in-the-wild-west-of-data-science/?mhsrc=ibmsearch_a&mhq=ASUM-DM*, abgerufen am 14.12.2022

Kimball, Ralph; Ross, Margy (2009): *The data warehouse toolkit. The complete guide to dimensional modeling.* 2. ed., [Nachdr.], New York

Kottbauer, Markus (2015): „Das BI-Haus: Von der Daten-Grundlage zum Anwendernutzen“, in: *Business Reporting. Zeitschrift für Berichterstattung und Dokumentation*, 1. Jahrgang (Januar 2015), S. 6 – 9

Lasse, Nina (2018): „Data Science – mehr als Datenbanken: Jede zweite Stellenanzeige nennt Kommunikationsstärke als unverzichtbare Fähigkeit“, *https://joblift.de/Presse/data-scientist*, abgerufen am 23.12.2022

Luber, Stefan (2022): „Was ist ein Data Engineer?“, *https://www.bigdata-insider.de/was-ist-ein-data-engineer-a-eaa15f0abe87a06c74e8e282ebc598ce*, abgerufen am 17.12.2022

Luber, Stefan; Nitzel, Nico (2019a): „Was ist ASUM-DM?“, *https://www.bigdata-insider.de/was-ist-asum-dm-a-873406*, abgerufen am 29.12.2022

Luber, Stefan; Nitzel, Nico (2019b): „Was ist ein Data Steward?“, *https://www.bigdata-insider.de/was-ist-ein-data-steward-a-886587*, abgerufen am 26.12.2022

Luber, Stefan; Nitzel, Nico (2019c): „Was ist ein Datenarchitekt?“, *https://www.bigdata-insider.de/was-ist-ein-datenarchitekt-a-887724*, abgerufen am 20.12.2022

Luellen, Eric (2018): „*Why* Data Science *Succeeds or Fails*“, *https://towardsdatascience.com/why-data-science-succeeds-or-fails-c24edd2d2f9*, abgerufen am 21.12.2022

Luhn, Hans Peter (1958): „A Business Intelligence System“, in: *IBM Journal*, *http://altaplana.com/ibm-luhn58-BusinessIntelligence.pdf*, abgerufen am 05.12.2022

Morrow, Jordan (2021): *Be data literate. The data literacy skills everyone needs to succeed.* London, New York, New Delhi

Naur, Peter (1974): *Concise Survey of Computer Methods*, *http://www.naur.com/Conc.Surv.html*, abgerufen am 31.12.2012

Panetta, Kasey (2011): „A Data and Analytics Leaders Guide to Data Literacy“, *https://www.gartner.com/smarterwithgartner/a-data-and-analytics-leaders-guide-to-data-literacy*, abgerufen am 28.12.2022

Piatetsky-Shapiro, Gregory (2021): „KDnuggets: Personal History and Nuggets of Experience“, *https://www.linkedin.com/pulse/kdnuggets-personal-history-nuggets-experience-piatetsky-shapiro*, abgerufen am 10.09.2022

Provost, Foster; Fawcett, Tom (2013): *Data science for business. What you need to know about data mining and data-analytic thinking.* 1st ed., Sebastopol

Schön, Dietmar (2018): *Planung und Reporting im BI-gestützten Controlling.* Wiesbaden

Seiter, Mischa (2019): *Business Analytics. Wie Sie Daten für die Steuerung von Unternehmen nutzen.* 2., komplett überarbeitete und erweiterte Auflage, München

Thamm, Alexander; Gramlich, Michael; Borek, Alexander (2020): *The Ultimate Data and AI Guide. 150 FAQs about artificial intelligence, machine learning and data.* München

2 Datenmodellierung

Andreas Gadatsch und Benedikt Haag

Daten bestimmen unser privates und berufliches Leben an sehr vielen und häufig auch wichtigen Stellen. So werden wir regelmäßig aufgefordert, unsere „persönlichen“ Daten zu nennen, wie z. B. den Vor- und Nachnamen, die Adresse und uns als Person identifizierende Merkmale, wie z. B. die Kundennummer oder das Kraftfahrzeugkennzeichen eines zu reparierenden Fahrzeuges.

Im betrieblichen Kontext sind Daten aus betriebswirtschaftlicher Sicht ein langlebiger wichtiger Vermögensgegenstand für Unternehmen und Organisationen. So wird ein Versicherungsunternehmen die Daten eines Kunden, der in seiner Jugend eine Lebensversicherung abgeschlossen hat, viele Jahre aufbewahren. In dieser langen Zeit wechselt vermutlich ein großer Teil des Personals des Unternehmens, die Informationssysteme werden aktualisiert und es kommen neue Daten hinzu.

Aus diesem Grund ist es für Personen, die sich professionell mit der Gestaltung von Arbeitsabläufen in Unternehmen beschäftigen, von großer Bedeutung, den hierbei anfallenden bzw. relevanten Daten einen großen Stellenwert einzuräumen.

In diesem Beitrag erfahren Sie Folgendes:

- Was bedeutet der Begriff „Modell“ bzw. „Datenmodell“?
- Was sind Daten und welche Relevanz haben sie für die Organisation?
- Wie sind Daten strukturiert, d. h., welche Datentypen gibt es?
- Wie kommen Fehler „in die Daten“ und welche Auswirkungen hat dies?
- Wie ist ein „Datenbanksystem“, welches die Unternehmensdaten verwaltet, grundsätzlich aufgebaut?
- Wie wird ein „Datenbanksystem“ aus fachlicher Sicht konzipiert?
- Wie werden Daten mit dem Entity-Relationship-Modell, einer Standardmethode, modelliert?
- Welche aktuellen Trends gibt es im Kontext der Modellierung von Daten?

2.1 Modelle und Datenmodelle

Der Begriff des Modells ist sehr vielfältig. Vereinfacht gesagt handelt es sich um eine Abbildung der Realität in einer vereinfachten Form mit den zielorientierten und notwendigen Informationen.

> „**Modelle** sind vereinfachte und abstrahierende Abbildungen von realen oder fiktiven komplexen Sachverhalten mit den für den Verwendungszweck relevanten Informationen."

> **Modelle in Form einer Karte**
>
> Stellen Sie sich vor, Sie suchen in einer unbekannten Stadt eine Adresse. Gehen Sie dazu gedanklich 30 bis 40 Jahre zurück, in die Zeit, bevor es Navigationssysteme und Smartphones gab.
>
> Wenn wir von A nach Z kommen wollten, haben wir uns bei Unkenntnis der Örtlichkeiten an markanten Punkten (z. B. Kölner Dom) oder Markierungen der Realität (z. B. Straßenschilder) orientiert oder ganz einfach jemanden nach dem Weg gefragt.
>
> Wir waren gezwungen, uns intensiv mit der Realität zu beschäftigen, um das Ziel zu erreichen. Hilfreich waren auch damals Modelle der Realität in Form einer Straßenkarte bzw. Landkarte, z. B. als Skizze in Papierform. Heute geht es etwas moderner mit elektronischer Unterstützung (z. B. *www.google.de/maps*). Die Karten, egal ob in Papierform oder elektronisch, enthalten ausgewählte Elemente der Realität (Straßenverläufe, Sehenswürdigkeiten, Informationen über den Straßentyp wie z. B. Autobahn oder Landstraße, gegebenenfalls Hausnummern). Die Auswahl der Informationen ist zielorientiert und kann bei einer „Wanderkarte" anders aussehen als bei einer „Karte für Fahrradtouren". Wichtig ist in allen Varianten, dass die Karte nur einen Bruchteil der Informationen aus der Realität enthält.

Mithilfe der Karten (Modelle der Realität) kann der Benutzer gezielt eine Navigation in der realen Welt durchführen, d. h., er kann von einem Ausgangspunkt A zu einem Zielpunkt Z gelangen. Mit einer elektronischen Version (z. B. einem Navigationssystem) ist dies heutzutage sehr einfach und aus dem normalen Leben nicht wegzudenken.

In der Betriebswirtschaft werden Modelle an sehr vielen Stellen eingesetzt. Es werden Modelle für Unternehmensplanspiele genutzt, um das Zusammenspiel von verschiedenen Unternehmen auf Märkten zu simulieren. Prozessmodelle beschreiben Arbeitsabläufe in den Unternehmen. Datenmodelle, auf die wir noch detaillierter zu sprechen kommen, beschreiben die Daten und deren Strukturen, mit denen die Informationssysteme arbeiten.

Modelle werden in der Regel dazu eingesetzt, um die Realität zu beschreiben. D. h., durch Abstraktion von nicht notwendigen Details gelangt man in einem ersten

Schritt zu einem „Ist-Modell“. Das Ist-Modell beschreibt in vereinfachter Form den aktuellen Stand. Es wird analysiert, verbessert und in ein „Soll-Modell“ überführt, das einen zukünftigen Idealzustand darstellt. Das Soll-Modell wiederum dient dazu, später die Realität zu verbessen, indem man die Erkenntnisse aus dem Verbesserungsprozess in die Realwelt überführt (Bild 2.1).

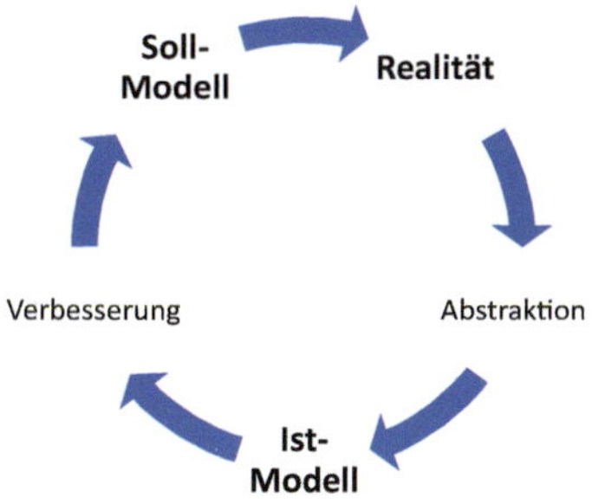

Bild 2.1
Modellbegriff

Das nachfolgende Beispiel aus dem Fahrzeughandel soll die einzelnen Schritte aus der Darstellung in Bild 2.1 etwas praxisnäher erläutern.

Vom Ist zum Soll

Ein Autohandelsunternehmen nutzt für die Verwaltung der Kundendaten und die Abwicklung der Kundenaufträge seit vielen Jahren ein Warenwirtschaftssystem. Das System kann die Daten zu „Angeboten“, „Bestellungen“, „Auslieferungen“, „Werkstattaufträgen“ etc. verwalten und unterstützt alle dazu notwendigen Arbeitsabläufe. Da das System einige Schwachstellen hat (es fehlen z. B. Daten für Elektrofahrzeuge), wird zunächst ein Ist-Modell des Systems erstellt, welches die relevanten Daten (z. B. Kundendaten, Fahrzeugdaten, Ersatzteile) enthält. Anhand des Ist-Modells wird geprüft, welche Daten veraltet sind und welche Daten zusätzlich aufzunehmen sind (z. B. Ladestationen für Elektrofahrzeuge). Auf Basis eines verbesserten Datenmodells, dem Soll-Modell, wird das System vom externen Softwarehaus überarbeitet und kann nach Abschluss der Arbeiten in der (neuen) Realität genutzt werden.

2.2 Wissenspyramide: Daten, Informationen und Wissen

Die Begriffe **Daten**, **Informationen** und **Wissen** werden in der Alltagssprache häufig synonym, manchmal aber auch differenziert verwendet. Allerdings fehlte lange Zeit ein allgemeines Verständnis darüber, wie die Begriffe abgegrenzt werden können.

Um die Begriffe abzugrenzen, können wir eine kleine Analogie betrachten. Stellen Sie sich vor, Sie sehen ein Kleinkind, das vor einem Herd mit Drehknöpfen zur Temperatursteuerung steht. Die Zahlen auf den Drehknöpfen ergeben für das Kind erst einen Sinn, wenn es lesen kann. Aber selbst dann müssen wir erklären, dass die Zahlen unterschiedliche Bedeutungen haben. Aus reinen Daten (1, 2 … 6) werden dann Informationen (1 = niedrige Temperatur, 2 = …, 6 = sehr hohe Temperatur). Allerdings fehlt noch ein Schritt. Wenn man dem Kind weiter erklärt, dass es sehr unangenehm ist, eine warme oder heiße Herdplatte anzufassen, und dies in Verbindung bringt mit der z. B. Wärmestufe 3 auf einer Skala von 1 bis 6, dann gelangen wir einen Schritt weiter, aus Informationen (1 = niedrig, 6 = hoch) wird Wissen (bei Stufe 6 ist die Platte sehr heiß, also „Finger weg“).

Im betriebswirtschaftlichen Umfeld können wir uns folgende Hierarchie vorstellen, die auch in einer **Wissenspyramide** dargestellt werden kann (vgl. Bild 2.2 und die Ausführungen in Aamodta und Nygårdb (1995)). Daten bestehen hiernach aus Zeichen und gegebenenfalls noch einer Syntax, also Regeln zur Darstellung. Dies könnte eine Umsatzliste sein, die nicht weiter sortiert ist und nur die „Rohdaten“ zur Verfügung stellt. Ohne Hintergrundwissen (z. B., dass „Müller KG“ ein Kundenname ist oder „2018“ eine Kundennummer und nicht etwa eine Jahreszahl) sind die Daten weitestgehend ohne Wert.

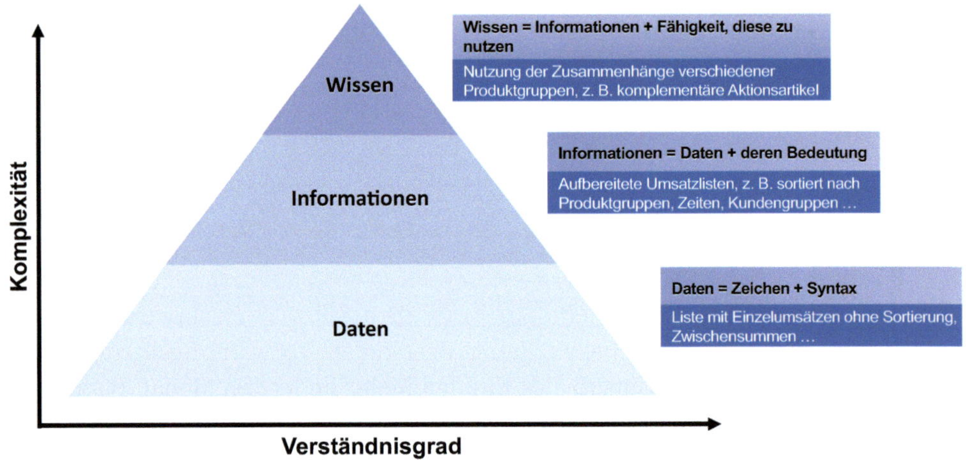

Bild 2.2 Wissenspyramide

Hintergrundwissen erforderlich

8377; Müller KG; 75,20 Euro, Privat

2018; Albert AG; 1099,10 Euro, Industrie

1998; Zink GmbH; 1500,20 Euro, Industrie

…

Diese Liste mit Daten lässt sich weiter aufbereiten, sodass wir zusätzliche Informationen daraus gewinnen können. Man könnte z. B. die Umsätze nach Kundengruppen (Industrie, privat ...) summieren oder ähnliche „Informationen" gewinnen. Aber ohne die Anwendung des „Wissens" über die Informationen sind diese auch noch mehr oder weniger wertlos. Würden wir beispielsweise anhand von Analysen (Informationen) erkennen, dass sich bestimmte Produktgruppen in Kombination sehr gut verkaufen, so könnte man auf Basis dieses „Wissens" gezielte Marketingaktionen ableiten (z. B. Werbung für einen günstigen Grill, dazu wird hochpreisiges Grillgut und Holzkohle platziert).

In der Praxis wird wie erwähnt, nicht immer in diese Kategorien unterschieden. Es ist dennoch wichtig, sich diesen Zusammenhang zu vergegenwärtigen. Bei der Einführung und Nutzung von sogenannten „Informationssystemen" (z. B. Lagerwirtschaftssystem, Buchhaltungssystem, Informationsportal, E-Mail-System) kommt es darauf an, für das Unternehmen „Wissen" zu generieren. Hierfür ist es wichtig, dass der untersten Stufen, den Daten, eine hohe Bedeutung beigemessen wird. Denn „Informationssysteme" arbeiten mit „Datenbanken", also Speichersystemen, welche die Unternehmensdaten (Kundendaten, Produktdaten, Aufträge, Bestellungen, Preise, Mahnung etc.) vorhalten. Die Datenmodellierung widmet sich, wie wir noch sehen werden, der Strukturierung der untersten Ebenen der Informationspyramide. Fehler, die auf dieser Ebene gemacht werden, wirken sich massiv auf den höheren Ebenen aus. Wenn also z. B. Datenelemente (z. B. Umsatz mit Kundengruppe markieren) nicht bedacht werden, kann auf der darüberliegenden Ebene keine Analyse der Umsätze nach Kundengruppen durchgeführt werden.

■ 2.3 Kategorien von Daten

Daten sind in der Praxis sehr vielfältig. Vermutlich fallen Ihnen spontan Dinge ein wie Kundenanschrift, Artikelbezeichnung, Bestellmenge, Rechnungsbetrag, Lagerbestand, Kontensaldo, Ist-Umsatz des Kunden Meier im letzten Monat, Plankosten für ein neues Produkt etc. Auf den ersten Blick sind vielleicht keine Unterschiede zu erkennen, aber es sind doch sehr viele Facetten. Daher lohnt es sich, die Daten zu untergliedern, wie es in Bild 2.3 durchgeführt wurde. Vergleichen Sie auch die Ausführungen von Spitta und Bick (2008, S. 67 ff.), denen die Aufteilung in der Darstellung zugrunde liegen. Man unterscheidet demnach nach der Art der **Entstehung der Daten** und den **zeitlichen Dimensionen** der Daten.

Bild 2.3 Datenkategorien

Originäre Daten entstehen aus den Tätigkeiten des Unternehmens, d.h., sie sind Ergebnisse von Geschäftsprozessen. So erzeugt eine Kundenbestellung neue Daten wie Bestellnummer, Bestelldatum, Lieferdatum, Bestellmenge, Einzelpreis, Gesamtpreis, welche im Warenwirtschaftssystem des Unternehmens gespeichert werden. Originäre Daten werden in **Grunddaten** (gerne auch als Stammdaten bezeichnet) und **Vorgangsdaten** untergliedert.

Grunddaten bzw. Stammdaten (z.B. Name, Anschrift und weitere Merkmale von Kunden) werden über längere Zeit gespeichert. Ihre Entstehung ist weitgehend unabhängig von laufenden Geschäftsprozessen.

Vorgangsdaten, wie die genannte Bestellung, entstehen in den laufenden Prozessen und werden meist nur begrenzt gespeichert. Allerdings gibt es auch für Stammdaten erzeugende oder verändernde Prozesse. So wird ein neuer Kunde erstmalig als „Stammsatz" im Warenwirtschaftssystem hinterlegt. Eine Adressänderung des Kunden führt ebenfalls zu einer Aktualisierung. So ist die Unterscheidung in Stammdaten und Vorgangsdaten häufig eher pragmatisch zu betrachten.

Abgeleitete Daten werden nicht direkt in Geschäftsprozessen erzeugt. Sie werden aus originären Daten „abgeleitet", d.h. nach einem Algorithmus errechnet oder nach einer Regel zusammengeführt. So kann der Lagerbestand nach der Formel „Anfangsbestand plus Zugänge minus Abgänge" zum Stichtag ermittelt werden. Bestandsdaten sind also immer nur zeitpunktbezogen aktuell. Der Kontosaldo eines Girokontos ist eine Augenblicksaufnahme und kann sich minütlich ändern. Ebenso ist die Bilanz oder Gewinn-und-Verlust-Rechnung eines Unternehmens nur eine stichtagsbezogene Saldierung der Vorgangsdaten einer Periode. Die Adresse eines Unternehmens besteht z.B. aus den Daten „Land", „Postleitzahl", „Ort", „Straße", „Hausnummer". Aggregierte Daten sind z.B. kumulierte Monatsumsätze, Jahresbudgets, Durchschnittsgewinne je Produkt oder ähnliche ermittelte Daten.

Zeitliche Dimensionen von Daten können sehr unterschiedlich ausfallen. Üblicherweise wird grob in **Plandaten** und **Ist-Daten** unterschieden. Es gibt in der BWL weitere Sichten z.B. Soll-Kosten im Rahmen einer Plankostenrechnung.

Plandaten betrachten eine gedachte zukünftige Perspektive und können später aktualisiert werden. So kann z. B. im September des laufenden Jahres eine Umsatzplanung für das folgende Geschäftsjahr durchgeführt werden **(Ursprünglicher Plan)**. Aufgrund einer Veränderung der Wirtschaftslage kann das Unternehmen im März des folgenden Jahres den Plan aktualisieren, was einen **Aktualisierten Plan** zur Folge hat.

Ist-Daten betreffen einen historischen Zeitraum. So kann der Ist-Umsatz eines abgelaufenen Monats ermittelt werden. Sind noch nicht alle Rechnungen eingetroffen, kann der Ist-Umsatz vorläufig ermittelt werden, indem die erwarteten Rechnungen für den Vormonat mit den Bestellwerten einbezogen werden **(Vorläufiges Ist)**. Treffen zu einem späteren Zeitpunkt die Rechnungen ein, kann der Ist-Umsatz gegebenenfalls noch mal korrigiert werden **(Tatsächliches Ist)**. Ein ähnlicher Effekt kann bei Preisgleitklauseln auftreten, wenn die Preise zum Zeitpunkt der Fakturierung ermittelt werden.

Daten sind meist nicht eindimensional und können daher oft mehreren Kategorien zugeordnet werden. So ist die Bestellsumme einer Bestellung den originären Vorgangsdaten zuzuordnen. Da die Summe der Einzelpositionen aber die Bestellsumme ergibt, kann diese zusätzlich auch den aggregierten Daten zugeordnet werden. Solange die Bestellung nicht ausgeführt wurde, handelt es sich um Plandaten. Später, wenn die Rechnung eintrifft, kommen Ist-Daten hinzu.

2.4 Fehler in Daten

Viele Unternehmen stellen immer wieder fest, dass die Daten, die sie in ihren Informationssystemen verarbeiten, nicht fehlerfrei sind. Die Ursachen sind sehr unterschiedlich und müssen mit verschiedenen Ansätzen einer Lösung zugeführt werden. Bevor wir auf Einzelheiten eingehen, können wir uns ein reales Beispiel betrachten, das sich vor einiger Zeit zugetragen hat:

Unterschiedliche Dateninhalte

Eine ältere Dame ist im gleichen Ort aus ihrer bisherigen, zu groß gewordenen Wohnung in eine andere, kleinere Wohnung umgezogen. Der lokale Telefonbetreiber wurde informiert und hat auch pünktlich die Festnetzverbindung in die neue Wohnung geschaltet.

Die monatliche Papierrechnung kam jedoch weiter per Postbrief in die bisherige Wohnung. Ein Anruf im Callcenter des regional tätigen Telefonunternehmens ergab, das „alles in Ordnung“ sei, die neue Anschrift sei korrekt im System gespeichert. Die Dame solle einfach bis zum nächsten Monat warten.

Sie ahnen es schon, im nächsten Monat kam die Rechnung wieder an die alte Anschrift. Erst im dritten Monat und nach sehr „hartnäckigem" Nachfragen im Callcenter des Betreibers wurde die Ursache entdeckt: Auf dem Brief war ein Aufkleber mit der alten Anschrift, die innen liegende Rechnung enthielt die neue Anschrift. Die Mitarbeiterin im Callcenter hatte zunächst die „Rechnungsanschrift" gesehen, nicht aber die falsche „Versandanschrift". Bei intensiverer Recherche wurden die verschiedenen Dateninhalte entdeckt.

Über die Ursache konnte nichts in Erfahrung gebracht werden, vermutlich war es ein Fehler im Rahmen der Systementwicklung oder Wartung des noch nicht allzu lange am Markt tätigen Unternehmens.

Im vorliegenden Fall blieb der Schaden in Grenzen, da die Rechnung ordnungsgemäß abgebucht wurde. Wenn aber offene Rechnungen über Monate hinweg nicht gezahlt werden können und eventuell Mahnungen und Mahnverfahren eingeleitet werden, dann ist der Schaden für das Unternehmen deutlich größer.

Datenfehler können bereits bei der Konzeption von Informationssystemen auf der Modellebene entstehen, bevor auch nur eine Zeile Programmcode entstanden ist. Weiterhin kann es zu Übertragungsfehlern zwischen Konzept und Programm kommen, dem klassischen „Programmierfehler". Schließlich ist es auch denkbar, dass bei korrekt konzipierten Systemen und korrekter Programmierung, also bei einem fehlerfreien System, im laufenden Betrieb auf der Datenebene Fehler entstehen können. In Bild 2.4 sind mögliche Datenfehler in die Kategorien „Modellebene", „Umsetzungsebene" und „Einzeldatenebene" untergliedert.

Modellebene (entstehen bei der Konzeption)	**Verletzung der Referenziellen Integrität** (z. B. Verweis auf nicht existente Kundengruppe)
	Unzulässige Werte (Fremdschlüsseldefinitionen) (z. B. Verweis auf falsche Preistabelle)
	Fehlende Eindeutigkeit (z. B. Vorname als Schlüssel in der Personaldatenbank)
Umsetzungsebene (entstehen bei der Programmierung)	**Falsche Programmlogik** (z. B. Verwendung des Feldes „Versandanschrift" anstelle „Rechnungsanschrift")
	Veraltete Programmversionen (z. B. nicht durchgeführte Updates)
	Falsche Datentypen (z. B. Kundennummer wird als Währungsfeld, d. h. Wert mit zwei Nachkommastellen, definiert)
Einzeldatenebene (entstehen im laufenden Betrieb)	**Fehlende Werte** (z. B. „Kein Preis")
	Schreibfehler (z. B. „Mühlller" statt „Müller")
	Falsche Werte (z. B. Preis = 0,99 Euro statt 99,00 Euro)
	Widersprüchliche Werte (z. B. PLZ = „53757", Ort = „Köln")
	Duplikate (z. B. Kunde „Müller" wird mehrfach unter verschiedenen Kundennummern gespeichert

Bild 2.4 Fehler in Daten

Fehler auf der Modellebene entstehen bei der Konzepterstellung und wirken sich auf alle nachgelagerten Schritte, also Programmierung und spätere Nutzung, aus. Ein etwas sperrig klingender Punkt ist die sogenannte Verletzung der referenziellen Integrität. Vereinfacht gesagt, handelt es sich um einen Zuordnungsfehler im Zusammenspiel mehrerer Elemente der Datenbank. Wenn z. B. für einen neuen Kunden eine nicht existente Kundengruppe erfasst wird, kann dies später zu Verarbeitungsfehlern (Provisionsermittlung etc.) führen. Ein zweiter Aspekt sind unzulässige Werte, z. B. der Verweis auf eine nicht vorhandene Preistabelle. Diese beiden Fehlergruppen lassen sich vergleichsweise einfach durch Plausibilitätsprüfungen oder Datenbankhilfsmittel vermeiden. Schwieriger ist es, wenn ein untaugliches Datenfeld als Schlüssel verwendet wird. So würde der Schlüssel Vorname beim zweiten Auftreten eines Kunden mit dem gleichen Vornamen (z. B. Andreas) nicht mehr verwendet werden können. In der Praxis könnte ein „Workaround" kurzfristig helfen, ist jedoch dauerhaft keine Lösung (z. B. Verwendung des Schlüssels „Andreas2").

In der **Umsetzungsebene**, also im Rahmen der Programmierung, sind ebenfalls zahlreiche Fehlerquellen denkbar. Hier sollen nur drei häufige Fälle angesprochen werden. So kann eine falsche Programmlogik (z. B. die im einführenden Beispiel fehlerhafte Verwendung der Versandanschrift) zu Fehlern führen. Solche Fehler lassen sich durch gut durchgeführte Tests und Enduserabnahmen weitgehend vermeiden. Ein nicht seltener Fall sind falsche Programmversionen, z. B. aufgrund unterlassener Aktualisierungen (sogenannte Updates oder Patches). Eine weitere Fehlerquelle sind nicht korrekte Datenbeschreibungen. Die Kundennummer könnte z. B. mit dem Feldtyp „Ganzzahl" mit sechs Stellen definiert werden. Wird fälschlicherweise der Feldtyp „Währung" verwendet, so bekommt die Kundennummer plötzlich zwei Nachkommastellen. Dies mag für den einen oder anderen aus der Leserschaft vielleicht merkwürdig klingen, aber vergleichbare Fehler kommen in der Praxis vor.

Trotz korrekter Software können im laufenden Betrieb **Fehler auf der Ebene der Einzeldaten** entstehen. Dies können fehlende Einträge sein (z. B. kein Preis für einen Artikel), einfache Schreibfehler („Gaddatsch" anstatt „Gadatsch", „Andrea" anstatt „Andreas"), falsche Werte (z. B. Preis = 0,99 Euro anstelle 99,00 Euro), widersprüchliche Werte (im Adressfeld wird die Kombination aus Postleitzahl 53757 und Ort = Köln eingetragen) oder es werden Dubletten erzeugt, indem für ein Objekt zwei oder mehr Datensätze angelegt werden (z. B. wird der Kunde Andreas Gadatsch mit zwei verschiedenen Kundennummern im Vertriebssystem erfasst). Manche dieser Fehlertypen lassen sich maschinell korrigieren oder vermeiden (z. B. fehlende Dateneingaben), oder zumindest kann Unterstützung geboten werden (z. B. Liste möglicher Dubletten).

2.5 Zweck und Nutzen von Datenmodellen

2.5.1 Warum Datenmodellierung?

Datenmodelle beschreiben in vereinfachter Form einen vorhandenen Zustand. In der Regel ist man in Unternehmen bestrebt, die aktuelle Situation zu verbessern, d. h., auf Basis des Ist-Modells und gegebenenfalls weiterer Informationen versucht man Schwachstellen zu identifizieren und einen neuen Soll-Zustand zu entwerfen, den man in einem Soll-Modell in einfacher Form beschreibt. Je nach Anzahl möglicher Varianten für den Soll-Zustand wird eine Variante ausgewählt und im Rahmen eines Einführungsprojektes umgesetzt, sodass aus dem Soll-Zustand ein (neuer) Ist-Zustand wird.

Die Datenmodellierung ist im Rahmen dieses Prozesses ein Mittel zum Zwecke der **Verbesserung von Informationssystemen** und den damit verbundenen Geschäftsprozessen.

2.5.2 Welchen Nutzen stiftet die Datenmodellierung?

Aus dem genannten Kreislaufmodell ergeben sich in der Praxis vielfältige Nutzenaspekte, die hier kurz anhand von Beispielen erläutert werden sollen:

- **Basis für die Anwendungsentwicklung:** Modelle sind die Grundlage für die Entwicklung von Informationssystemen. Sie liefern die zentrale Information für den Aufbau von Datenbanken und Programmen.
- **Reduzierung Wartungsaufwand:** Die Wartung von Informationssystemen erfordert einen Einblick in die Funktionalität der Software. Dies kann durch Einsichtnahme in den Programmcode (sehr aufwendig, manchmal kaum möglich) erfolgen oder durch Analyse der Modelle. Voraussetzung hierfür ist, dass die Modelle aktuell sind und den Inhalten der Programme entsprechen.
- **Integrationsunterstützung:** Derzeit setzen sehr viele Unternehmen Standardsoftware ein, die üblicherweise von verschiedenen Herstellern stammt. Diese Systeme müssen vernetzt werden, um den Datenaustausch sicherzustellen. So kann es sein, dass ein Unternehmen ein Warenwirtschaftssystem des Herstellers A einsetzt und die Faktura und Buchhaltung mit einem System des Herstellers B. Datenmodelle der Hersteller legen die internen Strukturen und Schnittstellen der Programme offen, sodass der Anwender der Standardsoftware diese miteinander verknüpfen kann.
- **Verbesserung der Kommunikation:** In Organisations- und IT-Projekten sind eine Vielzahl an Beteiligten mit unterschiedlichen Aufgaben befasst. Jede Person

hat ihre eigene Sicht auf das Projekt. Projekte können als kleinster gemeinsamer Nenner verwendet werden, um den Informationsaustausch zu ermöglichen. Besonders intensiv werden Modelle im Rahmen der Anforderungsanalyse eingesetzt, wenn die IT-Abteilung mit den Personen aus der Fachabteilung kommuniziert.

- **Verbesserung der Akzeptanz:** Die Einführung und Weiterentwicklung von Informationssystemen sollte unter Einbindung der späteren Nutzer erfolgen. Durch die Arbeit mit Modellen erfahren die später involvierten Personen frühzeitig etwas über den Funktionsumfang der Software und können sich selbst einbringen.

2.6 Entwurf von Datenbanken

2.6.1 Dateiverarbeitung versus Datenbankverarbeitung von Daten

Daten können entweder in sogenannten Dateien oder in Datenbanken gespeichert werden. Die Dateispeicherung war zu Beginn des Einsatzes von Computern das übliche Verfahren. Jedes Programm hat „seine" Daten selber verwaltet, also die grundlegenden Operationen wie Anlegen, Ändern, Löschen und Anzeigen von Daten durchgeführt. Für isoliert laufende Programme ist das Verfahren vorteilhaft und auch heute noch im Einsatz.

Steht jedoch der Austausch von Daten zwischen verschiedenen Programmen als Aufgabe an, so wie es in Unternehmen üblich ist, bietet sich der Einsatz von Datenbanken an. Eine Datenbank oder, besser gesagt, ein Datenbankverwaltungssystem bzw. Datenbankprogramm arbeitet als Dienstleister für andere Programme und bietet als „Service" die Verwaltung der Daten an. Sie stellt den Programmen eine logische Sicht auf die von ihnen benötigten Daten zur Verfügung. Die Daten selbst sind aber nur einmalig in der Datenbank vorhanden.

„Eine **Datei** ist ein elektronisches Medium, welches für die strukturierte Speicherung von Daten genutzt wird, die von Programmen direkt verwaltet werden."

„Eine **Datenbank** ist ein Programm, welches die Aufgabe hat, Daten zu verwalten. Es stellt insbesondere für andere Informationssysteme die Services ‚Anlegen', ‚Ändern', ‚Löschen' und ‚Anzeigen' von Daten bereit."

Die unterschiedlichen Ansätze der Dateiverarbeitung und Datenbankverarbeitung sind in Bild 2.5 dargestellt.

Werden sehr viele Programme mit überlappendem Zugriff an Daten eingesetzt, kommt die Dateiverarbeitung an ihre Grenzen. Es entstehen Datenredundanzen (mehrfache Speicherung gleicher Daten), es droht bei Arbeits- oder Programmfehlern eine Inkonsistenz der Daten, wenn die Aktualisierung der Daten in den verschiedenen Programmen nicht funktioniert. Außerdem verschwinden die Daten, wenn das sie verwaltende Programm gelöscht wird oder nicht mehr funktioniert. Man spricht hier von einer fehlenden „Persistenz" der Daten. Ihre Existenz hängt vom Programm ab. Müssen Änderungen an den Datenstrukturen vorgenommen werden (z. B. Verlängerung der Kundennummer von sechs auf zehn Stellen), dann müssen alle betroffenen Programme angepasst werden, was einen erheblichen Aufwand darstellen kann. Ein Nachteil des zentralen Datenbankansatzes ist es, dass für Angriffe und Manipulationen nur ein Punkt notwendig ist, der entsprechend vom Unternehmen zu schützen ist. Mögliche Maßnahmen sind z. B. redundante Speichersysteme an verschiedenen Orten.

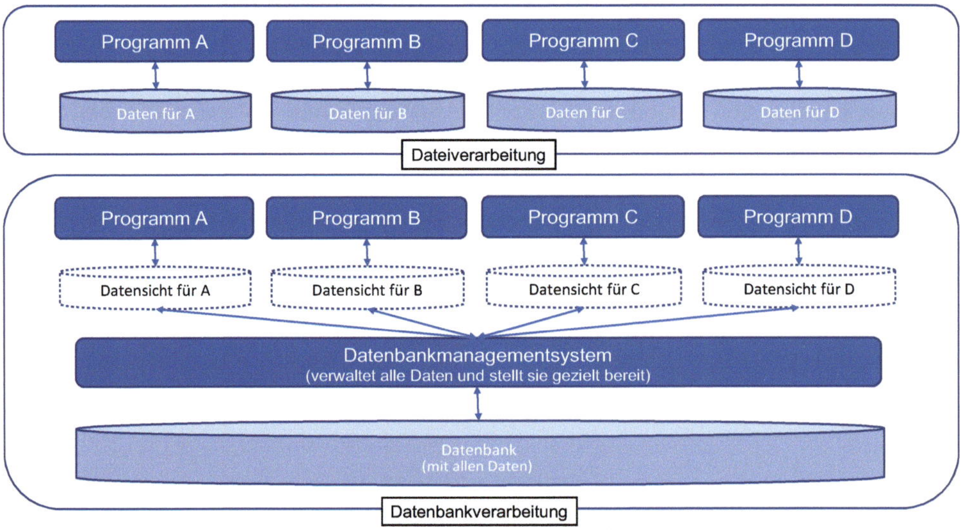

Bild 2.5 Datei- versus Datenbankverarbeitung von Daten

2.6.2 Phasen des Entwurfs von Datenbanken

Die in diesem Buchbeitrag beschriebene Thematik der Datenmodellierung ist Teil eines komplexen Prozesses im Rahmen des Entwurfs von Datenbanken. Er wird nachfolgend in vereinfachter Form skizziert, um die wichtige Stellung der Datenmodellierung zu demonstrieren.

Zunächst wird ein Teilausschnitt eines Unternehmens gewählt, da die Einbeziehung sämtlicher Daten auch heute noch unmöglich erscheint. In einem ersten Schritt erfolgt eine Analyse des Informationsbedarfs, der in einer strukturierten Dokumentation festgehalten ist. Das können Textdokumente sein, erste grafische Skizzen oder auch andere Elemente. Im zweiten Schritt wird ein konzeptioneller Entwurf des zukünftigen Systems erstellt. Hierfür wird das Instrument der Datenmodellierung, auf das in den Folgekapiteln noch im Detail eingegangen wird, eingesetzt. Ergebnis dieser Phase ist ein formales Modell, gegebenenfalls ergänzt um weitere Erläuterungen. In der dritten Phase wird ein computerlesbares Schema erstellt. Anschließend erfolgt die Implementierung der Datenbanken auf einem Rechnersystem. Bei späteren Erweiterungen oder Änderungen der Datenstrukturen wird der in Bild 2.6 dargestellte Zyklus erneut durchlaufen.

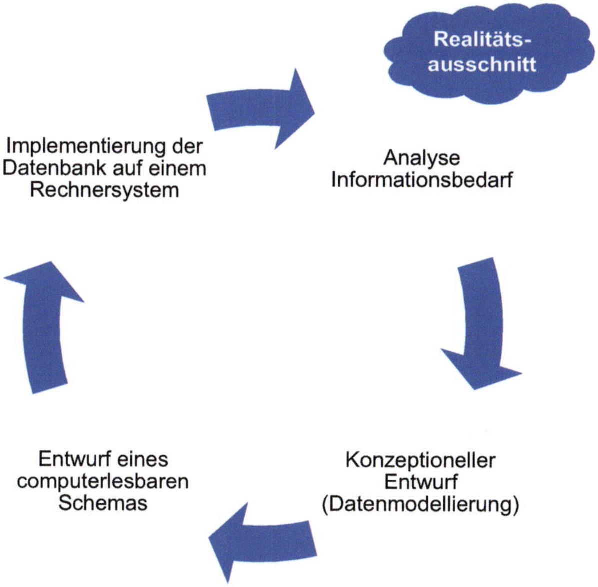

Bild 2.6
Entwurfsphasen für Datenbanksysteme

■ 2.7 Einführung in das Entity-Relationship-Modell (ERM)

Das Entity-Relationship-Modell wurde 1976 vom Informatiker Peter Chen entwickelt (vgl. Chen 1976). Es handelt sich um eine grafische Methode zur Beschreibung von Daten und deren Beziehungen untereinander. Zentrale Begriffe des Modells sind die namensgebenden Begriffe „Entity“ bzw. „Entität“ sowie „Relation“ bzw. „Beziehung“. Die Inhalte zum ERM können bei Bedarf unter anderem im sehr umfassenden Werk von Elmasri (2009) oder in kompakter Form bei Gadatsch (2019) vertieft werden. Dort findet die Leserschaft auch weiterführende Beispiele.

Entity oder Entität

Entitäten sind abstrakte oder reale Objekte, die sich von anderen Objekten abgrenzen lassen. Sie werden durch gleichartige Attribute beschrieben. Reale Entitäten können Elemente der Wirtschaftswelt sein, wie Kunden, Artikel, Lieferanten oder auch Personen. Abstrakte Entitäten sind logische Konstrukte, wie z.B. eine Kundenbewertung, ein Kredit oder ein Fußballspiel.

> ✓ „Ein **Entity** ist ein reales oder abstraktes Objekt, das sich von anderen Objekten abgrenzen lässt."

Da die Modellierung von Daten nicht für einzelne Firmen oder Personen, sondern für eine Gruppe von Firmen oder Personen durchgeführt wird, ist bei der Modellierung die **Typebene** von der **Instanzebene** zu unterscheiden.

Der Entitätstyp „KUNDE" beschreibt alle Kunden, das Entity bzw. die Entität „Müller AG, 53757 Sankt Augustin" beschreibt einen konkreten einzelnen Kunden.

Beziehungen oder „Relationship"

Entitätstypen stehen nicht alleine im Raum, sondern sie gehen Beziehungen (Relationships) zu anderen Entitätstypen ein. Eine häufige Beziehung in einem Unternehmen ist es, dass KUNDEN bei dem Unternehmen ARTIKEL bestellen. Eine weitere mögliche Beziehung wäre, dass ein PRODUKT auf MASCHINEN hergestellt wird.

> ✓ „Eine **Beziehung** beschreibt die Verbindung von zwei oder mehr Entitäten."

Auch bei Beziehungen wird die Typebene von der Instanzebene unterschieden. Der Beziehungstyp „MASCHINE" produziert „PRODUKT" gilt für alle Instanzen. Eine mögliche Instanz wäre z.B. „DREHMASCHINE Nr. 4711" produziert „PRODUKT Nr. 200-1-0815".

Attribute

Attribute beschreiben Entitätstypen und Beziehungstypen. Attribute können Eigenschaften, Text, Zahlen, Mengeneinheiten oder ähnliche Merkmale beschreiben. So kann ein UNTERNEHMEN durch die Attribute „Firma", „Rechtsform", „Branche", „Firmensitz" etc. beschrieben werden.

> „Ein **Attribut** ist ein beschreibendes Merkmal eines Entitäts- oder Beziehungstyps."

Schlüsselattribute

Für die Verarbeitung von Daten ist es notwendig, dass jede Instanz (also z. B. eine Maschine, eine Person) eindeutig identifiziert werden kann. Hierzu dienen Schlüsselattribute. So kann eine Maschine über die „Maschinennummer", eine Person über die „Personalnummer", eine Studentin oder ein Student über die „Matrikelnummer" eindeutig identifiziert werden.

> „Ein **Schlüsselattribut** ist ein Attribut, welches eindeutig vergeben wird und damit der Identifikation von Entitäten dient."

Ein einfaches Entity-Relationship-Modell ist in Bild 2.7 aufgeführt. Der Entitätstyp „KUNDE" beschreibt mit den Attributen „Kundennummer", „Firmierung" und „Ort" die in der Datenbank gespeicherten Kunden des Unternehmens. Der Entitätstyp „ARTIKEL" beschreibt mit den Attributen „Artikelnummer" und „Artikelbezeichnung" die vom Unternehmen verkauften Artikel. Die Schlüsselattribute sind unterstrichen.

Eine konkrete Bestellung wird über den Beziehungstyp „bestellt" abgebildet, der als Attribut die „Menge" führt. Für den Beziehungstyp wird kein separater Schlüssel definiert, weil er den kombinierten Schlüssel „Kundennummer + Artikelnummer" trägt, da sie für die Identifikation erforderlich sind.

Hinweis: In der Praxis würde man für diesen Sachverhalt noch einen „künstlichen" Schlüssel, der einfacher zu handhaben ist, definieren, z. B. eine fortlaufende „Bestellnummer". Wir verzichten hier jedoch aus Vereinfachungsgründen darauf.

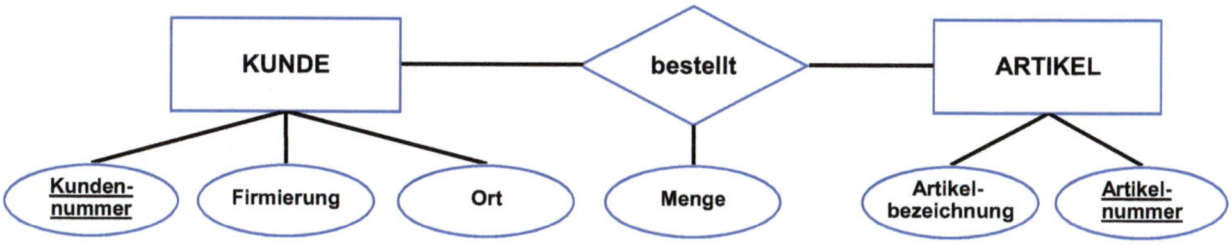

Bild 2.7 Einfaches Entity-Relationship-Modell

Kardinalitäten zur Präzisierung von Beziehungen

Bislang wurden die Beziehungen zwischen Entitätstypen nicht weiter präzisiert. Häufig ist es notwendig, die Unter- und/oder die Obergrenze möglicher Beziehungen zu begrenzen. Diese Beschreibungen werden Kardinalitäten genannt.

Im Chen-Modell gibt es drei Formen von Beziehungen: Eins-zu-eins-Beziehungen, Eins-zu-N-Beziehungen, M-zu-N-Beziehungen sowie die Minimalkardinalitäten.

Bei einer **Eins-zu-eins-Beziehung** kann ein Entity des erstgenannten Entitätstyps genau eine Beziehung zum zweitgenannten Entitätstyp eingehen und umgekehrt. Da diese Definition doch sehr sperrig klingt, nennen wir ein paar Beispiele:

- Ein STUDENT hat einen STUDENTENAUSWEIS.
- Eine MITARBEITERIN hat eine ZUGANGSKARTE für die Tiefgarage.

Die Beziehungen gelten in beide Richtungen. Der Ausweis bzw. die Zugangskarte sind immer auf eine Person bezogen, können also nicht mehreren Personen zugeordnet werden. Ein weiteres Beispiel betrifft die Führung von Organisationseinheiten:

- Eine FÜHRUNGSKRAFT leitet eine ABTEILUNG.

Hier gilt auch die umgekehrte Richtung, die ABTEILUNG wird nur von einer FÜHRUNGSKRAFT geleitet.

Bei einer **Eins-zu-N-Beziehung** kann ein Entity des erstgenannten Entitätstyps mehrere Beziehungen zum zweiten Entitätstyp eingehen, nicht aber umgekehrt. Beispiele finden sich häufig im betrieblichen Umfeld:

- Eine ABTEILUNG hat mehrere MITARBEITENDE.
- Eine PROJEKTMANAGERIN leitet mehrere PROJEKTE.
- Einem FAHRZEUGTYP können mehrere FAHRZEUGE zugeordnet werden.
- Eine ARTIKELGRUPPE besteht aus mehreren ARTIKELN.

Auch **M-zu-N-Beziehungen** sind in der Praxis sehr häufig. Hier können die Entitäten jedes Entitätstyps mehrere Beziehungen zum jeweils anderen Entitätstyp eingehen. Nachfolgend sind einige Beispiele genannt. Die Mehrfachbeziehung gilt jeweils in beide Leserichtungen:

- LIEFERANTEN liefern mehrere ARTIKEL.
- KUNDEN bestellen mehrere Produkte.
- STUDENTEN belegen mehrere VORLESUNGEN.
- PRÜFUNGEN werden von mehreren DOZENTEN abgehalten.
- MODULE werden in mehreren STUDIENGÄNGEN verwendet.

Die Kardinalität (1 oder N bzw. M) wird im Entity-Relationship-Modell jeweils an die Kante geschrieben (vgl. Bild 2.8).

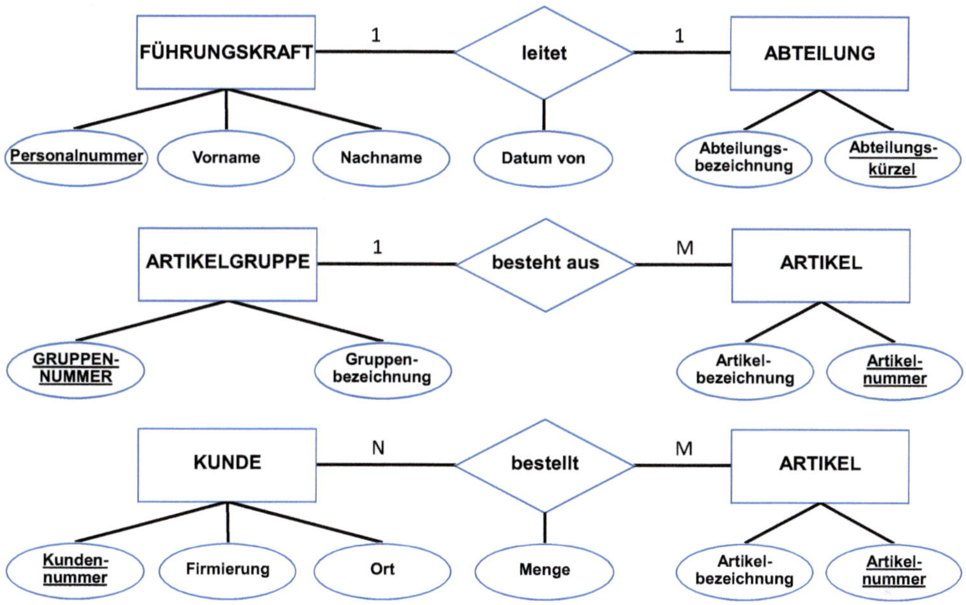

Bild 2.8 Entity-Relationship-Diagramme mit Kardinalitäten

Oft hängt die Auswahl der Kardinalität vom Kontext ab. So kann das Beispiel TANZPARTNER tanzt mit TANZPARTNERIN unterschiedlich interpretiert werden. Wollen wir „feste“ Tanzpartnerbeziehungen darstellen, wäre eine Eins-zu-eins-Beziehung denkbar. Wollen wir darstellen, dass auf einer Tanzveranstaltung jede Person mit beliebig vielen anderen Personen tanzen kann, so wäre eine M-zu-N-Beziehung sinnvoll.

Bislang haben wir nur Obergrenzen für Beziehungen festgelegt. Wollen wir festlegen, dass ein Entity eines Entitätstyps mindestens eine Beziehung eingehen muss, so markieren wir die Beziehung als „Minimalkardinalität“ mit einer verdoppelten Kante.

Im Bild 2.9 bedeutet die Beziehung des oberen ERM-Modells, dass eine Abteilung stets eine Führungskraft haben muss (Minimum = 1) und maximal eine Führungskraft haben darf. Im unteren Teil ist dargestellt, dass eine Artikelgruppe aus mindestens einem Artikel bestehen muss und ein Artikel einer Artikelgruppe zugeordnet werden muss (mindestens 1, maximal 1).

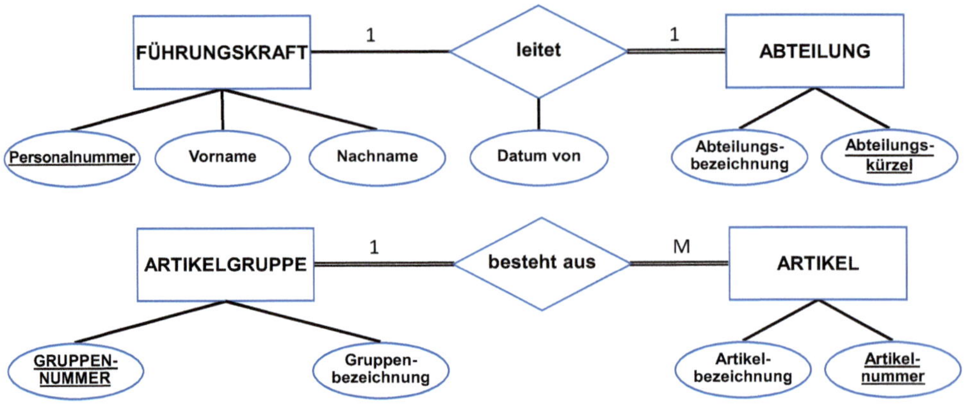

Bild 2.9 Entity-Relationship-Diagramme mit Minimalkardinalitäten

2.8 Erweiterungen des Entity-Relationship-Modells

In der Realität gibt es vielfältige Sachverhalte, die sich mit den bisher bekannten Modellelementen nicht, oder nicht elegant, darstellen lassen. Hierzu wurden einige Erweiterungen entwickelt, die nachfolgend in den Grundzügen dargestellt werden.

Zusammengesetzte Attribute

Oft sind Attribute wie „Name", „Telefonverbindung" oder „Adresse" aus mehreren Elementen aufgebaut und folgen einer festen Struktur. Diese „zusammengesetzten" Attribute werden wie in Bild 2.10 dargestellt modelliert. Der Name einer Person setzt sich zusammen aus der Anrede, dem Vor- und Nachnamen und einem eventuellen Titel. Die Anschrift einer Abteilung setzt sich zusammen aus der Postleitzahl, dem Ort, der Straße und der Hausnummer. In der Realität können weitere Teilattribute hinzukommen (z. B. Geburtsname, Künstlername bzw. Land, Postfach).

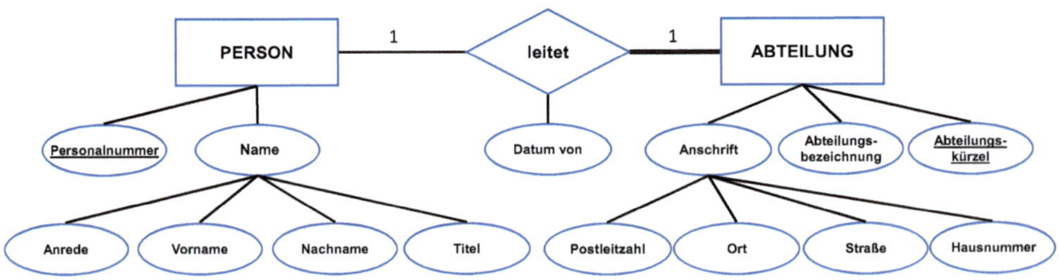

Bild 2.10 Zusammengesetzte Attribute

Generalisierung und Spezialisierung

Bei größeren Datenbanken besteht oft der Bedarf, diese in kleinere Einheiten zu zerlegen, um z. B. Zugriffszeiten zu verbessern oder aber die Handhabung zu vereinfachen.

So könnte es wie im Entity-Relationship-Modell in Bild 2.11 dargestellt sein, dass die Geschäftspartner eines Unternehmens entweder natürliche oder juristische Personen sind. In beiden Fällen müssen wir eine Identifikation der Entitäten vornehmen, z. B. über eine eindeutige Geschäftspartnernummer, und darüber hinaus die Anschrift festhalten. Gegebenenfalls kommen noch weitere Merkmale hinzu.

Für natürliche Personen dagegen sind andere Merkmale von Bedeutung (z. B. Geschlecht, Geburtsdatum) als für juristische Personen (z. B. Rechtsform wie „AG", „GmbH" oder Gründungsjahr, Handelsregisternummer oder die Personen in der Geschäftsführung). Aus diesem Grund kann der Entitytyp „Geschäftspartner" in den sogenannten Supertyp „Geschäftspartner" und die Subtypen „Juristische Person" und „Natürliche" Person untergliedert werden. Die Subtypen „erben" die Attribute und das Schlüsselattribut des Supertyps. D. h., jede natürliche oder juristische Person hat als Schlüssel die „GP-Nr." und das zusammengesetzte Attribut „Anschrift".

Betrachtet man das Modell in Bild 2.11 „top-down", so spricht man von Spezialisierung, betrachtet man es „bottom-up", so handelt es sich um eine Generalisierung.

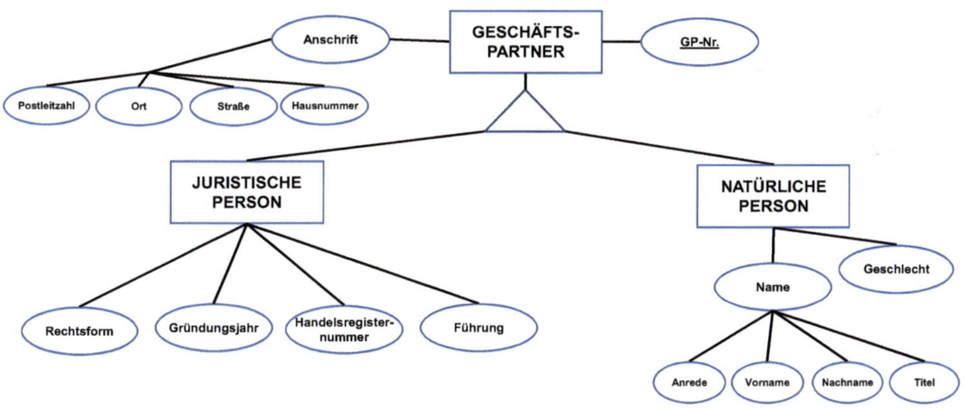

Bild 2.11 Generalisierung bzw. Spezialisierung

Besitzende und schwache Entitätstypen

In der Praxis gibt es zahlreiche Fälle, in denen es zu sehr starken Verbindungen zwischen zwei Entitätstypen kommt, die darauf hinauslaufen, dass eine sogenannte „Existenzabhängigkeit" zwischen ihnen festgestellt werden kann.

Ein typisches Beispiel ist der Entitätstyp „Mahnung“, dessen Existenz vom Entitätstyp „Rechnung“ abhängt. Oder anders gesagt: Wenn es keine Rechnung gibt, dann existiert dazu auch keine Mahnung. Oder umgekehrt: Zu einer Mahnung gehört auch eine (nicht bezahlte) Rechnung. Die Rechnung ist in diesem Beispiel der sogenannte „besitzende“ Entitätstyp, die Mahnung der sogenannte „schwache“ Entitätstyp. Die grafische Gestaltung im ERM-Modell ist in Bild 2.12 zu sehen. Das stark vereinfachte Beispiel zeigt, dass zu einer Rechnung keine, eine oder mehrere Mahnungen existieren können. Eine Mahnung muss aber genau einer Rechnung (Kardinalität „1“) zugeordnet werden (Minimalkardinalität!).

Die Symbole für die Beziehung „führt zu“ und „MAHNUNG“ weisen verdoppelte Kanten auf. Der Schlüssel für „MAHNUNG“ ist als partieller Schlüssel zu verstehen und deshalb gestrichelt markiert. Die Mahnungsnummer wird um die Rechnungsnummer ergänzt, um den Schlüssel zu vervollständigen. So hat die dritte Mahnung zur Rechnung „4711“ den vollständigen Schlüssel „47113“.

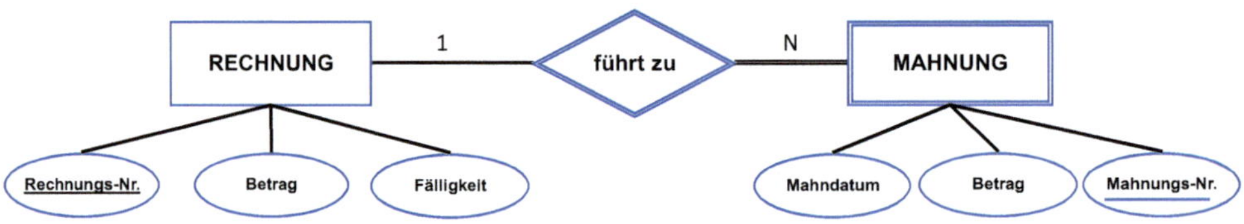

Bild 2.12 Besitzende und schwache Entitätstypen

Weitere Beispiele für typische besitzende und schwache Entitätstypen sind z. B. „AUFTRAG“ und „AUFTRAGSPOSITION“, „BESTELLUNG“ und „BESTELLPOSITION“.

Uminterpretation

Für viele reale Sachverhalte gibt es häufig auch mehrere Betrachtungsweisen. Dies trifft im Rahmen der Datenmodellierung auch auf Beziehungstypen zu, die alternativ als Entitätstypen betrachtet werden können. Schauen wir uns dazu ein einfaches Beispiel an und stellen Sie sich hierzu vor, Sie wären ein Mitarbeitender in einem Callcenter und beraten am Telefon verschiedene Kunden. Je nach Erfolg Ihres „Beratungsgesprächs“ kann es auf dieser Grundlage zu einer „BESTELLUNG“ des „KUNDEN“ kommen. Die Beziehung „berät“ wird dazu uminterpretiert und zu einem Entitätstyp „BERÄT“.

Dieser Zusammenhang ist im Bild 2.13 als Entity-Relationship-Diagramm dargestellt. Im oberen Bildbereich ist zunächst die „normale“ Beziehung zwischen „PERSON“ und „KUNDE“ dargestellt. Im unteren Bildbereich wird aus der Beziehung „berät“ die Uminterpretation „BERÄT“ mit einer Verbindung zur Bestellung.

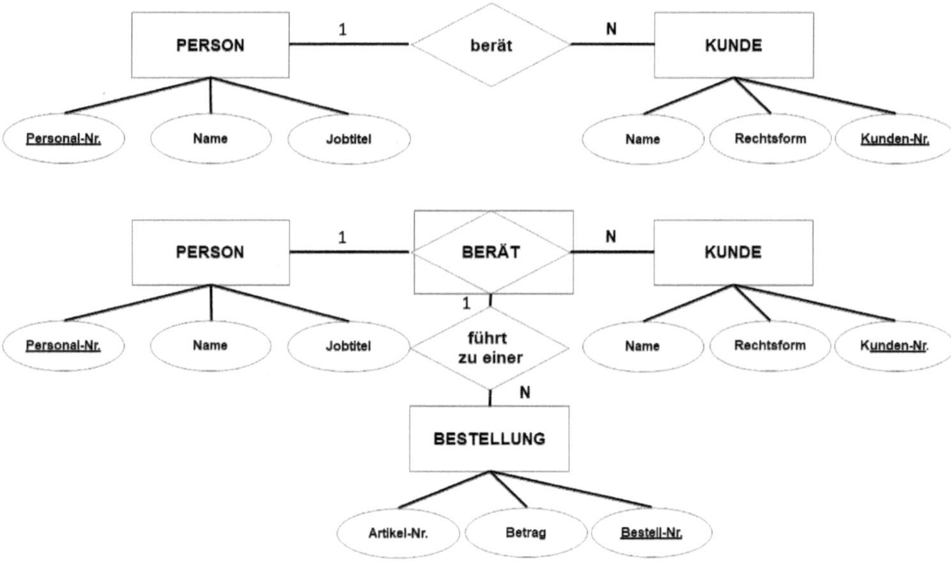

Bild 2.13 Uminterpretation einer Beziehung

Ein weiteres typisches Beispiel für eine Uminterpretation lautet: Eine PERSON betreut mehrere PROJEKTE. Die BETREUUNG der Projekte führt zu BEWERTUNGEN der PROJEKTE.

Rekursion

Die bisherigen Modellierungsbeispiele betrafen nur Beziehungen zwischen verschiedenen Entitätstypen. In der Praxis gibt es auch Beispiele, bei denen Entitäten eines Entitätstyps auf eine andere Entität des gleichen Entitätstyps verweisen. Diese vielleicht etwas verwirrende Erklärung kann durch ein einfaches Beispiel dargestellt werden. So können PERSONEN, die in einem Unternehmen arbeiten, die Rolle „Mitarbeitender“ und/oder „Führungskraft“ einnehmen. Üblicherweise sind nicht alle PERSONEN auch Führungskraft, wohl aber Mitarbeitender.

In Bild 2.14 ist im oberen Bereich der Sachverhalt mit zwei verschiedenen Entitätstypen („FÜHRUNGSKRAFT“ und „MITARBEITENDER“) dargestellt. Im unteren Bereich wird die sogenannte Rekursion von Beziehungen verwendet. Bei der Modellierung mit zwei Entitätstypen werden Personen, die „nur“ Mitarbeitende sind, als Entity des Entitätstyps „MITARBEITENDER“ geführt. Ist eine Person eine Führungskraft, dann muss sie beiden Entitätstypen zugeordnet werden, was einen gewissen Mehraufwand bedeutet. Bei der rekursiven Modellierung werden alle Personen dem Entitätstyp „PERSON“ zugeordnet, und nur diejenigen Personen, die als Führungskraft arbeiten, werden über den Beziehungstyp „führt“ einer anderen Person als Führungskraft zugeordnet. Dies führt zu einem geringeren Aufwand in der Datenhaltung mit einem Datenbankmanagementsystem.

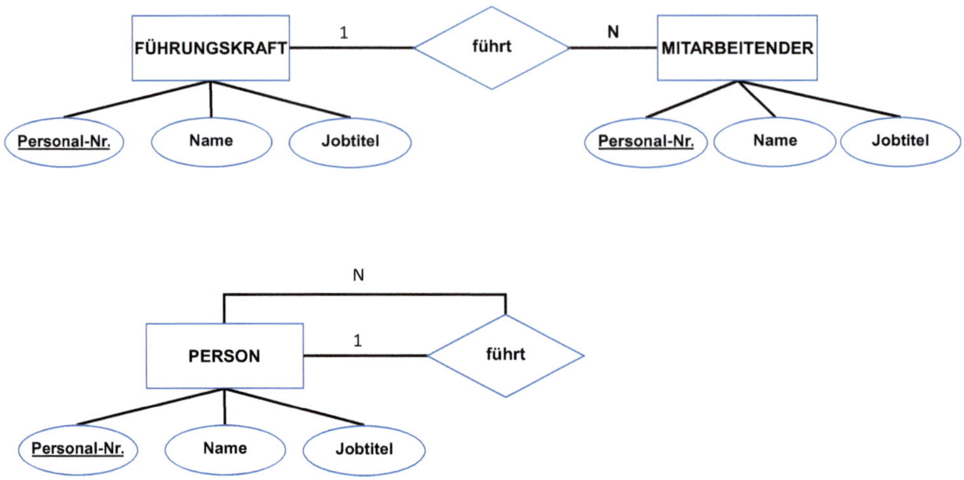

Bild 2.14 Rekursion

Ein anderes Beispiel für eine Rekursion ist die klassische „Stückliste", also eine geordnete hierarchische Teilestruktur. Hierunter ist aus Sicht der Datenmodellierung eine rekursive Darstellung von Teilen zu verstehen, bei der ein Teil als „Oberteil" oder als „Unterteil" eingestuft werden kann. Aus dem Hochschulbereich können die Module eines Modulhandbuches angeführt werden, die in verschiedenen Kombinationen zu unterschiedlichen Fächern, Studienprofilen oder Studiengängen kombiniert werden können.

■ 2.9 Alternativen zur Chen-Notation

Die von Chen (1976) entwickelte Notation für die Entity-Relationship-Modellierung wurde mehrfach weiterentwickelt bzw. es wurden alternative Notationen konzipiert (vgl. Gadatsch 2020, S. 33 f.). An dieser Stelle soll nur auf zwei in der Praxis häufig anzutreffende Varianten kurz eingegangen werden, um den wesentlichen Unterschied aufzuzeigen. Dieser besteht im Wesentlichen in der Beschriftung und Leserichtung der Kardinalitäten. Die Grundzüge der Modellbildung sind jedoch in allen Fällen sehr ähnlich.

Die **mc-Notation** kennt folgende Kardinalitäten: „0", „1", „mc" und „m". Die Werte „0" und „1" haben die gleiche Bedeutung wie bei Chen, „mc" steht für „0 oder mehr" und „m" steht für „1 oder mehr" Beziehungen einer Entität zu einem anderen Entitätstyp.

Die **Min-Max-Notation** benennt, wie es der Name bereits ausdrückt, die Unter- und Obergrenzen einer Kardinalität. So sind folgende Ausprägungen denkbar „0,1“, „1,1“, „0,*“ oder „1,*“ und beliebige Zwischenwerte wie „1,5“ (z. B. „Mit einem Pkw können ein bis fünf Personen mitfahren“). Der Wert „*“ hat die Bedeutung von „viele“, also dem „N“ aus der Chen-Notation.

Im Gegensatz zur Chen-Notation wird die Kardinalität in beiden Varianten direkt auf der Seite des relevanten Entitätstyps angebracht, was gelegentlich zur Verwirrung führen kann. In Bild 2.15 sind inhaltsgleiche Beispiele für die drei Notationsvarianten dargestellt. Die Attribute wurden zur Vereinfachung weggelassen. In allen Fällen drücken die Modelle aus, dass eine Führungskraft mindestens eine oder mehrere Personen führt. Umgekehrt hat jede Person genau eine Führungskraft.

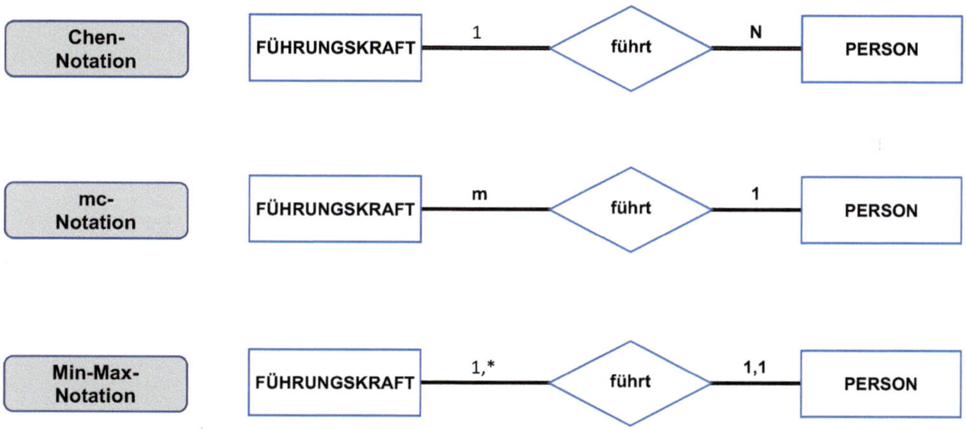

Bild 2.15 Alternativen zur Chen-Notation

■ 2.10 Die wichtigsten Punkte in Kürze

- Modelle sind vereinfachte Darstellungen der Realität.
- Daten, Informationen und Wissen bilden die sogenannte „Wissenspyramide“.
- Daten können in mehrere Kategorien untergliedert werden (originäre Daten, abgeleitete Daten etc.).
- Datenfehler können bei der Konzeption entstehen (Modellebene) oder später im Rahmen der Nutzung von Informationssystemen auf der Ebene der Einzeldaten. Fehler auf der Modellebene führen zu größeren Problemen, da sie sich generell auf alle Geschäftsvorfälle auswirken können.

- Modelle verbessern die Transparenz und unterstützen die Einführung und Weiterentwicklung von Software und den damit verbundenen Prozessen. Sie sind aber nur Mittel zum Zweck der Optimierung.
- Datenbanken verwalten für verschiedene Programme die dort benötigten Daten an einer Stelle. Alternativ können die Daten in Dateien direkt von den Programmen verwaltet werden, was aber zu Redundanzen und Inkonsistenzen führen kann.
- Die Modellierung der Daten setzt die fachliche Grundlage voraus für den Aufbau der Datenbanken und wird später als Basis für die technische Implementierung genutzt.
- Das Entity-Relationship-Modell wurde bereits in den 1970er-Jahren entwickelt, um die Struktur von Datenbeziehungen zu visualisieren und die Entwicklung von Datenbanken zu unterstützen.
- Ein Entity-Relationship-Diagramm besteht in der einfachen Variante aus Entitätstypen und Beziehungen zwischen diesen. Sowohl Entitätstypen als auch Beziehungen werden durch Attribute beschrieben. Schlüsselattribute sind solche Attribute, die ein Entity eindeutig identifizieren.
- Zusammengesetzte Attribute bilden eine Mikrostruktur ab.
- Die Generalisierung bzw. Spezialisierung dient der besseren Strukturierung von Datenstrukturen mit überlappenden Attributen.
- Die Existenz von schwachen Entitäten hängt davon ab, dass ihnen ein besitzender Entitätstyp zugeordnet werden kann.
- Die Uminterpretation ist die Neudefinition einer Beziehung als Entitätstyp.
- Eine Rekursion bildet Beziehungen auf dem gleichen Entitätstyp ab.
- Bekannte Alternativen zur CHEN-Notation für die Datenmodellierung sind die mc-Notation und die Min-Max-Notation, welche unter anderem mit anderen Vorschriften für die Kardinalitäten arbeiten.

Literatur

Aamodta, Agnar; Nygårdb, Mads (1995): „Different roles and mutual dependencies of data, information, and knowledge – an AI perspective on their integration“, in: *Data and Knowledge Engineering* 16, S. 191–222, Elsevier, *https://folk.idi.ntnu.no/agnar/publications/dke-95.pdf*

Chen, Peter Pin-Shan (1976): *„The Entity-Relationship Model – Toward a Unified View of Data“*, in: *ACM Transactions on Database Systems* Vol. 1, No. 1, März, abrufbar z. B. unter *https://dspace.mit.edu/bitstream/handle/1721.1/47432/entityrelationshx00chen.pdf*

Elmasri, R. (2009): *Grundlagen von Datenbanksystemen*. 3. Auflage, Bachelorausgabe, München

Gadatsch, Andreas (2019): *Datenmodellierung*. 2. Auflage, Wiesbaden, *https://link.springer.com/book/10.1007/978-3-658-25730-9*

Spitta, Thorsten; Bick, Markus (2008): *Informationswirtschaft*. 2. Auflage, Wiesbaden

3 Daten sammeln, aufbereiten und speichern

Beate Navarro Bullock

Dieses Kapitel beschäftigt sich mit der Vorbereitung der Daten für Analyseprojekte. Dafür wird das Konzept der Data Pipeline vorgestellt, das Daten aus den Quellsystemen in ein aufbereitetes Datenprodukt überführt. Die Überführung der Daten lässt sich in die drei Phasen (Datenextraktion, -transformation und -bereitstellung) aufteilen. Aktuelle Technologien und Herausforderungen werden für jede dieser Phasen diskutiert.

In diesem Beitrag erfahren Sie:

- Was bedeutet der Begriff Data Pipeline? Welche Schritte umfasst eine Data Pipeline?
- Welche Arten von Quellsystemen gibt es und was muss bei der Extraktion von Daten aus diesen Quellen beachtet werden?
- Welche Aufgaben spielen bei der Transformation der Daten eine Rolle?
- Was versteht man unter einem Datenprodukt und wie lassen sich diese den Anwendern zur Verfügung stellen?
- Wie ist ein Datenpool organisiert? Welche Vor- und Nachteile haben verschiedene Formen der Datenspeicherung und Organisation für die Verwendung als Datenpool?

3.1 Von der Quelle zum aufbereiteten Datensatz

Ein aufwendiger und oft unterschätzter Schritt in der Datenanalyse ist die Vorbereitung der zu analysierenden Daten. Nach Aussagen von Anwendern verbringen diese bis zu 80 % ihrer Zeit mit Aufgaben, die die Datenvorverarbeitung betreffen (Matzer/Litzel 2019).

Viele Datenanalyseprojekte erfordern z. B. die Integration von Daten aus unterschiedlichen Quellen. Für eine verlässliche, konsistente Datenbasis müssen Daten auf Vollständigkeit und Korrektheit geprüft werden. Schließlich müssen die transformierten Daten als Datenprodukt zur Verfügung gestellt und je nach Anwendung regelmäßig aktualisiert werden.

Bei diesen Vorgängen gibt es kein eindeutiges, vordefiniertes Vorgehen, welches sich möglichst automatisiert bearbeiten lässt. Vielmehr müssen die einzelnen Aufgaben für jedes Datenprojekt individuell zusammengestellt und im Laufe der Zeit angepasst werden. Trotz der vielfältigen und je nach Problemstellung unterschiedlich anzuwendenden Techniken können einige allgemeine Schritte sowie empfehlenswerte Praktiken abgeleitet werden, an denen sich Anwender orientieren können.

3.1.1 Der Begriff der Data Pipeline

Applikationen aus den Bereichen Data Analytics, Machine Learning oder Business Intelligence benötigen als Basis kontinuierlich aufbereitete und qualitativ hochwertige Daten. Die Bereitstellung dieser Daten ist das Ziel von Data Pipelines.

> ✓ Eine **Data Pipeline** ist eine Kombination aus Architekturen, Systemen und Prozessen, die sicherstellt, dass Daten aus den Quellsystemen so aufbereitet werden, dass sie zum richtigen Zeitpunkt und am richtigen Ort für Analysezwecke zur Verfügung stehen. Eine Data Pipeline kann dabei nur aus wenigen Schritten bestehen oder komplexe, automatisierte Vorgänge umfassen, die mehrere Quellsysteme, verschiedene Technologien und Programmiersprachen involvieren (Densmore 2021). ■

Die Prozessschritte einer Data Pipeline lassen sich über den folgenden groben Ablauf beschreiben:

1. Extraktion der Daten aus internen und externen Datenquellen (Data Ingestion),
2. Transformation der Daten (Data Wrangling),
3. Bereitstellung der Daten an einem Ablageort (Data Service), sodass die nachfolgenden Analyseanwendungen auf die Daten zugreifen können.

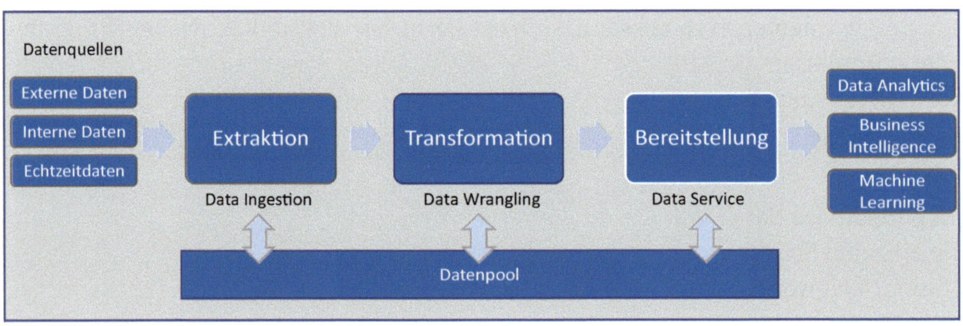

Bild 3.1 Prozessschritte Data Pipeline

Bild 3.1 zeigt die Schritte. Die hier dargestellten Prozessschritte einer Data Pipeline umfassen die Phasen Extraktion, Transformation und Bereitstellung, decken also Aspekte vom Laden der Quellen bis zur Bereitstellung für Analysezwecke ab. Aber auch für die abgreifenden Systeme, wie Data-Analytics- oder Machine-Learning-Anwendungen, lassen sich Data Pipelines erstellen. So ist es für eine Machine-Learning(ML)-Anwendung sinnvoll, die Schritte der Modellgenerierung, der Evaluation und des Deployment in Form von Pipelines zu organisieren.

Pipelines in Facebook (Metaverse)

Die Anwendung Facebook verarbeitet Daten in Echtzeit. Dafür wurden Hunderte Pipelines implementiert, die die riesigen Datenmengen aufbereiten. So werden Nutzereingaben (z. B. Kommentare, Posts, Likes) gelesen und weiterverarbeitet, um möglichst aktuell heiß diskutierte Themen oder demografische Analysen anzuzeigen (Chen et al. 2016).

3.1.2 Wer baut Data Pipelines?

Der Entwurf und die Implementierung von Pipelines ist Aufgabe des Dateningenieurs, der auch als Data Engineer bezeichnet wird. Während das Berufsbild des Data Scientist als „Sexiest Job of the 21st Century“ beworben wird, steht das Berufsbild des Data Engineer eher im Hintergrund. Data Engineers sind für Unternehmen allerdings essenziell, denn diese liefern das Fundament für Analyseprojekte: Sie stellen die notwendigen Daten bereit.

Dafür sind sie in unterschiedlichen Bereichen tätig:

- Aufbau einer (skalierbaren) Datenarchitektur
- Entwicklung von Pipelines für spezifische Anwendungen
- Konfiguration von Schnittstellen
- Design und Implementierung von Datenspeichersystemen

Ein Data Engineer muss eine Vielzahl von Fähigkeiten entwickeln, um Daten aus den Quellsystemen in eine verarbeitbare Form zu verwandeln. Neben Programmierkenntnissen sind Kenntnisse über Datenarchitekturen und Speichersysteme notwendig. Auch statistisches Wissen und ein Einblick in die Möglichkeiten der Datenanalyse sind wichtig, um die Anforderungen an die Zielstruktur der Daten zu erkennen.

Im Bereich des Data Engineering gibt es eine Vielzahl von Tools und Technologien, die einzelne Schritte oder die Prozesskette unterstützen und automatisieren. Einige dieser Tools werden im Laufe des Artikels kurz vorgestellt. Einen Überblick über aktuelle Entwicklungen in der Data-Engineering-Toollandschaft liefern die jährlichen Übersichten von Matt Turck. Für das Jahr 2021 ist diese beispielsweise unter *https://mattturck.com/data2021/* abzurufen. Lassen Sie sich nicht von der Vielzahl der abgebildeten Tools abschrecken. Oft gibt es in den Data-Engineering-Abteilungen schon festgesetzte Tools, mit denen gearbeitet wird. Oder spezifische Datenstrukturen erfordern die Verwendung von ganz bestimmten Tools und Bibliotheken, sodass Sie auch hier in Ihrer Wahl eingeschränkt werden.

3.2 Daten sammeln

Die Extraktion der Daten aus den Quellsystemen ist der erste Schritt, den Dateningenieure aktiv gestalten können (denn auf die Gestaltung der Quellsysteme haben sie zumeist keinen Einfluss). An dieser Stelle beginnt der Aufbau einer Data Pipeline (Bild 3.2).

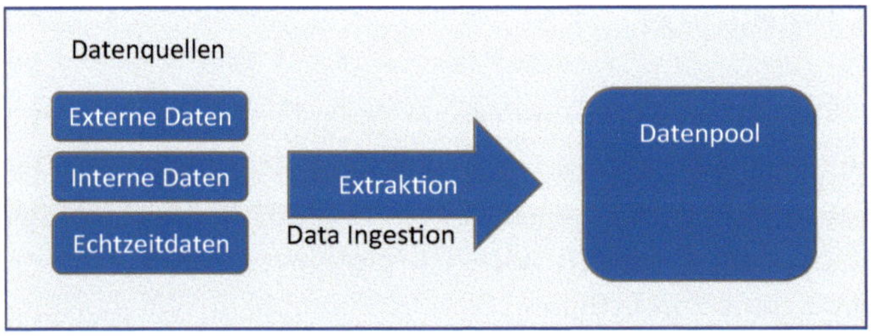

Bild 3.2 Datensammlung

Dazu muss auf die zur Verfügung stehenden Quellsysteme zugegriffen und müssen die Daten in den internen Datenpool aufgenommen werden. Der Transfer von Daten aus einem Quellsystem heraus in eine interne Datenstruktur wird auch *Data Ingestion* genannt.

Bei der Aufnahme von Daten aus den Quellsystemen wird jedes System für sich behandelt. Die Daten landen im Rohformat im Datenpool und werden erst in den weiteren Verarbeitungsschritten geändert.

Die Architektur und Gestaltung des Datenpools werden in Abschnitt 3.4 behandelt. In diesem Abschnitt beschäftigen wir uns mit Aspekten rund um die Quellsysteme und die Datenextraktion selbst. Von der Frage, wer für die Quelldaten verantwortlich ist, über die Art der Schnittstelle bis zum extrahierten Datenformat gilt es dabei ganz unterschiedliche Aspekte zu beachten.

3.2.1 Verantwortlichkeiten

Neben den Quellen aus dem eigenen Unternehmen lassen sich auch externe Daten für die Analyse nutzen und integrieren.

Datenintegration im Supermarkt

Supermarktketten können für ihre Kundenanalysen die Transaktionsdaten ihrer Kunden (z. B. die Auswertung von Kassenbons oder Zahlvorgänge via App) nutzen. Zusätzlich lassen sich diese Daten durch externe Daten erweitern: den Bestand der einzelnen Produkte in der Lieferkette, lokationsspezifische Wetterdaten, Sensordaten oder Daten aus sozialen Medien. Ein Beispiel für dieses Vorgehen ist der Discounter Lidl (Gärtner 2016), der Daten aus Webshops, mobilen Geräten und sozialen Netzwerken nutzt, um Zusammenhänge beim Kaufverhalten besser analysieren zu können. ■

Bei der Verwendung externer Quellen müssen die Abhängigkeiten vom externen Bereitsteller der Daten berücksichtigt werden. Dieser begrenzt, wann, wie und in welcher Granularität auf die Daten zugegriffen werden kann. Oft werden die Daten mittels Datendumps zur Verfügung gestellt oder können über vom Quellsystem angebotene Schnittstellen (Application Programming Interfaces - APIs) abgerufen werden (siehe Abschnitt 3.2.2).

Innerhalb der Unternehmensgrenzen mag es einfacher sein, auf Originalsysteme zuzugreifen und Daten abzufragen. Allerdings kommt es auch hier oft zu Schwierigkeiten. So fehlt es an ausreichender Dokumentation, welche Daten wo zu finden sind. Es müssen Zugehörigkeiten geklärt und Genehmigungen angefragt werden. Viele Systeme sind nicht direkt darauf ausgelegt, dass Daten von externen Applikationen abgegriffen werden, sodass es zu ungewollten Performanceeinschränkungen kommen kann. Hier muss gemeinsam mit den Verantwortlichen für die Quelldaten an Lösungen gearbeitet werden.

3.2.2 Art der Quellsysteme

Neben den Verantwortlichkeiten muss geklärt werden, auf welche Weise auf die Daten zugegriffen werden kann. Welche Schnittstellen stellen die Quellsysteme zur Verfügung? Bild 3.3 zeigt Beispiele für mögliche Quellsysteme und deren Schnittstellen.

Bild 3.3 Beispiele für Quelldaten

3.2.3 Dateiformate

Die Speicherung von Daten in Dateien sowie die Übertragung von Daten in einem Netzwerk erfordern die Übersetzung von Daten in eine Bytesequenz, die abhängig von einem bestimmten Dateiformat ist. Die Übersetzung nennt man auch *Serialisierung* oder *Codierung* (Kleppmann 2019).

Je nach Dateiformat sind die Bytesequenzen unterschiedlich aufgebaut. Die im Data-Engineering-Bereich gebräuchlichsten Dateiformate werden hier im Folgenden kurz vorgestellt. Sie können strukturierte, semistrukturierte oder unstrukturierte Daten enthalten (siehe Bild 3.4). Die meisten Programmiersprachen und Datenverarbeitungswerkzeuge bieten Bibliotheken an, um die verschiedenen Dateiformate auslesen zu können. Diesen Vorgang nennt man auch *Deserialisierung* oder *Decodierung*.

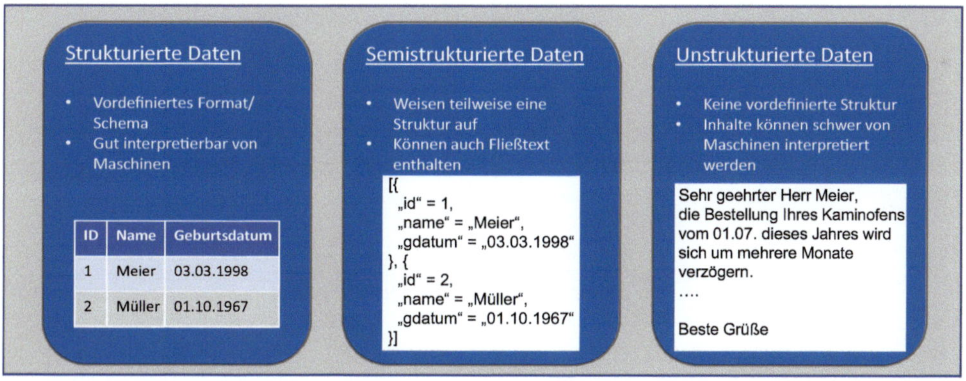

Bild 3.4 Unterschiede zwischen strukturierten, semistrukturierten und unstrukturierten Daten

CSV

Das Dateiformat CSV (Comma-Separated Value) erlaubt, strukturierte, textbasierte Daten darzustellen. Es ist eines der gängigsten Dateiformate. Eine Zeile besteht aus einem Datensatz (z. B. einem Kunden in einer Kundendatei), die Spalten repräsentieren Attribute (im Beispiel Bild 3.5 die ID, Vor- und Nachname, das Geburtsdatum oder den Beruf). Einzelne Werte werden mithilfe eines Trennzeichens getrennt, zumeist einem Komma. Optional kann ein Header, der die Spaltennamen enthält, mit angegeben werden. Der Datentyp selbst wird nicht gespeichert und muss beim Auslesen der Daten interpretiert werden.

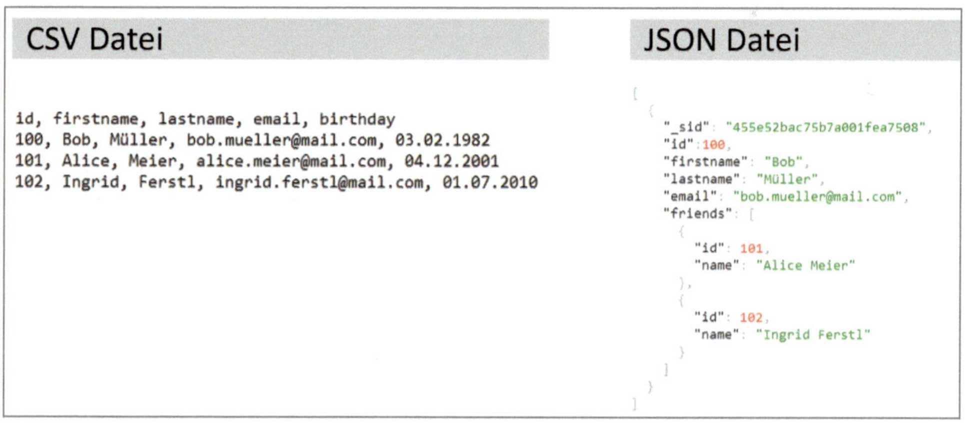

Bild 3.5 Beispiel für CSV- und JSON-Dateien

JSON

Das JSON-Format eignet sich gut für die Speicherung von strukturierten oder semistrukturierten Daten. Wie der Name schon deuten lässt, ist JSON (JavaScript Object Notation) Teil der JavaScript-Welt. Auch deswegen hat sich das Format für viele webbasierte Vorgänge durchgesetzt. So übertragen REST-APIs ihre Daten im JSON-Format.

JSON-Dateien erlauben die Speicherung in einer verschachtelten Struktur. Jedes Objekt wird mit einer geschachtelten Klammer eingeleitet und beendet. Ein Objekt kann andere Objekte enthalten. Z. B. enthält die Person „Franco Wade" in seiner Freundschaftsliste in Bild 3.5 die Objekte mit den IDs 0, 1, 2 – welche anderen Personen entsprechen.

JSON-Dateien erlauben optional die Definition eines Schemas, zumeist werden JSON-Dokumente allerdings ohne ein Schema übermittelt. Trotz einer (aus menschlicher Sicht) gut lesbaren Struktur, erschwert das fehlende Schema die maschinelle Decodierung von bestimmten Datentypen, z. B. Zahlen oder Datumsformaten.

Parquet

In den letzten Jahren hat sich insbesondere für große Datensätze das Parquet-Dateiformat etabliert. Parquet-Dateien können Daten sehr effizient speichern, sie machen oft nur ein Viertel der Größe einer äquivalenten CSV-Datei aus. Dies hat verschiedene Ursachen.

- Die Speicherung der Datensätze erfolgt spaltenbasiert. Die Werte einer Spalte (z. B. alle IDs oder alle Namen) werden also nacheinander als Bytesequenz codiert. Das spaltenförmige Layout ermöglicht es, Spalten geschickt zu komprimieren. So könnte man für die Bundesländer in dem Beispiel in Bild 3.6 einen numerischen Code einführen oder die Zeilen nach Bundesländern sortieren und nur das Bundesland und die Anzahl der Einträge mit diesem Bundesland notieren. Außerdem lassen sich die Daten besser in verschiedene Dateien aufteilen und somit verteilt speichern. Auch für die Abfrage von Daten ergeben sich Vorteile: Es müssen nicht mehr alle Daten eines Datensatzes, sondern nur die für eine Abfrage relevanten Spalten in den Hauptspeicher geladen werden.
- In jeder Parquet-Datei werden Metadaten mitgespeichert. Diese enthalten Informationen über die Struktur der Datei und der darin enthaltenen Daten. Außerdem werden statistische Informationen mitgespeichert. Dies erleichtert das Filtern von Daten, indem bestimmte Teile einer Parquet-Datei beim Auslesen übersprungen werden können.

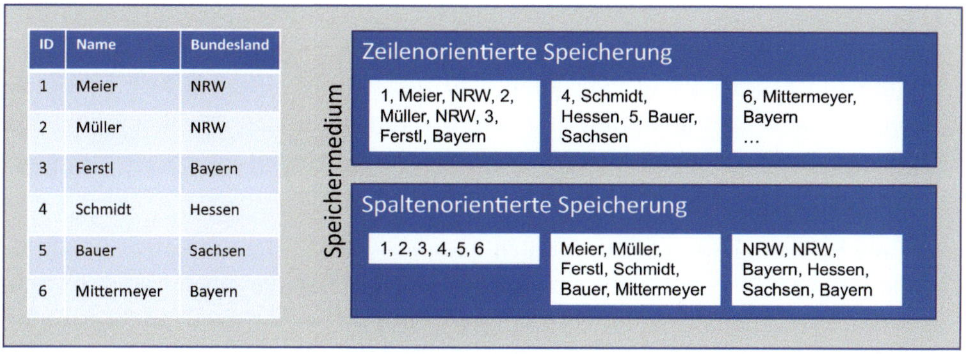

Bild 3.6 Zeilen- versus spaltenorientierte Speicherung an einem Beispiel

Apache Avro

Apache-Avro-Dateien sind binär codierte Dateien, die insbesondere bei der verteilten Datenspeicherung eine Rolle spielen. Die kompakten Dateien bestehen aus einem Schema (zumeist im JSON-Format) und den als Bytesequenz codierten Daten. Das Schema legt die Reihenfolge der Datenfelder sowie deren Format fest. Die eigentlichen Daten werden als Bytesequenz bestehend aus einer Längenangabe und dem Datenwert angehängt. Beim Decodieren der Daten wird die Bytesequenz stückweise durchlaufen. Anhand des Schemas weiß man, welches Feld erwartet wird. Anhand der Längenangabe, die vor dem Wert eines Feldes steht, weiß man, wie viele Bytes zu einem bestimmten Feld gehören, und kann diese auslesen. Werden die Dateien sehr groß, kann Avro auch eine Art Marker speichern, anhand dessen sich die Datei geteilt auf verschiedenen Rechnern speichern lässt. Ähnliche Formate sind Protocol Buffers oder Thrift.

3.2.4 Art und Häufigkeit der Abgriffe

Wenn ein Quellsystem identifiziert ist, ist als nächster Schritt zu überlegen, in welchem Zeitrahmen die Daten aus den Quellsystemen transferiert werden sollen. Handelt es sich um eine einmalige Bereitstellung? Ein solches Beispiel ist die Aufteilung der Gebietsstruktur der Bundesagentur für Arbeit zur Berechnung von Arbeitslosenkennzahlen. Im Extremfall stehen neue Ereignisse im (Milli-)Sekundentakt bereit. Sensordaten liefern beispielsweise permanent Ereignisse.

Je nach Art des Datenabgriffes stehen drei Verarbeitungsweisen zur Verfügung: die Stapelverarbeitung, Microbatches oder die Stream-Verarbeitung:

- **Stapelverarbeitung (Batch-Verarbeitung)**

  Bei der Stapelverarbeitung werden die Daten aus einem Quellsystem einmalig oder regelmäßig, zu fest definierten Zeitpunkten, abgegriffen. So kann das

Empfängersystem beispielsweise stündlich die aktuellen Verkaufszahlen aus einer Vertriebsdatenbank abfragen. Der Abgriff wird durch die Zusammenfassung von Abfragen und Extraktionsschritten in Jobs automatisiert. Diese lassen sich selbständig starten und laufen – je nach Größe der abzugreifenden Daten – mehrere Sekunden bis Stunden.

- **Stream-Verarbeitung (Echtzeitsysteme)**

  Viele Systeme liefern kontinuierlich neue Ereignisse, die schnellstmöglich für die Datenanalyse zur Verfügung stehen sollen. Beispiele hierfür sind IoT-Sensoren, Systemfehlermeldungen oder aktuelle Twitter-Nachrichten. Diese Daten sollen kontinuierlich verarbeitet und aufbereitet werden. In diesem Zug spricht man auch von „Data in Motion".

  Dabei ist die Verarbeitung in Echtzeit an sich gar nicht möglich, da es immer eine Abweichung zwischen dem Auftauchen eines Ereignisses und dessen Verarbeitung geben wird. Ziel ist, sich der Echtzeitverarbeitung möglichst weit anzunähern. Dafür gibt es spezielle Messaging-Systeme, die die Daten in Echtzeit zur Verfügung stellen (siehe Kasten Apache Kafka).

> Das Open Source Framework **Apache Kafka** ist ein Messaging-System zur Verarbeitung von Echtzeitdaten. Ursprünglich entwickelt von LinkedIn, ist es seit 2012 Teil der Apache Software Foundation und wird für viele verschiedene Anwendungsfälle in der Industrie eingesetzt. Beispielsweise nutzt die Deutsche Bahn Kafka, um Reiseinformationen aus verschiedenen Systemen zu integrieren und in Echtzeit auszuwerten (Löhn/Eisele 2020). Kafka stellt eintreffende Ereignisse aus verschiedenen Quellsystemen (Producer) in Warteschlangen (Messaging Queues) zur Verfügung. Eine Queue kann man sich dabei als geordneten Warteraum vorstellen. In Kafka werden Warteschlangen als Topic bezeichnet.
>
> Abgreifende Systeme (auch Consumer oder Subscriber genannt) können aus beliebigen Topics Ereignisse entnehmen und weiterverarbeiten. Im Hintergrund wird dabei eine Menge geregelt: Wie lassen sich ganz unterschiedliche Producer anbinden? Wie wird sichergestellt, dass keine Nachricht verloren geht? Oder wie können bei großen Datenmengen Ereignisse in verteilte Queues aufgeteilt werden?

- **Microbatch**

  Ein in Echtzeit zu verarbeitender Datenstrom lässt sich auch in kleine Blöcke zerlegen, wobei jeder Block als eine Einheit betrachtet wird und die Ereignisse, die in diesem Block auftreten, zusammengefasst werden. Ein Block kann beispielsweise alle Ereignisse, die innerhalb einer Sekunde auftreten, umfassen. Ein Streaming-System, das mit festgelegten Blocklängen arbeitet, ist das System Spark Streaming.

3.2.5 Durchsatz und Skalierbarkeit

Die Anzahl der Datensätze, die pro Sekunde geladen werden können, wird auch mit Durchsatz bezeichnet. In manchen Systemen kann es zu sporadischen, plötzlichen Anstiegen bei der Datensatzübermittlung kommen, z. B. wenn viele Nutzer aufgrund eines bestimmten Ereignisses (Fußballweltmeisterschaft, Wahlen) soziale Netzwerke gehäuft nutzen. Ein skalierbares System kann den Durchsatz in solchen Situationen erhöhen, indem es z. B. weitere Server zur Verfügung stellt, die die Daten aufnehmen.

Neben einem „Zuviel an Daten“ kann es aber auch zu Problemen kommen, wenn ein Quellsystem ausfällt. Die Daten müssen dann, sobald das System wieder läuft, nachgeladen werden. Dies führt zu Mehraufwänden seitens der verarbeitenden Pipelines und zu Verzögerungen in der Nachfolgeverarbeitung der Daten. Hierfür braucht es gute Fehlerbehandlungsmechanismen, um solchen Ausnahmesituationen vorbereitet zu begegnen.

3.3 Daten aufbereiten

Nach dem Laden der Daten aus den verschiedenen Datenquellen müssen die Daten aufbereitet werden. Dafür sind eine Vielzahl von Schritten möglich, je nach Datentyp, Datenqualität und Analyseanforderungen. Im Folgenden konzentrieren wir uns auf einige zentrale Schritte, die in vielen Systemen behandelt werden.

3.3.1 Daten bereinigen

Ein erster Schritt ist die Überprüfung der Datenqualität und eine eventuelle Bereinigung fehlerhafter Daten. Die Qualitätsanforderungen werden dabei vorgegeben, z. B. durch bestimmte Analyseprojekte oder durch allgemeine, standardisierte Vorgaben. Zu den Qualitätsanforderungen gehören die Prüfung auf Vollständigkeit, Einheitlichkeit, Datenintegrität und Datenvalidität (gleicher Datentyp). Daraus lassen sich die folgenden Bereinigungsschritte ableiten.

Fehlende Werte bereinigen

Wenn in einem Datensatz Werte fehlen, kann dies unterschiedliche Ursachen haben.

Einige Beispiele:

- Zeitliche Perioden, in denen keine Datenaufnahme erfolgt ist, z. B. weil Sensoren ausgefallen sind oder weil es zu Netzwerkproblemen kam.
- Fehlende Werte beschreiben den Grundzustand, angegebene Werte sind die Abweichungen von diesem Zustand.
- Es erfolgt nur eine Angabe eines Wertes, wenn Änderungen erfolgt sind, z. B. wenn die Temperatur gestiegen ist oder sich ein Parameter für eine Messung ändert.
- Aktionen für die Bereinigung der Daten
- Fehlende Merkmalsausprägungen (Attributwerte) werden nachrecherchiert. Diese Methode ist sehr aufwendig.
- Zeilen oder Spalten mit fehlenden Werten werden vollständig entfernt. Dies kann dazu führen, dass substanziell viele Daten entfernt werden müssen, obwohl für die anderen Felder Werte zur Verfügung stehen.
- Fehlende Werte werden durch einen Platzhalter oder einen statistischen Wert wie den Mittelwert oder den Median ersetzt.
- Einsatz von statistischen Methoden oder Machine-Learning-Verfahren, um Werte für die fehlenden Daten zu ermitteln.

Duplikate eliminieren

Es kann auch vorkommen, dass zu viele Daten im Datensatz enthalten sind. Insbesondere wenn Daten aus verschiedenen Quellen integriert wurden, müssen Duplikate erkannt und eliminiert werden. Im einfachsten Fall liegen völlig übereinstimmende Datenzeilen vor. Dann kann ein Eintrag behalten, die anderen Einträge können verworfen werden. Oft sind Duplikate aber nicht eindeutig. So kann es vorkommen, dass für dieselben Identifikatoren (IDs) oder Zeitstempel unterschiedliche Wertausprägungen in verschiedenen Spalten vorliegen. Wenn Daten beispielsweise manuell eingegeben werden, kann es zu Zahlendrehern oder Schreibfehlern kommen. So muss für Patienten-ID 1 aus dem Beispieldatensatz in Tabelle 3.1 entschieden werden, welche Initialen und welches Geburtsdatum beibehalten wird.

Tabelle 3.1 Beispiel für ein Datenduplikat in Patientendaten

Patienten-ID	Name	Geschlecht	Geburtsdatum	Aufnahmemonat
1	**Max** Mustermann	M	01.04.**1929**	November
1	**M.** Mustermann	M	01.04.**1992**	Dezember

Liegen zu einem Duplikat unterschiedliche Zeitstempel vor, könnten beispielsweise die Werte des neueren Zeitstempels übernommen werden. Es kann der wahrscheinlichere Wert beibehalten oder können die Datensätze bei Unsicherheit komplett weggelassen werden.

Konvertierungen ins Zielformat

Bei der Übernahme aus den Quellsystemen kann es vorkommen, dass Werte, die einem bestimmten Skalenniveau (nominal, ordinal oder numerisch) entsprechen, in einem anderen Datentyp abgespeichert wurden. Tabelle 3.2 zeigt Beispiele für Konvertierungsanforderungen.

Tabelle 3.2 Beispiele für mögliche Datentypkonvertierungen

Fall	Beschreibung
Rückkonvertierung von numerischen Werten in kategorische Werte	Oftmals werden in Unternehmen für kategorische Daten numerische Bezeichner verwendet. So wird ein Status in numerischen Werten codiert oder die Steuerklasse wird von 1 bis 6 angegeben. Wenn bei der Datenübernahme der Datentyp nicht richtig erkannt wird, muss er manuell angepasst werden.
Konvertierung von kategorischen Werten in numerische Werte	Viele Analysetechniken erfordern numerische Daten als Eingabe. Sollte diese Anforderung vorliegen, müssen kategorische Variablen in numerische Variablen konvertiert werden. Hierzu kann z. B. das *One-Hot Encoding* genutzt werden, das für jede Ausprägung der kategorischen Variable eine neue Spalte im Datensatz einführt.
Konvertierung von Zeitstempeln	Bei der Übernahme von Zeitstempeln können diese als Zeichenkette übernommen worden sein. In diesem Fall muss die Zeichenkette geparst und in einen Zeitdatentyp verwandelt werden. Hierbei sind Zeitzone und das gewünschte Darstellungsformat zu beachten.
Falsches Datenformat für numerische Daten	Manchmal werden beim Import von Daten numerische Daten als kategorische Daten interpretiert. Ein typisches Beispiel sind Dezimalzahlen, die mit Punkt oder Komma abgespeichert werden. Beim Rückkonvertieren in einen numerischen Datentyp muss auf Tausendertrennzeichen und nationale Eigenheiten geachtet werden.

Erkennung von Ausreißern

✓ Bei **Ausreißern** handelt es sich um Datenpunkte, die außerhalb des erwarteten Wertebereiches (zumeist dem Streuungsbereich um einen Erwartungswert) liegen.

Solche Datenpunkte können problematisch sein, wenn es um statistische Datenanalysen geht.

Ausreißer haben sehr unterschiedliche Ursachen, denen man auf den Grund gehen sollte. Ein Sensor kann z. B. durch Ablagerungen von Stäuben im Sensor plötzlich schwankende Messwerte liefern, oder die Zeit eines 100-Meter-Freistilschwimmers enthält durch manuelle Zeitabnahme einen Messfehler.

Manchmal handelt es sich bei aus der Rolle fallenden Werten auch um Extremwerte:

> Ein **Extremwert** ist ein singulärer Wert, der weit außerhalb der Norm liegt, aber nicht durch Fehler, unehrliche Angaben oder Fehleinschätzungen zustande gekommen ist.

Ein Kind, das außergewöhnlich schnell ist, könnte beim Schulfest eine extrem gute Zeit im 100-Meter-Lauf erreichen. Auch diese Werte können Berechnungen mit dieser Variable verzerren.

Wie mit Ausreißern umgegangen werden soll, muss inhaltlich und technisch entschieden werden. Kann das Analyseverfahren mit Ausreißern rechnen? Sollte man die betroffenen Datensätze einfach entfernen? Manchmal werden Datensätze auch pauschal getrimmt, indem ein kleiner Prozentsatz (z. B. 5 %) der größten und kleinsten Beobachtungen aus dem Datensatz entfernt wird (Cleff 2011).

3.3.2 Daten transformieren und integrieren

Standardisierung und Normalisierung

Standardisierung und Normalisierung erfüllen denselben Zweck: Numerische Variablen sollen so angepasst werden, dass sie auf einer gemeinsamen Skala vergleichbar sind. Liegen in einem Datensatz sonst sehr unterschiedliche skalierte Werte vor (z. B. ein Messwert zwischen 0 und 100 000 und ein anderer zwischen 0 und 1), kann es zu Verzerrungen kommen. Auch bei dem Vergleich von Examensnoten zwischen verschiedenen Hochschulen kann es - bei gleicher Bewertung - zu Unterschieden kommen, wenn nämlich die Mittelwerte voneinander abweichen.

Eine Möglichkeit, Streuung und Mittelwerte so anzupassen, dass verschiedene Merkmale vergleichbar werden, ist die Z-Standardisierung oder auch Z-Transformation. Dabei wird für jede Ausprägung x_i eines Merkmals eine Transformation wie folgt durchgeführt:

$$z_i = \frac{x_i - \overline{x}}{s_x}$$

Der Wert $\overline{x}$ ist hier der Mittelwert über alle Werte des Merkmals, s_x ist die Standardabweichung.

Datenintegration

Datenintegration umfasst Lösungen, verschiedene Datenquellen zu kombinieren und dem Nutzer einen einheitlichen Zugriff auf die Daten zu geben. Dem Thema Datenintegration kann ein eigenes Kapitel gewidmet werden. Während es für strukturierte Daten aus Datenbanksystemen mit den Data Warehouses (siehe Abschnitt 3.4.2) schon gute Lösungsansätze gibt, ist Datenintegration aus heterogenen Quellen ein aktueller Forschungsbereich. Wie können unterschiedliche Datenstrukturen, sprich Schemata, gemappt werden? Wie können Anfragen eines Nutzers an den Datenpool so umformuliert werden, dass diese auf verschiedenen Datenquellen ausgeführt werden (ohne dass Nutzer es merken)? Welche Metadaten braucht es, um Informationen aus Datensätzen schnell und richtig miteinander zu kombinieren, und wo müssen diese verwaltet werden? Erste Antworten auf diese Fragen liefern Data-Lakehouse-Systeme, die ebenfalls in Abschnitt 3.4.2 vorgestellt werden. In vielen Fällen steckt aber noch eine Menge manueller Arbeit seitens der Data Engineers und fachlichen Projektmitglieder, um Datenquellen zu mappen und zu integrieren.

> Ein **Datenschema** ist eine formale Beschreibung der Struktur der Daten. Es legt fest, welche Daten in welcher Form gespeichert werden. Die Beschreibung kann die Namen der Attribute eines Datensatzes enthalten, die verwendeten Datenformate und/oder die Beziehungen zwischen einzelnen Elementen des Datensatzes.

Werkzeuge für die Datentransformation und -bereinigung

Viele Data Engineers verwenden Programmiersprachen wie Python oder R, um per Skript Datentransformationen zu generieren. Für beide Sprachen gibt es Bibliotheken, die die Vorverarbeitung und Transformation von Daten unterstützen.

Die Open-Source-Tools Weka und Rapid Miner enthalten eine Vielzahl von Machine-Learning-Methoden und stellen Möglichkeiten für die Datenvorverarbeitung und Transformation zur Verfügung.

Grafische Tools präsentieren die Daten visuell. Nutzer können sich die abgeleiteten Datentypen, statistischen Verteilungen, Ausreißer oder Nullwerte anschauen und Maßnahmen definieren, die Daten zu säubern. Ein solches Tool ist beispielsweise die Open-Source-Analysesoftware KNIME. Das Tool erlaubt Anwendern ohne Programmierkenntnisse, Workflows nach dem Legoprinzip zusammenzubauen und auszuführen.

3.3.3 Daten zur Verfügung stellen

Je nach Anforderung der Nutzer können die Daten in den unterschiedlichsten Formaten als Datenprodukte bereitgestellt werden. Informationen über die Zusammenstellung der Daten (die Anfrage), Zeitraum, Datenformat etc. lassen sich als Metadaten im Datenkatalog des Unternehmens festhalten. Dadurch können die Daten für ähnliche Abfragen wiederverwendet werden.

Datenprodukt

Patil (2012) stellt Datenprodukte als Produkte vor, die das Erreichen von (Unternehmens-)Zielen durch die Nutzung von Daten erleichtern. Datenprodukte sollten *auffindbar* sein, indem sie z. B. mit einer eindeutigen ID in einem zentralen Datenkatalog registriert werden. Sie sollten *zugänglich* sein, beispielsweise durch die Bereitstellung von APIs. Gut geführte Metadaten, wie z. B. Metadaten über den Nutzungszweck des Produkts, lassen Daten auch für andere Analysten in der Nutzergruppe oder außerhalb *wiederverwendbar* werden. Dafür sollte auch die Struktur der Daten möglichst selbstbeschreibend sein (Hanschke 2022). ■

Zu Beginn der Entstehung eines Datenprodukts (und damit auch der dahinterliegenden Pipeline) muss ein Kundenbedarf formuliert werden, der mithilfe der im Datenprodukt aggregierten Daten bearbeitet werden kann. Obwohl sich ein Dateningenieur primär mit der Gestaltung der Pipeline, Infrastruktur und den technologischen Rahmenbedingungen auseinandersetzt, sollten er oder sie immer das Kundenziel und die Kundenanforderungen im Blick haben. Für diesen integrativen Blickwinkel ist es sinnvoll, dass Data Engineers, Data Scientists und auch die Kunden gemeinsam an einem Datenprodukt arbeiten.

Das finale Datenprodukt sollte mit den Governance-Richtlinien eines Unternehmens abgestimmt werden. Dabei spielt beispielsweise der Datenschutz eine große Rolle. So werden Datensätze oft verschlüsselt abgelegt oder anonymisiert, wenn personenbezogene Daten involviert sind.

■ 3.4 Daten speichern

In jedem Schritt einer Pipeline, vom Auslesen bis zum Bereitstellen der Daten, müssen Daten gespeichert werden. Sei es als Zwischenlösung für den nächsten Verarbeitungsschritt oder als Endprodukt, das für Analysezwecke zur Verfügung steht. Dafür werden Speicherlösungen benötigt, die sich skalieren lassen, mit unterschiedlichsten Datenformaten umgehen können und eine zügige Datenbereitstellung ermöglichen.

3.4.1 Datenspeichersysteme

Im Folgenden werden die gängigen Datenspeichersysteme vorgestellt.

Dateispeicher

Wenn wir auf unserem lokalen Computer Daten speichern, nutzen wir ein von unserem Betriebssystem verwaltetes Dateisystem. NTFS auf einem Windows-Rechner, ext4 auf einem Linux-Rechner. Dateispeichersysteme organisieren Daten in hierarchischen Strukturen. Das Betriebssystem übernimmt die Speicherung der Daten, Metadaten und Ordner. Die Dateisysteme übernehmen auch Aufgaben wie die redundante Speicherung, Verschlüsselung oder Zugriffsrechtsverwaltung. Liegen die Daten auf mehreren Servern, können sie über ein Network-attached storage (NAS) verwaltet werden.

Cloud-Dateisysteme beherbergen vollverwaltete Dateisysteme, die von verschiedenen virtuellen Maschinen (VMs) und Anwendungen aus der Cloud benutzt werden. Ein bekanntes Cloud-System ist Amazons elastisches Dateisystem (EFS). EFS lässt sich einfach skalieren, Kunden bezahlen auf einer Pay-per-Use-Basis.

Objektspeicher

In einem objektbasierten Speichersystem sind die zentralen Einheiten der Datenspeicherung keine Dateien, sondern Objekte. Diese können unterschiedliche Dateitypen repräsentieren (TXT, CSV, JSON, Bilddatei, Video, Audio). Somit ermöglichen Objektspeicher nicht nur die Speicherung von strukturierten, sondern auch von semi- oder unstrukturierten Daten. Jedes Objekt wird mit einem globalen eindeutigen Identifikator identifiziert. Zusätzlich zu Identifikator und Nutzdaten werden für ein Objekt noch Metadaten gespeichert. Mithilfe dieser lassen sich Objekte abfragen.

Objekte werden in einer flachen Hierarchie, dem Speicherpool (auch Bucket genannt) abgelegt. Es gibt keine weitere hierarchische Untergliederung. Im Gegensatz zu Dateien in einem Dateispeichersystem dürfen Daten, die einmal geschrieben wurden, nicht mehr geändert werden. Um Daten zu ändern oder zu ergänzen, muss das ganze Objekt neu geschrieben werden. Dadurch verliert das System an Flexibilität beim Schreiben der Daten. Dies mag auf den ersten Blick verwunderlich erscheinen, man gewinnt dadurch allerdings an anderer Stelle hinzu: Objektspeicher brauchen keine Sperrungen oder Änderungssynchronisationen vorzunehmen. Schreib- und Lesevorgänge lassen sich parallelisieren und schnell und effizient durchführen.

Amazon S3, Azure Blob Storage und Google Cloud Storage sind bekannte Objektspeicher. Die Anbieter stellen Schnittstellen basierend auf Webtechnologien bereit, mit deren Hilfe Objekte abgelegt und wieder aufgerufen werden können.

Cache- und hauptspeicherbasierte Systeme

Im Vergleich zur Speicherung von Daten auf Festplatten erlaubt eine Datenhaltung in Cache- und Hauptspeichersystemen sowohl schnellere Zugriffszeiten als auch schnellere Antwortzeiten. Dies macht Arbeitsspeicherdatenhaltungssysteme attraktiv für Aufgaben, bei denen Daten zügig verfügbar gemacht werden sollen. Da im Hauptspeicher liegende Daten aber flüchtig sind und bei einem Stromausfall oder anderen Störungen gelöscht werden, eignen sich Hauptspeichersysteme nicht für die permanente Datenhaltung.

3.4.2 Datenorganisation im Datenpool

Wie können die aus verschiedenen Pipelines entstandenen Daten organisiert abgespeichert und verwaltet werden? Dafür stellen wir im Folgenden drei Datenarchitekturen vor. Die klassische Datenorganisation ist das Data Warehouse. Die Speicherung von heterogenen Quellen mit großen, teilweise unstrukturierten Datenmengen ermöglicht der Data Lake. Schließlich liefert der neueste Ansatz, das Data Lakehouse, Metadatenmanagement und weitere Funktionalitäten on top.

Data Warehouse

Eine etablierte Technologie für die Verwaltung und Integration von strukturierten Daten sind Data Warehouses, abgekürzt mit DW oder DWH. Diese schon seit den 1960er-Jahren existierenden Datenbanken haben das Ziel, Daten aus den verschiedenen transaktionsverarbeitenden Systemen eines Unternehmens zu laden, zu integrieren und zu historisieren. Datenanalysen können dann auf dieser separaten Datenbank ausgeführt werden, ohne die transaktionalen Systeme zu belasten.

Den Prozess für das Laden der Daten (zumeist in Form von periodischen Data Dumps oder einem kontinuierlichen Strom von Aktualisierungen), das Säubern und Transformieren der Daten bis hin zur Aufbereitung in ein analysefreundliches Schema (Data Mart) nennt man ETL-Prozess. ETL steht hierbei für *Extract Transform* und *Load* (Kleppmann 2019). Im Grunde handelt es sich bei einem ETL-Prozess um eine Data Pipeline (siehe Abschnitt 3.1.1), bei der strukturierte Daten aus verschiedenen Quellen in ein analysefertiges Datenprodukt (Data Mart) aufbereitet werden. Die Extraktion und Transformation der Daten erfolgt mit SQL (Structured Query Language).

Die getrennte Speicherung von Analysedaten und transaktionalen Daten hat den Vorteil, dass sich DWH-Datenbanken für Analyseabfragen optimieren lassen. Ein Data Mart besteht zumeist aus Dimensionstabellen und einer oder mehreren Fakttabellen, welche Kennzahlen mit ihren jeweiligen Dimensionsausprägungen abbilden. Fakttabellen haben oft sehr viele Spalten und können bis zu Billionen von

Zeilen enthalten. Für die Verarbeitung ist es einfacher, Fakttabellen in spaltenorientierten Formaten zu speichern. Da Abfragen auf eine Fakttabelle zumeist nur eine kleine Zahl an Dimensionsausprägungen betreffen, lässt sich durch die Spaltenorientierung Zeit sparen, da nicht mehr die kompletten Einträge mit all ihren Attributen geladen werden müssen. Auch gibt es effiziente Komprimierungstechniken für das spaltenbasierte Format.

Viele DWH-Systeme werden als hauptspeicherbasierte Systeme umgesetzt (zumindest der Analyseteil). Durch die effiziente Komprimierung und die Reduzierung der Daten, die bei Analyseabfragen geladen werden müssen, lassen sich die Daten von Fakt- und Dimensionstabellen einfach im Hauptspeicher halten, und Abfragen können schnell beantwortet werden.

Es gibt zwei Möglichkeiten, ein DWH zu betreiben. Traditionell erfolgt der Betrieb On-Premise, d. h. vor Ort, z. B. im Rechenzentrum eines Unternehmens. Aber auch das Portfolio vieler Cloud-Anbieter umfasst DWH-Applikationen. Tabelle 3.3 stellt beide Speicherformen kurz vor.

Tabelle 3.3 Gegenüberstellung On-Premise vs. Cloud-basierte Data Warehouses

On-Premise Data Warehouse	On-Premise DWHs sind Datenbankanwendungen, die in einem Rechenzentrum innerhalb eines Unternehmens betrieben werden. Bekannte Anbieter sind IBM, Teradata und Oracle. Die Kontrolle über den Betrieb der Lösung, den Speicherbedarf oder Sicherheitsanforderungen liegt in der Hand des Unternehmens selbst.
Cloud-basiertes Data Warehouse	Das Portfolio vieler Cloud-Anbieter umfasst auch Data-Warehouse-Anwendungen. Basierend auf den momentanen Datenanforderungen können Speicher und Server gemietet werden, auf denen die DWH-Anwendung dann läuft. Dadurch entfallen Wartungsanforderungen, und neue Datenvolumina können beliebig hinzugebucht werden (Papp et al. 2019).

Data Lakes

Data Warehouses eignen sich gut für die Speicherung und Verarbeitung strukturierter Daten, bieten aber keine Möglichkeiten, unstrukturierte Quellen, wie beispielsweise Bilddateien, auszuwerten. Auch sind die Transformationsschritte von den Rohdaten bis zur aufbereiteten Datenbasis teilweise langwierig und aufwendig. In vielen Unternehmen hat sich deshalb eine weitere Datenarchitektur etabliert: der Data Lake. Diesen kann man sich als einen riesigen Datenpool (Datensee) vorstellen, in dem zentral strukturierte und unstrukturierte Daten in den unterschiedlichsten Verarbeitungszuständen gespeichert werden.

Datenpools sind zumeist in verschiedene Schichten aufgeteilt. In der Rohdatenschicht werden die Quelldaten eins zu eins aus den Quellsystemen abgelegt. In der Transformationsschicht findet man aufbereitete Daten, die durch Transformationsprozesse (z. B. den Zwischen- und Endergebnissen von Data Pipelines) entstanden sind. Schließlich werden in der Interaktionsschicht Werkzeuge zur Verfügung gestellt, mit denen Nutzer auf Roh- und/oder transformierte Daten zugreifen können (Quix/Hai 2019).

Die aktuellen Data Lakes verwenden zumeist Objektspeicher (siehe Abschnitt 3.4.1) auf der Cloud als Datenspeicher. Ein oft verwendetes Dateiformat sind Parquet-Dateien. Liegt das Data Warehouse im Unternehmen selbst (On-Premise), wird oft das verteilte Datenspeichersystem HDFS (Hadoop Distributed Files System) eingesetzt.

In der Vergangenheit wurde festgestellt, dass die Nutzung und Akzeptanz von Data Lakes nicht nur von den angebotenen Speicher- und Abgriffsmöglichkeiten abhängen, sondern auch Themen wie Metadatenmanagement, Datenqualitätskontrolle oder die Verwaltung von Parallelzugriffen eine wichtige Rolle spielen. Werden diese Aspekte vernachlässigt, werden viele Daten mit der Zeit schwer auffindbar sein und können dann nur mit zusätzlichen Implementierungsaufwänden in Data Pipelines verwendet werden.

Data Lakehouse

Das Problem der fehlenden Funktionalitäten im Data Lake wurde durch eine Erweiterung der Data-Lake-Architektur aufgegriffen: dem Data Lakehouse. Letzteres vereint die Vorteile aus der Data-Warehouse-Welt mit der effizienten Speicherung im Data Lake. Gespeichert werden die Daten, ähnlich wie auch in vielen Data Lakes, innerhalb von Objektspeichern auf der Cloud. In einer darauf aufbauenden Schicht werden Funktionalitäten zur Verfügung gestellt, die das Datenmanagement und den Aufbau von Data Pipelines erleichtern. Zu den angebotenen Funktionalitäten gehören:

- Speicherung von Schemadaten und Ablageort in einem zentralen Repository,
- Historisierungskonzepte für Tabellen,
- Update/Delete-Operationen,
- standardisierte Datenformate,
- Verwaltung von konkurrierenden Lese- und Schreiboperationen.

Ein führender Data-Lakehouse-Anbieter ist das Unternehmen Databricks mit dem Konzept des Delta Lakes (Armbrust et al. 2020). Aber auch Cloud-Systeme wie Big Query von Google oder Snowflake bieten zusätzliche Schichten des Datenmanagements an. Im Open-Source-Bereich sind die Lösungen Apache Iceberg und Apache Hudi zu erwähnen.

3.5 Die wichtigsten Punkte in Kürze

- Eine Data Pipeline umfasst Datenarchitekturen und Prozesse, um Daten aus verschiedenen Quellsystemen zu sammeln, zu transformieren und für nachfolgende Aufgaben (Datenanalyse, Machine-Learning-Algorithmen) zur Verfügung zu stellen.
- Der erste Schritt einer Data Pipeline ist das Sammeln von Daten. Diese sind über unterschiedliche Schnittstellen, z. B. APIs oder JDBC-Konnektoren, zugänglich und weisen vielfältige Datenformate auf.
- Neben der Stapelverarbeitung wächst die Anforderung, Daten in Echtzeit zu verarbeiten. Dafür haben sich Streamingsysteme etabliert.
- Die Transformation der Daten involviert Aufgaben zum Säubern von Daten, zur Prüfung auf Vollständigkeit, zur Standardisierung und Integration von Datenquellen. Es gibt auch Datenprojekte, die auf eine Vorverarbeitung verzichten und die Daten integriert oder in Rohform einlesen möchten. Jede Pipeline muss auf die individuellen Projektanforderungen angepasst werden.
- Die transformierten Daten werden den Kunden in Form von Datenprodukten zur Verfügung gestellt.
- Die Speicherung der gesammelten, transformierten und aufbereiteten Daten erfolgt im Datenpool. Wie dieser organisiert ist, hängt vom Unternehmen ab. Viele Datenpools sind Data Lakes, die in der Cloud oder On-Premise strukturierte und unstrukturierte Daten leicht skalierbar verwalten. Um Datenqualität, Governance und Sicherheitsthemen zu begegnen, müssen beim Data Lake zusätzliche Mechanismen entwickelt werden.

Literatur

Armbrust, Michael et al. (2020): „Delta lake: high-performance ACID table storage over cloud object stores“, in: *Proceedings of the VLDB Endowment* 13, 12, S. 3411 - 3424

Chen, Guoqiang Jerry et al. (2016): „Realtime Data Processing at Facebook“, in: *Proceedings of the 2016 International Conference on Management of Data (SIGMOD '16)*, S. 1087 - 1098

Cleff, Thomas (2011): *Deskriptive Statistik und moderne Datenanalyse.* Wiesbaden

Densmore, James (2021): *Data Pipelines Pocket Reference.* Sebastopol

Gärtner, Markus (2016): „Lidl will mit Big Data Kaufverhalten analysieren“, *https://locationinsider.de/lidl-will-mit-big-data-kaufverhalten-analysieren/*, abgerufen am 01.11.2020

Hanschke, Inge (2022): *Enterprise Architecture Management. Einfach und effektiv.* München

Kleppmann, Martin (2019): *Datenintensive Anwendungen designen.* Heidelberg

Löhn, Axel; Eisele, Uwe (2020): „Freie Fahrt für die DB Reisendeninformation mit Kafka Streams“, *https://www.bigdata-insider.de/freie-fahrt-fuer-die-db-reisendeninformation-mit-kafka-streams-a-930892/*, abgerufen am 05.11.2022

Matzer, Michael; Litzel, Nico (2019): „Datenaufbereitung ist ein unterschätzter Prozess", *https://www.bigdata-insider.de/datenaufbereitung-ist-ein-unterschaetzter-prozess-a-803469/*, abgerufen am 04.12.2022

Papp, Stefan et al. (2019): *Handbuch Data Science. Mit Datenanalyse und Machine Learning Wert aus Daten generieren*. München

Patil, DJ (2012): *Data Jujitsu – The Art of Turning Data into Product*. Sebastopol

Quix, Christopher; Hai, *Rihan* (2019): „Data Lake", in: Sakr, Sherif; Zomaya, Albert: *Encyclopedia of Big Data Technologies*. Cham

4 Datenanalyse – Einführung, deskriptive und diagnostische Analyse

Oliver Schwarz

Die Datenanalyse kann in vier Analyseformen eingeteilt werden: die deskriptive Analyse, die diagnostische Analyse, die prädiktive und die präskriptive Analyse. Nach einer Übersicht zu den vier verschiedenen Analyseformen werden in diesem Beitrag nur einige der wichtigsten Methoden der deskriptiven und diagnostischen Analyse vorgestellt. Die Methoden der prädiktiven und präskriptiven Analyse werden im Beitrag „Datenanalyse – prädiktive und präskriptive Analyse“ vertieft.

In diesem Beitrag erfahren Sie,

- was unter den vier Analyseformen zu verstehen ist und worin deren praktische Anwendung liegt,
- welche Analysemethoden den einzelnen Analyseformen zuordenbar sind,
- wie Sie die wichtigsten Methoden der deskriptiven Analyse anwenden können,
- wie Sie die wichtigsten Methoden der diagnostischen Analyse anwenden können.

4.1 Übersicht zu den Analyseformen

Häufig wird die Datenanalyse in vier Analyseformen eingeteilt (Tabelle 4.1 und Amann/Petzold/Westerkamp 2020). Eine Einteilung in lediglich drei Analyseformen ohne die diagnostische Analyse ist ebenfalls möglich (Seiter 2019).

Tabelle 4.1 Analyseformen und typische Fragestellungen bei Kundenumsatzanalysen

Analyseform	Zeitbezug	Typische Fragestellung
deskriptiv	retrospektiv (rückblickend)	Wie verteilen sich die aktuellen Umsätze auf die Kunden?
diagnostisch		Warum ist der Umsatz des Kunden X von dem Umsatz des Kunden Y verschieden?
prädiktiv	prospektiv (vorausschauend)	Wie hoch wird der Umsatz des Kunden X im kommenden Jahr sein?
präskriptiv		Mit welchen Maßnahmen können wir den Umsatz des Kunden X im kommenden Jahr um 10 % erhöhen?

Die **deskriptive Analyse** befasst sich auf eine anschauliche Art und Weise mit der Beschreibung von realen Sachverhalten und vollständig vorliegenden Daten. Mithilfe von meist recht einfachen Kennzahlen wird versucht, die Strukturen in den Daten zu verstehen und Muster zu erkennen. So können beispielsweise mithilfe der deskriptiven Analyse wichtige Informationen über den Erfolgsbeitrag einzelner Kunden für das Marketing und den Vertrieb eines Unternehmens ermittelt werden.

Die **diagnostische Analyse** geht über die reine Beschreibung eines Sachverhaltes hinaus. Es wird versucht, eine Begründung für das Zustandekommen der Ergebnisse zu liefern. Darüber hinaus kommen diagnostische Verfahren auch dann zum Einsatz, wenn die Datengrundlage zu einer Fragestellung unvollständig ist. So kann man beispielsweise bei einer geplanten Produktneueinführung eine Befragung bei einer Stichprobe von potenziellen Kunden durchführen. Auf Basis der Stichprobenergebnisse kann sodann auf die Akzeptanz des Produkts am Markt geschlossen werden.

Während die deskriptive und die diagnostische Analyse vergangenheitsbezogen sind, richtet die **prädiktive Analyse** den Blick in die Zukunft. Aufgabe der prädiktiven Analyse ist es, Prognosen für eine Zielvariable zu liefern. Hier werden z. B. folgende Fragen beantwortet:

- Wie hoch wird der Absatz von Produkt A im kommenden Jahr sein?
- Wie wahrscheinlich ist es, dass Kunde B das Produkt C im nächsten Monat erwerben wird?
- Mit welcher Wahrscheinlichkeit wird Kunde D das Zeitschriftenabonnement nach Ablauf der Mindestlaufzeit kündigen?

Die **präskriptive Analyse** ist ebenfalls in die Zukunft gerichtet, geht aber über die Prognose einer Zielvariable hinaus. Die präskriptive Analyse gibt im Idealfall eine oder mehrere Handlungsempfehlungen, wie ein bestimmtes Ziel erreicht werden kann. Sie versucht, die Auswirkungen einer Entscheidung zu quantifizieren. Häufig kommen hier Kombinationen verschiedener Methoden (z. B. Optimierungsverfahren, Methoden des maschinellen Lernens) zum Einsatz (Weber 2020).

4.2 Analyseformen und Analysemethoden

In diesem und in dem nachfolgenden Kapitel werden die Analysemethoden vorgestellt, die die größte praktische Relevanz besitzen oder für das Verständnis weiterführender Methoden relevant sind (Tabelle 4.2).

Tabelle 4.2 Analyseformen und Analysemethoden

Analysemethode	deskriptiv	diagnostisch	prädiktiv	präskriptiv
Häufigkeiten	✓			
Lage- und Streuungsmaße	✓	(✓)		
Konzentration	✓			
Hypothesentests		✓		
Kontingenz und Korrelation	✓	✓		
Clusteranalyse	✓	✓		
Regressionsanalyse	(✓)	✓	✓	✓
Logistische Regression		✓	✓	✓
Klassifikationsbäume			✓	✓

Eine Analysemethode ist oft nicht eindeutig nur einer Analyseform zuordenbar. Ein Beispiel hierfür ist die **Regressionsanalyse**. Eine ausführlichere Darstellung der Regressionsanalyse erfolgt in dem Beitrag „Datenanalyse – prädiktive und präskriptive Analyse". Bei der Regressionsanalyse wird ein Modell erstellt, in dem eine Zielvariable (beispielsweise der Absatz) durch Prädiktoren erklärt wird. Im Falle eines Modells zur Erklärung des Absatzes könnten als Prädiktoren beispielsweise der Auftragseingang, verschiedene Konjunkturindikatoren, das Marktvolumen und andere Größen in Betracht gezogen werden. Ein solches Modell kann der diagnostischen Analyse zugeordnet werden, da hier der Einfluss von jedem Prädiktor auf die Zielvariable quantifiziert werden kann. Bezogen auf das Beispiel kann man mit der Regressionsanalyse retrospektiv erklären, wie der Absatz zustande gekommen ist.

Sind die für eine Prognose notwendigen Werte der Prädiktoren bekannt, so kann eine Regressionsanalyse auch der prädiktiven Analyse zugeordnet werden. Da manche Prädiktoren wie der Auftragseingang oder auch Konjunkturindikatoren nur zeitlich verzögert einen Einfluss auf die Höhe des Absatzes haben, ist eine Absatzprognose mithilfe eines Regressionsmodells durchführbar. Die Frage, wie sich eine Zielgröße in Zukunft entwickeln wird, kann also mit der Regressionsanalyse beantwortet werden. Somit ist die Regressionsanalyse auch der prädiktiven Analyse zuordenbar.

Die Regressionsanalyse lässt sich auch bei der präskriptiven Analyse einsetzen, indem durch Variationen der Werte der Prädiktoren und/oder der Parameter des Modells alternative Szenarien durchgespielt werden.

Am Beispiel der Regressionsanalyse wurde damit gezeigt, dass eine überschneidungsfreie Zuordnung einer Methode zu einer Analyseform nicht immer möglich ist. Im Folgenden werden die Analysemethoden derjenigen Analyseform, mit der die höchste Übereinstimmung besteht, zugeordnet.

Eine Kombination mehrerer Analysemethoden innerhalb einer Analyseform ist im Rahmen von Analytics-Projekten üblich. Ebenso wird man sich selten auf eine Analyseform beschränken. Auch wenn eine prädiktive Analyse die Zielsetzung eines Projekts ist, wird zuvor eine deskriptive Analyse durchgeführt, da sie wertvolle Erkenntnisse für die Modellierungsstrategie innerhalb der prädiktiven Analyse liefern kann. Daher werden nachfolgend im ersten Schritt die grundlegenden Instrumente der deskriptiven Analyse vorgestellt.

■ 4.3 Deskriptive Analyse

4.3.1 Skalierungen

Im Rahmen der deskriptiven Analyse werden die Themen Häufigkeiten, Lage- und Streuungsmaße sowie Konzentration behandelt. Für die Entscheidung, welche Methoden überhaupt für die Analyse der Daten infrage kommen, muss geprüft werden, wie die zu untersuchenden Merkmale skaliert sind. Es wird unterschieden zwischen nominaler, ordinaler und metrischer Skalierung.

Nominalskalierte Merkmale dienen zur Unterscheidung verschiedener Merkmalsausprägungen. Die Merkmalsausprägungen können weder in eine logische Reihenfolge gebracht, noch kann der Abstand zwischen den Ausprägungen gemessen werden. Ein Beispiel hierfür ist das Merkmal „Geschlecht" mit seinen Ausprägungen „männlich", „weiblich", „divers".

Ordinalskalierte Merkmale haben gegenüber nominalskalierten Variablen zusätzlich die Eigenschaft, dass die Merkmalsausprägungen in eine logisch sinnvolle Rangfolge gebracht werden können. Ordinalskalierte Merkmale sind häufig in Umfragen zu finden. Auf die Frage eines Reiseveranstalters „Wie hat Ihnen der Aufenthalt an Ihrem Urlaubshotel gefallen?" sind die Merkmalsausprägungen „sehr gut", „gut" „weniger gut" und „schlecht" vorgegeben. Entscheidet sich ein Gast A für die Antwortkategorie „sehr gut", Gast B hingegen für „gut", so weiß der Reiseveranstalter zwar, dass dem Gast A der Aufenthalt offensichtlich besser gefallen hat als dem Gast B. Er weiß aber nicht, um wie viel besser. Eine Rangfolge ist also möglich, aber die Messung der Abstände zwischen den Rängen ist nicht möglich.

Metrisch skalierte Merkmale haben die Eigenschaft, dass Merkmalsausprägungen

- der Unterscheidung dienen,
- in eine sinnvolle Rangfolge gebracht werden können und dass
- die Abstände zwischen den Rängen messbar sind.

Ein typisches Beispiel hierfür ist das Merkmal „Umsatz".

4.3.2 Häufigkeiten

Das Auszählen von Häufigkeiten ist die einfachste Möglichkeit der Datenanalyse. Anhand der Daten aus einer Kundenzufriedenheitsstudie einer US-amerikanischen Airline[1] wird das Vorgehen bei der Datenanalyse nachfolgend erläutert. Insgesamt haben laut Studie 129 880 Personen an der Befragung teilgenommen und es wurden 24 Merkmale erhoben. Die Daten liegen in einer Tabelle vor, in der jede Zeile einen befragten Passagier abbildet. Die Merkmale stehen in den Spalten. Unter anderem wurden die Kunden danach befragt, wie zufrieden sie mit dem Service an Bord des Fluges waren. Die Antwortmöglichkeiten erstrecken sich auf einer fünfstufigen Skala von „sehr unzufrieden" bis „sehr zufrieden". Es handelt sich also um ein ordinalskaliertes Merkmal. Die Tabelle 4.3 zeigt zur Veranschaulichung einen kleinen Ausschnitt der Rohdatentabelle.

Tabelle 4.3 Ausschnitt aus einer Datentabelle

Nr.	Anlass der Reise	Service an Bord	Geschlecht	Klasse	...	Flugdistanz
1	privat	zufrieden	weiblich	Eco	...	2464
2	privat	weniger zufrieden	männlich	Business	...	2138
3	privat	weniger zufrieden	weiblich	Business	...	623
4	geschäftlich	sehr zufrieden	weiblich	Eco	...	2138
:	:	:	:	:	:	:
129 880	privat	zufrieden	männlich	Eco	...	14 556

[1] Der zugrunde liegende Datensatz ist frei auf der Plattform KAGGLE verfügbar: *https://www.kaggle.com/datasets/najibmh/us-airline-passenger-satisfaction-survey*

Für die Darstellung der Häufigkeiten werden nun alle Personen mit der gleichen Antwort zu einer Gruppe zusammengefasst. Damit werden die Informationen der ursprünglichen Datentabelle sehr stark verdichtet und übersichtlich dargestellt (vgl. Tabelle 4.4).

Tabelle 4.4 Häufigkeitstabelle für das Merkmal „Service an Bord"

Ausprägung	Absolute Häufigkeit	Relative Häufigkeit	Kumulierte relative Häufigkeit
sehr unzufrieden	13 265	10,2 %	10,2 %
unzufrieden	17 174	13,2 %	23,4 % (C)
neutral	27 037	20,8 %	44,3 %
zufrieden	40 675	31,3 %	75,6 %
sehr zufrieden	31 724 (B)	24,4 % (A)	100,0 %
Gesamt	**129 875**	**100,0 % (gerundet)**	
Fehlend = 5			

- Die Häufigkeitstabelle zum „Service an Bord" liefert wichtige Informationen zur Verteilung der Merkmalswerte. So sind 24,4 % der befragten Passagiere sehr zufrieden mit dem Bordservice (A). Diese Kennzahl nennt man relative Häufigkeit. Dies sind 31 724 Passagiere (absolute Häufigkeit, B). Fasst man die beiden Kategorien der unzufriedenen Kunden zusammen, so entspricht dies 23,4 % der befragten Passagiere (kumulierte relative Häufigkeit, C).
- Eine Häufigkeitstabelle kann prinzipiell unabhängig von der Skalierung erstellt werden. Sinnvoll ist die Auswertung allerdings nur dann, wenn die Anzahl der verschiedenen Merkmalsausprägungen nicht sehr hoch ist. Damit scheidet diese Analyseform in der Regel bei metrisch skalierten Merkmalen aus. Soll dennoch eine Häufigkeitstabelle für metrische Daten erstellt werden, müssen Klassen gebildet werden. Üblich ist beim Merkmal Umsatz die Einteilung in Umsatzklassen, die dann wiederum übersichtlich in einer Häufigkeitstabelle dargestellt werden können. Für tiefer gehende Analysen metrischer Daten bieten sich insbesondere die im nächsten Abschnitt vorgestellten Methoden an.
- Bei nominal- oder ordinalskalierten Merkmalen sollte die Häufigkeitstabelle in jeder deskriptiven Analyse zur Anwendung kommen.

4.3.3 Lage- und Streuungsmaße

Lagemaße haben die Aufgabe, die Lage eines Merkmals auf der Merkmalsachse möglichst gut zu beschreiben, während Streuungsmaße die Variationen der Beobachtungen innerhalb eines Merkmals angeben.

Das gebräuchlichste Lagemaß ist das arithmetische Mittel. Wenn von „dem Durchschnitt" gesprochen wird, ist in der Regel das arithmetische Mittel $\overline{x}$ gemeint. Für die Berechnung des arithmetischen Mittels werden die Werte aller Beobachtungen aufsummiert und anschließend durch die Anzahl der Beobachtungen geteilt:

$$\overline{x} = \frac{1}{n} \cdot \sum_{i=1}^{n} x_i \tag{4.1}$$

wobei x_i den Merkmalswert der i-ten Beobachtung darstellt mit $i = 1,\ldots,n$ und n die Anzahl der Beobachtungen ist. Eine sinnvolle Berechnung ist nur bei metrisch skalierten Merkmalen möglich.

Ein weiteres oft verwendetes Lagemaß ist der Median. Für die Ermittlung des Medians werden zunächst alle Beobachtungen der Größe nach sortiert. Der Merkmalswert in der Mitte ist der Median. Ein kleines Beispiel soll dies verdeutlichen. An einer Veranstaltung nehmen fünf Sumo-Ringer teil. Um den Median der Körpergröße der Sumo-Ringer zu ermitteln, werden die fünf Ringer der Größe nach aufgestellt (Bild 4.1). Die Körpergröße des Ringers in der Mitte (x_3) ist der Median.

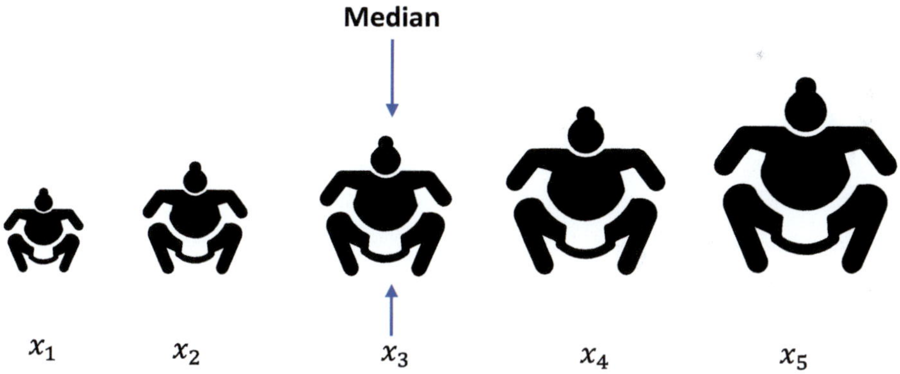

Bild 4.1 Median der Körpergröße bei einer ungeraden Anzahl an Beobachtungen

In dem Beispiel ist mit der Zahl 5 eine ungerade Zahl an Beobachtungen gegeben. In diesem Fall ist, wie gezeigt, der Median der Merkmalswert der dritten Beobachtung. Für n ungerade gilt dann allgemein:

$$Median = x_{\left[\frac{n}{2}+1\right]} \tag{4.2}$$

wobei die Beobachtungen x_i der Größe nach sortiert sein müssen. Wie sieht dies nun aber bei einer geraden Zahl an Beobachtungen aus? Seien x_i die der Größe nach sortierten Merkmalswerte. n ist die Anzahl der Beobachtungen mit n gerade. Dann ist der Median:

$$Median = \frac{x_{\frac{n}{2}} + x_{\left[\frac{n}{2}+1\right]}}{2} \tag{4.3}$$

Wird die Zahl der Sumo-Ringer aus dem Beispiel um Eins auf sechs Beobachtungen erhöht, so liegt der Median zwischen der dritten und vierten Beobachtung (Bild 4.2) und wird als das arithmetische Mittel aus der Körpergröße des dritten (x_3) und der Körpergröße des vierten Ringers (x_4) errechnet. Dabei spielt es keine Rolle, um wie viel größer der sechste Sumo-Ringer x_6 gegenüber dem fünften Sumo-Ringer x_5 ist. Wichtig ist nur, dass gilt: $x_6 \geq x_5$. Gleichgültig ob der sechste Ringer nun genauso groß oder 100-mal größer ist als der fünfte Ringer, der Median rührt sich nicht vom Fleck. Er ist unempfindlich gegenüber Ausreißern.

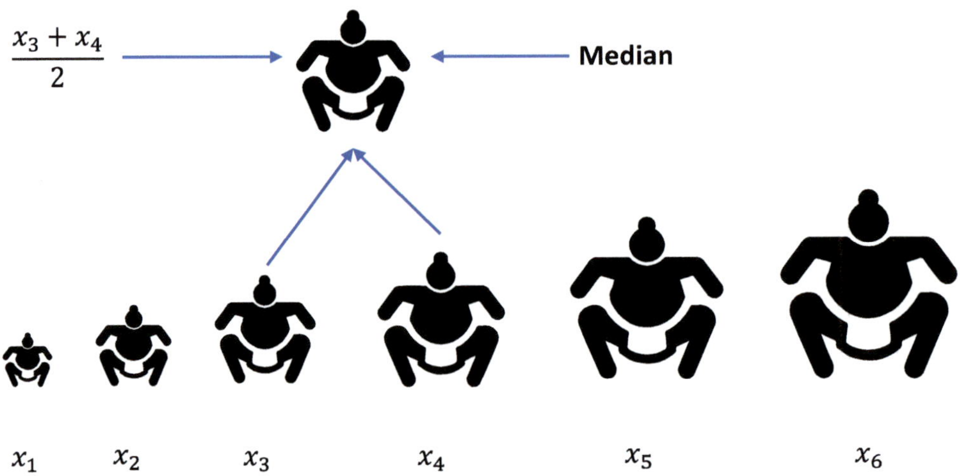

Bild 4.2 Median der Körpergröße bei einer geraden Anzahl an Beobachtungen

Während das arithmetische Mittel und der Median Auskunft über die typische Lage von Merkmalsträgern geben, geben Streuungsmaße Auskunft über die Variationen der Beobachtungen eines Merkmals. Das bekannteste Streuungsmaß ist die Stichprobenvarianz s^2:

$$s^2 = \frac{1}{n-1} \cdot \sum_{i=1}^{n} \left(x_i - \overline{x}\right)^2 \tag{4.4}$$

wobei x_i den Merkmalswert der i-ten Beobachtung darstellt mit $i = 1,\ldots,n$ und n die Anzahl der Beobachtungen ist. Mit $\overline{x}$ wird das arithmetische Mittel bezeichnet. In die Berechnung der Varianz gehen die Abweichungsquadrate von dem arithmetischen Mittel ein. Dies macht die Interpretation des Resultats schwierig. Zur Verdeutlichung wird das Merkmal die „monatliche Spesenabrechnung von Handelsvertretern" betrachtet. Originär hat das Merkmal die Einheit „Euro". Die Varianz hat dann die Einheit „Euro zum Quadrat". Die Interpretation wird einfacher, indem aus der Varianz die Wurzel gezogen wird. Diese Größe nennt man Standardabweichung

$$s = \sqrt{s^2} = \sqrt{\frac{1}{n-1} \cdot \sum_{i=1}^{n} (x_i - \overline{x})^2} \tag{4.5}$$

Die Standardabweichung misst die Streuung um das arithmetische Mittel. Die Lage der Daten sollte immer unter Berücksichtigung der Streuung interpretiert werden. Bild 4.3 zeigt die Verteilung der monatlichen Spesenabrechnungen von Handelsvertretern bei zwei verschiedenen Firmen. Bei beiden Firmen liegen die durchschnittlichen Spesenausgaben pro Handelsvertreter bei 1000 Euro. Anhand der Abbildung ist gut zu erkennen, dass die Spesenabrechnungen bei der Firma B deutlich weiter streuen als bei Firma A. Dies äußert sich auch in der Standardabweichung. Sie beträgt bei der Firma A 50 Euro und bei der Firma B 100. Haben die Daten die Eigenschaft der Normalverteilung, so gilt, dass sich in einem Intervall von:

$$\overline{x} \pm 2 \cdot s \tag{4.6}$$

95,45 % aller Fälle befinden. Für das Beispiel mit den Spesenabrechnungen bedeutet dies, dass bei Firma A davon ausgegangen werden kann, dass über 95 % der Spesenabrechnungen in einem Intervall zwischen 900 und 1100 Euro liegen. Bei der Firma B erstreckt sich das Intervall von 800 bis 1200 Euro.

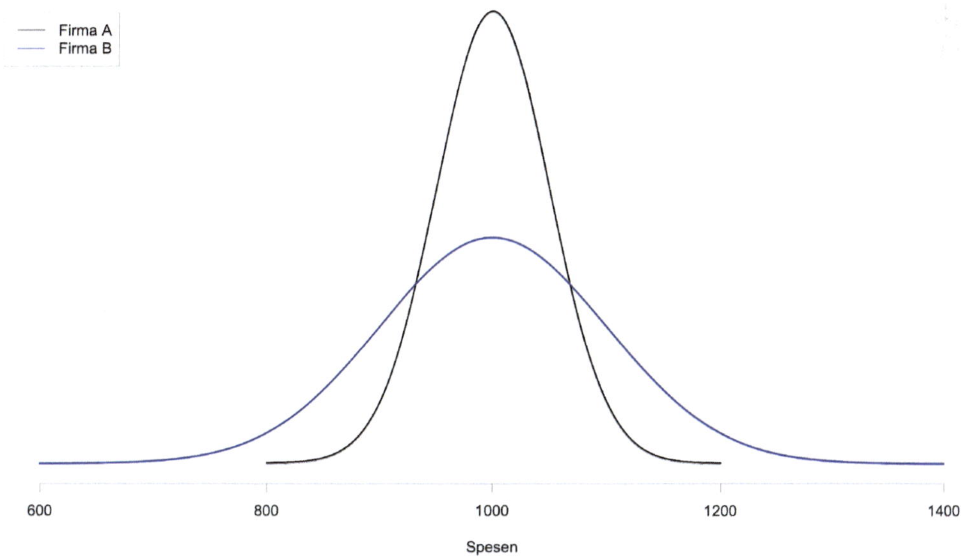

Bild 4.3 Zwei Verteilungen mit identischem Mittelwert und unterschiedlicher Streuung

4.3.4 Konzentrationsmessung

Man spricht von einer hohen relativen Konzentration, wenn sich ein hoher Anteil der Merkmalssumme auf einen geringen Anteil an Merkmalsträgern konzentriert. Das Vorgehen bei der Konzentrationsmessung wird an einem Beispiel zur Kundenumsatzanalyse erläutert. Zur vereinfachten Darstellung wird das Beispiel mit lediglich zehn Kunden bewusst sehr klein gehalten (Tabelle 4.5).

Tabelle 4.5 Arbeitstabelle zur Konzentrationsmessung

Kunde	Umsatz	Umsatzanteil	Kumulierter Umsatzanteil	Kumulierter Anteil an Kunden
F	10	1,0 %	1,0 %	10,0 %
H	12	1,2 %	2,2 %	20,0 %
B	16	1,6 %	3,8 %	30,0 %
G	22	2,2 %	6,0 %	40,0 %
E	50	5,0 %	11,0 % (A)	50,0 % (A)
A	51	5,1 %	16,1 %	60,0 %
J	52	5,2 %	21,3 %	70,0 %
I	53	5,3 %	26,6 %	80,0 %
C	324	32,4 % (B)	59,0 %	90,0 %
D	410	41,0 % (B)	100,0 %	100,0 %
Gesamt	**1000**	**100,0 %**		

Zunächst werden alle Kunden nach ihren Umsätzen aufsteigend sortiert (Spalte „Umsatz“). Im nächsten Schritt wird für jeden Kunden sein Anteil am Gesamtumsatz des Unternehmens ermittelt (Spalte „Umsatzanteil“). Anschließend werden die Umsatzanteile kumuliert (Spalte „Kumulierter Umsatzanteil“). In der letzten Spalte werden die kumulierten relativen Häufigkeiten für die Kunden ermittelt (Spalte „Kumulierter Anteil an Kunden“).

Die beiden letzten Spalten der Tabelle 4.5 werden in einer sogenannten Lorenzkurve als Wertepaare grafisch dargestellt (Bild 4.4). Anhand der Tabelle 4.5 und des Bild 4.4 sind Informationen zur Konzentration ablesbar. So kann festgestellt werden, dass 50 % der Kunden einen Anteil am Gesamtumsatz von 11 % haben (A). Betrachtet man die großen Kunden, so ist erkennbar, dass die oberen 20 % der Kunden einen Anteil von 73,4 % am Gesamtumsatz haben (B).

Die Diagonale innerhalb von Bild 4.4 wird als Gleichverteilungsgerade bezeichnet. Würde die Lorenzkurve auf dieser Gerade liegen, so hätte jeder Kunde den gleichen Umsatzanteil. Es würde in diesem Fall keine Konzentration vorliegen. Je weiter die Lorenzkurve von der Gleichverteilungsgeraden entfernt ist, desto größer ist die Konzentration. Man nennt die Fläche zwischen der Gleichverteilungsgerade und der Lorenzkurve auch Konzentrationsfläche. Da es sich bei der grafischen Darstellung um ein Quadrat mit der Seitenlänge 1 handelt, kann die Konzentrationsfläche maximal näherungsweise den Wert 0,5 annehmen. Als Maß für die Konzentration wird üblicherweise der Gini-Koeffizient K_G verwendet. Er ist das Doppelte der Konzentrationsfläche und hat damit den Wertebereich:

$$0 \leq K_G < 1$$

Für das Beispiel ist der Gini-Koeffizient 0,6. Nach der Einteilung von Wewel und Blatter (2019) kann man damit von einer hohen Konzentration sprechen.

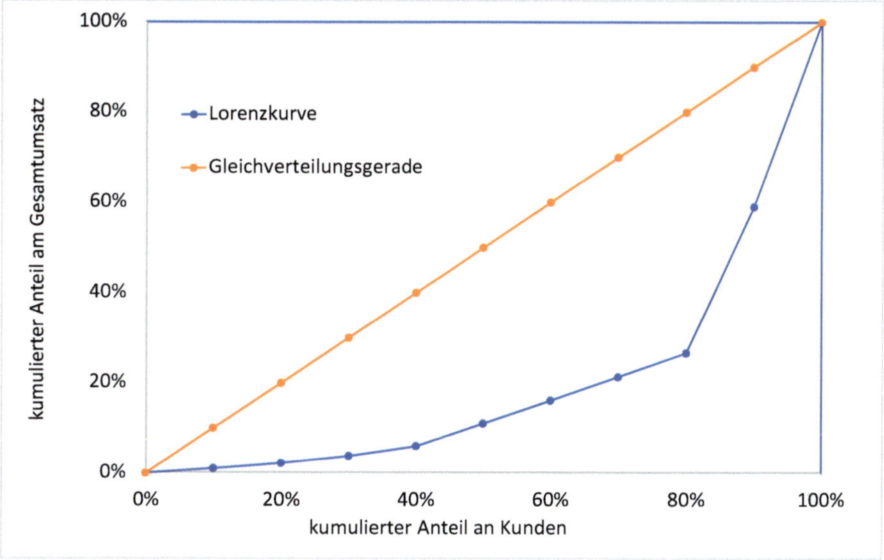

Bild 4.4 Lorenzkurve

■ 4.4 Diagnostische Methoden

In diesem Abschnitt werden beispielhaft die Themen Hypothesentest, Kontingenz und Korrelation sowie die Clusteranalyse behandelt. Themen wie die Varianzanalyse oder die Assoziationsanalyse werden für das Selbststudium empfohlen. Zum Thema Varianzanalyse sei z. B. auf Fahrmeir et al. (2016) verwiesen. Eine gute Aufbereitung der Assoziationsanalyse findet sich bei Cleve und Lämmel (2020) und bei Ng und Soo (2018).

4.4.1 Hypothesentest

Bei Kraftfahrzeugen ist die begrenzte Lebensdauer von Halogenscheinwerfern ein Nachteil gegenüber anderen Scheinwerferarten. Ein Hersteller von Autozubehör wirbt mit der Aussage: „Unsere Halogenscheinwerfer haben eine Lebensdauer von mindestens 500 Betriebsstunden." Um sicherzugehen, dass diese Aussage richtig ist, müssten sämtliche produzierten Scheinwerfer auf ihre Lebensdauer überprüft werden, was aber zur Konsequenz hätte, dass das Prüfergebnis erst feststeht, nachdem alle Scheinwerfer defekt sind. Daher muss man sich bei der Prüfung der Aussage mit einer Stichprobe begnügen. Eine Stichprobe ist eine Teilmenge der Grundgesamtheit. Es wird angenommen, der Hersteller zieht aus seiner Produktion eine Stichprobe von 100 Lampen, wobei der ermittelte Stichprobenmittelwert für die Lebensdauer 520 Stunden beträgt. Ist das Stichprobenergebnis auf die Grundgesamtheit übertragbar, so ist die Aussage des Herstellers korrekt. Der empirisch gemessene Wert von mehr als 500 Stunden könnte aber auch zufällig sein, und damit ist das Ergebnis nicht übertragbar auf die Grundgesamtheit. Es ist die Aufgabe eines statistischen Tests, dies zu überprüfen.

Ein statistischer Test kann in fünf Einzelschritte eingeteilt werden:

1. Aufstellen der Hypothesen: Nullhypothese H_0 und Gegenhypothese (die zu prüfende These) H_1.
2. Festlegung des Signifikanzniveaus: α.
3. Ermittlung des Testfunktionswertes T bzw. des p-Werts.
4. Ermittlung des Beibehaltungsbereichs zum zugehörigen α.
5. Entscheidung: Die Nullhypothese kann verworfen werden, falls $|T|>$ Beibehaltungsbereich bzw. p-Wert $<\alpha$.

Es existieren sehr viele unterschiedliche statistische Tests. Der skizzierte Ablauf ist jedoch bei jedem Test identisch. Unterschiede liegen in den zu prüfenden Hypothesen und in der Ermittlung und Verteilung des Testfunktionswertes. An dieser Stelle kann nur ein rudimentärer Einblick in das Vorgehen bei einem Hypothesentest gegeben werden. Für ein tieferes Verständnis und weiterführende Tests sei auf die Literatur am Ende des Kapitels verwiesen.

Bei dem Beispiel mit den Schweinwerfern handelt es sich um einen Test zur Prüfung eines Mittelwertes. Es soll getestet werden, ob davon ausgegangen werden kann, dass die durchschnittliche Lebensdauer eines Schweinwerfers mindestens 500 Stunden beträgt. In der Gegenhypothese (H_1) wird immer der zu prüfende Sachverhalt formuliert. Da gezeigt werden soll, dass die durchschnittliche Lebensdauer in der Grundgesamtheit mindestens 500 Stunden beträgt, muss dies in der Gegenhypothese zum Ausdruck gebracht werden. Mit μ wird der Mittelwert der Grundgesamtheit bezeichnet. Damit lauten die Hypothesen für das Beispiel:

$H_0 : \mu < 500 \quad H_1 : \mu \geq 500$

Man nennt einen Test bei dieser Form der Hypothesenformulierung auch „einseitigen Test". Einseitige Tests liegen dann vor, wenn in der Gegenhypothese die Formulierung „größer gleich" oder „kleiner gleich" verwendet wird. Würde man prüfen wollen, ob sich die durchschnittliche Lebensdauer eines Scheinwerfers von 500 Stunden unterscheidet, so würde die Gegenhypothese $H_1 : \mu \neq 500$ lauten. Man würde in diesem Fall von einem „zweiseitigen Test" sprechen.

Im zweiten Schritt muss das Signifikanzniveau α festgelegt werden. Üblich sind Werte zwischen 0,1 % und 10 %. Für dieses Beispiel wird die Signifikanz auf dem häufig verwendeten 5 %-Niveau, α=0,05, überprüft.

Was bedeutet nun signifikant auf dem 5 %-Niveau? Auch wenn die Nullhypothese verworfen werden kann, so kann dennoch nicht mit letzter Sicherheit davon ausgegangen werden, dass die Gegenhypothese korrekt ist. Man nennt diesen Sachverhalt auch den α-Fehler: Er gibt die Wahrscheinlichkeit an, die Nullhypothese zu verwerfen, obwohl sie in Wahrheit korrekt ist.

Im dritten Schritt wird der Testfunktionswert ermittelt. Er lautet bei einem Test auf einen Mittelwert:

$$T = \frac{\overline{x} - \mu_0}{s} \cdot \sqrt{n} \tag{4.7}$$

wobei $\overline{x}$ der Stichprobenmittelwert ist. Mit μ_0 wird der Wert bezeichnet, gegen den getestet wird. s ist die Stichprobenstandardabweichung und n der Stichprobenumfang. Die Testgröße ist t-verteilt mit $n-1$ Freiheitsgraden. Der Testfunktionswert soll anhand der Beispieldaten aus Tabelle 4.6 ermittelt werden.

Tabelle 4.6 Beispieldaten für einen Test auf den Mittelwert

i	1	2	3	4	5
x_i	520	540	490	520	530

Auf Basis der Stichprobe ergibt sich dann für den Testfunktionswert:

$$T = \frac{520 - 500}{\sqrt{350}} \cdot \sqrt{5} = 2{,}39 \tag{4.8}$$

Als Nächstes muss der Beibehaltungsbereich ermittelt werden. Die t-Verteilung für vier Freiheitsgrade ist in Bild 4.5 dargestellt. Links der roten Linie liegen 95 % der Fälle. Die Fläche rechts von der roten Linie entspricht dem vorgegebenen α von 5 %. Der zugehörige Wert der t-Verteilung ist bei einem α von 0,05 und bei $n-1=4$ Freiheitsgraden 2,13.[2] Hier endet der Beibehaltungsbereich der Nullhypothese.

[2] Die Werte der t-Verteilung werden auf Basis der Freiheitsgrade ermittelt. Sie geben an, wie viele Beobachtungen für die Ermittlung frei zur Verfügung sind. Bei einem einfachen Mittelwerttest ist die Zahl der Freiheitsgrade $n-1$.

Das bedeutet, dass bei jedem Testfunktionswert größer als 2,13 die Nullhypothese verworfen werden kann. Die rote Linie ist überschritten. Der Testfunktionswert ist im Beispiel 2,39 und liegt damit im Ablehnungsbereich der Nullhypothese. Die Prüfhypothese (H_1) der Lebensdauer von mindestens 500 Stunden wird damit angenommen.

Die Fläche rechts vom Testfunktionswert ist der p-Wert. Er beträgt in dem Beispiel 3,8 %. Diese Fläche ist kleiner als die Fläche α. Damit wird die Nullhypothese ebenfalls abgelehnt. Die Entscheidung, ob die Prüfhypothese (H_1) angenommen wird, kann also auf zwei Arten getroffen werden:

1. Der Testfunktionswert (2,39) ist größer als der Wert am Ende des Beibehaltungsbereichs der Nullhypothese (2,13).
2. Der p-Wert (0,038) ist kleiner als das vorgegebene α (0,05).

Die Werte für den Beibehaltungsbereich können in den meisten Lehrbüchern zur Statistik in Tabellen und in Formelsammlungen nachgeschlagen werden. Wird ein Test mithilfe einer Statistiksoftware durchgeführt, so wird in aller Regel der zu dem Testfunktionswert zugehörige p-Wert geliefert. Damit kann die Entscheidung über die Hypothesen im Vergleich zwischen dem p-Wert und α getroffen werden. Bild 4.6 zeigt die Ausgabe der Statistiksoftware R für das Beispiel.

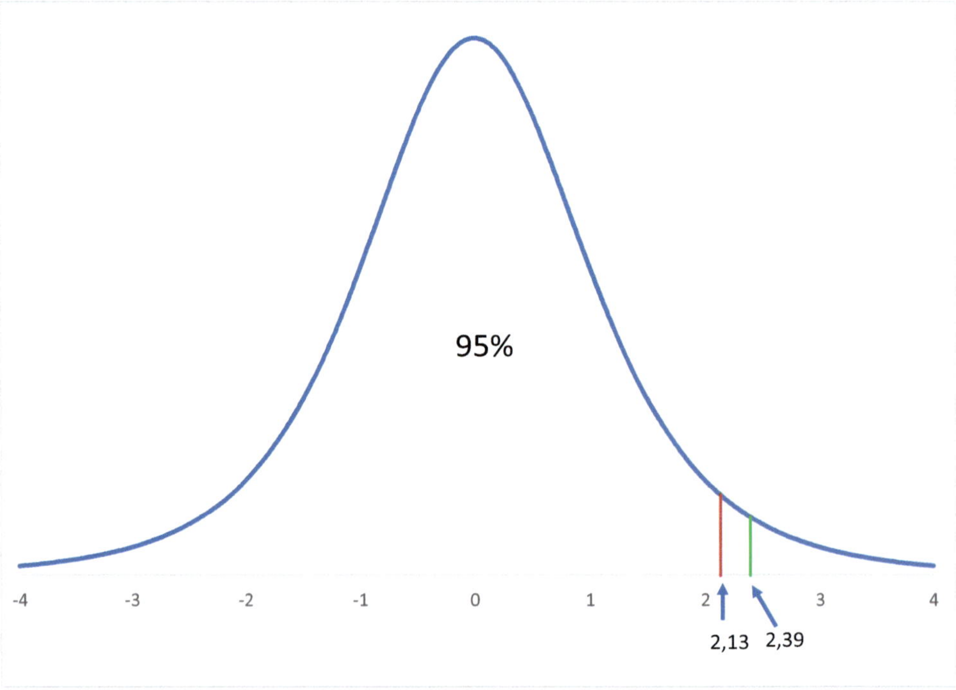

Bild 4.5 t-Verteilung mit $n-1=4$ Freiheitsgraden

```
> x = c(520,    540,    490,    520,    530)
> t.test(x, mu = 500, alternative = "greater")

	One Sample t-test

data:  x
t = 2.3905, df = 4, p-value = 0.03757
alternative hypothesis: true mean is greater than 500
95 percent confidence interval:
 502.1637      Inf
sample estimates:
mean of x 
      520 
```

Bild 4.6 Test auf einen Mittelwert mit der Software R

4.4.2 Kontingenz und Korrelation

Bei den Themen Kontingenz und Korrelation geht es um die Messung des Zusammenhangs zwischen zwei Variablen. Die Stärke des Zusammenhangs kann je nach Skalierung der Merkmale über den Kontingenzkoeffizienten oder über den Korrelationskoeffizienten gemessen werden.

4.4.2.1 Kontingenztabelle und Kontingenzkoeffizient

In einer Kontingenztabelle (Kreuztabelle) werden die Merkmalsausprägungen von zwei Variablen und deren gemeinsame Häufigkeiten dargestellt. Bei nominal skalierten Merkmalen sind die Kontingenztabelle und der Kontingenzkoeffizient die wichtigsten Instrumente zur Messung des Zusammenhangs zwischen den Variablen. Auch bei der Kombination einer nominal und einer ordinalskalierten Variable kommt die Kontingenztabelle häufig zum Einsatz.

Für die Erläuterung der Vorgehensweise werden Daten aus der in Abschnitt 4.3.2 vorgestellten Kundenzufriedenheitsstudie verwendet. Herausgestellt werden soll ein möglicher Zusammenhang zwischen der gebuchten „Klasse“ und dem „Service an Bord“ (vgl. Tabelle 4.7). In der Kontingenztabelle werden in den Zeilen die Ausprägungen der Variable „Klasse“ und in den Spalten die Ausprägungen der Variable „Service an Bord“ abgebildet. In den Zellen der Tabelle stehen die gemeinsamen absoluten Häufigkeiten. Als Lese- und Interpretationshilfe wird das in der Tabelle 4.7 mit (A) markierte Feld betrachtet: 4015 der befragten Reisenden sind in der ersten Klasse gereist und waren mit dem Service an Bord sehr unzufrieden. Die Werte in der Spalte und der Zeile „Gesamt“ geben die Randverteilungen an. Eine Randverteilung einer Variable gibt deren Häufigkeiten an, unabhängig davon, welchen Wert die zweite Variable annimmt. Insofern entsprechen die Randverteilungen den absoluten Häufigkeiten bei der univariaten Betrachtung (vgl.

Abschnitt 4.3.2). Als Lese- und Interpretationshilfe wird das in der Tabelle 4.7 mit (B) markierte Feld betrachtet: 31 724 Personen waren mit dem „Service an Bord“ „sehr zufrieden“, und zwar unabhängig davon, in welcher Klasse sie gereist sind.

Tabelle 4.7 Kontingenztabelle der Variablen „Service an Bord“ und „Klasse“

	sehr unzufrieden	**unzufrieden**	**neutral**	**zufrieden**	**sehr zufrieden**	**Gesamt**
Eco	7832	8839	13 259	16 516	11 863	**58 309**
Eco Plus	1418	1606	2107	2535	1745	**9411**
Business	4015 (A)	6729	11 671	21 624	18 116	**62 155**
Gesamt	**13 265**	**17 174**	**27 037**	**40 675**	**31 724 (B)**	**129 875**

Im Allgemeinen sind Kontingenztabellen leichter zu interpretieren, wenn anstelle von absoluten Häufigkeiten die relativen Häufigkeiten angegeben werden. Dabei werden die absoluten Häufigkeiten in Relation zu einer bestimmen Basis gesetzt. Drei Varianten der relativen Häufigkeiten sind in einer Kontingenztabelle möglich. Als Basis wird

- die Gesamtzahl aller Beobachtungen,
- die Randverteilung der Variable in den Zeilen oder
- die Randverteilung der Variable in den Spalten verwendet.

Nimmt man die relativen Häufigkeiten auf Basis der Anzahl aller Beobachtungen, so sind die Daten einfacher zu interpretieren als auf Basis der absoluten Häufigkeiten. Als Beispiel wird wieder das mit (A) markierte Feld aus der Tabelle 4.7 verwendet. Die relative Häufigkeit für dieses Feld beträgt: $\frac{4015}{129.875} = 0{,}031$ (3,1 %). Damit entsprechen die 4015 Personen, die in der Businessklasse gereist sind und mit dem Service sehr unzufrieden sind 3,1 % aller Passagiere.

Aus den relativen Häufigkeiten basierend auf allen Beobachtungen eine Tendenz über den Zusammenhang zwischen den Variablen abzulesen, ist allerdings eher schwierig. Ein möglicherweise vorhandener Zusammenhang zwischen den beiden Variablen ist leichter erkennbar, wenn die Randverteilungen als Basis für die Berechnung von Häufigkeiten herangezogen werden. Die Entscheidung wird in diesem Beispiel zugunsten der Randverteilungen der Variable „Klasse“ gefällt. Tabelle 4.8 zeigt das Ergebnis. Beispielhaft wird die Berechnung für das mit A markierte Feld in Tabelle 4.8 gezeigt: $\frac{18.116}{62.155} = 0{,}291$ (29,1 %). In der Businessklasse sind 29,1 % mit dem Service an Bord „sehr zufrieden“. Im Vergleich zu den anderen Klassen sind Reisende in der Klasse „Business“ tendenziell zufriedener mit der „Service an Bord“ als die anderen Reisenden, wobei die Klasse „Eco“ einen leichten Vorteil bei der Zufriedenheit mit den „Service an Bord“ gegenüber der Klasse „Eco Plus“ zu haben scheint.

Tabelle 4.8 Kontingenztabelle mit zeilenweisen relativen Häufigkeiten

	sehr unzufrieden	unzufrieden	neutral	zufrieden	sehr zufrieden	**Gesamt**
Eco	13,4 %	15,2 %	22,7 %	28,3 %	20,3 %	**100,0 %**
Eco Plus	15,1 %	17,1 %	22,4 %	26,9 %	18,5 %	**100,0 %**
Business	6,5 %	10,8 %	18,8 %	34,8 %	29,1 % (A)	**100,0 %**
Gesamt	**10,2 %**	**13,2 %**	**20,8 %**	**31,3 %**	**24,4 %**	**100,0 %**

Warum in dem Beispiel die Variante Randverteilung in den Spalten („Service an Bord“) weniger gut geeignet ist, wird schnell klar, wenn man die erste Spalte „sehr unzufrieden“ in der Tabelle 4.7 betrachtet. So sind 10,7 % der „sehr unzufriedenen“ Kunden aus der Klasse „Eco Plus“ (vgl. Tabelle 4.7 $\frac{1418}{13.265}=0{,}107$). 30,3 % der „sehr unzufriedenen“ Kunden stammen hingegen aus der Klasse „Business“ (vgl. Tabelle 4.7 $\frac{4015}{13.265}=0{,}303$), obwohl 6,5 % der Kunden aus der Klasse „Business“ „sehr unzufrieden“ sind (vgl. Tabelle 4.8). Diese Diskrepanz erklärt sich aus den unterschiedlichen Gruppengrößen. Aus der Klasse „Business“ haben wesentlich mehr Passagiere an der Befragung teilgenommen als aus der Klasse „Eco Plus“. Für dieses Beispiel sind die Randverteilungen der Variable „Klasse“ daher die geeignetste Variante für die Berechnung der relativen Häufigkeiten.

Relative Häufigkeiten mit der Spalten- oder Zeilensumme als Basis nennt man bedingte Verteilung, weil die relativen Häufigkeiten eines Merkmals unter der Bedingung, dass das zweite Merkmal einen bestimmten Wert annimmt, berechnet werden.

Der Kontingenzkoeffizienten ist eine Kennzahl zur Beurteilung der Stärke des Zusammenhangs zwischen zwei Variablen. Ausgangspunkt der Überlegung ist der Vergleich zwischen den beobachteten und den erwarteten Häufigkeiten. Die erwarteten Häufigkeiten sind diejenigen Häufigkeiten, die man bei Unabhängigkeit beider Variablen erwarten würde. Die zu der beobachteten Häufigkeit n_{ij} eines beliebigen Feldes zugehörige erwartete Häufigkeit e_{ij} wird ermittelt durch:

$$e_{ij} = \frac{n_i \cdot n_j}{n} \qquad (4.9)$$

e_{ij} erwartete Häufigkeit in dem Feld der Zeile i und Spalte j

n_{in} Randverteilung in der Zeile i

n_{nj} Randverteilung in der Spalte j

n Anzahl der Beobachtungen insgesamt

Aus diesen erwarteten Häufigkeiten kann nun der sogenannte Chi-Quadrat-Koeffizient berechnet werden:

$$\chi^2 = \sum_{i=1}^{M}\sum_{j=1}^{L}\frac{\left(e_{ij}-n_{ij}\right)^2}{e_{ij}} \tag{4.10}$$

χ^2 Chi-Quadrat-Koeffizient

n_{ij} beobachtete Häufigkeit in dem Feld der Zeile i und Spalte j

M, L Anzahl der Zeilen bzw. Spalten der Kontingenztabelle

Der Chi-Quadrat-Koeffizient kann jeden beliebigen positiven Wert annehmen und ist daher nicht ohne Weiteres interpretierbar. Aus ihm kann aber der Kontingenzkoeffizient *KK* berechnet werden:

$$KK = \sqrt{\frac{\chi^2}{\chi^2 + n}} \tag{4.11}$$

Der Kontingenzkoeffizient hat einen definierten Wertebereich zwischen $0 \leq KK \leq KK_{max}$ mit $KK_{max} = \sqrt{\frac{K-1}{K}}$, wobei K das Minimum aus der Spalten- und Zeilenzahl der Kontingenztabelle darstellt.

Werte nahe Null bedeuten kein Zusammenhang. Werte nahe an KK_{max} bedeuten einen sehr starken Zusammenhang. Für das Beispiel beträgt der Kontingenzkoeffizient 0,173 bei einem theoretischen Maximalwert KK_{max} von 0,816. Es ist ein Zusammenhang zwischen den Variablen „Klasse" und „Service an Bord" feststellbar, wenn auch nicht so sehr ausgeprägt, wie man es möglicherweise erwarten würde.

Der Chi-Quadrat-Koeffizient ist auch der Testfunktionswert des Chi-Quadrat-Unabhängigkeitstests. Dieser Test hat die Nullhypothese der Unabhängigkeit der beiden betrachteten Variablen. Die Nullhypothese unterstellt also, dass kein Zusammenhang zwischen den Variablen besteht. Kann Sie verworfen werden, so besteht ein statistisch signifikanter Zusammenhang zwischen den Variablen. Bild 4.7 zeigt das Ergebnis des Tests aus der Software R. Da der p-Wert hier äußerst klein ist, kann man die Nullhypothese selbst bei einem sehr kleinen α von 0,1 % verwerfen. Es besteht also ein signifikanter Zusammenhang zwischen den Variablen „Klasse" und „Service an Bord". Die Wahrnehmung des Services an Bord unterscheidet sich aus statistischer Sicht tatsächlich.

```
> ck = chisq.test(daten$Klasse, daten$ServiceAnBord)
> ck

        Pearson's Chi-squared test

data:  daten$Klasse and daten$ServiceAnBord
X-squared = 4006.9, df = 8, p-value < 2.2e-16
```

Bild 4.7
Chi-Quadrat-Unabhängigkeitstest mit der Software R

4.4.2.2 Korrelationskoeffizient

In einer Kontingenztabelle werden die Merkmalsausprägungen von zwei Variablen und deren gemeinsame Häufigkeiten dargestellt. Bei nominal skalierten Merkmalen sind die Kontingenztabelle und deren Kennzahlen das wichtigste Instrument zur Messung des Zusammenhangs zwischen Variablen. Geht es um den Zusammenhang zwischen zwei metrisch skalierten Merkmalen, wird in der Regel mit Korrelationskoeffizienten und nicht mit Kontingenztabellen gearbeitet.

Bei Korrelationskoeffizienten wird unterschieden zwischen dem Korrelationskoeffizienten nach Spearman und dem Korrelationskoeffizienten nach Bravais und Pearson. Während der Korrelationskoeffizient nach Spearman auch für ordinalskalierte Merkmale geeignet ist, benötigt der Bravais-Pearson-Korrelationskoeffizient als Datengrundlage metrisch skalierte Merkmale. In der Praxis wird dennoch häufig bei ordinalskalierten Merkmalen der Korrelationskoeffizient nach Bravais und Pearson angewendet. Methodisch ist dies zwar nicht ganz korrekt, tatsächlich unterscheiden sich die Ergebnisse in der Anwendung aber kaum. Diesem pragmatischen Ansatz folgend, wird der Bravais-Pearson-Korrelationskoeffizient erläutert.

Ausgangspunkt ist die Kovarianz der Stichprobe. Sie misst die Stärke des linearen Zusammenhangs zwischen zwei metrischen Variablen. Ist eine Stichprobe mit den Merkmalen x und y gegeben, so lautet die Berechnungsformel:

$$s_{xy} = \frac{1}{n-1}\sum_{i=1}^{n}(x_i - \bar{x})\cdot(y_i - \bar{y}) \qquad (4.12)$$

wobei x_i bzw. $y_i$die Merkmalswerte der i-ten Beobachtung darstellen mit $i = 1,\ldots,n$ und n die Anzahl der Beobachtungen ist. $\bar{x}$ und $\bar{y}$ sind die arithmetischen Mittel der beiden Merkmale. Die Kovarianz kann jeden beliebigen Wert annehmen. Insofern lässt sich der Zahlenwert nicht oder nur schwer interpretieren. Lediglich über das Vorzeichen lässt sich eine Tendenzaussage treffen, ob der lineare Zusammenhang positiv oder negativ ist. Teilt man die Kovarianz durch das Produkt der Standardabweichungen der beiden Merkmale (vgl. Formel 4.5), so erhält man den Korrelationskoeffizienten nach Bravais und Pearson:

$$r = \frac{s_{xy}}{s_x \cdot s_y} = \frac{\sum_{i=1}^{n}(x_i - \bar{x})\cdot(y_i - \bar{y})}{\sqrt{\sum_{i=1}^{n}(x_i - \bar{x})^2}\cdot\sqrt{\sum_{i=1}^{n}(y_i - \bar{y})^2}} \qquad (4.13)$$

Der Korrelationskoeffizient ist normiert auf den Wertebereich:

$$-1 \leq r \leq +1 \qquad (4.14)$$

Bei dem Korrelationskoeffizienten bedeuten Werte von größer als Null einen positiven linearen Zusammenhang zwischen zwei Variablen. Dies würde man beispielsweise bei der Prüfung des Zusammenhangs zwischen den Merkmalen Absatz und Umsatz erwarten. Einen negativen Wert für den Korrelationskoeffizienten würde man hingegen bei der Prüfung des Zusammenhangs zwischen dem Preis und dem Absatz erwarten.

Der Korrelationskoeffizient misst die Stärke des linearen Zusammenhangs zwischen zwei Merkmalen. Werte, die betragsmäßig nahe bei Eins liegen, weisen auf einen sehr starken linearen Zusammenhang hin. Wert nahe Null hingegen bedeuten, dass kein linearer Zusammenhang existiert. Eventuell vorhandene nicht lineare Zusammenhänge werden von dem Korrelationskoeffizienten nicht identifiziert. Im Bild 4.8 sind einige Beispiele für den Korrelationskoeffizienten dargestellt. Die jeweils blauen Linien in den Diagrammen versuchen den linearen Zusammenhang möglichst gut abzubilden. Dies gelingt in der ersten Grafik (1) recht gut. Man erkennt: Steigen die Werte des Merkmals x an, so steigen auch tendenziell die Werte des Merkmals y an. Es handelt sich um einen positiven linearen Zusammenhang. Die Wertepaare zwischen x und y (in der Grafik als kleine Kreise dargestellt), lassen sich recht gut über eine Gerade abbilden. Der Korrelationskoeffizient beträgt in der Grafik (1) 0,9. Auch in der zweiten Grafik streuen die Wertepaare mehr oder weniger stark um die blaue Gerade. Der Unterschied zu (1) ist, dass mit hohen Werten von x tendenziell kleine Werte von y korrespondieren. Es handelt sich um eine negative Korrelation. Der Korrelationskoeffizient beträgt in diesem Beispiel -0,9.

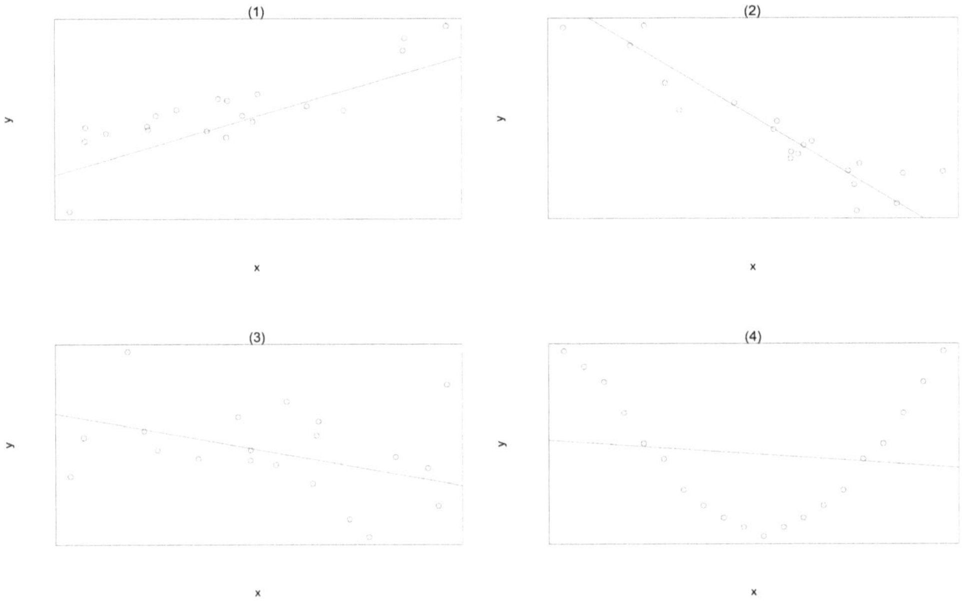

Bild 4.8 Unterschiedliche Korrelationen: (1) = stark positiv, (2) = stark negativ, (3) = geringe Korrelation, (4) = keine lineare Korrelation

Im dritten Bild (3) scheinen die Wertepaare von x und y recht unsystematisch um die blaue Linie zu streuen. Es existiert eine sehr niedrige negative Korrelation

($r<0$). Im vierten Bild (4) ist zumindest grafisch sehr gut ein Zusammenhang zwischen den beiden Merkmalen x und y zu erkennen. Allerdings ist dieser Zusammenhang nicht linear und lässt sich somit nur ungenügend mit der blauen Linie abbilden. Auch wenn die blaue Linie eine leicht fallende Tendenz hat, wird der Korrelationskoeffizient sich nicht signifikant von Null unterscheiden.

4.4.3 Clusteranalyse

So vielfältig und unterschiedlich Menschen sind, so können dennoch Personen mit ähnlichen Eigenschaften zu einer Gruppe (= Cluster) zusammengefasst werden. Genau dieses Ziel verfolgt die Clusteranalyse. Aus einer heterogenen Gesamtheit sollen in sich homogene Teilmengen gebildet werden. Diese Teilmengen werden dann Cluster genannt. Auch wenn Unterschiede zwischen den Mitgliedern eines Clusters zulässig und vorhanden sind, sollten sich die Mitglieder der Cluster in ihren Eigenschaften möglichst ähnlich sein. Im Vergleich zu Mitgliedern anderer Cluster sollten sie sich hingegen möglichst stark in ihren Eigenschaften unterscheiden. Im Kontext des maschinellen Lernens gehört die Clusteranalyse zu den Verfahren des unüberwachten Lernens (vgl. hierzu auch die Ausführungen im Kapitel „Datenanalyse – prädiktive und präskriptive Analyse“ sowie für weiterführende Erläuterungen beispielsweise Frochte (2019).

Es wird unterschieden zwischen den hierarchischen und den zentroiden Clusterverfahren. Für beide Ansätze wird im Folgenden je ein Verfahren vorgestellt.

4.4.3.1 Hierarchische Clusterverfahren

Ausgangspunkt bei den hierarchischen Verfahren sind Distanz- oder Ähnlichkeitsmatrizen. In ihnen sind die Abstände zwischen den Clustern abgebildet. Die Zeilen und die Spaltenzahl einer Distanzmatrix entsprechen der Anzahl der Cluster. Zu Beginn des Verfahrens stellt jedes Objekt ein Cluster dar. Es werden dann die zwei Objekte mit der geringsten Distanz zueinander zu einem Cluster zusammengefasst. Da nun zwei Objekte zu einem Cluster zusammengefasst sind, muss eine neue reduzierte Distanzmatrix ermittelt werden. Diese Matrix ist um eine Zeile und eine Spalte geringer als die Ausgangsmatrix. Dieses Vorgehen wird so lange wiederholt, bis am Ende alle Objekte in einem Cluster vereinigt wurden. Nach Abschluss des Algorithmus ist dann zu entscheiden, wie viele Cluster verwendet werden sollen.

Das Verfahren wird an einem kleinen Beispiel erläutert. Von sechs Personen (i=1...6) ist erhoben worden, um welche Uhrzeit sie morgens aufstehen (x_i1) und um welche Uhrzeit sie abends schlafen gehen (x_i2). Das Ergebnis der Erhebung ist in Tabelle 4.9 gegeben.

Tabelle 4.9 Ausgangsdaten für das Beispiel zu hierarchischen Clusterverfahren

i	1	2	3	4	5	6
x_{i1}	6	7	6	8	9	9
x_{i2}	22	21	22	24	24	23

Betrachtet man die Daten in der Tabelle 4.9 genauer, so ist schnell klar, welches Ergebnis man bei einer Clusteranalyse erwarten würde. Offensichtlich gibt es zwei Gruppen, welche in sich recht homogen sind. Dies sind zum einen die Personen 1, 2 und 3. Sie bilden die Gruppe der „Lerchen“ (früh aufstehen und früh zu Bett gehen). Die zweite Gruppe sind die „Eulen“. Sie beinhaltet die Personen 4, 5 und 6.

Für die Ermittlung der Distanzmatrix gibt es verschiedene Abstandsmaße. Hier wird die bei metrischen Variablen übliche euklidische Distanz verwendet:

$$d_{k,l}^2 = \sum_{j=1}^{J} \left(x_{kj} - x_{lj}\right)^2 \tag{4.15}$$

wobei $d_{k,l}^2$ die Distanz zwischen den Objekten (Personen) k und l ist. x_{kj} bzw. x_{lj} stellt den Merkmalswert des Merkmals j bei dem Objekt (Person) k bzw. l dar.

Beispielhaft wird die Distanz zwischen den Personen 3 und 5 ermittelt:

$$d_{3,5}^2 = \sum_{j=1}^{J} \left(x_{3j} - x_{5j}\right)^2 = (6-9)^2 + (22-24)^2 = 13 \tag{4.16}$$

Diese Berechnung ist für alle Kombinationen durchzuführen und in die Distanzmatrix einzutragen. Da es sich hier um eine symmetrische Matrix handelt, genügt es, die untere Dreiecksmatrix zu befüllen. Da die Distanz von einem Objekt zu sich selbst nicht vorhanden ist, sind die Werte auf der Hauptdiagonalen immer Null.

In dem Beispiel hat die Distanzmatrix sechs Zeilen und sechs Spalten, also insgesamt 6^2=36 Felder. Die Hauptdiagonale hat sechs Felder mit den Werten „0“, da sie die Distanz eines Objekts zu sich selbst angibt. Es verbleiben 30 Felder. Da es einerlei ist, ob die Distanz von Objekt i zu Objekt j oder umgekehrt ermittelt wird, ist lediglich die untere Dreiecksmatrix zu befüllen. Es verbleiben also 15 Distanzen, die es zu berechnen gilt ($\frac{6^2-6}{2}=15$). In Tabelle 4.10 sind die Distanzen für das Beispiel abgebildet.

Tabelle 4.10 Distanzmatrix

Objekt	**1**	**2**	**3**	**4**	**5**	**6**
1	0					
2	2	0				
3	0 (A)	2	0			
4	8	10	8	0		
5	13	13	13	1	0	
6	10	8	10	2	1	0

Ist die Ausgangsdistanzmatrix erstellt, so werden unter Verwendung eines Fusionierungsalgorithmus die Objekte schrittweise zu Clustern zusammengefasst. Anfangs werden alle Objekte als ein eigenständiges Cluster betrachtet.

Verschiedene Ansätze zur weiteren Fusionierung existieren. Hier soll das Single-Linkage-Verfahren verwendet werden. Es besagt, dass für die Fusionierung die kleinste Distanz zwischen zwei Clustern verwendet wird. Es entscheiden also immer jeweils die beiden Elemente zweier Cluster über die Fusionierung, welche die geringste Distanz zueinander haben.[3]

Im Beispiel sind dies die Personen 1 und 3. Sie haben eine Distanz von 0 (das mit (A) markierte Feld in Tabelle 4.10). Man erhält eine neue verkleinerte Distanzmatrix. In den Feldern mit dem neuen Cluster (Objekt 1 und 3) wird jeweils die Distanz des Mitglieds des neuen Clusters mit der geringsten Distanz zu den restlichen Objekten dargestellt.

Tabelle 4.11 Distanzmatrix mit fünf Clustern, nachdem die Objekte 1 und 3 zu einem Cluster zusammengefasst wurden

Cluster	1;3	2	4	5	6
1;3	0				
2	2	0			
4	8	10	0		
5	13	13	1 (A)	0	
6	10	8	2	1 (B)	0

Tabelle 4.11 zeigt die neue Distanzmatrix. Die geringste Distanz ist zwischen dem Objekt 4 und 5 (Distanz = 1; mit (A) markiertes Feld) sowie zwischen den Objekten 5 und 6 (Distanz = 1; mit (B) markiertes Feld). Da das Objekt 5 in beiden Kombinationen enthalten ist und die Distanzen zu Objekten 4 und 6 identisch sind, können hier direkt die Objekte 4, 5 und 6 zu einem Cluster zusammengefasst werden.

Tabelle 4.12 Distanzmatrix mit drei Clustern: Cluster 1 = 1;3, Cluster 2: 2, Cluster 3: 4;5;6

Cluster	1;3	2	4;5;6
1;3	0		
2	2 (A)	0	
4;5;6	8	8	0

---

[3] Andere Verfahren sind das Complete-Linkage-Verfahren (jeweils die größte Distanz zweier Cluster) oder das Average-Linkage-Verfahren (Durchschnitt aller Distanzen zweier Cluster). Ein weiteres viel verwendetes Verfahren ist die Ward-Methode. Für eine weitergehende Erläuterung vergleiche Backhaus et al. (2016).

Tabelle 4.12 zeigt die weiter reduzierte Distanzmatrix. Man würde nun weiter fusionieren, indem der Cluster 1 und Cluster 2 zusammenfasst werden, da hier mit dem Wert 2 (Feld A) die geringste Distanz vorhanden ist. Das Ergebnis sind dann zwei verbleibende Cluster mit den Elementen 1, 2 und 3, sowie der Cluster 2 mit den Elementen 4, 5 und 6. In einem letzten Schritt werden diese ebenfalls nochmals zusammengefasst, sodass am Ende alle Elemente in einem Cluster aufgehen. Danach kann entschieden werde, welche Clustereinteilung für die vorliegenden Daten geeignet ist. Die Entscheidung fällt am Ende auf zwei Cluster. Bis dahin waren bei der Fusionierung die Distanzen sehr gering (maximal 2). Erst am Ende, als es darum geht, die beiden verbleibenden Cluster zu einem Cluster zu vereinen, hat die Distanz einen Sprung auf den Wert 8 gemacht (siehe Tabelle 4.12 und Bild 4.9). Solche Sprünge in den Distanzen sind das Entscheidungskriterium für die Wahl der Anzahl der Cluster.

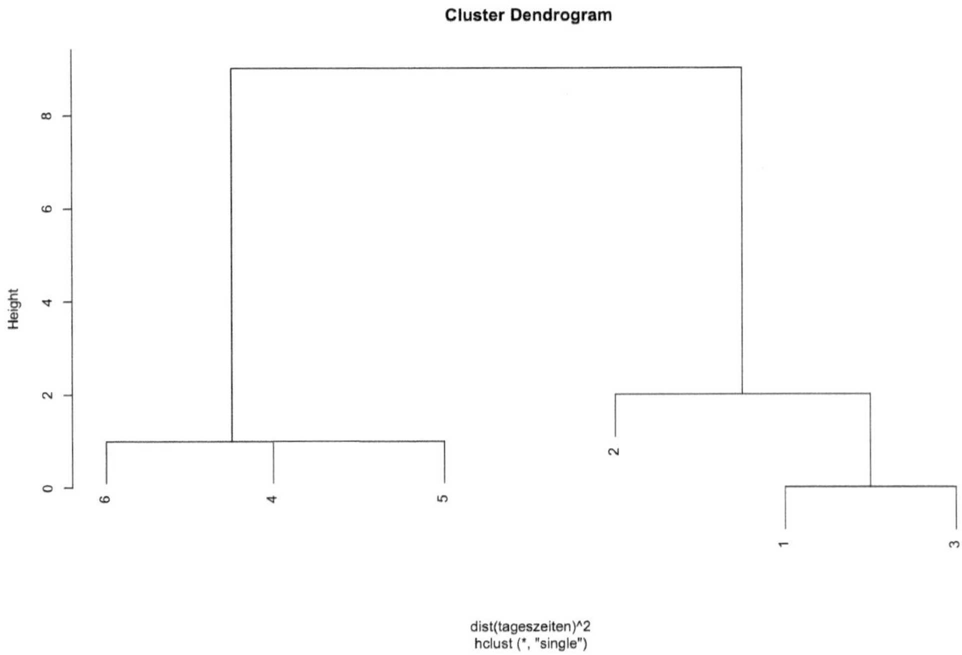

Bild 4.9 Das Dendrogramm zeigt den Ablauf der Fusionierung, die Entscheidung fällt auf zwei Cluster

Das Dendrogramm in Bild 4.9 veranschaulicht sehr gut, wie der Ablauf der Fusionierung der einzelnen Elemente zu Clustern abläuft. Auf der y-Achse sind jeweils die Distanzen nach dem Single-Linkage-Verfahren abgetragen, die zu der Fusionierung der Cluster beigetragen haben. Gut zu erkennen sind die geringen Distanzen innerhalb des Clusters mit den Objekten 4, 5 und 6 sowie innerhalb des Clusters mit den Objekten 1, 2 und 3. Der erhebliche Distanzzuwachs bei der Fusionierung aller Elemente zu einem Cluster führt hier zu der Entscheidung, dass zwei Cluster zu bilden sind.

Die hierarchische Clusteranalyse hat den Vorteil, dass die Ergebnisse sehr gut zu interpretieren sind und nicht im Voraus bestimmt werden muss, wie viele Cluster aus den Daten zu bilden sind. Diese Entscheidung wird erst nach Beendigung der Analyse getroffen.

Dieses Verfahren ist nicht für große Datenmengen geeignet. Abgesehen von einem sehr hohen Bedarf an Arbeitsspeicher ist das Dendrogramm so gut wie nicht mehr interpretierbar. Daher sind bei großen Datenmengen zentroide Clusterverfahren zu bevorzugen.

4.4.3.2 Zentroide Clusterverfahren

Bei großen Datenmengen bieten sich zentroide Clusterverfahren an. Sie setzen allerdings ein metrisches Skalenniveau der clusterbildenden Merkmale voraus. Nachteilig gegenüber den hierarchischen Verfahren ist, dass zu Beginn der Analyse die Anzahl der zu bildenden Cluster vorgegeben werden muss. Wie bei den hierarchischen Verfahren geht es auch hier darum, aus einer heterogenen Gesamtheit in sich homogene Cluster zu bilden. Die Heterogenität der Gesamtheit kann durch die Summe der quadrierten Abweichungen von dem arithmetischen Mittel gemessen werden:

$$TSS = \sum_{i=1}^{n} \left(x_i - \mu\right)^2 \tag{4.17}$$

TSS Total Sum of Squares

x_i Ist ein Vektor mit den Merkmalswerten des i-ten Objekts der Gesamtheit (n = Anzahl Objekte insgesamt)

μ Ist ein Vektor mit den Mittelwerten der Merkmale aller Objekte in der Gesamtheit

Die „Total Sum of Squares“ (*TSS*) setzt sich zusammen aus den „Sum of Squares“ innerhalb der Cluster und den „Sum of Squares“ zwischen den Clustern. Je höher die Werte der „Sum of Squares“ sind, desto heterogener sind die Daten, wohingegen kleine Werte ein Hinweis auf eine ausgeprägte Homogenität sind. Daher ist es wünschenswert, den Anteil der „Sum of Squares“ innerhalb der Cluster an der *TSS* möglichst zu minimieren. Das Ergebnis sind in sich homogene Cluster, wohingegen zwischen den Clustern eine möglichst hohe Heterogenität vorliegt. Nur so kann man die Cluster sinnvoll voneinander trennen.

Das bekannteste Verfahren ist der k-Means-Algorithmus. Der k-Means-Algorithmus bildet die Cluster derart, dass die gesamte Variation innerhalb der Cluster minimal wird. Für die Ermittlung der Variationen innerhalb eines Clusters wird die „Sum of Squares“ innerhalb des Clusters gemessen. Man bezeichnet dies als „Within Sum of Squares“ ($WSS(C_k)$):

$$WSS(C_k) = \sum_{x_i \in C_k} (x_i - \mu_k)^2 \qquad (4.18)$$

C_K Der Cluster k mit k=1…K. K gibt die Anzahl der zu Beginn festgelegten Zahl an Clustern an

x_i Ist ein Vektor mit den Merkmalswerten des i-ten Objekts, wobei das Objekt Mitglied im Cluster C_K ist

μ_k Ist ein Vektor mit den Mittelwerten der Merkmale aller Mitglieder innerhalb des Clusters C_K

Der Ablauf des Algorithmus ist wie folgt:

1. Festlegung der Anzahl Cluster K.
2. Wähle zufällig K Objekte aus, welche als Ausgangscluster dienen. Die Clusterzentren μ_k entsprechen den Merkmalswerten der ausgewählten Objekte.
3. Ordne jedes Objekt demjenigen Cluster zu, dem es auf Basis der euklidischen Distanz („Sum of Squares“) am nächsten liegt.
4. Die Clusterzentren werden nun auf Basis der Mitglieder innerhalb eines Clusters neu berechnet.
5. Wiederhole die Schritte 3 und 4 so lange, bis sich die „Total Within Sum of Squares“ ($TWSS$) nicht mehr ändert oder die Anzahl der maximalen Iterationen erreicht ist. Die „Total Within Sum of Squares“ ist:

$$TWSS = \sum_{k=1}^{K} W(C_K) = \sum_{k=1}^{K} \sum_{x_i \in C_k} (x_i - \mu_k)^2 \qquad (4.19)$$

Ein Beispiel verdeutlicht die Berechnung. Ausgangspunkt der Überlegungen ist der bereits in den Übungsaufgaben aus Abschnitt 4.4.3.1 vorgestellte Automobilhersteller. Die Rohdaten für das Beispiel sind in Tabelle 4.13 nochmals gegeben. In der letzten Zeile sind die Mittelwerte μ der Merkmale angegeben.

Tabelle 4.13 Daten Automobilhersteller

Person	Alter	Einkommen (in Tsd. Euro)	Fahrleistung (in Tsd. km)
A (x_A)	28	40	18
B (x_B)	32	45	22
C (x_C)	56	80	35
D (x_D)	48	85	25
E (x_E)	66	50	12
F (x_F)	70	60	8
μ	50	60	20

Um im Verlauf der Analyse die Qualität der Cluster mithilfe der „Within Sum of Squares" beurteilen zu können, ist es wichtig zu wissen, wie hoch die gesamten Variationen in den Daten, ausgedrückt als „Total Sum of Squares", sind.

$$TSS = \sum_{i=1}^{n}(x_i - \mu)^2 = (28-50)^2 + (32-50)^2 + \ldots + (70-50)^2 +$$

$$(40-60)^2 + (45-60)^2 + \ldots + (60-60)^2 +$$

$$(18-20)^2 + (22-20)^2 + \ldots + (8-20)^2 = 3720 \tag{4.20}$$

Die *TSS* in Höhe von 3720 ist für sich genommen nicht interpretierbar. Sie wird aber benötigt, um die Clusterlösungen beurteilen zu können. Die Lösung wird dann gut sein, wenn die Variationen innerhalb aller Cluster (*TWSS*) gegenüber dem *TSS* kleine Werte annehmen.

Wie erwähnt, muss die Zahl der zu bildenden Cluster vorgegeben werden. Dieser Nachteil gegenüber den hierarchischen Clusterverfahren kann allerdings geheilt werden, indem der Algorithmus für verschiedene Anzahlen von Clustern durchlaufen wird. Für das Beispiel sollen auf Grundlage der Merkmale Alter, Einkommen und Fahrleistung drei Cluster gebildet werden. Als Ausgangswerte für die Vektoren μ_k werden zufällig drei Objekte ausgewählt. Wir wählen hier die ersten drei Kunden A, B und C. Damit erhält man die drei Vektoren für die Clusterzentren μ_k:

$$\begin{aligned} \mu_1 &= (28\,40\,18) \\ \mu_2 &= (32\,45\,22) \\ \mu_3 &= (56\,80\,35) \end{aligned} \tag{4.21}$$

Nun muss von jedem Objekt die euklidische Distanz zu den einzelnen Clusterzentren gebildet werden. Bei drei Clustern und sechs Objekten sind hier also insgesamt $3 \cdot 6 = 18$ Rechenschritte notwendig. Beispielhaft wird die Distanz von dem Kunden E (Merkmalsvektor x_E) zu den Clusterzentren des ersten Clusters μ_1 berechnet.

$$(x_E - \mu_1)^2 = (66-28)^2 + (50-40)^2 + (12-18)^2 = 1580 \tag{4.22}$$

Sind alle Berechnungen durchgeführt, so werden die Objekte demjenigen Cluster zugeordnet, zu dem die Distanz am geringsten ist (Schritt 3 im obigen Ablaufschema). In der Tabelle 4.14 sind die 18 Distanzen aufgeführt. In der letzten Spalte steht die Zuordnung der Objekte zu den Clustern.

Tabelle 4.14 Distanzen der Objekte zu den Clustern im ersten Iterationsschritt

Kunde	Cluster 1	Cluster 2	Cluster 3	Zuordnung
A	**0**	57	2673	Cluster 1
B	57	**0**	1970	Cluster 2
C	2673	1970	**0**	Cluster 3
D	2474	1865	**189**	Cluster 3
E	1580	**1281**	1529	Cluster 2
F	2264	1865	**1325**	Cluster 3

Summiert man die Distanzen aller Objekte innerhalb eines Clusters, so erhält man die „Within Sum of Squares" ($WSS(C_k)$):

$$\begin{aligned} WSS_1 &= 0 \\ WSS_2 &= 0+1281=1281 \\ WSS_3 &= 0+189+1325=1514 \end{aligned} \tag{4.23}$$

Durch Aufsummierung der einzelnen *WSS* erhält man 2795. Dies sind die „Total Within Sum of Squares" (*TWSS*). Der Anteil der *TWSS* an den gesamten „Sum of Squares" (*TSS*):

$$\frac{TWSS}{TSS}=\frac{2795}{3720}=0{,}75 \tag{4.24}$$

Mit einem Anteil von 75 % an den *TSS* ist deutlich mehr Streuung innerhalb der Cluster vorhanden als zwischen den Clustern. Die Heterogenität zwischen den Clustern ist kleiner als innerhalb der Cluster. Dies ist natürlich kein akzeptables Ergebnis. Diesen Wert gilt es in weiteren Iterationsschritten zu senken. Hierzu müssen aufgrund der geänderten Clusterzuordnungen die Clusterzentren neu ermittelt werden (Schritt 4). Die neuen Clusterzentren werden gemäß den Merkmalswerten in Tabelle 4.13 und der Zuordnung in Tabelle 4.14 erstellt.

$$\begin{aligned} \mu_1 &= \begin{pmatrix}28 & 40 & 18\end{pmatrix} \\ \mu_2 &= \begin{pmatrix}\frac{32+66}{2} & \frac{45+50}{2} & \frac{22+12}{2}\end{pmatrix}=\begin{pmatrix}49 & 47{,}5 & 17\end{pmatrix} \\ \mu_3 &= \begin{pmatrix}\frac{56+48+70}{3} & \frac{80+85+60}{3} & \frac{35+25+8}{3}\end{pmatrix}=\begin{pmatrix}58 & 75 & 22{,}67\end{pmatrix} \end{aligned} \tag{4.25}$$

Der Schritt 3 wird nun wiederholt, indem die neuen Abstände der einzelnen Objekte zu den aktualisierten Clusterzentren berechnet werden. Als Beispiel wird hier die Ermittlung der Distanz von Objekt F zu Cluster 3 ermittelt:

$$\left(x_F-\mu_3\right)^2=\left(70-58\right)^2+\left(60-75\right)^2+\left(8-22{,}67\right)^2=584{,}11 \tag{4.26}$$

Die vollständige Distanztabelle für den 2. Iterationsschritt findet sich in Tabelle 4.15.

Tabelle 4.15 Distanzen der Objekte zu den Clustern im 2. Iterationsschritt

Kunde	Cluster 1	Cluster 2	Cluster 3	Zuordnung
A	**0**	498	2147	Cluster 1
B	**57**	320	1576	Cluster 1
C	2673	1429	**181**	Cluster 3
D	2474	1471	**205**	Cluster 3
E	1580	**320**	803	Cluster 2
F	2264	678	**584**	Cluster 3

Die Clusterzuordnung erfolgt wiederum aufgrund der kleinsten Distanz. Die „Total Within Sum of Squares“ (*TWSS*) für den zweiten Iterationsschritt ergeben sich durch die Aufsummierung der minimalen Distanzen:

$$TWSS = WSS_1 + WSS_2 + WSS_3$$

$$TWSS = (0+57) + 320 + (181+205+584) = 1.347 \tag{4.27}$$

Die „Total Within Sum of Squares“ (*TWSS*) ist in diesem zweiten Iterationsschritt erheblich auf den Wert 1347 gesunken. Zur Überprüfung der eigenen Berechnungen durch den Leser sind für diesen Schritt die sich aufgrund der geänderten Zuordnung ermittelten Clusterzentren gegeben:

$$\begin{aligned} \mu_1 &= (30 \quad 42{,}5 \quad 20) \\ \mu_2 &= (66 \quad 50 \quad 12) \\ \mu_3 &= (58 \quad 75 \quad 22{,}67) \end{aligned} \tag{4.28}$$

Führt man einen weiteren Iterationsschritt durch, so erhält man die in Tabelle 4.16 dargestellte finale Clusterzuordnung.

Tabelle 4.16 Finale Clusterzuordnung der sechs Objekte

Objekt	A	B	C	D	E	F
Cluster	Cluster 1	Cluster 1	Cluster 3	Cluster 3	Cluster 2	Cluster 2

Die „Total Within Sum of Squares“ (*TWSS*) hat in der finalen Lösung einen Wert von 189. Es ist also gelungen, die ursprüngliche Streuung erheblich zu senken:

$$\frac{TWSS}{TSS} = \frac{189}{3720} = 0{,}05 \tag{4.29}$$

Die Variationen innerhalb der Cluster sind im Vergleich zur Ausgangslösung sehr gering. Die einzelnen Cluster haben daher eine kleine Streuung – sie sind in sich homogen. Es ist gelungen, aus der heterogenen Gesamtheit homogene Teilgruppen zu bilden.

4.5 Die wichtigsten Punkte in Kürze

- Vier Analyseformen können unterschieden werden: 1. Die **deskriptive Analyse** hat einen beschreibenden Charakter. 2. Die **diagnostische Analyse** geht einen Schritt weiter und versucht eine Begründung für das Zustandekommen der Ergebnisse zu liefern. 3. Die **prädiktive Analyse** ist auf die Zukunft bezogen. Sie sagt aus, wie etwas sein wird. 4. Die **präskriptive Analyse** geht noch einen Schritt weiter. Sie gibt Antwort darauf, wie etwas sein soll.
- **Häufigkeiten** geben Auskunft über die Verteilung der Merkmalsausprägungen eines Merkmals. Es wird unterschieden in absolute, relative und kumulierte relative Häufigkeiten.
- Lagemaße geben Auskunft über einen typischen Merkmalswert eines Merkmals. Das bekannteste Lagemaß ist das **arithmetische Mittel** $\overline{x}$. Die Berechnung erfolgt über die Mittelung der Merkmalswerte. Der **Median** hingegen wird über die Häufigkeiten ermittelt und trennt die ersten 50 % der Werte von den restlichen Werten. Er ist unempfindlicher gegenüber Ausreißern als das arithmetische Mittel.
- Die **Standardabweichung** s misst die Streuung um das arithmetische Mittel. Bei normalverteilten Merkmalen gilt, dass in dem Intervall $\left[\overline{x}-2\cdot s;\overline{x}+2\cdot s\right]$ über 95 % aller Beobachtungen liegen.
- Man spricht von einer hohen relativen **Konzentration**, wenn sich ein hoher Anteil der Merkmalssumme auf einen geringen Anteil an Merkmalsträgern konzentriert. Mit dem **Gini-Koeffizienten** wird das Ausmaß der Konzentration gemessen. Er kann Werte von 0 (keine Konzentration) bis 1 (sehr starke Konzentration) annehmen.
- Ein **statistischer Test** hat als Bestandteile: die Hypothesen, die Teststatistik mit dem zugehörigen p-Wert sowie das Signifikanzniveau.
- Ein statistischer Test hat immer eine **Nullhypothese** H_0 und eine **Gegenhypothese** H_1. Die Gegenhypothese ist die zu prüfende These. Ist der p-Wert kleiner als das Signifikanzniveau, so kann die Nullhypothese verworfen werden. Man kann in diesem Fall mit ausreichender Sicherheit sagen, dass die Gegenhypothese korrekt ist.
- Der Zusammenhang zwischen nominal und/oder ordinalskalierten Merkmalen kann über **Kontingenztabellen** untersucht werden. Mithilfe des **Chi-Quadrat-Unabhängigkeitstests** kann geprüft werden, ob zwischen zwei Merkmalen ein Zusammenhang besteht.
- Bei metrisch skalierten Merkmalen ist der **Korrelationskoeffizient** den Kontingenztabellen vorzuziehen.

- Der Korrelationskoeffizient misst die Stärke des linearen Zusammenhangs zwischen zwei Variablen. Es sind sowohl negative als auch positive Korrelationen möglich. Je größer der Betrag des Korrelationskoeffizienten ist, desto stärker ist auch der Zusammenhang zwischen den Merkmalen.
- Die **Clusteranalyse** hat das Ziel, aus einer heterogenen Gesamtheit von Objekten in sich homogene Teilgruppen (Cluster) zu bilden. Man unterscheidet zwischen hierarchischen und zentroiden Verfahren.
- Ausgangspunkt bei den **hierarchischen Verfahren** sind Distanz- oder Ähnlichkeitsmatrizen. In ihnen sind die Abstände zwischen den Clustern abgebildet. Zu Beginn wird jedes Objekt als ein eigenes Cluster betrachtet. Die Objekte werden schrittweise so lange fusioniert, bis am Ende alle Objekte in einem Cluster aufgehen. Die finale Anzahl der Cluster wird so gewählt, dass eine weitere Fusionierung einen erheblichen Zuwachs in den Distanzen zur Folge hätte.
- **Zentroide Clusterverfahren** bieten sich bei großen Datenmengen an. Voraussetzung ist ein metrisches Skalenniveau der clusterbildenden Merkmale. Zu Beginn der Analyse muss die Anzahl der zu bildenden Cluster vorgegeben werden. Dabei gilt es, die Streuung innerhalb der Cluster zu minimieren.

Literatur

Amann, Klaus; Petzold, Jürgen; Westerkamp, Markus (2020): *Management und Controlling. Instrumente – Organisation – Ziele.* 3., aktualisierte Auflage, Wiesbaden

Backhaus, Klaus et al. (2016): *Multivariate Analysemethoden. Eine anwendungsorientierte Einführung.* 14., überarbeitete und aktualisierte Auflage, Berlin, Heidelberg

Bamberg, Günter; Baur, Franz; Krapp, Michael (2022): *Statistik. Eine Einführung für Wirtschafts- und Sozialwissenschaftler.* 19., überarbeitete Auflage, Berlin

Bourier, Günther (2022): *Beschreibende Statistik. Praxisorientierte Einführung – Mit Aufgaben und Lösungen.* 14. Auflage, Wiesbaden

Cleve, Jürgen; Lämmel, Uwe (2020): *Data Mining.* 3. Auflage, Berlin

Fahrmeir, Ludwig et al. (2016): *Statistik. Der Weg zur Datenanalyse.* 8., überarbeitete und ergänzte Auflage, Berlin, Heidelberg

Frochte, Jörg (2019): *Maschinelles Lernen. Grundlagen und Algorithmen mit Python.* 2. aktualisierte Auflage, München

Ng, Annalyn; Soo, Kenneth (2018): *Data Science – was ist das eigentlich?! Algorithmen des maschinellen Lernens verständlich erklärt.* Berlin

R Core Team (2022): „R: A Language and Environment for Statistical Computing“, *https://www.R-project.org*

Scheid, Sandro; Vogl, Stefanie (2021): *Data Science. Grundlagen, Methoden und Modelle der Statistik.* München

Schira, Josef (2021): *Statistische Methoden der VWL und BWL. Theorie und Praxis.* 6., aktualisierte Auflage, München

Seiter, Mischa (2019): *Business Analytics. Effektive Nutzung fortschrittlicher Algorithmen in der Unternehmenssteuerung*. 2., komplett überarbeitete und erweiterte Auflage, München

Weber, Felix (2020): *Künstliche Intelligenz für Business Analytics*. Wiesbaden

Wewel, Max C.; Blatter, Anja (2019): *Statistik im Bachelor-Studium der BWL und VWL. Methoden, Anwendung, Interpretation*. 4., aktualisierte Auflage, Hallbergmoos

5 Datenanalyse – prädiktive und präskriptive Analyse

Oliver Schwarz

In diesem Beitrag werden einige ausgewählte Analysemethoden der prädiktiven Analyse vorgestellt und wird eine beispielhafte Anwendung für die präskriptive Analyse behandelt.

In diesem Beitrag erfahren Sie,

- was unter maschinellem Lernen zu verstehen ist und weshalb es sich besonders für die prädiktive und präskriptive Analyse eignet,
- worin der Unterschied zwischen Regressions- und Klassifikationsproblemen liegt,
- die grundlegende Funktionsweise einiger wichtiger Methoden der Klassifikation und Regression,
- wie Sie eine präskriptive Analyse durchführen können.

5.1 Maschinelles Lernen – eine Übersicht

In den letzten Jahren hat sich das maschinelle Lernen in der Datenanalyse immer mehr durchgesetzt. Maschinelles Lernen kann als eine Reihe von Methoden der Datenanalyse verstanden werden, die in der Lage sind, mithilfe von Algorithmen Muster in den Daten zu erkennen. Die entdeckten Muster werden dann verwendet, um die Zukunft vorherzusagen (Murphy 2012). Diese Methoden lassen sich in erster Linie in die zwei Kategorien „überwachtes Lernen“ und „unüberwachtes Lernen“ unterteilen. Daneben findet sich auch das „teilüberwachte“ und das „bestärkende Lernen“. Ein weiterer Teilbereich des maschinellen Lernens ist das „Deep Learning“. Die Verfahren des Deep Learning basieren auf künstlichen neuronalen Netzen. In dieser Einführung wird nur auf die beiden Themen überwachtes und unüberwachtes Lernen eingegangen.

Ausführliche Erläuterungen zu den Kategorien des maschinellen Lernens finden sich beispielsweise bei Weber (2020), Hastie, Tibshirani und Friedman (2009) oder Ng und Soo (2018). Eine Einführung zum Thema Deep Learning mit vielen Anwendungsbeispielen liefert Chollet (2018).

Überwachtes Lernen

Beim überwachten Lernen wird dem Algorithmus zu jedem Objekt (= Merkmalsträger) der Zielwert y vorgegeben. Geht es beispielsweise um die Vorhersage von Kundenwerten, so könnte der Zielwert der Kundendeckungsbeitrag sein. Neben dem Zielwert stehen zu jedem Objekt weitere Eigenschaften zur Verfügung. Im Fall für das Beispiel mit dem Kundendeckungsbeitrag könnten das Alter, das Geschlecht, das Einkommen, die Dauer der Kundenbeziehung und andere kaufrelevante Merkmale solche Eigenschaften sein. Diese Eigenschaften werden als Input x bezeichnet.

Ziel ist es, eine bisher nicht bekannte Funktion zu spezifizieren:

$$y = f(x) \tag{5.1}$$

wobei y den Zielwert und x die Inputdaten darstellt. Diese Funktion soll gelernt werden, wobei sowohl für den Input als auch für die Zielgröße eine möglichst große Menge an Beispieldaten zur Verfügung stehen sollte.

Der Input x ist ein n-dimensionaler Vektor. Er umfasst alle Merkmale, die für die Realisation des Zielwertes y relevant sein können. In Bild 5.1 sind für ein fiktives Beispiel mit den rechteckigen Punkten die Merkmalskombinationen zwischen einer Inputvariable x und der Zielvariable y gegeben. Die durchgezogene Linie stellt die von dem Algorithmus aus den Beispieldaten gefundene Funktion dar. Die Abstände zwischen den Funktionswerten und den realisierten Zielwerten sind die Fehler. In Bild 5.1 sind mit den roten Linien beispielhaft die Fehler für zwei Datenpunkte eingezeichnet. Das Ergebnis des Algorithmus kann also mithilfe des gegebenen Zielwertes überprüft („überwacht") und gegebenenfalls korrigiert werden. Daher auch die Bezeichnung „überwachtes Lernen".

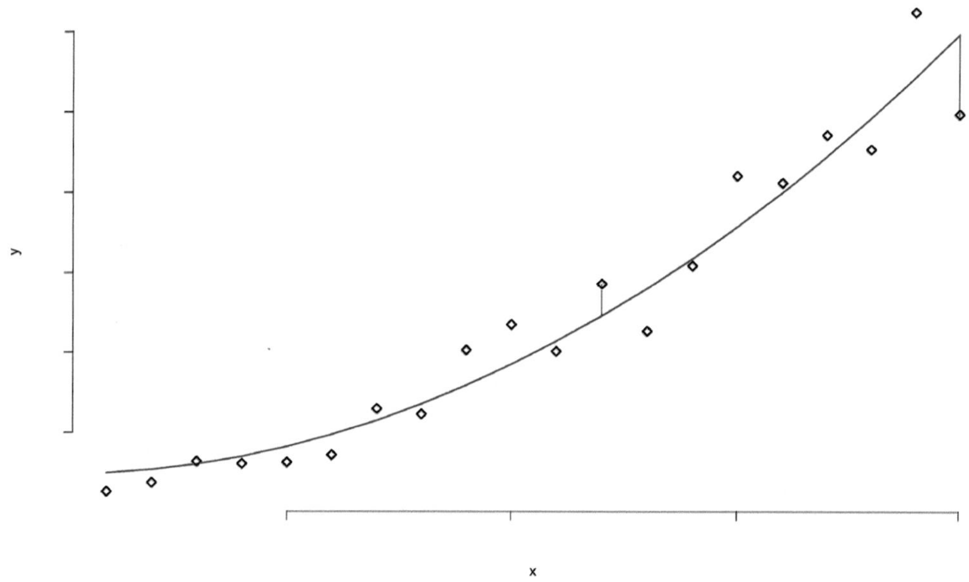

Bild 5.1 Überwachtes Lernen - die durchgezogene Linie stellt die gefundene Funktion dar. Die Rechtecke sind die Zielwerte. Mit dem Vergleich zwischen realisierten Zielwerten und Funktionswerten werden die Ergebnisse „überwacht".

Unüberwachtes Lernen

Der Algorithmus lernt ausschließlich aus den Beispieldaten. Eine Zielgröße zur „Überwachung" der vorgeschlagenen Lösung liegt nicht vor. Eine typische Anwendung ist, dass aus einer Vielzahl von Objekten auf Basis von deren Eigenschaften sinnvolle Gruppen gebildet werden. Der im Kapitel „Datenanalyse - Einführung, deskriptive und diagnostische Analyse" vorgestellte k-Means-Algorithmus eignet sich beispielsweise für diese Fragestellung. Wichtig hierbei ist, dass die Gruppenzugehörigkeit vorab nicht bekannt ist. Es kann also keine Überprüfung der Ergebnisse anhand einer tatsächlichen Gruppenzugehörigkeit geprüft werden. Daher die Bezeichnung „unüberwachtes Lernen".

5.2 Klassifikation und Regression

Die Methoden des maschinellen Lernens spielen für die prädiktive, aber auch für die präskriptive Analyse eine große Rolle. Die Algorithmen lernen aus der Vergangenheit und können auf Basis des erlernten Wissens Prognosen für die Zukunft treffen.[1] Das überwachte Lernen ist am weitesten verbreitet und lässt sich in Klassifikations- und Regressionsprobleme unterteilen.

Ein Klassifikationsproblem liegt vor, wenn ein Objekt einer bestimmten Gruppe zugeordnet werden soll. Bei den Klassifikationsproblemen ist die Zielgröße also nominal ausgeprägt. Meistens geht es dabei um die korrekte Gruppenzuordnung. Ein Regressionsproblem hingegen liegt dann vor, wenn ein konkreter Wert für ein metrisches Merkmal vorhergesagt werden soll. Damit hat die Zielgröße bei Regressionsproblemen eine metrische Skalierung.

Tabelle 5.1 Umsatz y_i und Ausgaben für die Verkaufsförderung x_i bei sechs Kunden

Kunde	1	2	3	4	5	6
y_i	10	5	2	4	8	7
x_i	4,0	4,0	0,4	1,0	3,0	2,0

Den Unterschied, aber auch die Gemeinsamkeit von Regressions- und Klassifikationsproblemen soll folgendes einfache fiktive Beispiel verdeutlichen: Der Umsatz von Kunden einer Firma (y_i) und die Ausgaben für die Verkaufsförderung (x_i) sind in der Tabelle 5.1 gegeben. Wird nun versucht, mithilfe der Ausgaben für die Verkaufsförderung (x_i) die Höhe des Umsatzes (y_i) zu bestimmen, so handelt es sich um ein Regressionsproblem. Die blaue Gerade in Bild 5.2 bildet recht gut den Zusammenhang zwischen dem Input x und der Zielgröße y ab. Für Neukunden, die bisher noch keinen Umsatz erzeugt haben, kann nach Festlegung der beabsichtigten Höhe der Ausgaben der Verkaufsförderung mithilfe der blauen Gerade ein erwarteter Umsatz vorhergesagt werden, sofern der Input x gegeben ist.

[1] Vgl. hierzu auch die Ausführungen im Abschnitt „Analyseformen und Analysemethoden" im Beitrag 4 „Datenanalyse - Einführung, deskriptive und diagnostische Analyse".

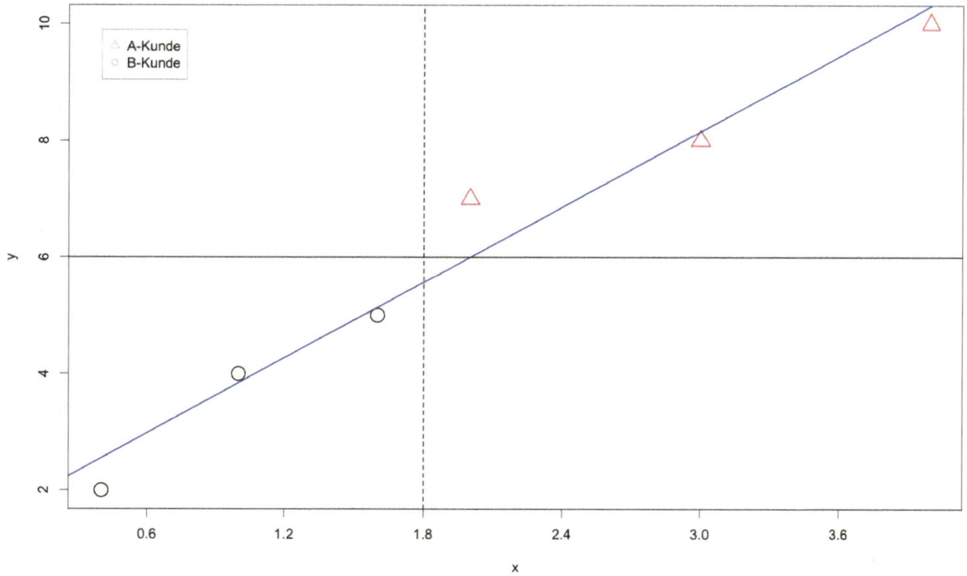

Bild 5.2 Lösung eines Regressionsproblems (blaue Linie) und eines Klassifikationsproblems (gestrichelte Linie)

Das gleiche Beispiel kann mit leichten Modifikationen auch für ein Klassifikationsproblem verwendet werden. Angenommen, die Kunden der Beispielfirma werden dann als A-Kunden bezeichnet, wenn sie einen Umsatz von mehr als sechs Geldeinheiten erzeugen, ansonsten seien es B-Kunden. Es handelt sich um ein Klassifikationsproblem. Es geht bei der Modellbildung darum, Kunden aufgrund ihrer Eigenschaften einer Gruppe zuzuordnen. Man erkennt nun, dass sich die A- und B-Kunden bei einer Höhe der Ausgaben für die Verkaufsförderung von 1,8 trennen lassen (vgl. Bild 5.2). Damit ist ein einfaches Klassifikationsmodell entwickelt worden: Liegen die Ausgaben für die Verkaufsförderung unter beispielsweise 1,8, so wird ein Kunde als B-Kunde klassifiziert, ansonsten als A-Kunde.

Wie verdeutlicht, liegt der Unterschied zwischen Regressions- und Klassifikationsproblemen darin, dass bei dem Regressionsproblem ein konkreter Umsatzwert prognostiziert wird, bei dem Klassifikationsproblem hingegen nur eine Gruppenzuordnung erfolgt. Beiden Formen ist jedoch gemein, dass sie eine Vorhersage von bisher nicht bekannten Zielwerten ermöglichen.

5.3 Trainings- und Testdaten

In der Statistik werden auf Grundlage von Stichprobendaten mithilfe der Methoden Modelle geschätzt. Die im späteren Verlauf dargestellte Regressionsanalyse ist eine solche Methode. Nach der Modellschätzung erfolgt die Beurteilung der Güte der Schätzung auf Basis der Stichprobenergebnisse. Beim maschinellen Lernen hingegen wird nicht auf das Konzept der Zufallsstichprobe gesetzt, sondern auf eine Einteilung der Daten in Trainings- und Testdaten. Dabei wird durchaus auf die Methoden der klassischen Datenanalyse (wie die Regressionsanalyse) zurückgegriffen und werden diese in das Konzept des maschinellen Lernens integriert.

Die Beurteilung der Güte eines Modells wird bei dem überwachten maschinellen Lernen unter Verwendung von Daten durchgeführt, die zuvor nicht zum Lernen benutzt wurden. Diese Daten werden als Testdaten bezeichnet. Die zum Lernen verwendeten Daten werden als Trainingsdaten bezeichnet. Das Modell wird anhand der gegebenen Trainingsdaten optimiert. Die spannende Frage ist nach der Trainingsphase, wie das Modell auf die ihm bisher nicht bekannten Daten - die Testdaten - reagiert. Eine Einteilung von 80 % Trainings- und 20 % Testdaten ist weitverbreitet. Genauso üblich ist eine 70-zu-30-Einteilung. Der Ansatz des maschinellen Lernens gilt als pragmatisch, da anhand der Testdaten das Modell auf seine Praxistauglichkeit geprüft wird (vgl. Hude 2020, S. 4 f.).

5.4 Lineare Regressionsanalyse

5.4.1 Modellerstellung

Die Regressionsanalyse ist eines der am weitesten verbreiteten Verfahren in der multivariaten Statistik. Dabei wird versucht, eine metrische Zielgröße (die abhängige Variable, Output) mithilfe von einer oder mehreren unabhängigen Variablen (Input) zu erklären. Der Zusammenhang zwischen den Inputvariablen und der Zielvariable wird als linear unterstellt:

$$y_i = \beta_0 + \beta_1 \cdot x_{i,1} + \beta_2 \cdot x_{i,2} + \ldots + \beta_k \cdot x_{i,k} + u_i \tag{5.2}$$

y_i ist der Wert der Zielgröße für das Objekt i, mit i=1...n und n ist gleich die Anzahl der Objekte in den Trainingsdaten. $x_{i,j}$ ist der Wert des Objekts i bei der j-ten Inputvariable, mit j=1...k und k als die Anzahl der Inputvariablen. Mit u_i wird der Fehler bezeichnet. Er gibt die Abweichung zwischen den realisierten Werten (y_i) und den durch das Modell geschätzten Werten ($\hat{y}_i$) an.

Typische Anwendungen der Regressionsanalyse sind Umsatz- oder Absatzprognosen. Das Vorgehen wird anhand einer Werbewirksamkeitsuntersuchung für ein Konsumgut vorgestellt. Für die Analyse stehen Daten für 200 regional unterschiedliche Märkte zur Verfügung.[2] Für jeden Markt liegen Absatzzahlen des Produkts in 1000 Stück vor. Dies ist die Zielgröße y_i, die es zu erklären gilt. Als Inputvariablen stehen das Budget (in 1000 Dollar) für TV- (x_i,1), Radio- (x_i,2) und Zeitungswerbung (x_i,3) zur Verfügung. Mithilfe dieser Inputvariablen sollen die Verkaufszahlen der Märkte erklärt werden. Das Modell für dieses kleine Fallbeispiel hat damit folgende Gestalt:

$$y_i = \beta_0 + \beta_1 \cdot x_{i,1} + \beta_2 \cdot x_{i,2} + \beta_3 \cdot x_{i,3} + u_i \tag{5.3}$$

Im Zentrum des Interesses liegen die geschätzten Parameterwerte für $\beta = \begin{pmatrix}\beta_0 & \beta_1 & \beta_2 & \beta_3\end{pmatrix}$. Sind diese Werte bekannt, so kann die Wirkung einer Werbemaßnahme, basierend auf den geplanten Werbebudgets, auf die Verkaufszahlen quantifiziert werden. Damit ist die Regressionsanalyse auch geeignet als **diagnostisches Instrument**. Weiter können für bislang nicht erschlossene Märkte Prognosen für die Verkaufszahlen erstellt werden. Die Erstellung von Prognosen ist ein Haupanwendungsgebiet der Regressionsanalyse. Sie ist daher Bestandteil der **prädiktiven Analyse**. Schließlich können mit den Ergebnissen auch unterschiedliche Szenarien durchgespielt werden, womit sie auch in den Bereich der **präskriptiven Analyse** fällt.

5.4.2 Modellschätzung

Damit das Modell im späteren Verlauf auch dahingehend überprüft werden kann, inwieweit es auf ihm bisher unbekannte Datensätze reagiert, werden die Daten zunächst im Verhältnis 70 zu 30 in Trainings- und Testdaten aufgeteilt. Damit stehen für die Modellschätzung noch 140 von den 200 Datensätzen zur Verfügung.

Als Schätzprinzip wird die Methode der kleinsten Quadrate verwendet. Sie besagt, dass die Schätzwerte für die unbekannten Parameter so bestimmt werden sollen, dass die Summe der quadrierten Abweichungen zwischen der Zielgröße y_i und deren Schätzwerten $\hat{y}_i$ minimiert wird. Aufgrund der sogenannten BLUE-Eigenschaft ist die Methode der kleinsten Quadrate anderen Schätzmethoden vorzuziehen. Dies bedeutet, dass die Schätzwerte unverzerrt sind und die Methode die kleinste Varianz unter allen linearen Schätzprinzipien aufweist (**B**est **L**inear **U**nbiased **E**stimator). Es gibt damit keine andere Methode, bei der die Summe der quadrierten Abweichungen zwischen den Beobachtungen y_i und deren Schätzwerten $\hat{y}_i$ kleiner ist.

[2] Die Daten stammen aus James et al. 2013.

In der Tabelle 5.2 sind die Schätzergebnisse des Regressionsmodells „Werbewirksamkeit“ dargestellt. In der Spalte „Estimate“ sind die Schätzwerte für die Parameter der Inputvariablen angegeben. Die Spalten „Std. Error“, „t value“ sowie „Pr(>|t|)“ werden im Abschnitt 5.4.4 besprochen.

Tabelle 5.2 Schätzergebnisse für das Regressionsmodell „Werbewirksamkeit“

Parameter	Estimate	Std. Error	t value	Pr(>|t|)
Konstante	3,1036	0,3158	9,8284	0,0000
TV	0,0461	0,0015	29,7410	0,0000
Radio	0,1883	0,0093	20,3124	0,0000
Zeitung	-0,0003	0,0071	-0,0479	0,9619

Die Schätzfunktion für die Zielvariable y_i erhält man, indem die geschätzten Parameter in das Regressionsmodell in Formel 5.3 eingetragen werden:

$$\hat{y}_i = 3{,}1036 + 0{,}0461 \cdot x_{i,1} + 0{,}1883 \cdot x_{i,2} - 0{,}0003 \cdot x_{i,3} \quad (5.4)$$

Anstelle der Beobachtungswerte der Zielvariable y_i stehen in der Formel 5.4 die Schätzwerte für die Zielvariable $\hat{y}_i$. Diese Schätzwerte werden durch das Modell erzeugt.

Der vor der Modellschätzung unbekannte Fehler u_i ist nicht in der Formel 5.4 enthalten. Der Fehler kann lediglich im Nachhinein ermittelt werden, indem die Differenz zwischen den Beobachtungen y_i und den zugehörigen Schätzwerten $\hat{y}_i$ gebildet wird. Da bei dieser Berechnung mit $\hat{y}_i$ Schätzwerte enthalten sind, sind auch die berechneten Fehler lediglich Schätzwerte für den in der Formel 5.3 unbekannten Fehler u_i:

$$\hat{u}_i = y_i - \hat{y}_i \quad (5.5)$$

Beispielhaft werden die Zusammenhänge von Formel 5.4 und Formel 5.5 anhand des fünften Trainingsdatensatzes betrachtet (i=5). Auf dem fünften regionalen Teilmarkt steht ein Budget in Höhe von 110 000 Dollar für TV-Werbung ($x_{5,1} = 110$), 14 000 Dollar für Radiowerbung ($x_{5,2} = 14$) und 32 000 Dollar für Zeitungswerbung ($x_{5,3} = 32$) zur Verfügung. Dann ist der geschätzte Absatz für diesen Markt:

$$\hat{y}_5 = 3{,}1036 + 0{,}0461 \cdot 110 + 0{,}1883 \cdot 14 - 0{,}0003 \cdot 32 = 10{,}8 \quad (5.6)$$

Der geschätzte Absatz beträgt 10,8 Millionen Stück. Tatsächlich wurden in diesem Beispielmarkt 12,4 Millionen Stück verkauft. Damit beträgt der Schätzfehler für diesen Markt.

$$\hat{u}_5 = y_5 - \hat{y}_5 = 12{,}4 - 10{,}8 = 1{,}6 \quad (5.7)$$

Wie die weiteren Ergebnisse der Regressionsanalyse zu interpretieren sind, ist Gegenstand des folgenden Abschnittes.

5.4.3 Modellinterpretation

Wie bereits in Formel 5.6 vorgestellt, können mithilfe der geschätzten Parameter und mit den Werten der Inputvariablen die Schätzwerte für den Output bestimmt werden. Man kann dies auch derart verallgemeinern, dass mit beliebigen Wertekonstellationen der Inputvariablen ein erwarteter Output prognostiziert werden kann. Dabei ist es irrelevant, ob diese Wertekonstellationen in den Daten tatsächlich enthalten sind oder nicht. Man sollte allerdings darauf achten, dass Planwerte für die Inputvariablen nicht zu stark von den üblichen Wertebereichen abweichen.

Die einzelnen Parameterwerte können leicht interpretiert werden. Sie geben an, wie stark sich die Outputvariable ändert, wenn die Inputvariable um eine Einheit erhöht wird. Für die Werbewirksamkeitsanalyse sind die Werte in der Spalte „Estimate" in Tabelle 5.2 oder die Werte in Formel 5.4 heranzuziehen. Als Erstes soll der Parameter für die Inputvariable TV interpretiert werden. Erhöht man das Budget für TV-Werbung um eine Einheit (beispielsweise von 10 auf 11), so wird eine Erhöhung des Absatzes in einem Markt um 0,0461 Einheiten erwartet. Dabei ist es aufgrund der Linearität des Modells gleichgültig, von welchem Ausgangswert ausgegangen wird. Man muss lediglich auf die korrekten Einheiten achten. Das Budget ist in 1000 Dollar gegeben. Der Absatz in Millionen Stück. Daher bedeutet hier die Erhöhung um eine Einheit eine Erhöhung um 1000 Dollar. Der erwartete Zuwachs des Absatzes beträgt somit 41 610 Stück (= 0,0461 Millionen Stück). Analog hierzu kann die Interpretation für Radio- und Zeitungswerbung durchgeführt werden. Auffallend ist, dass der Parameter für die Zeitungswerbung negativ ist (-0,0003). Folgerichtig müsste dies bedeuten, dass Zeitungswerbung schädlich für den Absatz des Produkts ist, da eine Erhöhung des Budgets eine Senkung des Absatzes zur Folge hätte. Dieses Ergebnis widerspricht den Erwartungen, die man in die Wirkung von Werbung hat. Entweder ist die Zeitungswerbung unfassbar schlecht oder man kann dem Parameter schlicht nicht vertrauen. Welche der beiden Möglichkeiten in diesem Beispiel wahrscheinlicher ist, wird Gegenstand des Abschnittes 5.4.4 (Modellprüfung) sein. Es wird empfohlen, auf jeden Fall die Wirkung eines jeden Parameters - insbesondere hinsichtlich seines Vorzeichens - im Hinblick auf die Plausibilität bezüglich der bisherigen Erfahrungen und des fachspezifischen Sachverstandes zu hinterfragen.

Der Parameter der Konstanten ist etwas anders zu interpretieren. Er gibt an, wie hoch der erwartete Absatz wäre, wenn kein Budget für Werbung vorhanden ist. Dies ist der Fall, wenn alle Inputvariablen auf den Wert 0 gesetzt werden.

5.4.4 Modellprüfung

Bei der Modellprüfung wird zum einen jede einzelne Inputvariable und zum anderen die Güte des Modells als Ganzes geprüft.

Bei der Prüfung einer Inputvariable geht es um die Antwort auf die Frage, ob dem geschätzten Parameter so weit vertraut werden kann, als dass ein Einfluss der Inputvariable auf die Outputvariable als statistisch gesichert erachtet werden kann. Ein t-Test gibt Auskunft über diesen Sachverhalt.[3] Die Nullhypothese besagt, dass die dem Parameter zugehörige Inputvariable keinen Einfluss auf die abhängige Variable (den Output) hat.

$$H_0 : \beta_j = 0 \quad H_1 : \beta_j \neq 0 \tag{5.8}$$

Die zugehörige Teststatistik wird ermittelt, indem der geschätzte Parameter durch seinen Standardfehler geteilt wird (vgl. Tabelle 5.2):

$$t\,value = \frac{Estimate}{Std.Error} \tag{5.9}$$

Aus der Teststatistik heraus wird die Wahrscheinlichkeit berechnet, dass die Nullhypothese zutreffend ist (Pr(>|t|)). Je kleiner Pr(>|t|), desto sicherer ist es, dass die Inputvariable einen gesicherten Einfluss auf die Outputvariable hat.

In dem Anwendungsbeispiel hat die TV-Werbung eine Teststatistik in Höhe von 29,74. Der zugehörige p-Wert (Pr(>|t|)) hat einen Wert von nahezu 0. Damit kann es als gesichert gelten, dass die Inputvariable TV-Werbung einen Einfluss auf den Absatz hat. Gleiches gilt für die Radiowerbung. Im Gegensatz hierzu ist die Teststatistik bei der Zeitungswerbung (–0,0479) sehr klein. Entsprechend hoch ist der p-Wert (Pr(>|t|) = 0,9619). Die Nullhypothese kann nicht verworfen werden. Damit hat die Zeitungswerbung keinen signifikanten Einfluss auf den Absatz. Bei der weiteren Modellentwicklung sollte daher diese Variable keine Berücksichtigung finden. Es sollte ein neues Modell geschätzt werden.

Schließlich soll noch ein kurzer Blick auf die Konstante geworfen werden. Sie ist ebenso wie die TV- und Radiowerbung hoch signifikant. Selbst für den Fall, dass bei der Konstante kein signifikanter Einfluss nachgewiesen werden kann, ist es üblich, die Konstante in einem Modell zu belassen.

Als Faustregel kann gelten, dass dann eine Variable in einem Modell verbleiben sollte, wenn die Teststatistik betragsmäßig einen Wert von mindestens 2 hat, bei einem hinreichend großen Stichprobenumfang. Bei einem Wert von 2 ist der zugehörigen p-Wert auf jeden Fall kleiner als 0,05. In diesem Fall sagt man, der Parameter ist signifikant auf dem 5 %-Niveau.

[3] Zur Vorgehensweise bei einem t-Test siehe Kapitel „Datenanalyse – Einführung, deskriptive und diagnostische Analyse", Abschnitt „Hypothesentest".

Die bekannteste und am weitesten verbreitete Kennzahl zur Prüfung der Aussagekraft des Gesamtmodells ist das Bestimmtheitsmaß. Die Varianz der Outputvariable lässt sich zerlegen in einen Teil, der durch das Modell erklärt wurde, und einen nicht durch das Modell erklärten Anteil. Die durch das Modell erklärte Varianz wird mit den Werten, die durch das Modell erzeugt wurden ($\hat{y}_i$, vgl. Formel 5.4), berechnet. Der Quotient aus erklärter Varianz und Gesamtvarianz der Outvariablen ergibt dann das Bestimmtheitsmaß:

$$R^2 = \frac{\sum(\hat{y}_i - \bar{y})^2}{\sum(y_i - \bar{y})^2} \tag{5.10}$$

Im Beispiel beträgt das Bestimmtheitsmaß 0,9258. Damit werden also über 92 % der Varianz des Absatzes durch das Regressionsmodell erklärt. Möchte man konkurrierende Modelle miteinander vergleichen, so wird gerne das korrigierte Bestimmtheitsmaß herangezogen. Vergrößert man ein Modell durch die Hinzunahme weiterer Inputvariablen, so kann das Bestimmtheitsmaß gegenüber dem Ausgangsmodell nur größer werden. Dies ist auch dann der Fall, wenn die hinzugenommenen Variablen keinen signifikanten Einfluss auf die Outputvariablen haben. Daher wird bei dem korrigierten Bestimmtheitsmaß die Anzahl der Inputvariablen als Strafterm aufgenommen:

$$\bar{R}^2 = R^2 - \frac{(k-1)(1-R^2)}{n-k} \tag{5.11}$$

Dabei ist k die Anzahl der Inputvariablen inklusive der Konstanten und n gibt die Anzahl der Beobachtungen an. In dem Beispiel ist k=4 und n=140 und man erhält für das korrigierte Bestimmtheitsmaß den Wert 0,9242. In der Praxis unterscheiden sich - wie auch in diesem Beispiel - das Bestimmtheitsmaß und das korrigierte Bestimmtheitsmaß kaum, sofern eine hinreichend große Anzahl an Beobachtungen für die Modellschätzung zur Verfügung steht. Praktisch relevant wird die Unterscheidung nur dann, wenn die Anzahl der Beobachtungen nicht sehr groß ist.

Weiter oben wurde bereits festgestellt, dass die Zeitungswerbung keine geeignete Inputvariable für die Erklärung des Absatzes ist. Daher wird ein zweites Modell ohne die Variable „Zeitung" geschätzt. Die Ergebnisse sind in Tabelle 5.3 dargestellt.

Tabelle 5.3 Schätzergebnisse für das verbesserte Regressionsmodell „Werbewirksamkeit"

Parameter	Estimate	Std. Error	t value	Pr(>|t|)
Konstante	3,0983	0,2942	10,5295	0,0000
TV	0,0461	0,0015	29,8659	0,0000
Radio	0,1881	0,0083	22,5311	0,0000
Bestimmtheitsmaß	0,9258	**Korrigiertes Bestimmtheitsmaß**		0,9247

Das Bestimmtheitsmaß hat sich gegenüber dem ursprünglichen Modell kaum verändert. Das korrigierte Bestimmtheitsmaß hingegen ist leicht gestiegen. Daher und vor allem weil in dem ursprünglichen Modell ein signifikanter Einfluss der Zeitungswerbung auf den Absatz nicht nachgewiesen werden konnte, ist das Modell in der Tabelle 5.3 zu bevorzugen. Das Modell besteht jetzt nur noch aus Variablen mit signifikantem Einfluss auf den Absatz und lautet:

$$\hat{y}_i = 3{,}0983 + 0{,}0461 \cdot x_{i,1} + 0{,}1881 \cdot x_{i,2} \qquad (5.12)$$

5.4.5 Testdaten und der Root Mean Square Error

Wie gut sich ein Modell in der Praxis bewähren wird, kann mit den Testdaten besser beurteilt werden als mit dem Bestimmtheitsmaß aus den Trainingsdaten. Die Modellparameter wurden mit den Trainingsdaten geschätzt und auf Basis der Input- und Outputvariablen optimiert. Die Testdaten sind dem Modell bis dahin unbekannt. Unter Verwendung der Inputvariablen aus den Testdaten wird nun eine Prognose für die Outputvariable erstellt.

Da für die Testdaten auch die realisierten Werte des Outputs zur Verfügung stehen, können Kennzahlen für die Güte des Gesamtmodells erstellt werden. Dies ist neben dem Bestimmtheitsmaß der Root Mean Square Error (*RMSE*). Er gibt an, wie stark die Prognosewerte $\hat{y}_i$ um die realisierten Werte des Outputs y_i streuen:

$$RMSE = \sqrt{\frac{1}{n}\sum_{i=1}^{n}\left(\hat{y}_i - \mathrm{y}_\mathrm{i}\right)^2} \qquad (5.13)$$

Der RMSE ist bei den Trainingsdaten in aller Regel kleiner als bei Testdaten. Dies ist nicht weiter verwunderlich, schließlich wurde das Modell mit den Trainingsdaten erstellt, während die Testdaten bei der Parameterschätzung keine Rolle spielen.

In der Tabelle 5.4 sind die beiden Kennzahlen für die Trainingsdaten und für die n=60 Testdatensätze dargestellt. Erwartungsgemäß ist das Bestimmtheitsmaß bei den Testdaten kleiner als bei den Trainingsdaten, während der *RMSE* bei den Testdaten größer ist. Er ist wie folgt zu interpretieren: Bei den Trainingsdaten streuen die Abweichungen zwischen den Beobachtungen und den Schätzwerten um 1,46 Millionen Stück, während bei den Testdaten die Fehlerstreuung 2,11 Millionen Stück beträgt.

Tabelle 5.4 RMSE und Bestimmtheitsmaß für die Trainings- und Testdaten

	RMSE	Bestimmtheitsmaß
Trainingsdaten	1,46	0,9258
Testdaten	2,11	0,8312

Mit den Kennzahlen zur Modellgüte aus den Testdaten kann eine realistische Einschätzung gegeben werden, wie sich das Modell im Praxiseinsatz bewähren wird.

5.5 Logistische Regression

5.5.1 Was ist eine logistische Regression?

Bei der logistischen Regression handelt es sich um eine Methode zur Lösung von Klassifikationsproblemen: Wird der Bankkunde seinen Kredit zurückzahlen können? Wird ein Zeitungsleser sein Abonnement kündigen? Wird ein Kunde das neue Buch kaufen? Genau diese Fragestellung hat auch der Buchclub BBB Club. Der BBB Club möchte das Buch *Die Kunstgeschichte von Florenz* mithilfe eines aufwendigen Werbeprospekts vermarkten. Da die Kosten der Produktion des Werbeprospekts sehr hoch sind, soll der Prospekt nur an Kunden versendet werden, welche auch eine hohe Wahrscheinlichkeit für den Kauf des Buches aufweisen. Vorab wurde der Prospekt an 1300 Kunden versendet, wovon 400 Kunden das Buch tatsächlich gekauft haben.[4] Mit der logistischen Regression kann ein Vorhersagemodell für den Kauf des Buches entwickelt werden. Die Zielvariable y_i hat die zwei möglichen Zustände:

$$y_i = \begin{cases} 0 \\ 1 \end{cases} \tag{5.14}$$

Der Zustand 0 tritt ein, falls der Kunde das Buch nicht gekauft hat, und der Zustand 1 tritt ein, falls der Kunde das Buch gekauft hat. Bei der logistischen Regression wird nicht geschätzt, ob ein Kunde einen der beiden konkreten Zustände hat, sondern es wird die Wahrscheinlichkeit für den Zustand 1 geschätzt:

$$P(y_i = 1) \tag{5.15}$$

Ein lineares Wahrscheinlichkeitsmodell analog zum Modell der linearen Regression kann nicht zur Anwendung kommen, da hier als Schätzergebnisse inkonsistente Wahrscheinlichkeiten von kleiner als 0 und größer als 1 möglich sind:

$$P(y_i = 1) = \beta_0 + \beta_1 \cdot x_{i,1} + \beta_1 \cdot x_{i,2} + \cdots + \beta_k \cdot x_{i,k} \tag{5.16}$$

Verdeutlicht wird dies am Beispiel eines einfachen Modells für den BBB Club. Die Kaufwahrscheinlichkeit $P(y_i\text{=}1)$ soll allein auf Basis der bisherigen Ausgaben eines Kunden x_i erfolgen. Im linearen Regressionsmodell erhält man folgendes Ergebnis:[5]

[4] Die Daten stammen aus der Library „evtree" für die Software R (Grubinger/Zeileis/Pfeiffer 2014).

[5] Zum Zweck einer anschaulichen grafischen Darstellung wird für dieses Beispiel lediglich ein Teil der Beobachtungen verwendet.

$$P(y_i = 1) = \beta_0 + \beta_1 \cdot x_i = -0{,}37 + 0{,}005 \cdot x_i \tag{5.17}$$

Für den Parameter β_1 wurde ein Wert von 0,005 geschätzt. Dabei ist die inhaltliche Interpretation folgende: Mit jedem Euro, den ein Kunde zusätzlich beim BBB Club ausgibt, steigt die Kaufwahrscheinlichkeit um 0,5 %. Man kann in einem linearen Modell sehr leicht berechnen, bei welchen Ausgaben die erwartete Kaufwahrscheinlichkeit 1 ist:

$$1 = -0{,}37 + 0{,}005 \cdot x_i$$

$$x_i = \frac{1 + 0{,}37}{0{,}005} = 274 \tag{5.18}$$

Dies bedeutet aber auch, dass bei Ausgaben von über 274 Euro die Kaufwahrscheinlichkeit größer als 1 sein wird. Analog hierzu ist auch ermittelbar, dass Ausgaben von unter 74 Euro negative Werte für die Kaufwahrscheinlichkeit zur Folge haben. Das Modell ist also inkonsistent. Grafisch ist dieses Ergebnis in Bild 5.3 mit der Regressionsgerade (rote Linie) dargestellt. Die schwarzen Punkte geben die beobachteten Merkmalskombinationen zwischen den Ausgaben x_i und den realisierten Werten y_i der Kunden an.

Bei der logistischen Regression wird nicht der Erwartungswert von y_i, sondern das Ergebnis einer Transformation des Erwartungswertes geschätzt:

$$\log\left(\frac{P(y_i = 1)}{1 - P(y_i = 1)}\right) = \beta_0 + \beta_1 \cdot x_{i,1} + \beta_1 \cdot x_{i,2} + \cdots + \beta_k \cdot x_{i,k} \tag{5.19}$$

Den linken Teil der Formel 5.19 nennt man Logit. Durch Umformung erhält man eine logistische Funktion:

$$P(y_i = 1) = \frac{e^{\beta_0 + \beta_1 \cdot x_{i,1} + \beta_1 \cdot x_{i,2} + \cdots + \beta_k \cdot x_{i,k}}}{1 + e^{\beta_0 + \beta_1 \cdot x_{i,1} + \beta_1 \cdot x_{i,2} + \cdots + \beta_k \cdot x_{i,k}}}$$

$$P(y_i = 1) = \frac{1}{1 + e^{-1 \cdot (\beta_0 + \beta_1 \cdot x_{i,1} + \beta_1 \cdot x_{i,2} + \cdots + \beta_k \cdot x_{i,k})}} \tag{5.20}$$

Die Parameter β_j mit $j = 1, \ldots, k$ werden unter Verwendung des Maximum-Likelihood-Schätzprinzips ermittelt.[6] Für das Beispiel BBB Club erhält man mit den Ausgaben als einzige unabhängige Variable x_i:

$$P(y_i = 1) = \frac{1}{1 + e^{-1 \cdot (\beta_0 + \beta_1 \cdot x_i)}} = \frac{1}{1 + e^{-1 \cdot (-11{,}07 + 0{,}059 \cdot x_{i,1})}} \tag{5.21}$$

Das Ergebnis der logistischen Regression ist in Bild 5.3 mit der blauen Linie gekennzeichnet. Deutlich zu erkennen ist, wie die logistische Funktion zwischen 0 und 1 im zulässigen Wertebereich für $P(y_i = 1)$ bleibt.

[6] Für eine detaillierte Darstellung zum Maximum-Likelihood-Verfahren vergleiche Behnke 2015, S. 37 ff.

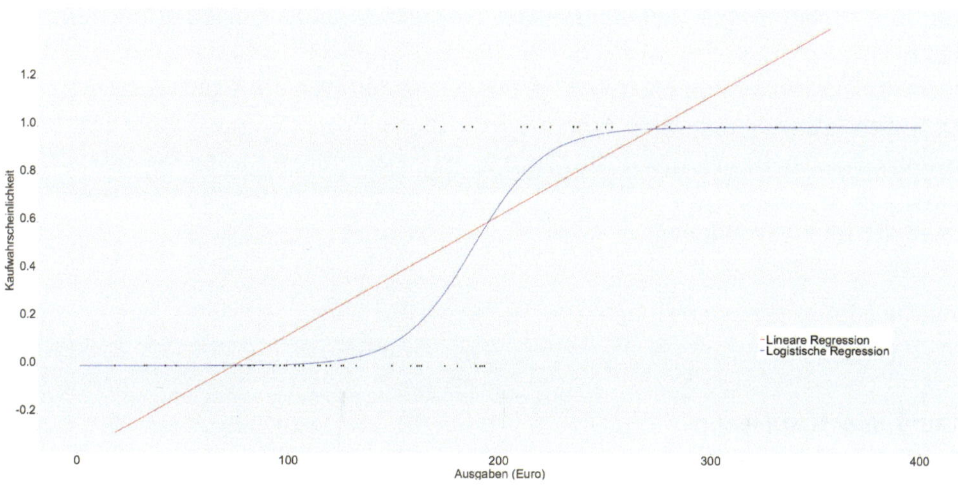

Bild 5.3 Logistische Funktion (blau) und lineare Regression (rot)

5.5.2 Parameter und deren Interpretation

Das einführende Beispiel des BBB Club wird im Folgenden erweitert. Ziel ist es, ein Modell zu entwickeln, welches in der Lage ist, zu prognostizieren, ob ein Kunde das Buch *Die Kunstgeschichte von Florenz* kaufen wird. Für ein gutes Modell wird es notwendig sein, neben den „Ausgaben" noch weitere kaufverhaltensrelevante Treiber zu identifizieren. Als Inputvariablen wurden die Merkmale in Tabelle 5.5 verwendet.

Tabelle 5.5 Mögliche Inputvariablen für die Modellierung der Kaufwahrscheinlichkeiten

Inputvariable	Bedeutung
Ausgaben	summierte Ausgaben des Kunden beim BBB Club in Euro
Geschlecht	1, falls weiblich, ansonsten 0
cook	Anzahl der von dem Kunden gekauften Kochbücher
diy	Anzahl der von dem Kunden gekauften Do-it-yourself-Bücher
art	Anzahl der von dem Kunden gekauften Kunstbücher

Vor der Modellschätzung erfolgt eine Einteilung in Trainings- und Testdaten im Verhältnis 70 zu 30. Von den 1300 Datensätzen werden somit 910 für die Modellerstellung und 390 Datensätze als Testdaten verwendet. Die Modellparameter werden unter Verwendung der Trainingsdaten ermittelt. Die Tabelle 5.6 stellt die Ergebnisse im Detail dar.

Die Interpretation der Modellparameter ist nicht so einfach wie bei der linearen Regressionsanalyse. Die Werte in der Spalte „Parameter" erlauben nur eine Tendenzaussage. Bei einem positiven Vorzeichen erhöht sich die Kaufwahrscheinlichkeit, wenn die Inputvariable erhöht wird. Umgekehrt sinkt die Kaufwahrscheinlichkeit bei einem negativen Vorzeichen. Wie stark die Wirkung ist, hängt aber aufgrund des nicht linearen Verlaufs der logistischen Funktion von dem jeweiligen Wert der Inputvariablen ab.

Tabelle 5.6 Schätzergebnisse logistische Regression BBB Club

Inputvariable	Parameter	Standardfehler	z-Wert	p-Wert	OR
Konstante	-1,867	0,207	-8,995	0,00000	0,15
Ausgaben	0,002-	0,001	2,509	0,01210	1,00
Geschlecht	0,893	0,163	5,488	0,00000	2,44
cook	-0,312	0,091	-3,446	0,00057	0,73
diy	-0,332	0,128	-2,6	0,00932	0,72
art	1,226	0,121	10,121	0,00000	3,41

Die Spalten in Tabelle 5.6 werden nachfolgend interpretiert:

Der Standardfehler gibt die Streuung des geschätzten Parameters an. Der z-Wert ist das Verhältnis zwischen dem Parameter und seinem Standardfehler. Er ist gleichzeitig auch die Teststatistik für die Nullhypothese, dass die Inputvariable keinen signifikanten Beitrag zur Erklärung der Zielgröße $P(y_i=1)$ hat. Die Spalte p-Wert ist analog wie bei der linearen Regressionsanalyse gezeigt zu interpretieren. Die p-Werte sind mit Ausnahme der Variable „Ausgaben" kleiner als 0,01. Damit kann bei diesen Variablen die Nullhypothese auf dem 1%-Niveau verworfen werden. Man kann auch sagen: Die Variablen haben einen hoch signifikanten Einfluss auf die Zielgröße. Die Variable „Ausgaben" ist auf dem 5%-Niveau signifikant.

Mithilfe der Parameterwerte kann für jeden beliebigen Kunden eine Kaufwahrscheinlichkeit vorhergesagt werden. Beispielhaft nehmen wir einen männlichen Kunden, der bisher 100 Euro beim BBB Club ausgegeben hat. In der Vergangenheit hat er kein „cook"-Buch, zwei „diy"-Bücher und drei „art"-Bücher gekauft. Dann ist die Wahrscheinlichkeit für den Kauf des Buches:

$$P(y_i=1)=\frac{1}{1+e^{-1\cdot(\beta_0+\beta_1\cdot x_{i,1}+\beta_2\cdot x_{i,2}+\beta_3\cdot x_{i,3}+\beta_4\cdot x_{i,4}+\beta_5\cdot x_{i,5})}}$$

$$P(y_i=1)=\frac{1}{1+e^{-1\cdot(-1{,}867+0{,}002\cdot 00+0{,}893\cdot 0-0{,}312\cdot 0-0{,}332\cdot 2+1{,}226\cdot 3)}}$$

$$P(y_i=1)=\frac{1}{1+e^{-1{,}347}}=0{,}794 \tag{5.22}$$

Für einen Mann mit den genannten Eigenschaften (Ausgaben = 100 Euro, bisher zwei „diy"-Bücher und drei „art"-Bücher gekauft) wird eine Kaufwahrscheinlichkeit von 79,4 % prognostiziert. Die Chance (Odds) ist dann:

$$Odds = \frac{P(y_i = 1)}{1 - P(y_i = 1)} = \frac{0{,}794}{1 - 0{,}794} = 3{,}9 \qquad (5.23)$$

Der Erfolg („Kauf") ist also um das fast Vierfache wahrscheinlicher als der Misserfolg. Genauso wie die Wahrscheinlichkeit $P(y_i=1)$ muss auch die Chance für jede Wertekonstellation bei den Inputvariablen neu errechnet werden.

Betrachtet man anstelle des Kunden jetzt eine Kundin mit den gleichen Eigenschaften, so ändert sich lediglich die Inputvariable „Geschlecht" von 0 auf den Wert 1:

$$P(y_i = 1) = \frac{1}{1 + e^{-1\cdot(-1{,}867 + 0{,}002\cdot 100 + 0{,}893\cdot 1 - 0{,}312\cdot 0 - 0{,}332\cdot 2 + 1{,}226\cdot 3)}}$$

$$P(y_i = 1) = \frac{1}{1 + e^{-2{,}24}} = 0{,}904 \qquad (5.24)$$

Die Kaufwahrscheinlichkeit bei der Frau ist mit 90,4 % höher als bei dem Mann. Entsprechend höher ist auch die Odds mit $\frac{0{,}904}{1 - 0{,}904} = 9{,}4$. Bei der Frau ist der Kauf um das 9,4-Fache wahrscheinlicher als der Misserfolg (kein Kauf).

Betrachtet man nochmals die Ausdrücke in Formel 5.23 und Formel 5.24 genauer, so fällt auf, dass der Unterschied zwischen den Kaufwahrscheinlichkeiten bzw. den Odds lediglich auf einer Änderung der Variable „Geschlecht" von dem Wert 0 auf den Wert 1 beruht. Es wurde also für den Vergleich zwischen Mann und Frau der Merkmalswert um eine Einheit erhöht. Wird bei einer Inputvariable der Merkmalswert um eine Einheit erhöht und werden die beiden Odds vor und nach der Änderung in ein Verhältnis gesetzt, so nennt man das Ergebnis Odds Ratio (*OR*) oder Chancenverhältnis:

$$OR = \frac{Odds(x+1)}{Odds(x)} = \frac{9{,}4}{3{,}9} = 2{,}4 \qquad (5.25)$$

Die *OR* können getrennt für jede Inputvariable berechnet werden (vgl. Tabelle 5.6). Im Falle der Variable „Geschlecht" ist die Bedeutung folgende: Wird der Merkmalswert um eine Einheit erhöht (hier: von 0 auf 1), so erhöht sich die Chance für den Kauf um den Faktor 2,4. Das heißt, ist der Kunde weiblich, so ist die Chance für einen Kauf mehr als doppelt so hoch, als wenn der Kunde ein Mann ist. Im Gegensatz zu den Odds sind die *OR* über den gesamten Wertebereich der Inputvariablen konstant. Das Chancenverhältnis für eine beliebige Inputvariable x kann auch wie folgt berechnet werden:

$$OR(x) = e^{\beta_x} \qquad (5.26)$$

Für die Variable „Geschlecht“ erhält man:

$$OR(Geschlecht) = e^{0,893} = 2,4 \quad (5.27)$$

Die *OR* für jede Inputvariable sind in der letzten Spalte in der Tabelle 5.6 angegeben. Zu erkennen ist, dass der stärkste Effekt von der Variable „art“ ausgeht. Mit jedem zusätzlich gekauften Kunstbuch steigt die Chance für den Kauf des Buches *Die Kunstgeschichte von Florenz* um den Faktor 3,41.

5.5.3 Testphase: Die Confusion Matrix

Die Praxistauglichkeit des Modells aus Abschnitt 5.5.2 wird anhand der Testdaten überprüft. Dazu werden die aus den Trainingsdaten ermittelten Modellparameter auf die Testdaten angewendet. Die vorhergesagte Klasse wird dann mit den realisierten Werten des Outputs der Testdaten verglichen (1 = „Kauf“, „positiv“ oder 0 = „Nicht-Kauf“, „negativ“). Ist die prognostizierte Wahrscheinlichkeit für den Kauf größer als 0,5 so erfolgt die Zuordnung zur Klasse 1 („Kauf“), ansonsten zur Klasse 0. Die Ergebnisse des Vergleichs zwischen Modellprognose und Realisation können in einer sogenannten Confusion Matrix dargestellt werden (Tabelle 5.7). Die einzelnen Felder sind:

- Anzahl der korrekt klassifizierten negativen Fälle (true negative, TN)
- Anzahl der fälschlicherweise als negativ klassifizierten Fälle (false negative, FN)
- Anzahl der fälschlicherweise als positiv klassifizierten Fälle (false positive, FP)
- Anzahl der korrekt klassifizierten positiven Fälle (true positive, TP)

Tabelle 5.7 Confusion Matrix für die Testdaten des BBB Club

		Realisation		
		0 „kein Kauf“ (negativ)	1 „Kauf“ (positiv)	
Vorher-sage	0 „kein Kauf“ (negativ)	**true negative (TN) 262**	**false negative (FN) 73**	TN + FN = 335
	1 „„Kauf“ (positiv)	**false positive (FP) 20**	**true positive (TP) 35**	FP + TP = 55
	Gesamt	TN + FP = 282	FN + TP = 108	TN + FN + FP + TP = 390

Aus der Confusion Matrix können eine Reihe von Kennzahlen berechnet werden. Die naheliegendste und auch am weitesten verbreitete Kennzahl ist die Trefferquote (Accuracy):

$$Accuracy = \frac{TN + TP}{TN + FN + FP + TP} = \frac{262 + 35}{390} = 0{,}76 \qquad (5.28)$$

Fälschlicherweise wird oft angenommen, dass eine Accuracy von über 0,5 ausreichend für einen Zusatznutzen des Modells ist. Dies ist jedoch in vielen Fällen nicht richtig. In der Regel wird ein deutlich höherer Wert benötigt, um von einem Nutzen des Modells sprechen zu können. Die Mindestanforderung ist das Übertreffen der sogenannten „No Information Rate“. Bei der No Information Rate werden alle Objekte derjenigen Klasse zugeordnet, deren Aufkommen am häufigsten ist. Bei den Testdaten ist die Klasse der „Nicht-Käufer“ mit 282 von 390 Personen die größte Gruppe. Würde man jetzt alle Personen als „Nicht-Käufer“ klassifizieren, so wäre die Trefferquote 282/390 = 0,72. Dies ist die No Information Rate. Das Modell stiftet einen Nutzen, da die Trefferquote des Modells („Accuracy“) über der No Information Rate liegt.

Weitere wichtige Kennzahlen sind die „false positive rate“ (*fpr*) und die „true positive rate“ (*tpr*). Die *fpr* gibt den Anteil aller falsch prognostizierten positiven Fälle an der tatsächlichen Anzahl an negativen Fällen an:

$$fpr = \frac{FP}{TN + FP} = \frac{20}{282} = 0{,}07 \qquad (5.29)$$

Bei dieser Kennzahl sind kleine Werte wünschenswert. Mit 0,07 ist die *fpr* in dem Beispiel sehr gut. Es wurde also lediglich 7 % der tatsächlichen Misserfolge („kein Kauf“) fälschlicherweise als Erfolg („Kauf“) vorhergesagt.

Die *tpr* hingegen gibt den Anteil an richtig prognostizierten positiven Fälle an der Anzahl der tatsächlich eingetretenen positiven Fälle wieder:

$$tpr = \frac{TP}{FN + TP} = \frac{35}{108} = 0{,}32 \qquad (5.30)$$

Bei dieser Kennzahl sind große Werte wünschenswert. Es wurden lediglich 32 % der tatsächlichen Käufer korrekt prognostiziert.

Ob für das gegebene Fallbeispiel möglicherweise ein Klassifikationsbaum besser geeignet ist als die logistische Regression, wird im folgenden Abschnitt geprüft.

5.6 Klassifikationsbäume

5.6.1 Zerlegung der Datenmenge

Klassifikationsbäume teilen die Daten schrittweise in kleinere Teilmengen auf. Beispielhaft wird der von Breiman (2017) entwickelte CART(Classification And Regression Trees)-Algorithmus vorgestellt. Der von Breiman entwickelte Algorithmus eignet sich gleichermaßen für Klassifikations- und Regressionsprobleme, wobei hier die Funktionsweise anhand einer Klassifikationsproblematik erläutert wird. CART ist in der Praxis sehr weit verbreitet. Zudem erleichtert ein Verständnis zur Funktionswiese des Algorithmus den Einstieg in Weiterentwicklungen. Hierzu zählen Ensemble-Methoden wie die in der Praxis häufig eingesetzte Random-Forest-Methode.

Wie schon bei der logistischen Regression wird auch in diesem Abschnitt das Vorgehen anhand der Fragestellung des BBB Club erläutert. Die Zielvariable ist die Entscheidung eines Kunden für oder gegen den Kauf. Die Inputvariablen seien zunächst lediglich die bisherigen Ausgaben des Kunden *(Ausgaben)* und die Anzahl der bisher gekauften Kunstbücher (art). Um das Vorgehen grafisch gut und leicht verständlich darstellen zu können, wurde lediglich eine geringe Anzahl an Datenpunkten in die Betrachtung einbezogen. In dem Bild 5.4 sind die Daten dargestellt. Die Kreise stellen dabei Kunden dar, welche das Produkt nicht gekauft haben, und die Dreiecke stellen Käufer dar.

Der Algorithmus startet an einem Wurzelknoten. In ihm sind alle Beobachtungen enthalten. Er hat eine hohe Unreinheit (Impurity), da hier sowohl die negativen („Kauf: Nein“) als auch positiven Werte („Kauf: Ja“) enthalten sind. Als Maß für die Unreinheit verwendet CART die Gini-Unreinheit:

$$Gini = 1 - p_1^2 - p_2^2 \tag{5.31}$$

Dabei ist $p_1$der Anteil der Erfolge („Kauf: Ja“) und p_2 der Anteil der Misserfolge („Kauf: Nein“) in dem Knoten. Die größte Unreinheit ist vorhanden, wenn $p_1 = p_2 = 0{,}5$ ist. Ein Knoten gilt als rein, wenn entweder p_1=1 oder p_2=1. In dem Beispiel sind zehn Erfolge und zehn Misserfolge vorhanden. Der Wurzelknoten in dem Beispiel hat also die maximal mögliche Gini-Unreinheit:

$$Gini(Root) = 1 - \left(\frac{10}{20}\right)^2 - \left(\frac{10}{20}\right)^2 = 0{,}5 \tag{5.32}$$

Der Algorithmus wählt nun jene Variable für die Zerlegung aus, welche diese Unreinheit, also die Durchmischung von „Kauf: Ja“ und „Kauf: Nein“, am stärksten reduziert. In dem Beispiel ist dies die Inputvariable *Ausgaben*. Sie erzeugt zwei Äste aus dem Wurzelknoten. Unterhalb der mit (1) gekennzeichneten blauen Linie im Bild 5.4 sind sechs Kunden, die das Produkt nicht kaufen. Es sind also unterhalb dieser Linie keine Käufer vorhanden.

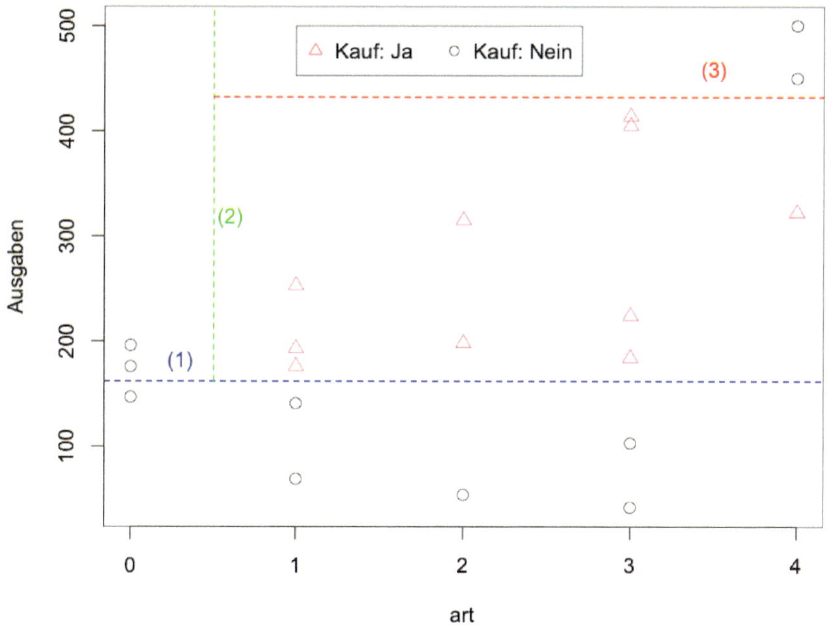

Bild 5.4 Ausschnitt aus den Daten BBB Club: Käufer und Nicht-Käufer nach den bisherigen Ausgaben *(Ausgaben)* und der Anzahl der gekauften Kunstbücher *(art)*

Das Bild 5.5 zeigt den vollständigen Baum für das Beispiel. Die einzelnen Knoten sind wie folgt zu lesen:

Erste Zeile: Mehrheitliche Merkmalsausprägung der Zielvariable. Falls in einem Knoten mehr Käufe als Nicht-Käufe sind, wird die erste Zeile mit „Ja“ beschriftet, ansonsten mit „Nein“.

Zweite Zeile: Anteil der positiven Fälle („Ja“) in dem Knoten.

Dritte Zeile: Anteil der Fälle in dem Knoten in %.

Der linke Knoten ist rein. Er umfasst alle Objekte unterhalb der blauen Linie in dem Bild 5.4 und umfasst sechs Kunden mit der Ausprägung „Kauf: Nein“. Der Anteil der Käufer („Ja“) ist in diesem Knoten 0.0. Der Anteil an allen Kunden in dem Modell beträgt 30 %. Die Gini-Unreinheit ist:

$$Gini(L) = 1 - \left(\frac{0}{6}\right)^2 - \left(\frac{6}{6}\right)^2 = 0 \qquad (5.33)$$

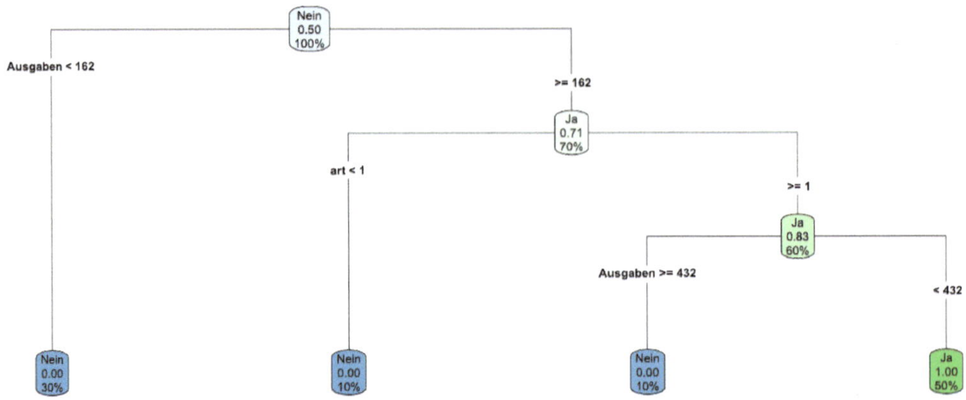

Bild 5.5 Vollständiger Klassifikationsbaum

Die rechte obere Knoten im Bild 5.5 (*Ausgaben* >= 162) bzw. die gesamte Fläche oberhalb der blauen Linie (1) im Bild 5.4 enthält die restlichen 14 Kunden, davon zehnmal „Kauf: Ja“ und viermal „Kauf: Nein“. Die Gini-Unreinheit ist:

$$Gini(R) = 1 - \left(\frac{10}{14}\right)^2 - \left(\frac{4}{14}\right)^2 = 0{,}41 \tag{5.34}$$

Der durch die Zerlegung der Daten mit der Variable *Ausgaben* erzeugte Informationsgewinn (Improve) wird wie folgt ermittelt:

$$Improve = n \cdot \left(Gini(Root) - \frac{n_1}{n} \cdot Gini(L) - \frac{n_2}{n} \cdot Gini(R)\right)$$

$$Improve = 20 \cdot \left(0{,}5 - \frac{6}{20} \cdot 0{,}0 - \frac{14}{20} \cdot 0{,}41\right) = 4{,}26 \tag{5.35}$$

Für die Aufspaltung stehen neben den Ausgaben auch die anderen Variablen, wie sie bereits Eingang in das Modell der logistischen Regression gefunden haben, zur Verfügung (vgl. Tabelle 5.5). Der CART-Algorithmus hat für alle möglichen Variablen den Improve berechnet. Die Variable *Ausgaben* liefert den höchsten Informationsgewinn und wurde daher für die Aufspaltung gewählt.

Die weitere Aufspaltung kann anhand der Darstellungen in Bild 5.4 und Bild 5.5 gut nachvollzogen werden.

5.6.2 Modellerstellung und Modellauswahl

Anhand des kleinen Beispiels mit den 20 Beispieldatensätzen ist zu erkennen, dass der Baum wächst, bis die Endknoten rein sind. Bei sehr komplexen Bäumen besteht die Gefahr der Überanpassung. Dies bedeutet, dass ein Modell möglicherweise bei den Trainingsdaten sehr gute Ergebnisse liefert, bei den Testdaten hingegen nicht. Zur Vermeidung einer solchen Überanpassung wird ein Baum in der Regel „gestutzt“. Bei dem Pruning (Stutzen) geht man wie folgt vor:

1. Es wird ein vollständiger Entscheidungsbaum erstellt.
2. An jeder Verzweigung wird eine Kreuzvalidierung durchgeführt. Bei einer Kreuzvalidierung wird ein Teil der Trainingsdaten nicht zur Modellerstellung, sondern zur Validierung des Modells verwendet. Standardmäßig wird hier eine zehnfache Kreuzvalidierung durchgeführt. Dabei werden die Trainingsdaten in zehn gleich große Anteile überführt. Jeweils neun Anteile werden dann zur Modellerstellung und der jeweils verbleibende Teil zur Modellprüfung verwendet. Der mittlere Fehler aller dieser Schritte wird dann als Kreuzvalidierungsfehler bezeichnet.
3. Ausgewählt wird diejenige Modelltiefe mit dem kleinsten Kreuzvalidierungsfehler.

Nachdem das erste Beispiel nur einen kleinen Ausschnitt aus der Datenmenge betrachtet hat, wird nun analog zum Abschnitt 5.5.2 der gesamte Datensatz des BBB Club verwendet. Auch hier erfolgt eine Aufteilung der 1300 Datensätze in Trainings- und Testdaten im Verhältnis 70 zu 30.

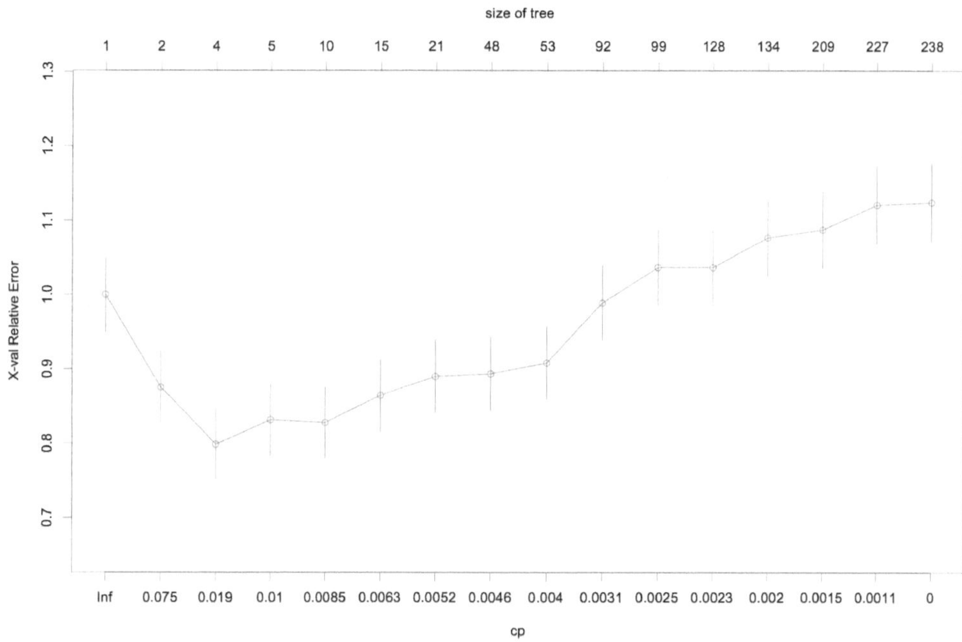

Bild 5.6 Relativer Kreuzvalidierungsfehler (X-val Relative Error) und Komplexität des Modells (cp)

In einem ersten Schritt wird das vollständige Modell erstellt. Nun wird für jede Modelltiefe der Kreuzvalidierungsfehler berechnet. Im Bild 5.6 stellt der Ausdruck cp den Komplexitätsparameter dar. Je größer der Wert ist, desto weniger komplex ist das Modell. Dies wird oberhalb des Grafen auch mit der Angabe der Baumgröße (size of tree) verdeutlicht. Es ist gut ersichtlich, dass ein relativ kleines Modell auch zu dem kleinsten Fehler (X-val Relative Error = Kreuzvalidierungsfehler) führt. Eine hohe Modelltiefe würde zwar bei den Trainingsdaten zu einer hohen Trefferquote (Accuracy) führen, jedoch bei den Testdaten weniger gute Ergebnisse liefern. Bild 5.7 zeigt die Trefferquote bei unterschiedlichen Modelltiefen für die Trainings- und die Testdaten. Während die Accuracy bei den Trainingsdaten mit zunehmender Modelltiefe ebenfalls zunimmt, ist dies bei den Testdaten nicht der Fall.

Das finale Modell wird mit der Komplexität ermittelt, bei welcher der Kreuzvalidierungsfehler am kleinsten ist.

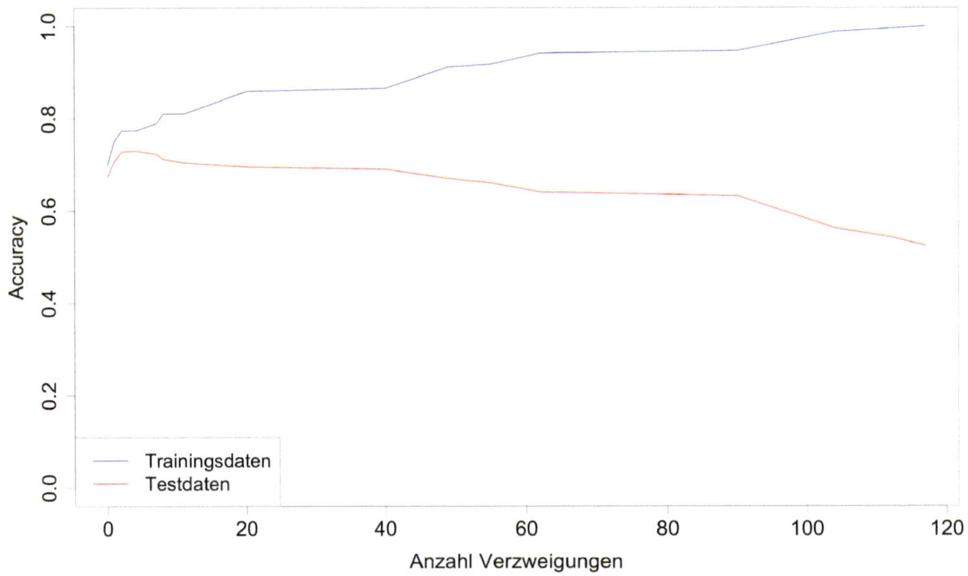

Bild 5.7 Trefferquote (Accuracy) bei unterschiedlichen Modelltiefen nach Trainings- und Testdaten

Ein Vorteil von CART gegenüber der logistischen Regression ist die recht anschauliche und einfache Interpretation, sofern der Baum nicht allzu komplex ist. Wie anschaulich und einfach die Interpretation ist, wird anhand des Pfades von dem Wurzelknoten hin zu dem gelb markierten Endblatt im Bild 5.8 erläutert. Ausgangspunkt ist der Wurzelknoten. Der Wurzelknoten hat als Eintrag einen der beiden möglichen Ausgänge („Ja“ oder „Nein“). Sind in einem Knoten mehr Erfolgsfälle als Misserfolge zu verzeichnen, so wird „Ja“ eingetragen, ansonsten „Nein“. Im Wurzelknoten sind nur 30 % (0.30) der Beobachtungen Erfolge. Daher erfolgt der Eintrag mit „Nein“. Der unterste Eintrag bezieht sich auf den Anteil an den gesamten Merkmalsträgern. Im Wurzelknoten sind es immer 100 % der Merkmalsträger. Wurden weniger als zwei Kunstbücher gekauft (art < 2), so geht die erste Verzweigung am Wurzelknoten nach links. Bei 25 % der Kunden in diesem Knoten war die Aktion erfolgreich. Insgesamt sind in diesem Knoten noch 91 % aller Beobachtungen enthalten. Der Pfad zu dem gelb markierten Endknoten geht weiter nach rechts. Es handelt sich um Kunden, die genau ein Kunstbuch gekauft haben (art < 1, no). Da von der vorherigen Verzweigung bekannt ist, dass nur noch Kunden mit weniger als zwei gekauften Kunstbüchern Berücksichtigung finden, ist nun auch bekannt, dass an dieser Stelle nur noch Kunden mit genau einem Kunstbuchkauf in der Betrachtung sind. Das trennende Merkmal bei dem nun folgenden Knoten ist die Anzahl der gekauften Kinderbücher. Der weitere Verlauf geht bei dem folgenden Knoten wiederum nach rechts (child >= 1, no). Die weiteren Verzweigungen werden ausschließlich über das Merkmal Ausgaben vorgenommen. In dem gelb markierten Endknoten ist die Wahrscheinlichkeit für einen Erfolg 61 %. Der Endknoten umfasst 7 % aller Beobachtungen. Die Wahrscheinlichkeit für einen Buchkauf („Ja“) beträgt für Personen in diesem Endknoten 61 %. Personen in diesem Endknoten haben folgende Eigenschaften: Sie haben ein Kunstbuch sowie kein Kinderbuch gekauft. Diese Personen haben Ausgaben von mindesten 167 Euro, aber weniger als 320 Euro getätigt. Bei Kunden mit dieser beschriebenen Merkmalskombination besteht eine 61 %-Wahrscheinlichkeit für den Kauf des neuen Buches.

Das Modellergebnis ist bei CART für den BBB Club mit einer Trefferquote von 72 % etwas schlechter als bei der logistischen Regression (76 %, vgl. Abschnitt 5.5.3). Daraus kann nicht gefolgert werden, dass die logistische Regression den Entscheidungsbäumen prinzipiell überlegen ist. Welche Methode sich am besten zur Lösung von Klassifikationsproblemen eignet, hängt jeweils von dem Anwendungsfall und seinen Daten ab.

Ein weiterer Vorteil ist die Vielseitigkeit von Entscheidungsbäumen. Mit ihnen können auch Regressionsprobleme gelöst werden, worauf hier allerdings nicht weiter eingegangen werden kann. Der an dieser Stelle vorgestellte Klassifikationsbaum hat in der Praxis viele Erweiterungen erfahren, welche in Einzelfällen bessere Ergebnisse liefern können. Weitverbreitet sind hier Bagging, Random Forest und Boosting. Nachteil von diesen Ensemble-Methoden ist, dass eine Interpretation, wie bei CART vorgestellt, nicht mehr möglich ist. Allenfalls kann etwas über die Bedeutung einzelner Inputvariablen gesagt werden (Variable Importance).

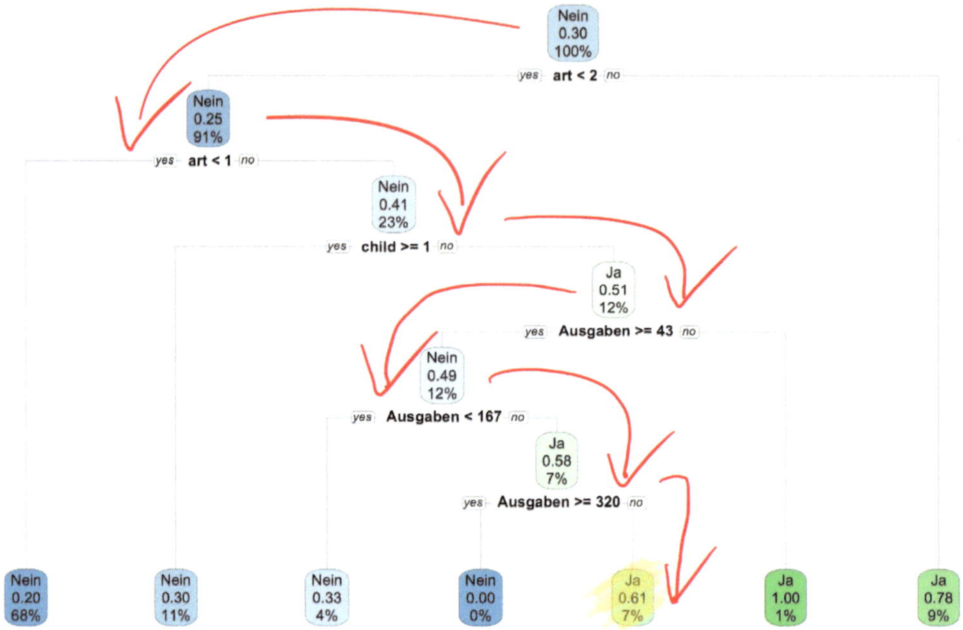

Bild 5.8 Interpretation eines Klassifikationsbaumes

■ 5.7 Präskriptive Analyse – ein Beispiel

Wie bereits in der Übersicht des vorherigen Kapitels erwähnt, gibt die präskriptive Analyse im Idealfall eine oder mehrere Handlungsempfehlungen, wie ein bestimmtes Ziel erreicht werden kann. Da sie sehr häufig der prädiktiven Analyse nachgelagert ist, kommen hier neben Optimierungsalgorithmen oder Simulationsverfahren auch Kombinationen verschiedener Methoden zur Anwendung (siehe hierzu auch Seiter 2019, Weber 2020 oder Poornima/Pushpalatha 2016).

Man stelle sich folgendes Szenario vor: Der BBB Club möchte mit seinem neuen Produkt *Die Kunstgeschichte von Florenz* den Gewinn maximieren. Falls ein Kunde das Buch kauft, so erzielt der BBB Club damit einen Gewinn von 14 Euro. Wird hingegen bei einem Kunden das Buch beworben, der Kunde kauft es jedoch nicht, werden damit Kosten in Höhe von zehn Euro verursacht.

Der Kundenstamm des BBB Club umfasst 100 000 Kunden. Für den gesamten Kundenstamm liegen die Inputvariablen „Ausgaben“, „Geschlecht“, „cook“ und „diy“ für das Modell aus Abschnitt 5.5.2 vor. Damit kann im Rahmen der prädiktiven Analyse für jeden Kunden seine Kaufwahrscheinlichkeit prognostiziert werden. Was die prädiktive Analyse aber nicht beantworten kann, ist die Frage, welchen Kunden das Angebot unterbreitet werden sollte, damit der Gewinn maximal wird.

In Abschnitt 5.5.3 wurde die Confusion Matrix für die Testdaten bei einem CutOff von 0,5 dargestellt. Ein CutOff von 0,5 bedeutet, dass ein Kunde dann als Erfolg eingestuft wird, wenn seine Kaufwahrscheinlichkeit über 50 % liegt. Es kann nun für diesen CutOff der erwartete Gewinn ermittelt werden (Tabelle 5.8).

Tabelle 5.8 Beispielrechnung: Erwarteter Gewinn bei einem CutOff von 0,5

CutOff = 0,5	Testdaten	Anteil	Gesamtkunden	Gewinn
Gesamt	390		100 000	
prognostizierte Erfolge	55	14,1 %	14 100	
davon korrekt prognostiziert	35	63,6 %	8968	125 552
davon falsch prognostiziert	20	36,4 %	5132	-51 320
			Gesamtgewinn =	**74 232**

Von den 390 Kunden in den Testdaten hat das Modell bei einem CutOff von 0,5 bei 55 Personen einen Erfolg („Kauf: Ja") prognostiziert. Übertragen auf die Gesamtheit aller Kunden würde man bei $\frac{55}{390} \cdot 100.000 = 14.100$ einen Erfolg erwarten und daher auch diese Kunden anschreiben.[7]

Der Anteil der korrekt prognostizierten Erfolge an allen prognostizierten Erfolgen beträgt 63,6 %. Bei den 14 100 angeschriebenen Kunden würde man daher bei 8968 Kunden eine positive Rückmeldung erwarten. Der erwartete Gewinn bei diesen Kunden beträgt dann $14 \cdot 8968 = 125.552$ Euro. Allerdings muss auch damit gerechnet werden, dass 36,4 % der angeschriebenen Kunden das Produkt nicht kaufen werden. Annahmegemäß würden diese Kosten in Höhe von zehn Euro pro Kunde generieren. Der Gewinn mindert sich um $0{,}364 \cdot 14.100 \cdot 10 = 51.320$ Euro. Per Saldo ist bei einem CutOff von 0,5 der erwartete Gewinn 74 232 Euro.

Dieses Rechenschema kann nun für jeden beliebigen CutOff verwendet werden. Bei einem CutOff von weniger als 0,5 wird man insgesamt mehr Erfolgsfälle prognostizieren. Gleichzeitig geht dabei aber auch die Anzahl der falsch prognostizierten Erfolge (false positive) nach oben, was wiederum den erwarteten Gewinn schmälert.

Geht umgekehrt der CutOff weiter nach oben, so wird der Anteil der korrekt prognostizierten Erfolge (true positive) an allen prognostizierten Erfolgen tendenziell größer werden. Gleichzeitig sinkt die Anzahl der falsch prognostizierten Erfolge (false positive). Dieses auf den ersten Blick gute Ergebnis hat den entscheidenden Nachteil, dass nunmehr weniger Personen insgesamt als Erfolg vorhergesagt werden (fp + tp sinkt). Es existieren hier also gegenläufige Effekte.

[7] Bei den Berechnungen zur Ermittlung der Kundenzahlen wurde immer auf ganze Zahlen gerundet.

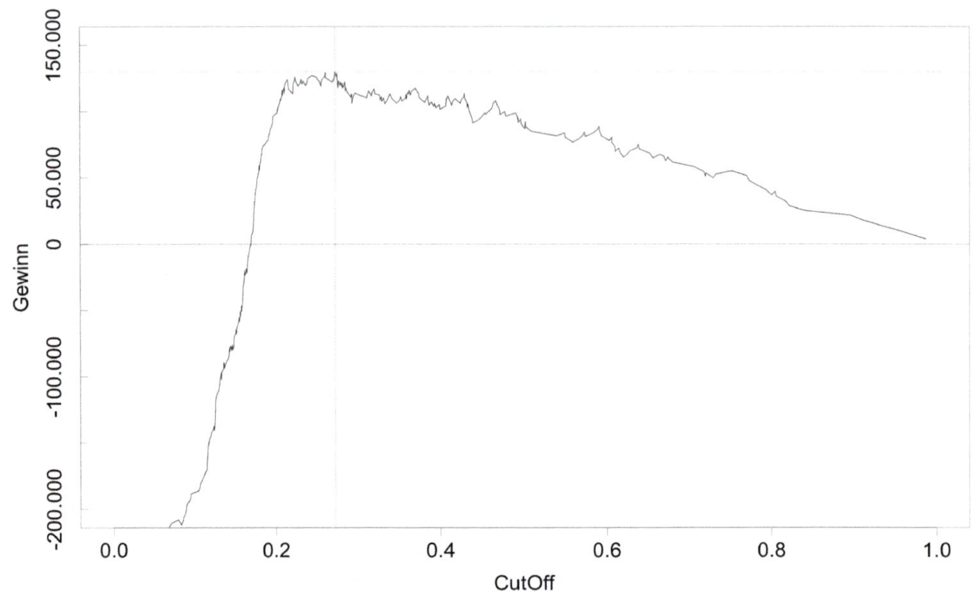

Bild 5.9 Gewinnermittlung bei alternativen Trennwerten (CutOff)

Die Rechnung, wie in Tabelle 5.8 dargestellt, kann nun für jeden beliebigen CutOff durchgeführt werden. Das Ergebnis hiervon ist in Bild 5.9 dargestellt. Damit ergibt sich ein maximaler Gewinn bei einem CutOff von etwas über 27 %. Das Modell prognostiziert von den 390 Testdatensätzen 175 Erfolge (81 false positive, 95 true positive). Man würde in diesem Fall 44 872 Kunden anschreiben. Man würde erwarten, dass fast 54 % das Angebot annehmen werden. Es ergibt sich ein rechnerischer Gewinn in Höhe von 129 752 Euro.

Anschauliche Beispiele für andere Methoden der präskriptiven Analyse sind bei Seiter (2019) zu finden.

5.8 Die wichtigsten Punkte in Kürze

- Maschinelles Lernen kann als eine Reihe von Methoden der Datenanalyse verstanden werden, die mithilfe von Algorithmen Muster in Daten erkennen. Es wird unterschieden zwischen dem überwachten Lernen und dem unüberwachten Lernen. Bei dem überwachten Lernen kann der Lernerfolg anhand einer gegebenen Zielgröße überprüft werden. Eine solche Überprüfung ist bei dem unüberwachten Lernen nicht möglich.

- Die Hauptanwendungsgebiete des überwachten maschinellen Lernens sind Klassifikations- und Regressionsprobleme. Bei Regressionsproblemen gilt es, eine metrische Zielgröße möglichst genau zu prognostizieren. Bei Klassifikationsproblemen geht es darum, die Objekte korrekt einer Gruppe zuzuordnen.
- Die zum Lernen verwendeten Daten werden als Trainingsdaten bezeichnet. Das Modell wird anhand der gegebenen Trainingsdaten optimiert. Die Beurteilung der Güte eines Modells wird unter Verwendung von Testdaten durchgeführt, die zuvor nicht zum Lernen benutzt wurden.
- Die Regressionsanalyse ist eines der am weitesten verbreiteten Verfahren in der multivariaten Statistik. Dabei wird versucht, eine metrische Zielgröße mithilfe von einer oder mehreren unabhängigen Variablen zu erklären.
- Die geschätzten Parameterwerte in der Regressionsanalyse geben an, wie stark sich die Zielgröße ändert, wenn eine unabhängige Variable um eine Einheit erhöht wird.
- Mithilfe des t-Test kann bei der Regressionsanalyse geprüft werden, ob eine unabhängige Variable einen signifikanten Einfluss auf die abhängige Variable hat.
- Das Bestimmtheitsmaß gibt den Anteil der durch ein Regressionsmodell erklärten Varianz an der Gesamtvarianz der unabhängigen Variablen an.
- Der Root Mean Square Error (RMSE) gibt an, wie stark die Streuung zwischen den Prognosewerten und den Realisationen ist. Da das Modell auf die Trainingsdaten optimiert wurde, ist der RMSE bei den Testdaten in der Regel größer als bei den Trainingsdaten. Für eine realistische Einschätzung, wie sich das Modell in der Praxis bewähren wird, ist der RMSE aus den Testdaten zu verwenden.
- Bei der binären logistischen Regression kann die Zielvariable nur die beiden Zustände 0 (= Misserfolg) und 1 (= Erfolg) annehmen. Aufgabe der logistischen Regression ist die Prognose der Wahrscheinlichkeit für den Zustand 1.
- Die Parameter der logistischen Regression sind im Gegensatz zur Regressionsanalyse nur schwer interpretierbar. Bei der Interpretation fokussiert man sich daher auf Odds und Odd-Ratios.
- Mithilfe einer Confusion Matrix wird die Güte eines Klassifikationsmodells beurteilt. Eine wichtige Kennzahl aus der Confusion Matrix ist die Accuracy: Sie gibt den Anteil aller korrekt vorhergesagten Gruppenzugehörigkeiten an.
- Klassifikationsbäume beginnen immer mit einem Wurzelknoten. In ihm sind alle Objekte enthalten. Die weitere Zerlegung der Daten erfolgt jeweils auf dem Merkmal mit dem höchsten Informationsgewinn.

- Klassifikationsbäume sind leicht zu interpretieren, neigen aber zu einem Overfitting. Overfitting bedeutet, dass ein Modell zwar auf den Trainingsdaten sehr gute Ergebnisse liefert, bei den Testdaten jedoch deutlich schlechter abschneidet. Daher werden Entscheidungsbäume häufig gestutzt („Pruning“).
- Die präskriptive Analyse geht über die reine Prognose hinaus. Im Idealfall gibt sie eine oder mehrere Handlungsempfehlungen, wie ein bestimmtes Ziel erreicht werden kann.

Literatur

Amann, Klaus; Petzold, Jürgen; Westerkamp, Markus (2020): *Management und Controlling. Instrumente – Organisation – Ziele*. 3., aktualisierte Auflage, Wiesbaden

Behnke, Joachim (2015): *Logistische Regressionsanalyse. Eine Einführung*. Wiesbaden

Breiman, Leo (2017): *Classification and Regression Trees*. New York

Chollet, Francois (2018): *Deep Learning with R*. Shelter Island

Frochte, Jörg (2019): *Maschinelles Lernen. Grundlagen und Algorithmen mit Python*. 2., aktualisierte Auflage, München

Grubinger, Thomas; Zeileis, Achim; Pfeiffer, Karl-Peter (2014): „evtree: Evolutionary Learning of Globally Optimal Classification and Regression Trees in R“, in: *Journal of Statistical Software* 61(1), S. 1 – 29, *http://www.jstatsoft.org/v61/i01/*

Hastie, Trevor; Tibshirani, Robert; Friedman, Jerome (2009): *The Elements of Statistical Learning. Data Mining, Inference, and Prediction*. New York

James, Gareth et al. (2013): *An Introduction to Statistical Learning*. New York

Milborrow, Stephen (2022): „rpart.plot: Plot ‚rpart‘ Models: An Enhanced Version of ‚plot.rpart‘“, R package version 3.1.1, *https://CRAN.R-project.org/package=rpart.plot*

Murphy, Kevin P. (2012): *Machine Learning: A Probabilistic Perspective*. Cambridge (Massachusetts)

Ng, Annalyn; Soo, Kenneth (2018): *Data Science – was ist das eigentlich?! Algorithmen des maschinellen Lernens verständlich erklärt*. Berlin

Poornima, Selvaraj; Pushpalatha, Marudappa (2016): „A Journey from Big Data Towards Prescriptive Analytics“, in: *ARPN Journal of Engineering and Applied Sciences* Vol. 11, No. 19

Ramasubramanian, Karthik; Singh, Abhishek (2019): *Machine Learning Using R. With Time Series and Industry-Based Use Cases in R*. Berkeley

R Core Team (2022): „R: A Language and Environment for Statistical Computing“, *https://www.R-project.org*

Scheid, Sandro; Vogl, Stefanie (2021): *Data Science. Grundlagen, Methoden und Modelle der Statistik*. München

Seiter, Mischa (2019): *Business Analytics. Effektive Nutzung fortschrittlicher Algorithmen in der Unternehmenssteuerung*. 2., komplett überarbeitete und erweiterte Auflage, München

Therneau, Terry; Atkinson, Beth (2022): „rpart: Recursive Partitioning and Regression Trees“, R package version 4.1.16, *https://CRAN.R-project.org/package=rpart*

Weber, Felix (2020): *Künstliche Intelligenz für Business Analytics*. Wiesbaden

6 Datenvisualisierung – die relevanten Daten vor Augen

Roland Zimmermann

Wenn wir Daten kompetent vermitteln wollen, bedeutet dies insbesondere, dass wir die Ergebnisse aus Datenanalysen in eine visuelle Form bringen müssen, die wir als Menschen gut verstehen können. Aber was heißt „gut verstehen" eigentlich in diesem Kontext genau?

In diesem Beitrag erfahren Sie,

- wie unser Gehirn die Informationen der Augen aufnimmt,
- warum das Konzept visueller Ebenen Ihnen dabei hilft, Informationen so darzustellen, dass sie möglichst schnell erfasst werden können,
- wie Sie die Planung visueller Analysen in die Lage versetzt, die Wahrnehmung zu beeinflussen,
- wie Sie verschiedene Zielgruppen sowohl über statische als auch über interaktive Medien gezielt ansprechen.

6.1 Können wir unseren Augen trauen?

Sogenannte „Faktenchecks", Charts und Analysen, datengetriebene Entscheidungen, aber auch Fake News und verzerrte Wahrnehmungen markieren Pole, wie unterschiedlich Informationen uns täglich begegnen. Dabei spielt in vielen Fällen die visuelle Wahrnehmung eine bedeutende Rolle. Dass wir uns inzwischen bei vielen Fotos und Videos fragen, ob sie noch die Realität widerspiegeln, ist zunächst eher eine Frage des Blickwinkels („Was ist nicht im Bild?") oder auch der technischen Nachbearbeitung („Photoshop? Deep Fake?"). Darüber hinaus lohnt es sich, zu verstehen, dass unsere Augen nicht immer so vertrauenswürdig sind, wie wir gerne meinen.

Flächen schätzen

Bitte beurteilen Sie ganz rasch und intuitiv – bevor Sie weiterlesen – für einen Moment, wie groß die drei Flächen A, B und C sind. Welche ist die größte? Ändert sich Ihre Einschätzung, wenn Sie länger darüber nachdenken (Bild 6.1)?

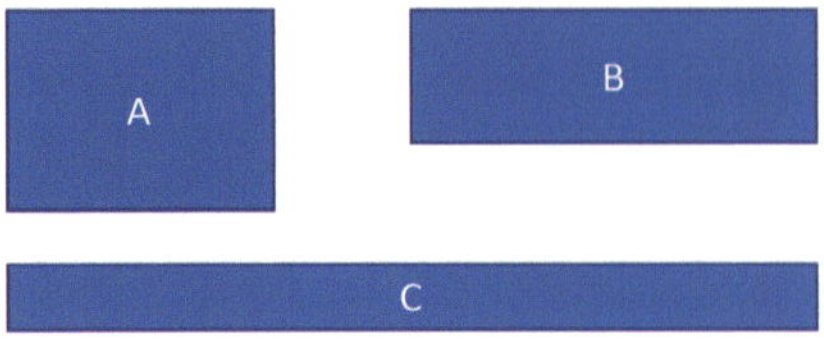

Bild 6.1
Welche Fläche ist die größte?

Die Aufgabenstellung ist typisch für Darstellungen von Zahlenwerten: Mehrere quantitative Werte werden flächenproportional im Vergleich dargestellt. Sind Sie im Beispiel intuitiv davon ausgegangen, dass B oder C besonders groß sind? Tatsächlich sind alle drei Flächen gleich groß. Können Sie das mit Sicherheit sagen, ohne dass Sie durch bewusstes Nachdenken Teilflächen „im Kopf" verschieben und so zu einem Vergleich kommen? Wären Sie sich bei Ihrem Ergebnis so sicher, dass Sie darauf wetten würden?

Unser Auge-Hirn-System ist nicht gut in der Lage, die Größe von Flächen einzuschätzen. Und noch schwieriger wird es bei Volumen: Haben Sie sich auch schon einmal gefragt, wie viel Liter Wasser in einer Regentonne oder in einem Aquarium tatsächlich enthalten sind?

Problem 1: Wir können die Größe von Flächen und Volumen schlecht einschätzen.

Muster erkennen

Stellen Sie sich nun vor, dass Sie jeweils nur eine der beiden Grafiken (Bild 6.2) hinsichtlich Ihres privaten Stromverbrauches (oder Ihrer geschäftlichen Umsatzzahlen) in einer E-Mail auf Ihr Smartphone erhalten. Welche Emotionen weckt die obere Grafik im Vergleich zur unteren Grafik? Wie schätzen Sie die Entwicklung intuitiv ein?

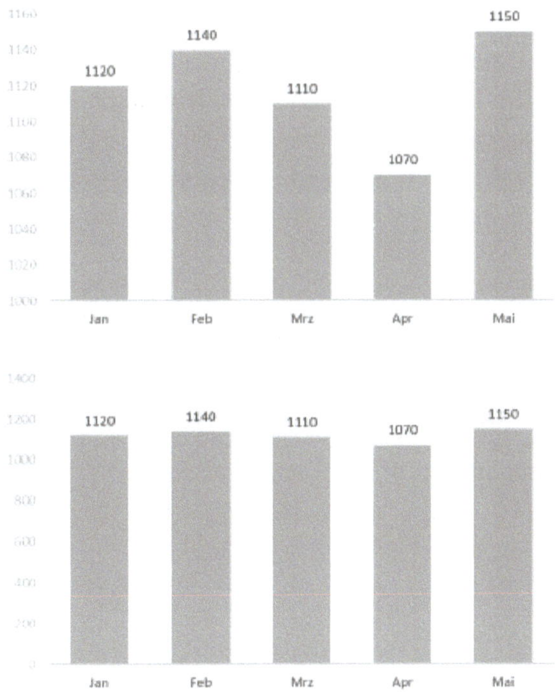

Bild 6.2 Entwicklung Ihres Stromverbrauches (oder alternativ Ihrer geschäftlichen Umsatzzahlen), wie unterscheiden sich die Entwicklungen im Zeitverlauf?

Vermutlich sehen Sie eine sehr starke Schwankung in der oberen Grafik, die Ihnen suggeriert, dass die Zahlenwerte sich stark ändern. Das liegt daran, dass wir die Länge der Säulen nicht einzeln beurteilen, sondern als ein Muster, d.h. eine Abfolge von Säulen, erkennen. Zumeist haben wir schon lange gelernt, dass Zeitreihen in dieser Form dargestellt werden. Daher vergleichen wir diese Muster mühelos und sehr schnell visuell. Erst deutlich langsamer entdecken wir die verzerrte Achse im oberen Beispiel: Wir müssen uns dann erst mühsam bewusstmachen, dass unser Auge hier eine Entwicklung sieht (oben), die es in dieser Dramaturgie (ca. 50% auf und ab) gar nicht in den tatsächlichen Zahlen gibt.

Problem 2: Unser Auge-Hirn-System erkennt bekannte Muster sehr schnell, aber diese können auch in die Irre führen.

Aufmerksamkeit lenken

Für die folgende Aufgabe decken Sie bitte mit einer Hand zunächst die beiden rechten Bilder (Bild 6.3) ab, decken Sie dann rasch das mittlere Bild auf und rutschen zuletzt sehr schnell nach links, sodass Sie nur noch das rechte Bild („Bild nachher") sehen. Damit simulieren Sie einen Bildschnitt, es könnte auch ein Flackern oder das Auftauchen der schattierten Flächen im mittleren Bild sein.

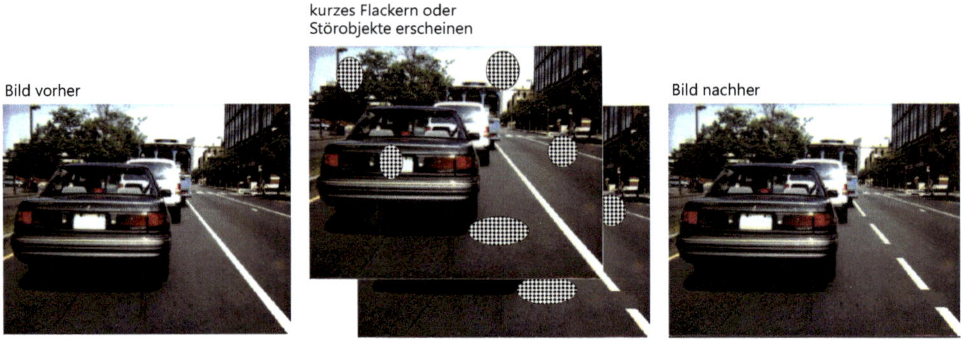

Bild 6.3 Decken Sie die beiden rechten Bilder mit der Hand ab, dann das mittlere Bild freigeben und dann ganz rasch nach links die Hand ziehen, sodass nur das ganz rechte Bild sichtbar ist (Darstellung basierend auf animiertem GIF von J. Kevin O'Regan[1])

Ist Ihnen aufgefallen, dass Sie im linken Bild eine durchgezogene Linie haben und somit die Fahrspur nicht wechseln dürfen, während Sie im rechten Bild jederzeit die Fahrspur wechseln könnten, weil die Linie gestrichelt ist? Im Vergleich der beiden Bilder fällt uns dies sehr leicht, zumal, wenn wir den Unterschied einmal erkannt haben.

Wenn Sie das Foto jedoch noch nie gesehen haben und die animierte Sequenz anschauen, so sehen Sie immer nur ein Foto und dazwischen die Störobjekte.[2] Den meisten Menschen fällt die Änderung in dem Foto dann nicht auf, weil ihre Aufmerksamkeit und damit ihr Blickfokus von den Störobjekten abgelenkt ist. Viele Zaubertricks basieren auf einem ähnlichen Prinzip. Es wird in der Literatur als „Change Blindness" bezeichnet.

Unser Gehirn ist sehr gut darin, uns glauben zu machen, dass wir Bilder sehen, obwohl diese gar nicht existieren. Das ist nicht beruhigend, wenn wir z. B. daran denken, dass in der Überwachung von industriellen Anlagen relevante Parameteränderungen von Mitarbeitenden übersehen werden könnten.

---

[1] Bildquelle: *J. Kevin O'Regan http://nivea.psycho.univ-paris5.fr/CBMovies/StreetMudsplashesMovie.gif*

[2] Weitere Beispiele finden Sie bei *J. Kevin O'Regan unter http://nivea.psycho.univ-paris5.fr/*

> Problem 3: Unsere visuelle Aufmerksamkeit lässt sich leicht ablenken, und dadurch verpassen wir eventuell Änderungen in bildhaften Szenen. ■

Unser Auge-Hirn-System führt ein Eigenleben jenseits unseres „bewussten Sehens". Mithilfe eines Drei-Stufen-Modells der visuellen Wahrnehmung können einige dieser Probleme besser verstanden werden. Und es lassen sich daraus Regeln ableiten, um Daten so darzustellen, dass sie leichter interpretiert werden können.

■ 6.2 Analytische Aufgaben in visuelle Abfragen übersetzen

Bevor wir uns mit dem Drei-Stufen-Modell des Sehens beschäftigen, lohnt es sich, zu verstehen, warum wir überhaupt „Daten visualisieren". Schon in dem ersten Beispiel haben Sie vermutlich gespürt, dass Sie sehr schnell ein visuelles „Gefühl" haben für die Größe der Flächen (auch wenn das eher zu einer Falscheinschätzung geführt hat). Verallgemeinert können wir mit den Augen sehr schnell und sehr gezielt nach Informationen suchen. Wir müssen uns lediglich bewusst werden, nach was wir suchen. In der Natur ist das eventuell ein Weg, eine Pflanze oder ein Tier, das wir suchen. Genauso suchen wir nach Signalen in der Mimik unserer Mitmenschen. Und wir können nach Signalen in Daten suchen. Hierbei kann es sich um quantitative Größen handeln, aber auch z. B. um Beziehungen zwischen Menschen, die wir beispielsweise in einem sozialen Netzwerk kennen.

Wir müssen dabei eine inhaltliche – in unserem Kontext zumeist eine datenanalytische – Fragestellung in eine visuelle Abfrage übersetzen (Ware 2021, S. 394). Im ersten Beispiel oben (Bild 6.4) wird der „Output pro Stunde" von verschiedenen Maschinen längenproportional in die Balken übertragen. Dadurch kann die Frage nach dem minimalen Output in die visuelle Abfrage an die Grafik: „Welcher Balken ist der kürzeste?" übersetzt werden. Probieren Sie es selber aus und suchen Sie die minimale (oder maximale) Zahl in der Tabelle und dann in der Grafik. Wie gehen Sie vor, beobachten Sie sich selber bei der Suche. Wie viel schneller geht die visuelle Suche?

Analytische Aufgabe

Welche Maschine hat am meisten bzw. am wenigsten Output pro Stunde?

Maschine	Output pro Stunde
M1	87
M2	78
M3	68
M4	86
M5	58
M6	89
M7	79

Visuelle Abfrage

Welcher Balken ist am längsten oder am kürzesten?

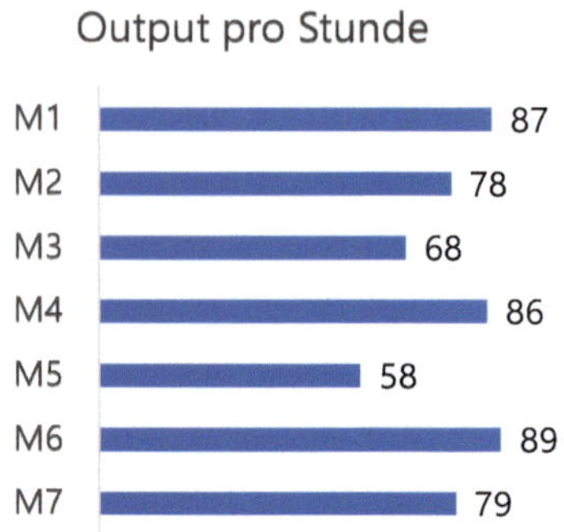

Gregor möchte Valentina kennenlernen, über wen kann er den Kontakt knüpfen?

Person X kennt	Person Y
Julian	Marie
Marie	Valentina
Peter	Valentina
Gregor	Peter
Julian	Gregor

Welches ist die kürzeste Verbindung zwischen Gregor und Valentina?

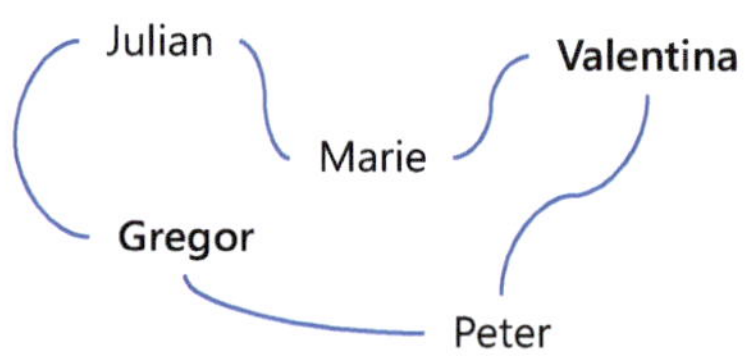

Bild 6.4 Übersetzung einer analytischen Aufgabe in eine visuelle Abfrage

Daten können auch in zahlreiche weitere visuelle Formen übersetzt werden. Ein sehr bekanntes Beispiel stammt aus dem London des 18. Jahrhunderts, als der Arzt Dr. John Snow zur Aufklärung der Cholera-Epidemie beitrug. Er übertrug die Todesfälle in Soho aus einer Liste sehr exakt nach Adressen in eine Karte und konnte damit Häufungen in der Nähe einer Wasserpumpe entdecken.[3] Sie war mit hoher Wahrscheinlichkeit die Quelle für den Cholera-Ausbruch.

Das in Bild 6.4 unten dargestellte Beispiel zeigt ein kleines soziales Netzwerk. Die analytische Frage an die Tabelle lässt sich nur schwer beantworten. Dies wird durch die Visualisierung der Beziehungen „X kennt Y" deutlich vereinfacht: Sehr leicht finden wir den kürzesten Pfad zwischen Gregor und Valentina, er verläuft direkt über Peter. Derartige Fragestellungen könnten auch mathematisch berechnet werden, aber eine dazu passende Visualisierung hilft uns zu verstehen, wie nah oder entfernt z. B. eine Person mit uns bekannt ist.

[3] Neben sehr umfangreichen Wikipedia-Einträgen und zahlreichen Büchern zu John Snow existieren auch zahlreiche Quellen, die Originaldaten bereitstellen, z. B. *https://geodacenter.github.io/data-and-lab/snow/*

Nicht jede visuelle Abfrage ist derart leicht formuliert. Eine visuelle Abfrage kann das Auge-Hirn-System auch unnötig stark belasten: Ein dafür typisches Beispiel in Organisationen sind Vergleiche zu Zielgrößen, wie z. B. Budget-, Benchmark- oder auch Branchenmittelwerte. Sicherlich haben Sie derartige Darstellungen (vgl. ① in Bild 6.5) auch schon einmal nutzen dürfen. Was wird von Ihnen dabei erwartet?

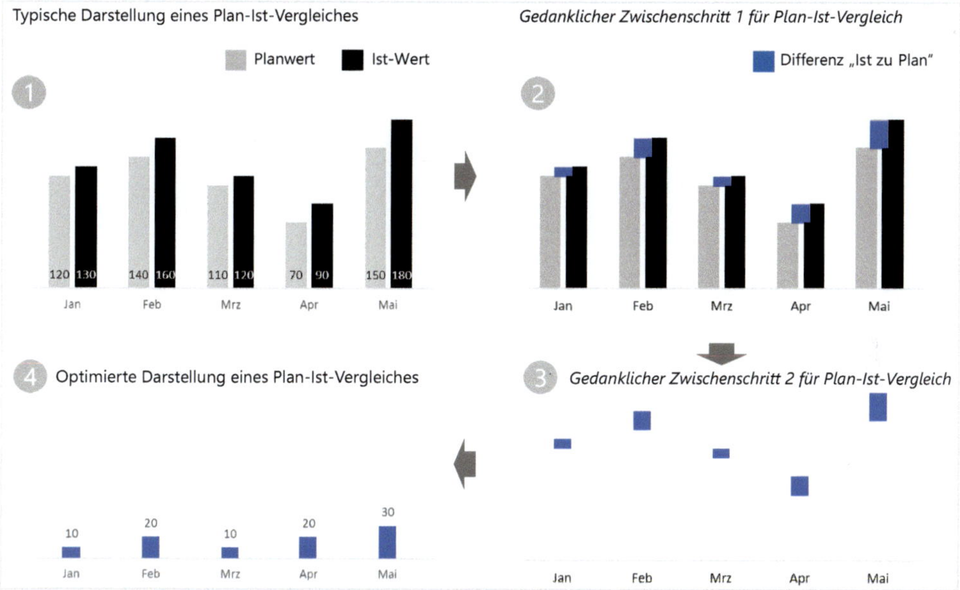

Bild 6.5 Komplexe visuelle Abfragen durch Vorberechnungen vereinfachen

Sie sollen beurteilen, wie viel größer oder kleiner die Ist-Werte (dunkle Säulen) als die heller dargestellten Planwerte sind. Im Normalfall hätten Sie nur die Grafik ① vorliegen, um diesen Vergleich zu leisten: Sie müssten dann in ① alle Differenzen vor Ihrem inneren Auge bestimmen. Hier im Beispiel hilft Ihnen die Grafik ②, in der die blauen Balkenabschnitte diese Differenzen bereits andeuten. Im Idealfall käme vor Ihrem inneren Auge etwas heraus, das wie die hüpfenden blauen Differenzbalken in ③ aussieht. Entscheiden Sie nun im Kopf (am besten anhand von ①), welcher der gedanklich berechneten blauen Balken der größte ist! Und, einfach?

Gedanklich müssen Sie für diesen Vergleich alle blauen Differenzbalken paarweise miteinander vergleichen. Oder Sie versuchen, die blauen Differenzbalken auf eine imaginäre Nulllinie zu ziehen, was im Kopf sehr schwierig ist. Daher sollten Sie die Differenzen tatsächlich ausrechnen und dann erst anhand einer einheitlichen Differenzlinie visuell vergleichen, so wie es in ④ dargestellt ist. Nun müssen Sie nur noch die einfache visuelle Abfrage lösen: „Welches ist der längste Differenzbalken?" Und? Das geht deutlich leichter, als den Vergleich in ① im Kopf zu lösen, richtig?

Sie sehen, die visuelle Abfrage in einer Abbildung des Typs ① ist sehr viel komplexer als die visuelle Abfrage in Typ ④. Wir können feststellen, dass der Aufwand, den wir für die Lösung der visuellen Abfrage aufbringen müssen, sehr unterschiedlich ist. Wir sagen auch: *„Die kognitiven Kosten in ① sind deutlich höher als in ④."* Also ist die untere Darstellung deutlich effizienter hinsichtlich der Beantwortung der visuellen Abfrage nach den größten (oder kleinsten) Plan-Ist-Abweichungen, da sie die Produktivität der Wahrnehmung deutlich erhöht: Es werden mehr relevante Informationen in kürzerer Zeit wahrgenommen. Welche Hinweise wir beachten sollten, um analytische Aufgaben in geeignete visuelle Abfragen zu übersetzen, klären wir, sobald wir genauer verstehen, wie visuelle Reize unserer Augen in unserem Gehirn zu Wahrnehmungen zusammengesetzt werden.

6.3 Drei-Stufen-Modell für effiziente visuelle Suchen

Im dem in Bild 6.5 dargestellten Beispiel haben wir gesehen, dass wir je nach Darstellung einer analytischen Fragestellung (① vs. ④) schneller ans Ziel unserer visuellen Suche gelangen können. Wenn wir ein Erklärungsmodell finden, das uns hilft, zu verstehen, warum wir manchmal schneller und manchmal langsamer sind, dann können wir daraus Regeln ableiten, um Darstellungen für effiziente visuelle Suchen zu optimieren. Wenn wir dann auch noch die wirklich relevanten Signale in unseren Daten mithilfe solch effizienter Visualisierungen transportieren, machen wir unsere Analysen effektiver, weil nutzenstiftender.

Die Verarbeitung von Sinneseindrücken in unserem Auge-Hirn-System ist höchst komplex, und viele Teilsysteme sind daran beteiligt, bis wir ein Bild bewusst in seiner Gesamtheit wahrnehmen. Ein ausreichend differenziertes und zugleich sehr praktisches Theoriemodell stellt Colin Ware vor (Ware 2021, S. 20 ff.), das auf drei Stufen der Verarbeitung von visuellen Sinneseindrücken aufbaut. Doch welche bzw. wie viele Informationen nimmt unser Auge überhaupt auf, die dann in den drei Stufen verarbeitet werden?

Das Auge-Hirn-System nimmt ein Bild bzw. eine Szene nicht „als Ganzes" wahr, sondern jedes Bild, das ein Mensch „sieht", ist eine Konstruktion, die sich aus zahlreichen Detailwahrnehmungen sowie aus Erinnerungen zusammensetzt. Das Auge tastet beim Sehen innerhalb einer Sekunde verschiedenste Blickpunkte ab (typischerweise zwei bis fünf pro Sekunde, (vgl. Ware 2021, S. 145)). Die Abtastung ist nötig, da das menschliche Auge nur einen sehr kleinen Bereich (etwa daumennagelgroß bei ausgestrecktem Arm) scharf und mit hoher Auflösung sehen kann (über die sogenannte Fovea centralis). Daher muss das Auge immer wieder neue Punkte fixieren (sogenannte Fixationen), die Sprünge zwischen den Fixationen werden als Sakkaden (lat.: ruckartig, stoßartig) bezeichnet. Während des Blicksprungs werden keine bzw. nur sehr wenige Informationen aufgenommen (vgl. schematische Abbildung in Bild 6.6).

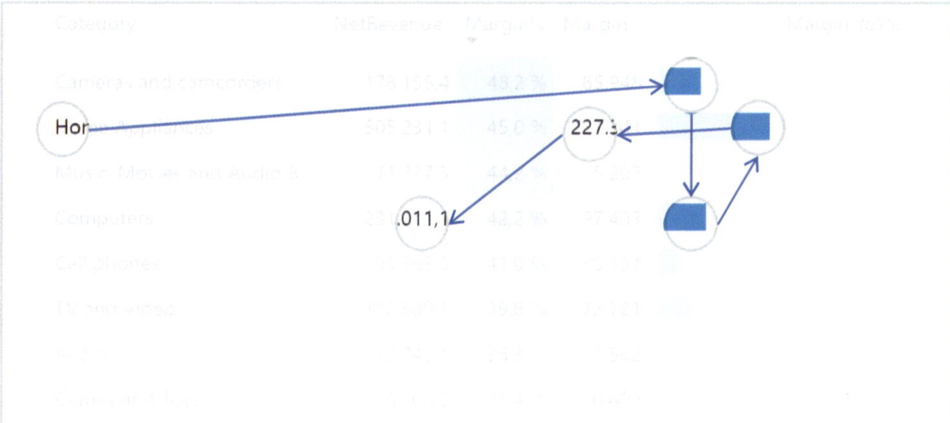

Bild 6.6 Schematische Darstellung möglicher Fixationen und Sakkaden bei der Betrachtung einer Datenvisualisierung

Welche Blickpunkte eine Person erfasst, steuert sie über ihre Aufmerksamkeit, die wiederum von der jeweiligen visuellen Abfrage beeinflusst wird. Die einzelnen Ausschnitte werden danach erst vom Gehirn zusammengesetzt: Dies ist auch der Punkt, an dem das Drei-Stufen-Modell von Colin Ware ansetzt (Ware 2021, S. 20 – 22), vgl. hierzu das Bild 6.7.

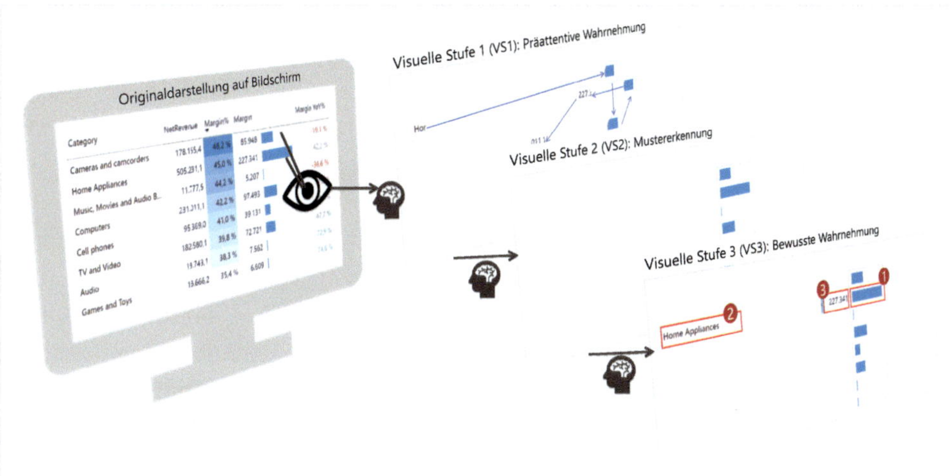

Bild 6.7 Drei Stufen der visuellen Wahrnehmung (VS1 bis VS3)

Visuelle Stufe 1 (VS1): Präattentive Wahrnehmung

Hier erfolgt die Wahrnehmung sehr kleiner Ausschnitte sehr schnell und ohne die Notwendigkeit bewusster Aufmerksamkeit. Daher auch der Begriff „präattentiv", der andeutet, dass diese Wahrnehmung schneller erfolgt, als unser Bewusstsein dies realisiert. Diese Verarbeitung erfolgt massiv parallel und das Gehirn kann im visuell erfassten Feld sehr viele Informationen gleichzeitig verarbeiten, um wichtige grundlegende Eigenschaften grafischer Elemente zu erfassen, wie z. B. Form, Größe, Farbe und insbesondere auch Bewegung. Diese Informationsverarbeitung verläuft bottom-up, d. h., sie wird nicht (bzw. nur sehr geringfügig) durch Aufmerksamkeit gesteuert.

ABER: Die Aufmerksamkeit eines Betrachters hat zuvor die Fixationen und Sakkaden gesteuert und damit die Auswahl der kleinen Bildausschnitte beeinflusst.

In Bild 6.7 werden beispielhaft kleine Ausschnitte der Balkengrafik erfasst und die Größenunterschiede wahrgenommen.

Visuelle Stufe 2 (VS2): Mustererkennung

Auf Basis der Teilinformationen aus *VS1* wird das visuell erfasste Feld sehr schnell (wenn auch nicht mehr völlig parallel) in Bereiche und einfache Muster aufgeteilt. So werden beispielsweise einfache Konturen, Regionen ähnlicher Farbe oder Bewegungsverläufe erkannt. Das Zusammensetzen zu Mustern und das Abgrenzen von Regionen wird top-down durch die jeweilige visuelle Abfrage gesteuert, die die Aufmerksamkeit im Hinblick auf gesuchte Muster beeinflusst. Im Bild 6.7 wird die Verteilung der Balken als zusammengehörige Region mit einem Muster unterschiedlicher Längen erkannt.

Entscheidend ist, dass auf *VS2* neue Muster erlernt werden können, was aus der Evolution heraus plausibel klingt, da sich damit eine Anpassung an verschiedene Umweltumgebungen und Problemlagen realisieren lässt. Entsprechend kann die Mustersuche aktiv beeinflusst werden. Der Vorteil gelernter Muster ist, dass sie nach der Lernphase sehr schnell erkannt werden und damit schnelle Reaktionen auszulösen vermögen. Wir kennen Ähnliches aus Sportarten, die nach intensivem Training sehr schnelle Reaktionen z. B. auf heranfliegende Bälle erlauben.

Visuelle Stufe 3 (VS3): Bewusste Wahrnehmung

Auf dieser Stufe werden die identifizierten Objekte bewusst in Verbindung mit dem visuellen Arbeitsgedächtnis gesetzt. Dies hat nur wenige Objekte als Ergebnisse aus vorherigen visuellen Abfragen eingelagert. Zugleich wird das Langzeitgedächtnis herangezogen, das ältere Informationen aus Erinnerungen zur Lösung der aktuellen Aufgabenstellung (z. B. einer analytischen Fragestellung) bereitstellt.

Auf *VS3* kann nur noch eine sequenzielle Bearbeitung erfolgen, wie z. B. das Lesen eines Textes. Damit wird deutlich, dass *VS3* eher langsam im Vergleich zu den *visu-*

ellen Stufen VS1 und *VS2* agiert. In Bezug auf die beschriebenen visuellen Abfragen versucht *VS3* mithilfe der erkannten Objekte die jeweils aktuelle visuelle Abfrage zu beantworten und gegebenenfalls die Suchstrategie anzupassen. Diese aktive Anpassung führt zu einer Änderung der Aufmerksamkeit. Der Begriff der „Aufmerksamkeit" in Bezug auf das Auge-Hirn-System wird von Colin Ware daher auch als ein Mechanismus beschrieben, der eine ständige Feinjustierung des Auges im Hinblick auf die aktuell zu lösenden visuellen Abfragen verstanden werden kann.[4]

Im Beispiel von Bild 6.7 würde die bewusste Lösung der visuellen Abfrage „Welcher ist der längste Balken?" zuerst beantwortet (①). Die nächste, daraus abgeleitete visuelle Detailabfrage könnte sich dann auf die Identifikation der Zeilenbeschriftung (②) beziehen. Abschließend wird der konkrete Zahlenwert (③) gesucht, der eine exakte Einschätzung der Balkenlänge und eine Bewertung der Kennziffer (im Zusammenspiel mit Wissen über ähnliche Kennziffernwerte der Vergangenheit aus dem Langzeitgedächtnis) ermöglicht. Eine derartige Folge von verbundenen visuellen Abfragen wird auch als „visuelles Denken" bezeichnet.

Bereits jetzt ist ersichtlich, dass es vorteilhaft sein dürfte, wenn wir unsere zu visualisierenden Informationen möglichst schon auf den Stufen *VS1* und *VS2* leicht zugänglich machen, um die Engpassressource *VS3* und damit verbunden die Verschwendung von Aufmerksamkeit zu vermeiden. Wir ermöglichen dann effiziente visuelle Suchen und effektive Nutzung analytischer Informationen. Was aber können wir tun, damit *VS1* und *VS2* möglichst effizient genutzt werden?

■ 6.4 VS1 – quasi-unbewusste Wahrnehmung maximieren

Die erste *visuelle Stufe VS1* verarbeitet die Bildinformationen, die das Auge liefert, sehr schnell und parallel. Wir können uns das in etwa so vorstellen, dass verschiedene Informationsrezeptoren parallel Grundinformationen aus dem Strom visueller Informationen extrahieren.

---

[4] Tatsächlich kann Aufmerksamkeit wohl auch die *visuelle Ebene VS1* beeinflussen, indem bestimmte Formen, Farben, Längen, Oberflächen oder Bewegungen gezielt stärker gesucht und präattentiv hervorgehoben werden. Von daher ist der Begriff „präattentiv" nicht ganz exakt, wird aber weiterhin verwendet, da er die zentralen Merkmale der visuellen Ebene *VS1* gut greifbar macht.

6.4.1 Visuelle Kanäle

Das Konzept „visueller Kanäle" (vgl. Bild 6.8, Ware 2021, S. 149f.) konkretisiert diese extrahierbaren Informationen mithilfe von vier Kanälen: Helligkeit, Form/Oberfläche, Bewegung und Farbunterschiede. Es erscheint naheliegend, dass mithilfe der Aufmerksamkeitssteuerung der Fokus auf einzelne visuelle Kanäle verstärkt werden kann, sofern dies vom Gehirn zur Beantwortung visueller Abfragen als notwendig eingestuft wird.

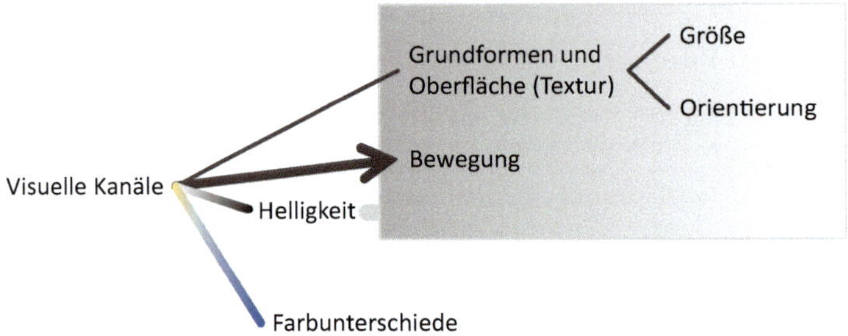

Bild 6.8 Visuelle Kanäle (in Anlehnung an Ware 2021, S. 149)

Die Helligkeitswahrnehmung hat eine besondere Qualität, da sie als Basis zur Erfassung der Grundformen und der Bewegung dient. Farbunterschiede hingegen helfen nicht (bzw. vernachlässigbar) bei dem Erkennen von Formen und Bewegungen, aber sie unterstützen Kategorisierungen. Dies wird in dem Fotobeispiel in Bild 6.9 deutlich: Sämtliche Strukturen des Gesteins sowie Größenunterschiede sind auch bereits in einer Schwarz-Weiß-Darstellung deutlich erkennbar, obwohl die Darstellung nur auf der Unterscheidung zwischen Hell und Dunkel basiert. Die zusätzliche Farbe im rechten Bild hilft jedoch unserem Gehirn, um zwischen Steinen und Pflanze zu differenzieren. Diese Erkenntnis können wir für eine erste Regel nutzen:

> Farbe sollten wir primär für die Unterscheidung von Kategorien nutzen. Der Farbeinsatz erfolgt erst möglichst spät. Zunächst nutzen wir eher nur Formen ohne Farbe für die initiale Informationsgestaltung.

Bild 6.9 Farbe hilft bei dem Erkennen von Kategorien, nicht jedoch für die Formwahrnehmung

6.4.2 Präattentiv wahrzunehmende Grundformen

Der wichtigste Kanal für die Darstellung von Daten, insbesondere wenn diese quantitativer Natur sind, ist der visuelle Kanal für die Erkennung von Grundformen und deren Oberflächenstruktur. Grundsätzlich bedeutet der Begriff einer „Grundform", dass sich Punkte und Linien zu einfachen Flächen mit möglichst wenig Kanten zusammensetzen. In der Literatur (z.B. Wolfe/Horowitz 2004; Ware 2021, S. 158) ist unzweifelhaft, dass die Merkmale „Größe" und „Orientierung" bei einfachen Formen präattentiv wahrgenommen werden können. Einige Beispiele für weitere präattentiv wahrgenommene Merkmale von Grundformen sind in Bild 6.10 dargestellt.

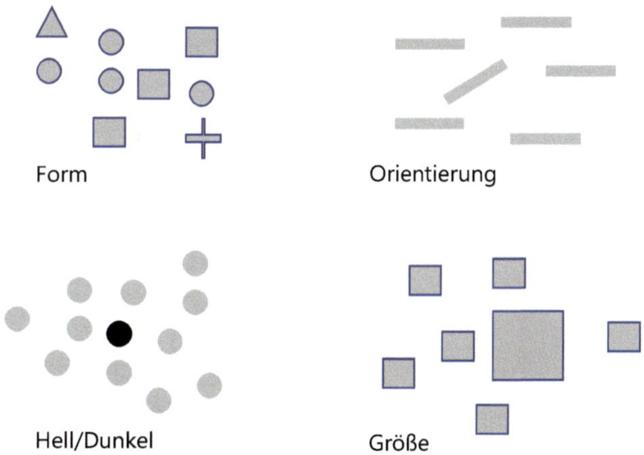

Bild 6.10 Präattentiv wahrgenommene Grundformen

An diesem Punkt müssen wir zwei Aufgaben unterscheiden, die wir eventuell mit diesen Grundformen lösen möchten, wenn wir Informationen visualisieren:

a) Möchten wir Kategorien bzw. Typen von Daten visuell unterscheidbar machen?

b) Oder möchten wir die Größe von quantitativen Informationen mithilfe visueller Formen möglichst genau kommunizieren?

Für den Fall a) der Kategorisierung können wir alle präattentiv wahrgenommenen Eigenschaften nutzen, sofern wir genügend deutliche Unterschiede z.B. in der Größe, der Orientierung, der Formen und der Helligkeit einsetzen. Zusätzlich können wir hier auch noch Farbe einsetzen, was die Fähigkeit zur Unterscheidung von Kategorien bzw. Gruppen oder Klassen noch einmal verbessern kann, wie das Beispiel in Bild 6.11 zeigt.

Bild 6.11 Kategorien visuell unterscheiden – mehr Wahrnehmungskanäle (rechts) vereinfachen das visuelle Erkennen verschiedener Gruppen

> Um verschiedene Kategorien oder Gruppen visuell sicher zu unterscheiden, sollten wir mehrere visuelle Kanäle gleichzeitig ansprechen und dabei auf möglichst große Unterschiede z. B. in Form und Farbe achten.

In vielen Fällen benötigen wir jedoch eine Codierung, die nicht nur eine grobe Rangfolge von Größen enthält, sondern sogar eine sehr genaue proportionale Umrechnung von quantitativen Werten in visuelle Größen erlaubt, also Fall b). Wir haben bereits zu Beginn im *Problem 1* festgestellt, dass unser Auge-Hirn-System nicht gut darin ist, Flächeninhalte in ihrer Größe exakt miteinander zu vergleichen. Dies hat auch die Forschung nachgewiesen, sodass wir für unsere Zwecke feststellen können, dass die räumliche Position (also Distanzen zwischen Punkten), die Länge und auch die Steigung ziemlich gut geschätzt und mit jeweils einer weiteren Vergleichsgröße auch zuverlässig verglichen werden können (vgl. Bild 6.12). Auf Flächen und Volumen bzw. Farbintensitäten zur Codierung von Zahlenwerten verzichten wir besser, weil wir diese zunehmend schlecht einschätzen können in ihren Größenverhältnissen. Das führt uns zu einer weiteren Regel:

> Um Zahlenwerte verlässlich visuell schätzbar zu machen, verwenden wir lediglich die räumliche Position, Längendarstellungen und die Steigung von Linien. Hingegen werden Flächen, Volumen und Farbintensitäten vermieden und nur für grobe Klassifizierungen (vgl. Fall a) verwendet.

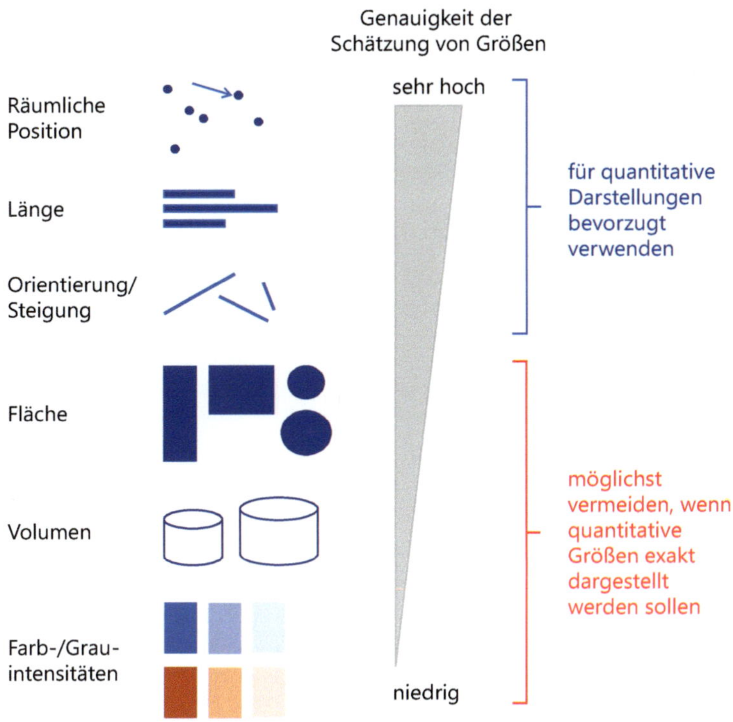

Quelle: präattentivwahrgenommene Elemente bzgl. menschlicher Fähigkeit, ihre Größe abzuschätzen
angelehnt an Spence, Robert: Information Visualization – An Introduction, 2014, Springer, S. 57

Bild 6.12 Abnehmende Genauigkeit bei der Schätzung von Größen für verschiedene visuelle Grundformen (in Anlehnung an Spence 2014, S. 57)

6.4.3 Useful Field of View (UFOV) beachten

Aber nicht nur die Art der zu erkennenden Grundformen ist von Bedeutung, sondern auch die Anzahl und Verteilung der Objekte in einer visuell zu erfassenden Region (z. B. einem Bildschirm oder auf einem Mobilgerät). Wir können pro Fixation zwischen drei und sechs etwas komplexere Objekte sequenziell mit unseren Augen scannen, in manchen Fällen scheinen sogar bis zu 40 pro Sekunde realistisch (Ware 2021, S. 177). Tendenziell erlaubt uns dies, eine relativ große Zahl von Objekten rasch zu erkennen. Das bedeutet aber auch im Umkehrschluss: Wir können (und sollten) unseren Augen in einer Informationsdarstellung lieber mehr als zu wenige interessante Objekte anbieten.

Wobei für die Erkennung auch von Bedeutung ist, ob wir unsere Augen oder sogar unseren Kopf intensiv bewegen müssen (Letzteres ist nachteilig) oder ob wir quasi „alles im Blickfeld“ haben. Hierzu hilft das Konzept des *Useful Field of View (UFOV)*: Dies ist der Bereich (oder auch *Sichtwinkel*), aus dem wir sehr schnell visuelle Information aufnehmen können. Gerne wird ein Vergleich zu einem Suchscheinwerfer verwendet: Dieser kann stärker fokussiert (also einen kleineren Bereich stark erhellen) oder erweitert werden. Wobei das Gehirn versucht, den Bereich so zu adaptieren, dass immer eine ähnliche Anzahl von möglicherweise interessanten Zielobjekten in diesem Bereich gefunden werden kann. Bei einer hohen Zielobjektdichte kann dieser Lichtstrahl zwischen 1° und 4° Sichtwinkel umfassen, er erweitert sich aber auf bis zu 15°, wenn wenige Objekte stärker verteilt sind. Vereinfacht gesagt, wird der *UFOV* so definiert, dass keinerlei Augen- und Kopfbewegungen nötig sind, um eine Region visuell zu erfassen (Wickens 1992; Drury/Clement 1978; zitiert in Ware 2021, S. 178).

Aus den Überlegungen zum *UFOV* und der Vielzahl präattentiv schnell erfassbarer Objekte können wir eine weitere Regel ableiten. Diese baut auf dem Konzept der „Informationsdichte“ auf: Die Informationsdichte *(data density)* bezeichnet die Anzahl verschiedener Informationen in einer Darstellung in Relation zu ihrer Fläche (vgl. Tufte 2001, S. 161 ff.).

$$\text{Data density of a graphic} = \frac{\text{number of entries in data matrix}}{\text{area of data graphic}}$$

Die Informationsdichte wird beispielsweise durch das Prinzip der *Small Multiples* stark erhöht, deren Ziel es ist, besonders viele visuelle Vergleiche zu ermöglichen. Dieses Prinzip wurde schon zu Zeiten von Galileo Galilei genutzt (vgl. Bild 6.13), um die Verteilung und Entwicklung der Sonnenflecken über einen längeren Zeitraum vergleichbar darzustellen. Galilei hat dabei vermutlich intuitiv bereits das Prinzip des *UFOV* erkannt und angewendet.

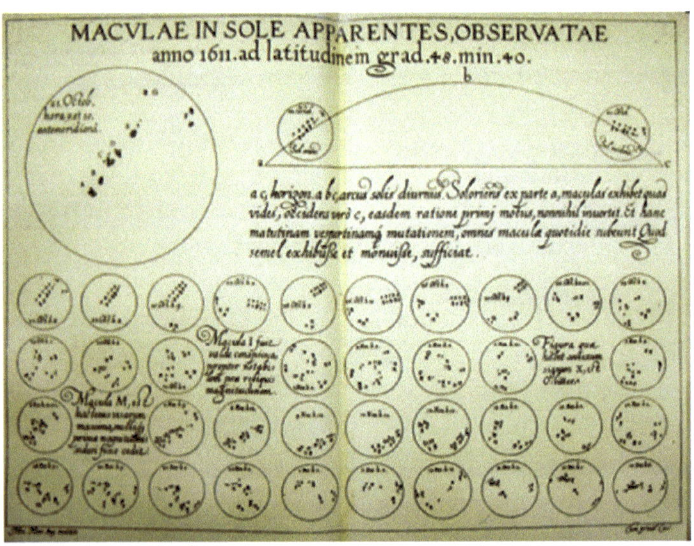

Bild 6.13 Small-Multiple-Darstellung von Sonnenflecken, die durch Galileo Galilei beobachtet und aufgezeichnet wurden (Quelle: *http://galileo.rice.edu/images/things/tres_epistolae.gif*)

Allerdings sollten wir die Informationsdichte mit Bedacht erhöhen: Wenn wir zu viele Objekte darstellen, die gegebenenfalls auch noch über eine Vielzahl der visuellen Kanäle variieren (z.B. durch zu viele Farbvarianten), werden wir die *visuelle Stufe VS1* der präattentiven Wahrnehmung überfordern. Daher formulieren wir die Regel wie folgt:

> Wir erhöhen die Informationsdichte von Darstellungen im Bereich des Useful Field of View (UFOV) mithilfe von präattentiv leicht wahrzunehmenden Grundformen. Dabei vermeiden wir zu viele verschiedene Grundformen und nutzen die visuellen Kanäle abgewogen. ■

6.4.4 Bewegung zieht Aufmerksamkeit stark an

Der visuelle Kanal der *Bewegung* ist für Informationsdarstellungen sehr interessant, wenn sie in Medien genutzt werden, die Bewegung darstellen können. Dazu zählen interaktive Softwareanwendungen, die für die Analyse genutzt werden, um Darstellungen dynamisch anzupassen.

Bewegung nehmen wir auch außerhalb des Bereichs des scharfen Sehens, also in der Peripherie des Sehens, präattentiv wahr. So können Sie z.B. Ihre Arme seitlich von sich strecken und beim Blick geradeaus nach vorne noch ziemlich gut erkennen, wenn Sie mit den Händen wackeln. Sobald diese zur Ruhe kommen, ist die Wahrnehmung deutlich schwächer. Diesen Effekt können wir uns in Computerdarstellungen zunutze machen, um Aufmerksamkeit zu erregen und den Fokus der Wahrnehmung hin zu dem „sich bewegenden" Objekt zu verschieben. So kann z.B. eine Änderung in einer Darstellung deutlich gemacht werden, um das Problem 3 aus der Einleitung (Change Blindness) gezielt zu verringern. In der *visuellen Stufe VS3* kommen wir darauf noch einmal zu sprechen.

6.4.5 Unverzerrte Darstellungen: Nicht lügen!

Eigentlich sollte es selbstverständlich sein, aber in der konkreten Anwendung ist es dann doch manchmal schwierig: Unsere Darstellungen dürfen nicht verzerrt sein bzw. unser Gehirn nicht auf falsche Wahrnehmungen leiten. „Du sollst nicht lügen!" Dies war im *Problem 2* durch die abgeschnittenen Achsen aufgetreten. Ganz generell gilt: Säulen oder Balken dürfen nicht abgeschnitten werden – denn hier versuchen wir eigentlich immer, ein Längenverhältnis wahrzunehmen. Von daher gilt es, die relevante „Nulllinie" in der Abbildung mitzuführen.

Bei Small-Multiple-Darstellungen muss zudem entschieden werden, ob die y-Achsen über alle „Multiples" identisch sein sollen oder das Maximum bei Balkengrafiken sich an der jeweiligen Zahlenreihe eines jeden „Multiples" orientieren soll. Letzteres ist legitim, um Größenniveauunterschiede zu berücksichtigen.

Ein wenig anders sieht es bei Liniendiagrammen aus, hier geht es eher um deren Steigungswinkel, und diffizil wird es, wenn mehrere z. B. zeitliche Entwicklungen für mehrere Indikatoren oder Kategorien verglichen werden sollen und diese auf unterschiedlichen Größenniveaus vorliegen (gegebenenfalls in einem Small Multiple). Sehr sinnvoll ist dann eine logarithmische Skalierung, denn diese stellt bei gleichen prozentualen Änderungen auch optisch die gleichen Steigungswinkel sicher. Zugleich kann es sinnvoll sein, die Nulllinie nicht anzuzeigen, wenn es sich z. B. um sehr große Zahlen handelt und durch die Achsenanpassung die Steigungswinkel leichter zu bewerten und zu vergleichen sind.

6.5 VS2 – Mustererkennung optimieren, Gestaltungsoptionen frei halten

Auf der *zweiten visuellen Stufe (VS2)* der Wahrnehmung ist es entscheidend, dass unser Gehirn verschiedene Regionen einer Darstellung abgrenzen und unterscheiden kann, um Muster zu erkennen (und diese im Idealfall auch zu erlernen).

Aus der Gestaltpsychologie (ursprünglich Koffka 1935, Verbundenheit z. B. Palmer/Rock 1994) sind Prinzipien bekannt, die uns bei der Wahrnehmung von Mustern unterstützen. Diese werden auch als „(psychologische) Gestaltgesetze" bezeichnet. Drei besonders wesentliche Prinzipien, die noch dazu eine aufsteigende visuelle Dominanz aufweisen, sind für die Darstellung von Daten besonders relevant: Nähe, Ähnlichkeit und Verbundenheit (vgl. Bild 6.14).

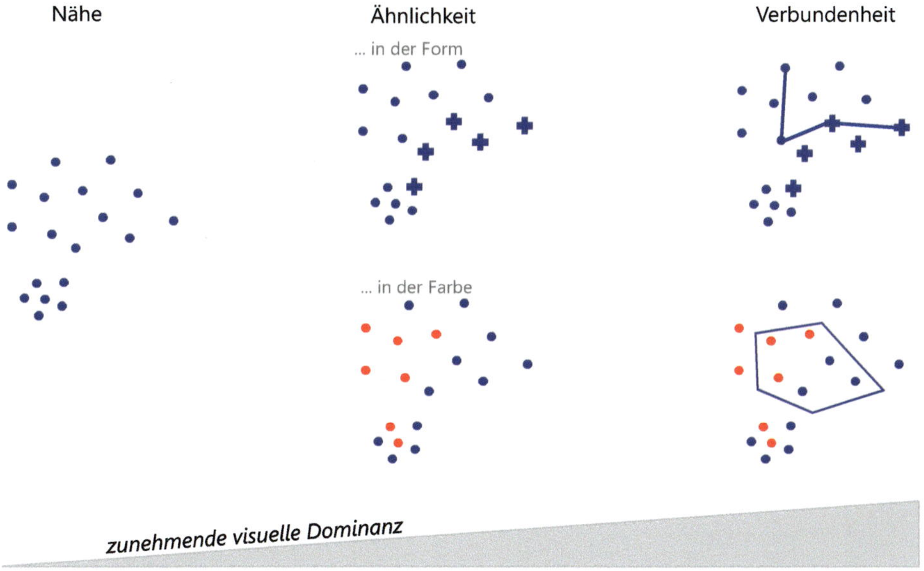

Bild 6.14 Unterschiedliche Stärke bzw. visuelle Dominanz von Gestaltprinzipien, die die Mustererkennung auf *VS2* beeinflussen

6.5.1 Visuelle Dominanz

Mit *visueller Dominanz* ist gemeint, dass ein dominierendes Prinzip die Aufmerksamkeit stärker auf Muster lenkt, die durch ein solch dominantes Prinzip erzeugt werden, als ein gleichzeitig verwendetes schwächeres Prinzip. Konkret bedeutet dies, dass wir durch *Nähe* zwar bereits z. B. sehr gut Gruppen unterscheiden können, wir aber diese „Gruppen der Nähe" kaum noch erkennen, wenn Elemente durch Form und/oder Farbe, also über das Prinzip der *Ähnlichkeit* hervorgehoben und damit andere Muster erzeugt werden. Im Beispiel von Bild 6.14 links sehen Sie aufgrund der Nähe zunächst eine kleine Gruppe von Punkten unten links, die dichter beieinander liegt. Sowohl die Ähnlichkeit der Kreuze (Form) und der roten Punkte (Farbe) im mittleren Bereich der Abbildung lassen uns dann aber jeweils zwei andere Gruppen erkennen, die immer auch einzelne Punkte der bisherigen „Nähe-Gruppe" umfassen.

Noch stärker als Ähnlichkeit und erst recht als Nähe ist das Prinzip der *Verbundenheit*. Linien, die Bereiche miteinander verbinden bzw. voneinander abgrenzen, nehmen wir noch schneller wahr. So erscheint oben rechts im Bild 6.14 eine Zickzacklinie und unten rechts ein von einem Vieleck eingerahmter Bereich hervorgehoben.

Nutzen wir in einer Datenvisualisierung von Beginn an Linien zur Erzeugung von Verbundenheit, wie z. B. starke Rasterlinien oder Unterstreichungen, so berauben wir uns der Gestaltungsräume, die Nähe und Ähnlichkeit bieten könnten, denn sie werden immer von der Verbundenheit dominiert werden.

Daraus können wir neue Regeln ableiten:

Wir beachten die Rangfolge der Gestaltgesetze, d. h., „Nähe" ist schwächer als „Ähnlichkeit" ist schwächer als „Verbundenheit".

1. Wir bewahren möglichst viele Gestaltungsräume, indem wir zunächst durch „Nähe" verschiedene Bereiche in unserer Visualisierung abgrenzen. Dafür nutzen wir gezielt z. B. Abstände und Leerbereiche zwischen Objekten in der Hintergrundfarbe.
2. „Ähnlichkeit" setzen wir nur dann ein, wenn wir Gruppen oder Bereiche nicht durch Nähe genügend abgrenzen können. Dies kann durch Formen, aber auch Farben erfolgen, die gegebenenfalls auch als Hintergrundbereiche ausgestaltet sein können.
3. Linien, Kästen, Pfeile und Unterstreichungen setzen wir sehr sparsam ein und heben damit möglichst nur ganz besondere Regionen (z. B. Auffälligkeiten oder Hinweise) hervor. Je weniger, desto besser.

Im Beispiel Bild 6.15 ist eine Tabelle mit grafischen Elementen zur Unterstützung visueller Abfragen angereichert. Links ist die Default-Darstellung der Analytiksoftware abgebildet: Sie setzt zu stark auf *Verbundenheit* und ignoriert das *Prinzip der Nähe*. Die verbesserte Version rechts verschiebt die Strukturierung der Grafik auf die weniger dominanten Ränge der Gestaltprinzipien und reserviert *Verbundenheit* nur noch für den speziellen Hinweis auf einen bestimmten Wert.

Prüfen Sie selber, auf welcher der Tabellen Sie sich leichter zurechtfinden. Bewerten Sie auch für sich selber, ob die leichter lesbare Variante Sie mehr motiviert, sich mit den Inhalten zu beschäftigen? Das ist nicht zu unterschätzen. Denn Informationen, auf die niemand Lust hat, werden sehr schnell auch gar nicht erst aufgenommen und sind damit völlig wertlos. Anders gesagt: Wenn eine Person Datenanalysen empfängt und dann entmutigt von schlechten Darstellungen die Informationen nicht aufnimmt, war auch alle analytische Arbeit davor (zumeist 90 % der Gesamtarbeit) quasi wertlos, weil die Analyse dann keine Wirkung erzielt – die Effektivität der Analyse ist in dem Fall also null.

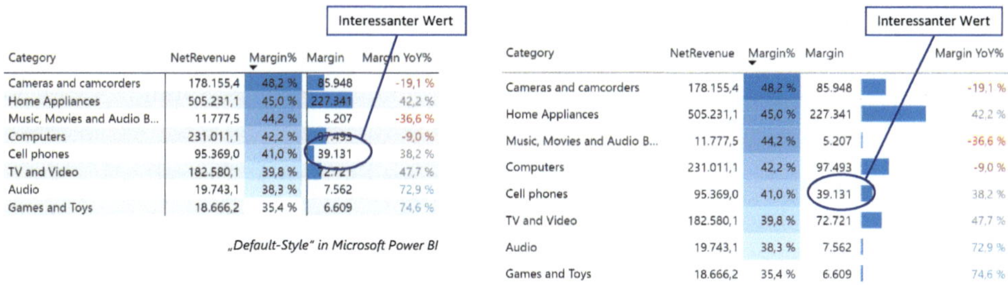

Category	NetRevenue	Margin%	Margin	Margin YoY%
Cameras and camcorders	178.155,4	48,2 %	85.948	-19,1 %
Home Appliances	505.231,1	45,0 %	227.341	42,2 %
Music, Movies and Audio B...	11.777,5	44,2 %	5.207	-36,6 %
Computers	231.011,1	42,2 %	97.493	-9,0 %
Cell phones	95.369,0	41,0 %	39.131	38,2 %
TV and Video	182.580,1	39,8 %	72.721	47,7 %
Audio	19.743,1	38,3 %	7.562	72,9 %
Games and Toys	18.666,2	35,4 %	6.609	74,6 %

Category	NetRevenue	Margin%	Margin	Margin YoY%
Cameras and camcorders	178.155,4	48,2 %	85.948	-19,1 %
Home Appliances	505.231,1	45,0 %	227.341	42,2 %
Music, Movies and Audio B...	11.777,5	44,2 %	5.207	-36,6 %
Computers	231.011,1	42,2 %	97.493	-9,0 %
Cell phones	95.369,0	41,0 %	39.131	38,2 %
TV and Video	182.580,1	39,8 %	72.721	47,7 %
Audio	19.743,1	38,3 %	7.562	72,9 %
Games and Toys	18.666,2	35,4 %	6.609	74,6 %

Zu dominante Gestaltprinzipien genutzt:

„Nähe" → Option bleibt ungenutzt

„Ähnlichkeit" → mehrfach genutzt
- Zeilen sind durch „Ähnlichkeit" codiert = grauer Balken
  → alternierendes Muster ohne Bedeutung, aber im Fokus
- Farbcodierungen der Spalte im Konflikt mit Streifenmuster

„Verbundenheit" → mehrfach genutzt
- senkrechte Linien nach Zeilenköpfen sind optisch dominant
- Hervorhebung des „interessanten Wertes" steht im Konflikt mit Linien und grauen Balken

Bessere Nutzung weniger dominanter Gestaltprinzipien:

„Nähe" → zur grundlegenden Strukturierung genutzt
- Zeilen sind durch mehr Abstand getrennt = „Nähe" als primäres Prinzip
  → es bleibt Freiheit für Struktur/Farbe und Verbundenheit

„Ähnlichkeit"" → gezielt genutzt
- Farbcodierungen der Spalte gut erkennbar (Sortierung wird verstärkt)
- Balkengrößen relativ gut ablesbar (Zahlenüberschneidungen suboptimal)

„Verbundenheit" → gezielt genutzt
- Hervorhebung des „interessanten Wertes" sehr gut erkennbar

Bild 6.15 Verbesserung der Mustererkennbarkeit durch wenig dominante Gestaltprinzipien

6.5.2 Data-Ink-Ratio maximieren und Chartjunk minimieren

Als ergänzende Regeln für die *visuelle Stufe VS2* können wir zwei weitere Prinzipien heranziehen (vgl. auch das Beispiel in Bild 6.16):

- **Data-Ink-Ratio maximieren**

  Der Hintergrund dieses Prinzips liegt in der Überzeugung, dass eine Datengrafik vor allem anderen nur eines zeigen sollte: Daten. Das Verhältnis von Farbe (*ink*) in einer Visualisierung, die explizit verwendet wird, um Daten darzustellen (*data-ink*) im Verhältnis zur Farbe, die für die Darstellung bzw. den Druck der gesamten Grafik benötigt wird (*total ink*), soll möglichst nahe eins (1) sein. Im Extremfall wäre jeder Darstellungspunkt (Pixel auf einem Bildschirm oder Druckpunkt auf einem Ausdruck) eine Darstellung eines Datenpunktes. Die Relation kann auch als Differenz von eins (1) interpretiert werden: Der Anteil an der Visualisierung, der gelöscht werden kann, ohne dass Daten bzw. Informationen verloren gehen, ist der Subtrahend (Tufte 2001, S. 93).

$$\begin{aligned}
\textit{Data-ink ratio} &= \frac{\textit{data-ink}}{\textit{total ink used to print the graphic}} \\
&= \textit{proportion of a graphic's ink devoted to the non-redundant display of data-information} \\
&= 1\text{-}\textit{proportion of a graphic that can be erased without loss of data-information}
\end{aligned}$$

- **Chartjunk minimieren**

  Aus dem Prinzip der *maximalen Data-Ink-Ratio* folgt, dass überflüssige Elemente einer Darstellung zu löschen sind. Aber auch eine relativ hohe Data-Ink-Ratio kann noch Darstellungsdetails enthalten, die das Auge ablenken und damit die Informationsaufnahme verhindern. So können z. B. durch Muster in Flächen ungewollte Moiré-Effekte entstehen, die dazu führen, dass Darstellungen in der menschlichen Wahrnehmung flimmern und nur mit Anstrengung zu lesen sind (vgl. Bild 6.16 ②). Auch Logos oder dekorative Elemente etc. sind zumeist ablenkend. Edward Tufte hat für diese Art von unnötigen grafischen Elementen den Begriff des *Chartjunk* geprägt (Tufte 2021).

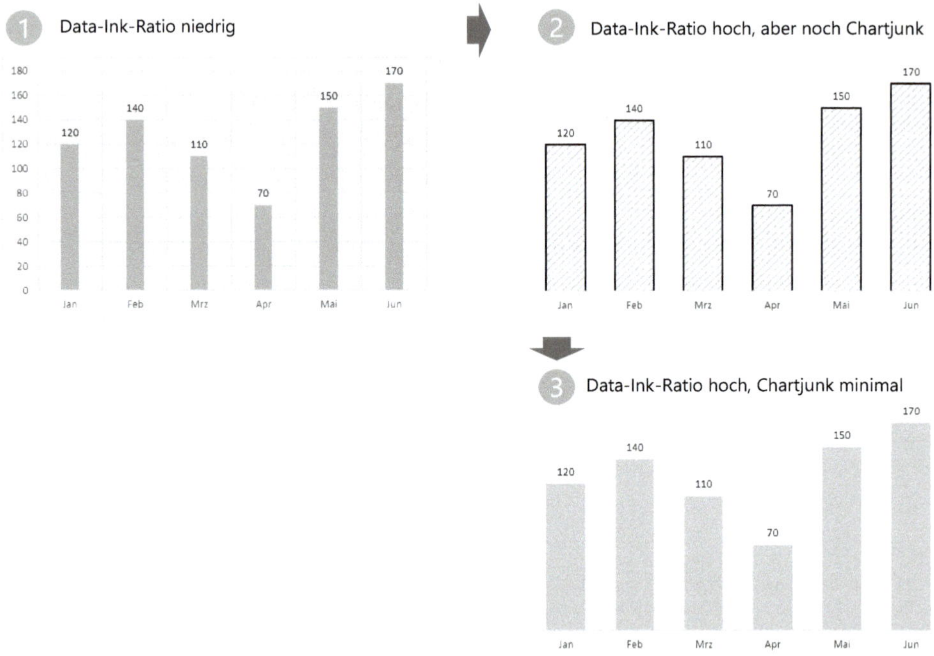

Bild 6.16 Verbesserung der Mustererkennbarkeit durch Erhöhung der Data-Ink-Ratio und Verringerung des Chartjunk

Maximale Data-Ink-Ratio und minimaler Chartjunk stellen sicher, dass grafische Elemente nur zur Darstellung von Daten verwendet werden. Damit wird sichergestellt, dass zumindest die Aufmerksamkeit nicht auf unwichtige, d. h. nicht mit den Daten zusammenhängende Muster gelenkt wird. Das Gestaltprinzip der *Nähe* wird also in den Vordergrund gerückt und sowohl *Ähnlichkeit* als auch insbesondere *Verbundenheit* (= die Rasterlinien) werden weniger eingesetzt, sodass wir auf der *visuellen Stufe VS2* die Muster leichter erkennen können.

Dass die Aufmerksamkeit auf die inhaltlich wichtigen Muster in den Daten gelenkt wird, stellten wir ja bereits vorab durch unsere Definition der geeigneten visuellen Abfrage (vgl. Details dazu im folgenden Abschnitt zu *visueller Stufe VS3*) und durch die Gestaltung für die präattentive *visuelle Stufe VS1* sicher.

6.6 VS3 – Wahrnehmung durch Planung antizipieren

In der *visuellen Stufe VS3* beantworten wir unsere visuellen Abfragen, justieren unsere visuelle Suchstrategie, leiten aus Erkenntnissen visuelle Folgefragen ab und interpretieren die gefundenen visuellen Informationen im Kontext unseres Wissens aus dem Langzeitgedächtnis.

Um die langsame, weil sequenzielle Bearbeitung auf *VS3* zu unterstützen, müssen wir das visuelle Denken in möglichst geeignete Bahnen lenken (vgl. Ware 2021, S. 393 bzw. Pirolli/Card 1995). Denn wir dürfen nicht davon ausgehen, dass eine gut gemachte Visualisierung sich „völlig von selbst erklärt". Die emotionale Reaktion auf eine Erkenntnis wird erst entstehen, wenn auch eine bewusste Wahrnehmung der Information einsetzt. Dies hängt wiederum davon ab, mit welcher visuellen Abfrage tatsächlich eine Visualisierung betrachtet wird.

Wir können versuchen (und sollten dies auch tun!), uns gedanklich in die Lage der Person, die betrachtet, zu versetzen. Dies fällt relativ leicht, wenn wir die Auswertungen für uns selber entwerfen, z. B. weil wir als Data Scientist gerade einen völlig neuen Datensatz mit einer bislang unbeantworteten Fragestellung untersuchen. In dem Falle konzentrieren wir uns darauf, unsere Visualisierungsideen möglichst auf den *visuellen Stufen VS1* und *VS2* zu realisieren.

Was aber, wenn unsere Visualisierungen für andere Personen als uns selber bestimmt sind? Vermutlich trifft das sogar auf die Vielzahl der Situationen zu, die wir im betrieblichen Umfeld antreffen. In diesem Falle müssen wir antizipieren, wie eine Person eventuell eine bestimmte Fragestellung in eine visuelle Abfrage übersetzen könnte und welche Folgeabfragen sich daraus ergeben könnten. In anderen Worten: Wir müssen planen, wie eine Nutzung erfolgen könnte bzw. sollte. Dabei verstehen wir Planung im Sinne von „… gedankliche[r] Vorwegnahme zukünftigen Handelns durch Abwägen verschiedener Handlungsalternativen und Entscheidungen für den günstigsten Weg" (Wöhe 2013).

Der „günstigste Weg" bedeutet für uns, dass wir eine bewusste Wahrnehmung der relevanten Signale in unserer Datenvisualisierung mit möglichst geringen kognitiven Kosten anbieten sollten.

Das **Vorgehen zur Planung der bewussten Wahrnehmung auf VS3** gliedern wir in drei Planungsschritte:

P1) Analytische Aufgabe(n) in visuelle Abfragen übersetzen

P2) Darstellung(en) für VS1 und VS2 optimiert gestalten

P3) Aufmerksamkeit lenken: Mehrstufige analytische Gedanken visuell unterstützen

6.6.1 P1 – visuelle Abfrage(n) antizipieren, Grundformen auswählen

Zu Beginn des Visualisierungs-Kapitels in Abschnitt 6.2 hatten wir bereits Beispiele kennengelernt, wie analytische Aufgaben in visuelle Abfragen überführt werden können. Im *Planungsschritt P1* müssen wir nun sehr konkret festlegen, welche analytische Fragestellung mit unserer Visualisierung beantwortet werden soll. Oftmals werden wir feststellen, dass es einer Folge von aufeinander aufbauenden Fragen bedarf, um einen Sachverhalt zu analysieren. In dem Fall planen wir gegebenenfalls mehrere Grafiken, deren Verbindung oder Sequenz wir dann im *Planungsschritt P3* genauer bestimmen werden.

Bild 6.17 bietet eine Auswahl besonders typischer analytischer Aufgaben *(A1 bis A7)*, weitere Aufgabenstellungen sind möglich, eine abschließende Aufzählung hingegen ist unmöglich. Um eine geeignete Visualisierung zu finden, müssen wir eine passende analytische Aufgabe auswählen, die davon abhängt, welche Daten wir vorliegen haben. Haben wir beispielsweise nur einen zahlenbasierten Indikator, kommen die Varianten *A1 bis A5* infrage, wobei z. B. *A4* nur sinnvoll ist, wenn wir einen Indikator gleichzeitig für zwei Dimensionen (quasi „Einflussfaktoren) bewerten möchten, und *A5* benötigt räumliche Informationen (z. B. Längen-/Breitengrade).

Analytische Aufgabe	Benötigte Daten (Beispiele)	Visuelle Abfrage	VS1-kompatible Visuelle Form(en)
A1) Wie groß ist ein Zahlenwert X (im Vergleich zu den Ausprägungen einer Kategorie K)?	Absolute Werte eines Indikators, z. B. Output, Buchungen, Fehler, Besuche, Umsatz, Kosten Kategorie z. B. Maschinen, Buchungsklassen, Produkttypen	Welches ist die längste Säule bzw. der längste Balken?	Balken, Säulen 
A2) Wie ändert sich ein Zahlenwert X im Zeitverlauf?	Gleicher Indikator für verschiedene Zeitpunkte, z. B. Output je Stunde, Besucher pro Tag, Kosten pro Monat	Wie ändert sich die Steigung zwischen Zeitpunkten t_1 und t_2?	Linien 
A3) Welche Zahlenwerte X werden beobachtet und wie verteilen sie sich?	Rohdaten innerhalb von Klassen gruppiert (A3.1) und/oder Verteilungsmaße für einen Indikator (A3.2 und A3.3), z. B. Mittelwert, Median, Standardabweichung, (Quartile/Perzentile), z. B. Verteilung der „Bearbeitungszeit je Kunde"	A3.1) Rohdaten nach Klassen = A1 A3.2) Ein Verteilungsmaß für z. B. verschiedene Gruppen = A1 A3.3) Mehrere Verteilungsmaße: Wie groß ist die Distanz zwischen den Verteilungsmaßgrößen?	A3.1) Balken, Säulen A3.2) Balken, Säulen A3.3) Boxplots (= setzen auf Längendarstellungen für Verteilungsvisualisierung) 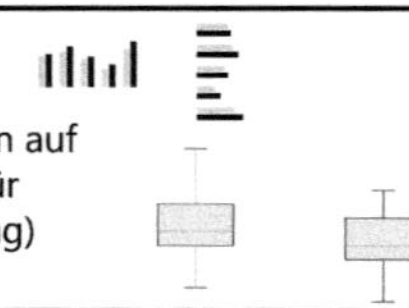
A4) Wie groß ist ein Zahlenwert X, wenn dieser gleichzeitig für Kategorie K und Kategorie L betrachtet wird?	Mehrere Merkmale für einen Indikator, möglichst feingranular, z. B. Buchungen je Alter (Kategorie K) und Wohnort (Kategorie L)	Finden sich in der Kreuztabelle besonders große Balken/Säulen/Kreissegmente/Flächen oder Farbintensitäten?	Kreuztabellen mit grafischen Elementen oder Einfärbung (Heatmaps) → *relativ schwierig zu gestalten für leichte präattentive Wahrnehmung auf VS1* 
A5) Wie verteilt sich ein Zahlenwert X auf mehrere Standorte in einem geografischen Raum G?	Geografische Informationen wie Längen-/Breitengrad, Regionen (z. B. Städte/Länder), aber auch kleinräumig z. B. Lagerplätze, Räume	Finden sich regionale Ballungen von Werten (große/kleine)?	Kartendarstellungen, wobei kleinräumige Vergleiche oft aussagenstärker als Länderebene 
A6) Wie korrelieren Zahlenwerte des Indikators X mit Zahlenwerten des Indikators Y?	Quantitative Daten zweier Indikatoren für die gleiche Beobachtungseinheit, z. B. „Besuchsdauer eines Kunden" und „Umsatz eines Kunden" für jeden Kunden	Ergeben sich Gruppen oder Zusammenhänge (linear, nicht-linear) in der Punktewolke?	Scatterplot, Porfolio-Darstellung 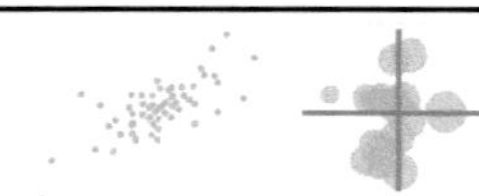
A7) Wie steht ein Objekt M mit einem Objekt N oder Objekt Q in Verbindung?	Beziehungsinformationen oder Vorgänger-/Nachfolgerbeziehungen, z.B. „M kennt N" oder „N folgt auf Q"	Wie viele Objekte stehen in Verbindung zu Objekt M? Wie weit sind Objekte M und Q voneinander entfernt? Gibt es eine Verbindung von Objekt Q zu N?	Graphdarstellungen basierend auf Knoten und Kanten → *relativ schwierig für VS2 zu gestalten, wenn Graphen komplexer* 

Bild 6.17 Übersetzung von analytischen Basisaufgaben in geeignete visuelle Abfragen und *VS1*-kompatible visuelle Formen

Wir haben auch bereits festgestellt, dass sich visuelle Abfragen in manchen Fällen vereinfachen lassen, wenn wir zunächst weitere Berechnungen auf unseren Basiskennzahlen durchführen. Einige häufige Berechnungen, die wir anwenden sollten, bevor wir die passende visuelle Grundform auswählen, sind beispielsweise die folgenden:

Berechnungsbeispiele

- Stehen Differenzvergleiche (Deltas) eines Indikators im Fokus, z. B. Plan-Ist-Vergleiche oder Vergleiche mit einem Benchmark oder einem typischen (Mittel-)Wert, dann berechnen wir zunächst die Abweichung und visualisieren dann diese Abweichungskennzahl.
- Zeitliche Vergleiche (sogenannte „Periodenvergleiche“) sind ebenfalls sehr häufig. Berechnen Sie daher die Differenz Ihres Indikators für die aktuell betrachtete Periode abzüglich des Wertes für die relevante Vorperiode (z. B. Vorjahr/-monat), wahlweise als absolute oder relative Abweichung. Diese Abweichungskennzahlen sind besonders in ihrer Höhe interessant, nutzen Sie daher z. B. A1, wohingegen die Steigungsänderungen (vgl. A2) für diese Differenzwerte oft weniger aussagekräftig sind.
- Bei zeitreihenbehaftete Daten sind häufig kumulierte Betrachtungen nach festen Zeitscheiben (z. B. Jahreskumulationen) oder aber auch rollierend (z. B. Sechs-Monats-Durchschnitte) für eine Einschätzung der längerfristigen „Leistung“ hilfreich.
- Stehen Größenverhältnisse zweier Kennzahlen im Fokus, so sollten Sie überlegen, die Größen in eine Beziehung zu setzen, d. h., relativieren Sie die beiden Werte z. B. durch Berechnung eines Quotienten.
- Wollen Sie für mehrere Kategorien oder auch Zeitpunkte eine einheitliche Vergleichsgröße verwenden, so können Sie Ihre Werte zunächst normieren oder auch einen Indexwert berechnen.

6.6.2 P2 - Darstellung auf VS1 und VS2 optimieren

Das Ergebnis des *Planungsschrittes P1* ist ein Rohkonzept einer Visualisierung, also z. B. welche Grafikform mit welchen Daten verwendet werden soll. Der *Planungsschritt P2* umfasst dann den Entwurf der Grafik gemäß den Regeln zur optimierten Nutzung der *Ebenen VS1* und *VS2*.

Sofern wir öfter Grafiken für die gleichen Nutzergruppen entwerfen, lohnt sich die Definition von Standardbausteinen bzw. Formatvorlagen. Dadurch wird zum einen der Erstellungsprozess beschleunigt, aber vor allem können sich User an bestimmte Darstellungsformen gewöhnen und damit die Mustererkennung *(visuelle Ebene VS2)* beschleunigen. Wir sollten daher dem Grundsatz folgen:

Gleiches immer gleich darstellen und Wiederverwendung stärken.

6.6.3 P3 – Aufmerksamkeit in analytische Sequenzen lenken

Im *Planungsschritt P1* hat sich gezeigt, dass wir oftmals nicht nur eine einzige Grafik benötigen, sondern bei einer logischen Folge bzw. Gruppe von analytischen Fragen auch mehrere Grafiken nötig sind, die miteinander in Beziehung stehen. Damit ergibt sich für *Planungsschritt P3* die Aufgabe, wie sowohl einzelne Grafiken als auch ein Arrangement mehrerer Grafiken gestaltet werden können, um die Aufmerksamkeit auf die wesentlichen Inhalte zu lenken. Sind die Grafiken sehr gleichartig, entsteht ein *Small Multiple*, wohingegen die Kombination verschiedener Darstellungen zu einem sogenannten *Dashboard* führt.

In der Umsetzung des letzten *Planungsschrittes P3* müssen wir dazu zwei Aspekte unterscheiden, die in Kombination die *Planung P3* zum Lenken der Aufmerksamkeit determinieren:

1. Ist die Visualisierung lediglich für einen statischen Kommunikationskanal gedacht oder für eine interaktiv-dynamische Präsentationsumgebung?
2. In welcher Situation wird die Visualisierung verwendet und damit verbunden: Welche spezifische Zielgruppe wird adressiert?

Der erste Aspekt im *Planungsschritt P3* unterteilt die Gestaltungsoptionen zur Lenkung der Aufmerksamkeit in statische und interaktive Varianten (vgl. Tabelle 6.1 und Tabelle 6.2). Statische Gestaltungselemente sind auch in Offline-Medien (z.B. Ausdrucken, PDF-Dateien oder Folienpräsentationen) nutzbar, wohingegen interaktive Optionen eine dynamische (Bildschirm-)Darstellung benötigen und zumeist Ad-hoc-Berechnungen auf den zugrunde liegenden Daten auslösen. Dabei hat sich bei interaktiven (also dynamischen) Anwendungen das Vorgehen bewährt, zunächst auf einem hohen Aggregationsniveau sich einen Überblick zu verschaffen *(Overview first)* und dann nach Bedarf durch Aktivitäten wie Zoomen, Herausfiltern oder Detailabrufe sich den Ursachen von interessanten bzw. auffälligen Mustern zu nähern. Dieses Prinzip ist auch als *Shneiderman's Mantra* bekannt:

Overview first, zoom and filter, then details-on-demand (Shneiderman 1996).

Tabelle 6.1 Statische Darstellungsoptionen für seitenbasierte Gestaltung von analytischen Ergebnisberichten

ST1	Leserichtung beachten: Start links oben, dann spaltenorientiertes Denken bevorzugen, Zeilen erst nachrangig unterstützen	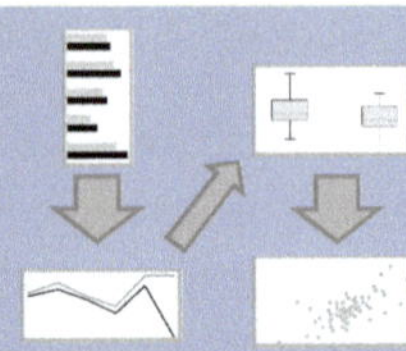 Relevant für mehrere Grafiken (Dashboard und Small Multiples)
ST2	Sortierung gezielt verwenden, um fachliche Bedeutung eines Indikators zu betonen, z. B. Performance-Kennzahl absteigend sortieren. Alphabetische Sortierung vermeiden!	 In einzelnen Grafiken und Tabellen
ST3	Inhaltlichen Kontext anbieten (zeitlich, z. B. Historie und verschiedene Kategorien und/oder Ebenen) → Kontext auch räumlich möglichst nah, im Ideal im UFOV anbieten	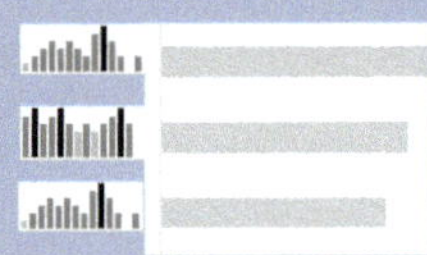 Sparklines für Zeit 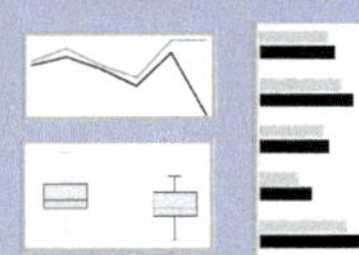 Dashboards
ST4	Hervorhebung/Betonung ausgewählter Signale, Besonderheiten (Max/Min, Limitüberschreitung etc.) oder konkreter Botschaft der Analyse mit Farbe, Form (Pfeil, Umrandung) und gegebenenfalls Text	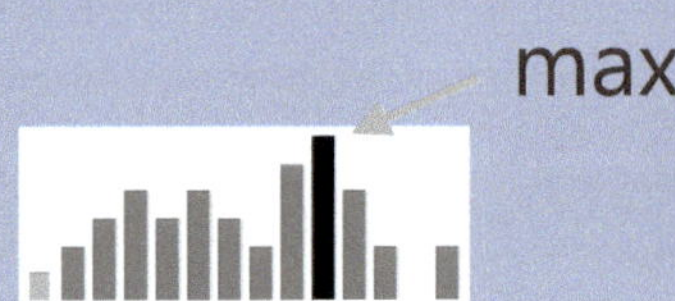
ST5	(Potenzielle) Analyseketten als mehrere aufeinanderfolgende Darstellungen nebeneinander, gegebenenfalls auch auf mehreren Seiten, konzipieren	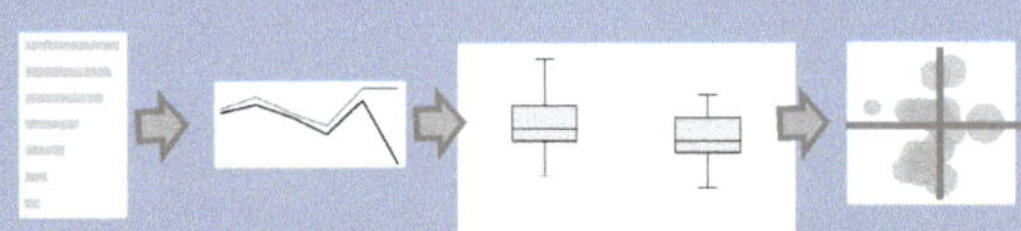

Die Aufzählung der Gestaltungsoptionen (statisch und dynamisch) bleibt exemplarisch, da verschiedene Softwarehersteller hier kontinuierlich Weiterentwicklungen auf den Markt bringen.

Tabelle 6.2 Dynamisch-interaktive Erweiterungsoptionen (in Anlehnung an Shneiderman's Mantra: „Overview first, zoom and filter, then details-on-demand")

D1	Filtern von Analyseergebnissen inklusive flexibler Suche (gegebenenfalls autofill bei Eingabe erster Buchstaben), Kombination von Filterkriterien (= mehrere Filter parallel), gegebenenfalls Vorschau der Filterwirkung.
D2	Drill-Down: Wechsel von Ansichten (z. B. von Produkten zu Produktfarben = ebenenbasiert) oder auf einzelne Kategorieelemente (z. B. nur Produkt X wählen und dazu dann Produktfarben als Details), selektive Erweiterung z. B. in Tabellen durch Plus/Minus-Symbole (auf-/zuklappen).
D3	Cross-Filtering/Cross-Highlighting zwischen analytischen Darstellungen: in Dashboard-Darstellung z. B. in Grafik 1 auf ein Produkt zeigen und Grafik 2 automatisch für dieses Produkt filtern, dies zeigt Beziehungen zwischen Analyseelementen.
D4	Drill-Through zu Detailanalysen mit Filterübernahme, d. h. auf ein Element einer Grafik/Tabelle zeigen und dieses als Filter für eine Detailseite mit anderen Analysen übernehmen.
D5	Analytische Vorschauen auf zu erwartende Ergebnisse, z. B. als Thumbnails, d. h. miniaturisierte Ergebnisvorschauen z. B. beim Zeigen auf ein Objekt in einer Grafik. Ebenfalls: Mouseover zeigt weitere Detaildaten.
D6	Benutzerindividuelle Sichten: Filteraktivitäten einzelner User speicherbar machen, z. B. via Bookmarks. Support für Storytelling: Notizen zu Bookmarks oder erläuternde Kommentare zu Werten/Objekten speichern, die z. B. via Mouseover (vgl. D5) gezeigt werden.
D7	Animationen, dynamische Zeiger heben Änderungen oder Auffälligkeiten (vgl. D8) automatisch durch animierte Bewegungen oder Farbänderungen hervor. Sofern speicherbar, können animierte (Film-)Sequenzen abgerufen werden.
D8	Auffälligkeiten berechnen und bei Bedarf automatisch vorschlagen. Stark ungleiche Verteilungen in Kategorien oder deutliche Änderungen im Zeitablauf können vielfach automatisch berechnet und als Auffälligkeiten vorgeschlagen werden.
D9	Natürlichsprachliche Anfragen erlauben die automatische Generierung (einfacher) Auswertungen durch Formulierung von Fragen, z. B. „Wie hat sich die Ausschussquote in den letzten Wochen entwickelt?" – Tool generiert dazu ein einfaches Zeitreihendiagramm.
D10	Automatische natürlichsprachliche Interpretationen mithilfe von Sprachgeneratoren erlauben, konkrete Datenkonstellationen zu erläutern und gegebenenfalls im betrieblichen Kontext zu interpretieren: von einfachen Standardtextbausteinen bis hin zu komplexen, fallspezifischen Regelwerken.

Der zweite Aspekt im *Planungsschritt P3* – in welcher Situation und für welche Zielgruppe ist die Visualisierung bestimmt? – lässt sich in drei typische Analysesituationen und damit assoziiert auch Zielgruppen untergliedern (vgl. auch Bild 6.18):

S1 Explorative Suche: In Daten, die bislang nicht analysiert wurden, werden erstmals Auffälligkeiten, Muster, Beziehungen etc. gesucht. Hier ist der Suchraum sehr offen und es bedarf einer relativ hohen analytischen Datenkompetenz, um erste Erkenntnisse aus den Daten zu extrahieren. Gute Datenvisualisierung kann hier lediglich das „Aufnehmen einer Witterung" erleichtern, wobei oft noch nicht klar ist, nach welcher Art von „Datengeruch" gesucht werden sollte.

S2 Gelenkte Suche: Datenbestände, die bereits hinreichend gut in ihren Strukturen und Beziehungen bekannt sind, werden hinsichtlich aktueller Auffälligkeiten und Signale durchsucht. Einige Personen kennen bereits typische Bereiche, in denen gesucht werden sollte, und können so „Fährten auslegen" für andere User. Dies ist typisch für Unternehmensberichte, die von Business-Analyse- und Controlling-Abteilungen für größere Gruppen bereitgestellt werden.

S3 Erklärung und Storytelling: Analyseergebnisse sind bereits aus den Daten herausgearbeitet und müssen nun für einen Empfängerkreis aufbereitet werden. Es gilt, die Herleitung, Erklärung und Interpretation der Ergebnisse möglichst selbsterklärend zu präsentieren. Wir müssen eine „Straße pflastern", der die Empfänger leicht folgen können und von der sie möglichst nicht abweichen sollten. Im Idealfall kann darauf basierend eine interessante Geschichte erzählt werden, weshalb hier auch Ansätze des sogenannten „Storytellings" angewandt werden können.

Bild 6.18 zeigt schematisch die Häufigkeit der *Situationen S1* bis *S3* im unternehmerischen Alltag. Für breite Anwenderschichten werden heute viele Berichte und Analysen bereitgestellt, die häufig aktualisiert werden und deren Detailerkenntnisse selbst erschlossen werden müssen. Diese gehören zum *Situationstyp S2* und werden durch Business-Intelligence-Berichtssysteme realisiert. Ebenfalls relativ häufig müssen wichtige Ergebnisse interpretiert, bewertet und z. B. dem Management als Entscheidungsvorlage präsentiert sowie erläutert werden *(S3)*. Eher wenige Personen beschäftigen sich dagegen mit völlig neuen Auswertungen auf gegebenenfalls auch noch (eher) unbekannten Daten *(S1)*. Dabei handelt es sich dann häufig um Personen aus dem Controlling oder aus Data-Science-Bereichen.

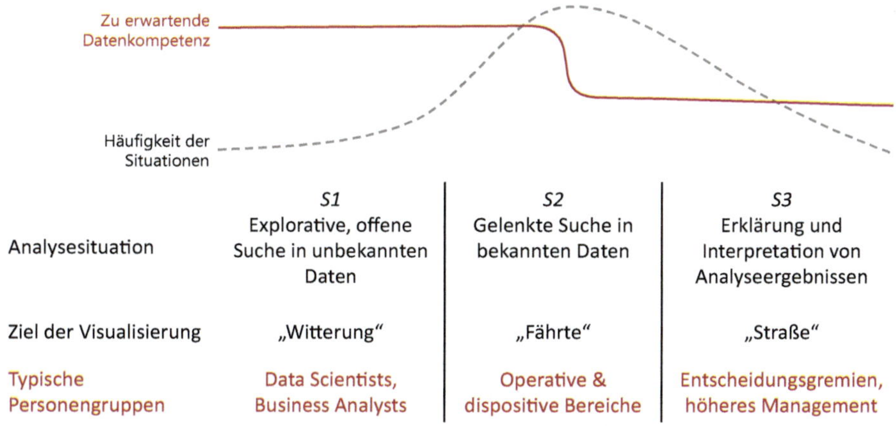

Bild 6.18 Analysesituationen und Zielgruppen

Der Häufigkeit der Situationen (rechtsschiefe Verteilung der gestrichelten Kurve) steht eine Hypothese über die zu erwartende Datenkompetenz der jeweiligen Personengruppen gegenüber: Im Allgemeinen werden Personen, die Daten explorativ auswerten, über eine höhere analytische Datenkompetenz verfügen (müssen) als beispielsweise die Gruppe von Personen, die Erklärungen und Interpretationen „konsumieren“ dürfen. Im mittleren Situationsbereich *S2* ist die zu erwartende Datenkompetenz gemischter ausgeprägt. Vereinfacht können wir eine schematische Formel für den *Bedarf nach Aufmerksamkeitslenkung* ableiten:

$$\text{Lenkungsbedarf}_{\text{Aufmerksamkeit}} = \frac{\text{Häufigkeit Situationstyp}}{\text{erwartete Datenkompetenz}}$$

Daraus wird rasch ersichtlich, dass wir uns insbesondere in der *Situation S2* um die Lenkung der Aufmerksamkeit sorgfältig kümmern müssen, da hier die Häufigkeit am höchsten ist und zugleich die Datenkompetenz der User absinken kann, was zu einem hohen Lenkungsbedarf führt.

Kombination der Aspekte: Situationsadäquat die Aufmerksamkeit lenken

Sobald wir uns über die jeweilige Analysesituation für unsere Darstellung klar geworden sind, nutzen wir die Tabelle 6.3, in der sinnvolle Kombinationen der *Analysesituationen (S1 bis S3)* mit den Mechanismen zur Lenkung der Aufmerksamkeit *(ST1 bis D10)* dargestellt sind. Dadurch erhalten wir eine Form von Checkliste, welche Lenkungsoptionen wir für unsere spezifische Visualisierungsaufgabe bedenken können.

Tabelle 6.3 Auswahl geeigneter Lenkungsoptionen abhängig von der Analysesituation

			Explorative Suche („Witterung“)	Gelenkte Suche („Fährte“)	Erklärung und Storytelling („Straße“)
Statisch	ST1	Leserichtung beachten		X	X
	ST2	Sortierung gezielt verwenden	X	X	X
	ST3	Inhaltlichen Kontext anbieten	X	X	X
	ST4	Hervorhebung ausgewählter Signale		X	X
	ST5	Analyseketten aufeinanderfolgender Darstellungen			X
Dynamisch	D1	Filtern inklusive flexibler Suche und Filtervorschau	X	X	(x)
	D2	Drill-Down und selektive Erweiterung	X	X	(x)
	D3	Cross-Filter/Cross-Highlight zwischen Darstellungen	X	X	(x)
	D4	Drill-Through zu Detailanalysen inklusive Filter		X	(x)
	D5	Analytische Vorschauen inklusive Thumbnails		X	(x)
	D6	Benutzerindividuelle Bookmarks, Kommentare			X
	D7	Animationen und dynamische Zeiger, Zoom			X
	D8	Auffälligkeiten automatisch vorschlagen	X	X	X
	D9	Natürlichsprachliche Anfragen	X	X	
	D10	Automatische natürlichsprachliche Interpretation	(x)	X	X

■ 6.7 Vorgehensmodell zur Datenvisualisierung

Nun sind wir in der Lage, unsere Erkenntnisse zu einem integrierten Vorgehensmodell zusammenzuführen. Mit dessen Hilfe definieren wir geeignete Visualisierungsformen für analytische Aufgaben und agieren zugleich wahrnehmungsgerecht. Im Ergebnis verursachen wir möglichst geringe kognitive Kosten bei der Kommunikation unserer analytischen Ergebnisinformationen.

6.7.1 Prozess zur Definition wahrnehmungsgerechter Visualisierungen

Der Ablauf orientiert sich an den drei *Planungsschritten P1 bis P3*, die jeweils in Teilschritte untergliedert sind. Im *Schritt P2* kommen sämtliche Erkenntnisse zum Tragen, die wir uns in den vorherigen Abschnitten zu den *visuellen Stufen VS1* und *VS2* erarbeitet haben.

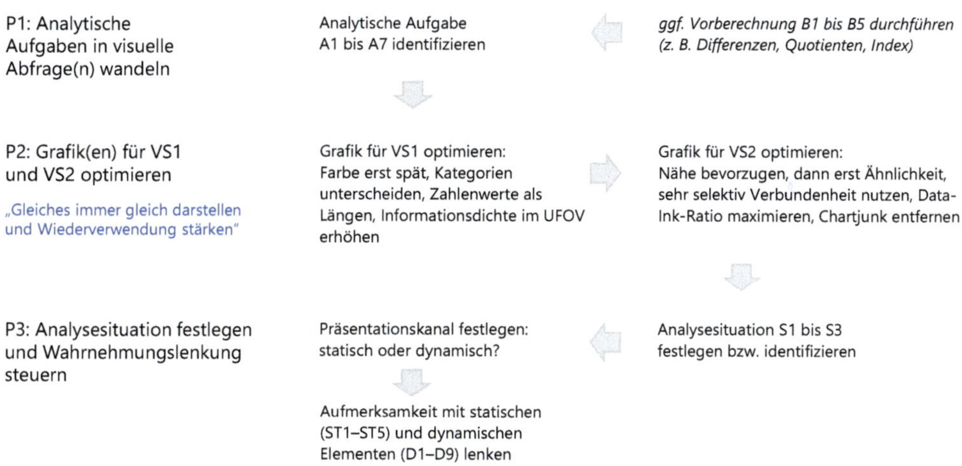

Bild 6.19 Vorgehensmodell für die Erstellung wahrnehmungsgerechter Visualisierungen

6.7.2 Anwendungsfall zur Gestaltung wahrnehmungsgerechter Visualisierungen

Um das Vorgehensmodell zu illustrieren, wird ein Szenario genutzt, in dessen Mittelpunkt eine Pizzeria steht, die sehr genaue Daten über ihre Herstellungs- und Verkaufsprozesse in einem Data Warehouse erfasst:[5]

So liegen z. B. die Durchlaufzeiten für jede Pizzabestellung, gemessen in „Minuten“, vor. In *P1* wird dazu die analytische Aufgabe „Wie verteilt sich die Durchlaufzeit über sämtliche Bestellungen?“ dem *Aufgabentyp A3* und speziell der Variante *A3.1 „Rohdaten nach Klassen“* zugeordnet. Es müssen also gegebenenfalls noch Klassengrenzen definiert und dann sämtliche Durchlaufzeitmessungen der jeweils passenden Klasse zugeordnet werden. Die geeignete Darstellung entspricht dem *Aufgabentyp A1* mit der visuellen Abfrage „Welches ist der längste Balken?“.

In *P2* wird zunächst eine Basisgrafik erstellt (vgl. Bild 6.20 links) und dann mithilfe der Regeln für *VS1* und *VS2* optimiert. Im Beispiel sind unnötige Gitternetzlinien gelöscht worden (Chartjunk reduziert, Data-Ink-Ratio erhöht). Zudem wird das Gestaltprinzip der Ähnlichkeit genutzt, um gute (blaue) und schlechte (rote) Durchlaufzeitklassen zu unterscheiden. Im Hinblick auf die Lenkung der Aufmerksamkeit auf *VS3*, wird die Orientierung erleichtert, indem die Sortierung so abgeändert wird, dass die kürzeste (und damit beste) Durchlaufzeitklasse ganz oben steht (vgl. rechter Teil von Bild 6.20).

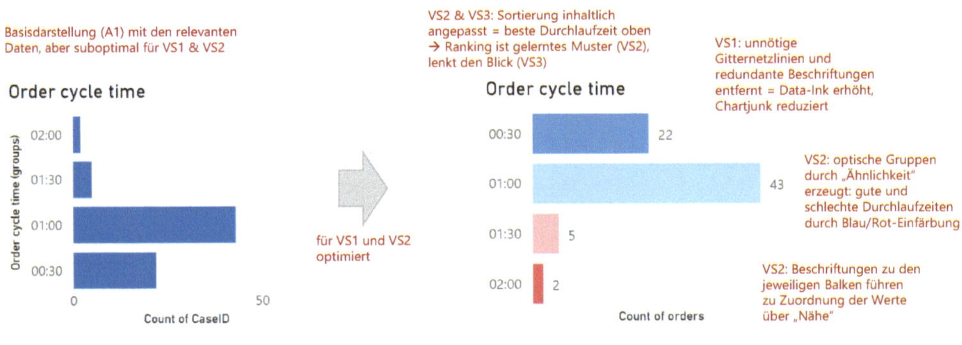

Bild 6.20 Beispiel für die Optimierung einer Basisdarstellung für die Ebenen *VS1*, *VS2* und *VS3*

In ähnlicher Form sind für das Szenario der Pizzeria vier weitere analytische Aufgaben formuliert und in visuelle Abfragen übersetzt (vgl. Bild 6.21). Daraus entstehen im *Planungsschritt P2* weitere Einzelgrafiken, die dann zu einem Dashboard

[5] Wir gehen in diesem Kapitel zur Datenvisualisierung davon aus, dass alle notwendigen Daten in einem strukturierten Format in einem geeigneten Datenmodell vorliegen. Dies ist naturgemäß eine weitreichende Annahme, und in der Realität wird immer wieder das Datenmodell zu Einschränkungen der Visualisierungs- und Interaktionsoptionen führen.

zusammengesetzt werden in *P3*. Die Zielsituation für diese Anwendung ist eine *gelenkte Suche (S2)*, denn die Adressaten (z. B. das verantwortliche Personal) sollen sich regelmäßig selbständig über die Leistung der Pizzeria in einer interaktiven Umgebung informieren. Daraus sollen sie dann Ideen für einen verbesserten Pizzaservice generieren.

So können im Zusammenspiel der Grafiken des Dashboards in jeder der Grafiken einzelne Elemente oder auch Gruppen von Elementen markiert werden. Dies führt zu einer Filterung der umliegenden Grafiken auf diese Auswahl und entspricht dem dynamischen Prinzip *D3 „Cross-Filtering"*. Eine interaktive Version des Dashboards kann über den QR-Code in Bild 6.21 über jeden Browser aufgerufen werden.

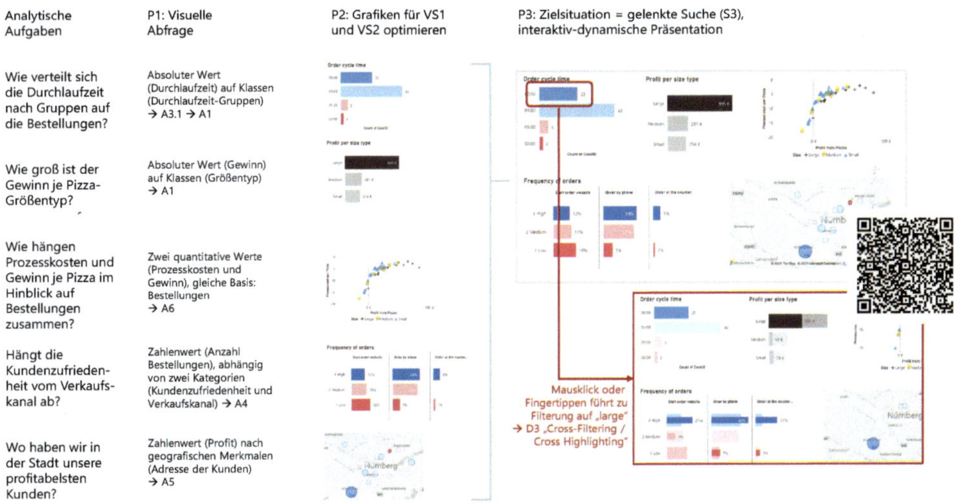

Bild 6.21 Beispiel für die Herleitung eines Dashboards und Aufmerksamkeitssteuerung durch interaktive Konzepte

■ 6.8 Die wichtigsten Punkte in Kürze

- Unser Auge-Hirn-System kann uns täuschen, daher müssen wir seine Stärken und Schwächen kennen, um Visualisierungen zu entwickeln, die schnell und unmissverständlich ihre Informationen preisgeben.
- Drei visuelle Stufen (VS) beeinflussen, wie wir visuelle Detailinformationen unserer Augen wahrnehmen: die präattentive Ebene (VS1, sehr schnell), die Mustererkennung (VS2, schnell) und die bewusste Wahrnehmung (VS3, eher langsam).

- Ziel guter Visualisierung muss es sein, möglichst viele Informationen bereits auf den schnellen Ebenen VS1 und VS2 bereitzustellen.
- Unsere Aufmerksamkeit lenkt unsere visuelle Wahrnehmung, deshalb müssen wir gezielt planen, wie wir die Aufmerksamkeit unserer Darstellungen auf die wesentlichen Informationen lenken wollen.
- Ein integriertes Vorgehensmodell hilft uns, systematisch aus einer analytischen Aufgabe die passenden visuellen Abfragen (A1 bis A7) abzuleiten und dafür gegebenenfalls noch Vorberechnungen (siehe Berechnungsbeispiele) durchzuführen.
- Die Lenkung der Aufmerksamkeit kann sowohl statisch (ST) als auch dynamisch-interaktiv (D) erfolgen.
- Über allem steht das Ziel, die nötigen Visualisierungen für schnelle Wahrnehmung zu optimieren und die kognitiven Kosten für die Informationsgewinnung auf Empfängerseite möglichst gering zu halten.

Literatur

Drury, Colin G.; Clement, Matthew R. (1978): „The effect of area, density, and number of background characters in visual search“, in: *Human Factors* 20, S. 597 – 602, *https://doi.org/10.1177/001872087802000509*

Koffka, Kurt (1935): *Principles Of Gestalt Psychology*. Abingdon, Oxfordshire

Palmer, Stephen; Rock, Irvin (1994): „Rethinking perceptual organization: The role of uniform connectedness“, in: *Psychonomic Bulletin & Review* 1, S. 29 – 55, *https://doi.org/10.3758/BF03200760*

Pirolli, Peter; Card, Stuart (1995): „Information foraging in information access environments“, in: *Proceedings of CHI* Vol. 95, S. 51 – 58

Shneiderman, Ben (1996): „The Eyes Have It: A Task by Data Type Taxonomy for Information Visualizations“, in: *Proceedings of the IEEE Symposium on Visual Languages*. Washington, *https://www.cs.umd.edu/~ben/papers/Shneiderman1996eyes.pdf*, S. 336 – 343

Spence, Robert (2014): *Information Visualization. An Introduction*. Cham

Tufte, Edward R. (2001): *The Visual Display of Quantitative Information*. Cheshire, S. 107 ff. und *https://www.edwardtufte.com/bboard/q-and-a-fetch-msg?msg_id=00040Z*

Ware, Colin (2021): *Information Visualization. Perception for Design*. Fourth Edition, San Francisco, S. 20 – 22

Wickens, Christopher D. (1992): *Engineering Psychology and Human Performance*. 2nd ed., New York

Wöhe, Günter (2013): *Einführung in die Allgemeine Betriebswirtschaftslehre*. München, S. 140

Wolfe, Jeremy M.; Horowitz, Todd S. (2004): „Opinion: What attributes guide the deployment of visual attention and how do they do it?“, in: *Nature Reviews Neuroscience* 5(6), S. 495

7 Data Governance[1]

Kristin Weber und Christiana Klingenberg

Data Governance schafft einen Ordnungsrahmen für das Datenmanagement. Dieses Kapitel gibt eine Einführung zu Data Governance. Es definiert den Begriff und zeigt Empfehlungen für die Umsetzung in Unternehmen auf. Zudem stellt es die verschiedenen Data-Governance-Handlungsfelder vor und präsentiert diese im qualitätsorientierten Data Governance Framework.

In diesem Beitrag erfahren Sie,

- was Data Governance bedeutet und welchen Mehrwert es in Unternehmen bringt,
- welche Handlungsfelder Data Governance beinhaltet,
- was das qualitätsorientierte Data Governance Framework ist.

7.1 Data Governance: Einführung

Data Governance schafft einen Ordnungsrahmen für das Datenmanagement. D. h., Data Governance definiert Standards, Prozesse und Regeln für den Umgang mit Unternehmensdaten, überwacht deren Einhaltung und legt Rollen und Verantwortlichkeiten für das Datenmanagement fest. Die Unternehmensdaten sollen somit die Erfüllung der strategischen Ziele des Unternehmens unterstützen, sei es durch Datenprodukte, korrekte Kennzahlen und Berichte oder effiziente und fehlerfreie Geschäftsprozesse.

Die Verwendung des Begriffes „Data Governance" – anstelle einer Übersetzung aus dem Englischen – ist auch im Deutschen üblich. Verschiedene Definitionen von Data Governance betonen jeweils andere organisatorische Aspekte. Abraham, Schneider und vom Brocke haben Literatur aus Wissenschaft und Praxis der letzten Jahre zu Data Governance analysiert und kommen im Ergebnis zu folgender Definition:

[1] Dieses Kapitel basiert auf den Inhalten der Kapitel „Data Governance" und „Das qualitätsorientierte Data Governance Framework" im Buch *Data Governance. Der Leitfaden für die Praxis* (Weber/Klingenberg 2020, S. 23 – 65).

„Data governance specifies a cross-functional framework for managing data as a strategic enterprise asset. In doing so, data governance specifies decision rights and accountabilities for an organization's decision-making about its data. Furthermore, data governance formalizes data policies, standards, and procedures and monitors compliance" (Abraham et al. 2019).

Diese Definition betont die zunehmende Bedeutung von Daten als strategisches „Asset" (vgl. auch Otto et al. 2019, S. 9 f.). Gemäß Otto (2011) hat Data Governance auch das Ziel, den Wert der Daten (Data Assets, Datengüter) unter Abwägung von Wirtschaftlichkeitsaspekten zu maximieren (vgl. Bild 7.1). Der Wert eines Datums ist dann hoch, wenn es für die Datennutzenden verwendbar ist, sprich, wenn das Datum eine hohe Qualität hat.

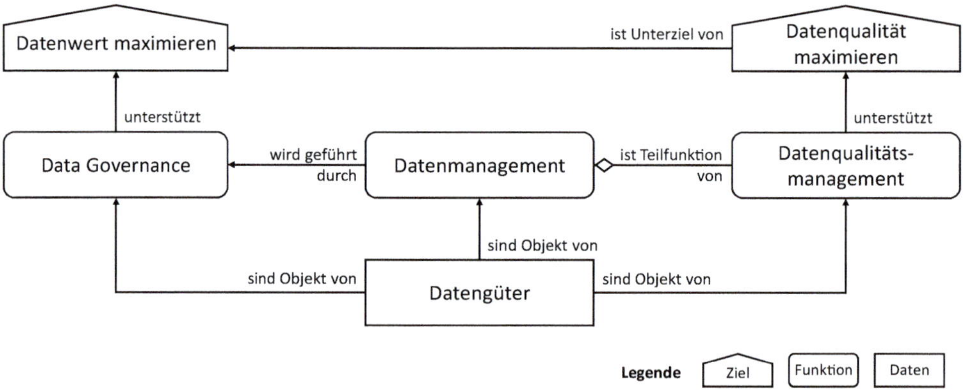

Bild 7.1 Data Governance im Kontext des Datenmanagements (in Anlehnung an Otto und Österle 2016, S. 37)

Da nicht alle Organisationen Daten diesen strategischen Wert beimessen und mit Data Governance auch andere Ziele verfolgen, verwendet dieses Buch eine etwas allgemeinere Auffassung von Data Governance (siehe Kasten).

Data Governance definiert funktions- und bereichsübergreifend Entscheidungsrechte, Verantwortlichkeiten, Richtlinien und andere Vorgaben für das qualitätsorientierte Management der Ressource Daten gemäß den Zielen einer Organisation (in Anlehnung an Weber 2012).

Um Data Governance vom Datenmanagement abzugrenzen, hilft Bild 7.1. Data Governance übernimmt demnach die Führungsfunktion für das Datenmanagement, indem es festlegt, wer welche Entscheidungen im Umgang mit Daten trifft. Dieser Zusammenhang zeigt sich deutlich bei der Festlegung einer Datenstrategie (vgl. Abschnitt 7.4). Das Management der Datenqualität ist eine Teilfunktion des Datenmanagements.

Einen umfangreichen Überblick zum Stand der Forschung zu Data Governance findet sich bei Abraham et al. (2019) sowie Krotova/Eppelsheimer (2019).

7.2 Empfehlungen für Data Governance

Es gibt viele verschiedene Auffassungen darüber, was genau Data Governance ist und wie es in Unternehmen umgesetzt werden sollte. Auf verschiedenen Fallstudien (vgl. Weber/Klingenberg 2020, S. 36) und Erkenntnissen sowie Erfolgsfaktoren - abgeleitet aus der langjährigen praktischen Erfahrung der Autorinnen - basieren die folgenden Data-Governance-Empfehlungen (in Anlehnung an Weber 2009, S. 87 ff.):

- **Topmanagement-Unterstützung:** Der Rückhalt des Topmanagements für Data Governance verhindert unnötige politische Diskussionen, sorgt für das Vorhandensein notwendiger Ressourcen und ist sichtbares Zeichen der Bedeutung von Data Governance und Datenmanagement für das Unternehmen.
- **Ausdauer und Beharrlichkeit:** Data Governance zum Erfolg zu verhelfen, dauert mitunter viele Jahre. Währenddessen muss der Nutzen fortlaufend kommuniziert und das Vorhaben beharrlich verfolgt werden. Die organisatorischen Änderungen werden durch Change-Management-Aktivitäten begleitet.
- **Formale Organisation und Dokumentation der Verantwortlichkeiten:** Data Governance muss formalisiert und dokumentiert werden durch die Etablierung und Verankerung entsprechender Organisationseinheiten, formale Rollenbeschreibungen, Erstellung von Geschäftsordnungen für Gremien und offizielle Ernennung der Verantwortlichen.
- **Fachliche Verantwortung:** Die Verantwortlichen für Daten sind in der Regel in den Fachabteilungen zu finden und nicht in der IT.
- **Verteilung der Verantwortung:** Die fachliche Verantwortung kann nur verteilt wahrgenommen werden. Je nach Datenobjekt sitzen die Personen mit Fachexpertise in unterschiedlichen Abteilungen. Alle Experten und Expertinnen dürfen und müssen ihre Anforderungen in Entscheidungen einbringen.
- **Vollzeitverantwortung:** Viele Data-Governance-Aufgaben können neben dem Tagesgeschäft wahrgenommen werden. Jedoch sollten einige Personen bestimmt werden, deren Hauptaufgabe die Verantwortung für Daten ist.
- **Aufbau auf bestehender Organisation:** Data Governance sollte nicht auf der grünen Wiese starten, sondern auf vorhandenen Strukturen aufbauen. Das senkt die Kosten und erhöht die Akzeptanz.

- **Globale und lokale Verantwortung:** Data Governance fokussiert (zunächst) auf organisationsweite Verantwortlichkeiten für wenige, sogenannte globale Datenobjekte oder Attribute. Der überwiegende Teil der Daten kann in lokaler Verantwortung geregelt werden.

In der Praxis zeigt sich oft, dass Unternehmen bereits unterschiedliche Initiativen im Bereich Datenmanagement initiiert haben. Allerdings sind diese Initiativen selten koordiniert oder bereichsübergreifend abgestimmt. Das hat zur Folge, dass sich Synergieeffekte nicht entwickeln können und sich im schlimmsten Fall sogar kontraproduktive Situationen ergeben. Das ist der Fall, wenn es z.B. um Konflikte der Verantwortung und Zuständigkeiten für bestimmte Daten geht. Zudem entsteht der Eindruck eines chaotischen Datenmanagements bei den Mitarbeitenden, was zermürbend sein kann und demotivierend ist.

Die gute Nachricht ist, dass es diese unterschiedlichen Initiativen gibt und diese „nur noch“ in ein Data Governance Framework eingeordnet werden müssen. Data Governance Frameworks oder Rahmenwerke beschreiben die typischen Handlungsfelder von Data Governance und das Vorgehen bei der Umsetzung von Data Governance in Unternehmen. Sie geben damit eine Orientierungshilfe und Ordnungsfunktion für bestehende und zukünftige Initiativen. Gepaart mit einem hohen Maß an Kommunikation, Diplomatie und Kompromissbereitschaft sowie einer gemeinsamen Mission, die sich aus der Datenstrategie ableiten lässt, können die Ziele und Vorteile von Data Governance erreicht werden.

Im Folgenden wird das qualitätsorientierte Data Governance Framework vorgestellt. In Praxis und Literatur finden sich einige weitere Frameworks, wie z.B.:

- Non-Invasive Data Governance Framework von Robert S. Seiner (vgl. Seiner 2019, 2022)
- DGI Data Governance Framework (vgl. Thomas 2014)
- SAS Data Governance Framework (vgl. SAS 2017)
- Data Governance Framework der DAMA (vgl. Henderson et al. 2017)

7.3 Das qualitätsorientierte Data Governance Framework

Die Zielsetzung des qualitätsorientierten Data Governance Frameworks ist es, die Daten in hoher Qualität für alle Nutzenden bereitzustellen. Das hier verwendete Verständnis von Datenqualität entspricht dem „fitness-for-use“-Ansatz (Wang/Strong 1996 und vgl. Abschnitt 8.2). Das bedeutet, dass Daten den Anforderungen der Nutzenden entsprechen müssen, um von einer hohen Qualität dieser Daten zu sprechen. Wie umfangreich diese Anforderungen sind, zeigt, dass die Gewährleistung von Datenschutz und Datensicherheit dazugehören können, ebenso wie die Einhaltung von Gesetzen und Standards und auch die Bereitstellung der Daten in einem von Partnerunternehmen verwendbaren Austauschformat.

Das qualitätsorientierte Data Governance Framework definiert, welche Handlungsfelder (Aufgaben) Data Governance hat. Die Handlungsfelder oder Gestaltungsbereiche zeigen als eine Art Best Practice, woran Unternehmen denken sollten, wenn sie Data Governance definieren und umsetzen wollen. Die konkrete Ausgestaltung der Handlungsfelder sowie die Festlegung, wer für welches Handlungsfeld verantwortlich ist, sind für jedes Unternehmen anders.

Handlungsfelder und Gestaltungsbereiche von qualitätsorientierter Data Governance finden sich im gesamten Unternehmen in den verschiedenen Fach- und Geschäftsbereichen. Data Governance betrachtet strategische Überlegungen zur Datenqualität genauso wie organisatorische und prozessorale Entscheidungen. Auch die Gestaltung von Informationssystemen, sei es in Form von Werkzeugen zur Bewertung von Datenqualität oder zur qualitätsorientierten Datenhaltung und Datenverarbeitung, wird durch Data Governance adressiert. Data Governance adressiert somit die drei Ebenen der Unternehmensarchitektur: Strategie, Prozesse/ Organisation und Informationssysteme. Diese drei Ebenen bilden die Hauptstruktur für die Handlungsfelder von Data Governance (z. B. Otto/Österle 2016, S. 22 ff.; Otto et al. 2007; Weber 2009, S. 127 ff.).

Grundsätzlich bestimmt die Strategie die Organisation und die Geschäftsprozesse, die Ausführung der Geschäftsprozesse wird durch Informationssysteme unterstützt (Österle et al. 2011, S. 15):

- Auf strategischer Ebene werden Grundsätze festgelegt und strategische Ziele definiert.
- Auf der Ebene der Prozesse und Organisation werden auf Basis der strategischen Vorgaben Prozesse abgeleitet und wird eine geeignete Aufbauorganisation definiert.
- Auf der Ebene der Informationssysteme fließen die auf den beiden oberen Ebenen getroffenen Entscheidungen in die Gestaltung der Systemarchitektur ein.

Auf den drei Ebenen weist Data Governance insgesamt sechs Handlungsfelder bzw. Gestaltungsbereiche auf (Bild 7.2). Über alle Ebenen hinweg und für alle Handlungsfelder gültig ist die Orientierung an der Datenqualität, illustriert durch den Querbalken auf der rechten Seite des Frameworks.

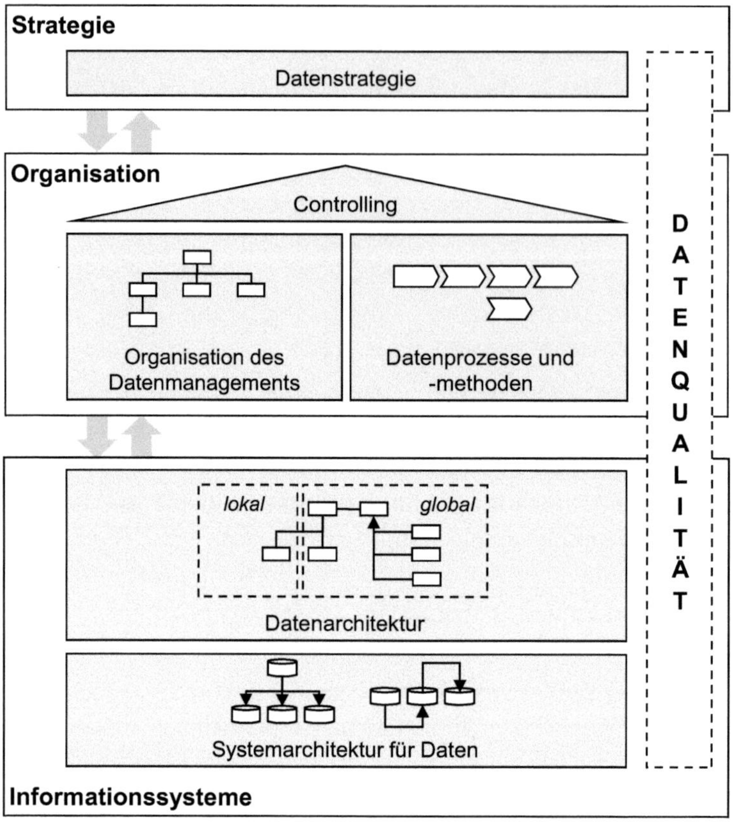

Bild 7.2 Data-Governance-Handlungsfelder im qualitätsorientierten Data Governance Framework (Weber/Klingenberg 2020, S. 40)

Typische Handlungsfelder der **strategischen Ebene** sind die Ausrichtung von Data Governance an den Unternehmenszielen, die Definition des Betrachtungsbereichs des Datenmanagements, die Festlegung der mittel- bis langfristigen Ziele und die Erarbeitung eines Maßnahmenplans, um die strategischen Ziele zu erreichen (Abschnitt 7.4).

Auf der **organisatorischen Ebene** werden Entscheidungen zum Controlling, zur datenbezogenen Organisation und zu Prozessen getroffen (Abschnitt 7.5.1, Abschnitt 7.5.2 und Abschnitt 7.5.3). Das Controlling steuert und überprüft die Umsetzung der in der Strategie definierten Ziele z. B. durch die Messung der Datenqualität. Zur Organisation gehört die Definition von Rollen und von Kommunikations- und Schulungsmaßnahmen zur Erhöhung der Data Quality Awareness. Die wichtigsten datenbezogenen Prozesse sind die Datenproduktionsprozesse, z. B. zur Erfassung und Pflege von Daten.

Auf der dritten Ebene, der **Informationssystemebene**, werden die Datenarchitektur und die Systemarchitektur gestaltet (Abschnitt 7.6.1 und Abschnitt 7.6.2). Entscheidungen auf dieser Ebene betreffen beispielsweise die Architekturvariante für Stammdatenhaltung und -verteilung (z.B. zentrales oder führendes System) und die Verwendung von Werkzeugen zur technischen Unterstützung des Datenmanagements.

7.4 Handlungsfeld der strategischen Ebene

Data Governance muss sich stets an den Unternehmenszielen ausrichten. Die strategische Verankerung ist wichtig, um der Unternehmensleitung aufzuzeigen, dass Data Governance kein Kosten- oder Hygienefaktor ist, sondern wesentlich zu den Unternehmenszielen beiträgt. Die unternehmensweite Ausrichtung von Data Governance und das Ziel der Vermeidung nicht abgestimmter Einzelinitiativen machen eine Strategie für das Datenmanagement notwendig.

Die Datenstrategie hebt die wirtschaftliche Relevanz von Daten hervor, legt die Ziele des Datenmanagements fest und gibt den Rahmen für den Umgang mit Daten innerhalb des Unternehmens vor. Beispielsweise legt die Datenstrategie fest, dass das Unternehmen die Unternehmensdaten als „Assets" betrachtet und diese umsatzsteigernd und gewinnbringend einsetzen möchte. Die Strategie ist eine Art Absichtserklärung der Unternehmensleitung, sich um das Thema Daten zu kümmern. Auf diesem Bekenntnis der Unternehmensleitung basiert auch die Bereitstellung von finanziellen Ressourcen, um z.B. Mitarbeitende zu beschäftigen, die sich des gewinnbringenden Einsatzes der Daten annehmen.

Die Datenstrategie beinhaltet strategische Leitlinien für Data Governance, beispielsweise die folgenden Grundsätze:

- Alle Mitarbeitenden sind für die Qualität der von ihnen erstellten und bearbeiteten Daten verantwortlich.
- Transparenz und Offenheit statt Silodenken.

Die Strategie gibt somit auch Hinweise zu relevanten Datenqualitätsdimensionen und zur Datensicherheit. Ausgehend vom betriebswirtschaftlichen Nutzen legt sie den Betrachtungsbereich von Data Governance fest, also welche Daten und welche Bereiche des Unternehmens betroffen sind. Aufgrund deren Bedeutung sind es häufig Stammdatenobjekte wie Kunden, Produkte und Anlagen, die im Betrachtungsbereich von Data Governance liegen. Die Strategie nennt auch die für Datenqualität und das Datenmanagement grundsätzlich Verantwortlichen. Daraus folgen die entsprechende organisatorische Aufstellung des Unternehmens und die Definition und Anpassung von Prozessen. Ein Leitbild oder „Mission Statement" fasst die Ziele und den Zweck des Datenmanagements in wenigen Sätzen zusammen. Ein Leitbild dient der einfachen, schnellen Kommunikation der Strategie.

Darüber hinaus trifft die Datenstrategie Aussagen zu den wichtigsten Maßnahmen und Projekten zur Verbesserung des Datenmanagements im Unternehmen und zeigt einen langfristigen Umsetzungsplan auf.

Aus den in der Strategie festgehaltenen Zielen können die Verantwortlichen konkrete Projekte zur Umsetzung des Datenmanagements im Unternehmen und zur Verbesserung der Datenqualität ableiten. Ein Umsetzungsplan definiert die wichtigsten Maßnahmen und einen Zeitplan für deren Umsetzung. Die Umsetzungsplanung muss mit anderen fachlichen oder informationstechnischen Maßnahmen des Unternehmens abgestimmt werden, in denen Daten eine große Rolle spielen, wie beispielsweise Digitalisierungsprojekten oder Maßnahmen zur IT-Konsolidierung. Da die Umsetzung von Data Governance meist mehrere Jahre dauert, hilft ein langfristiger Plan, kontinuierlich auf die definierten Ziele hinzuarbeiten. Maßnahmen können nach ihrem Beitrag zu den Unternehmenszielen, der Lösung der dringendsten betriebswirtschaftlichen Probleme, der Verbesserung der Daten mit der derzeit schlechtesten Qualität oder der Beseitigung der höchsten Kosten schlechter Datenqualität priorisiert werden (Redman 1996, S. 28).

Zur Rechtfertigung des gesamten Data-Governance-Programms und einzelner, konkreter Maßnahmen sollten stets Wirtschaftlichkeitsbetrachtungen angestellt werden. Die Bewertung von Kosten und Nutzen ist für die Finanzierung und für die Priorisierung der Maßnahmen erforderlich. Grundsätzlich kann sich der Nutzen in der Unterstützung und Umsetzung strategischer Ziele des Unternehmens zeigen, in der Behebung von Prozessineffizienzen oder in qualitativen Verbesserungen. Idealerweise ist der Nutzen auch quantitativ messbar, wie die folgenden Beispiele zeigen, die die verursachten Kosten aufgrund fehlender Data Governance darstellen.

Beispiele für entstandene Kosten aufgrund fehlender Data Governance

Ein Hersteller von Pflanzenschutzmitteln musste in einem Fall einen sechsstelligen Eurobetrag als Entschädigung an einen Landwirt zahlen. Aufgrund gleicher Produktnummern zweier unterschiedlicher Produkte in zwei ERP-Systemen lieferte das Unternehmen dem Landwirt das falsche Produkt. Das Ergebnis war die Zerstörung der kompletten Ernte des mit dem falschen Produkt behandelten Feldes.

Ein Unternehmen der Uhrenindustrie schätzt, dass schlechte Datenqualität pro Jahr Fehlerkosten in Höhe von ca. 400 000 Schweizer Franken verursacht. Die Kosten setzen sich zusammen aus der Produktion von Ausschuss durch falsche Spezifikationen und Personalkosten für die dadurch verursachte Doppelarbeit.

Das Informationsmanagementprogramm bei BT erzielte insgesamt einen Nutzen von über 700 Millionen Pfund Sterling. Quellen dieses Nutzens waren unter anderem Prozessverbesserungen, die Erhöhung des Return on Investment von Investitionen in IT-Systeme, gesunkene Lagerhaltungskosten, Vermeidung von Investitionen, höhere Einnahmen und verbesserte Nutzung von Anlagegütern (Weber 2009, S. 133). ■

7.5 Handlungsfelder der organisatorischen Ebene

In den folgenden Abschnitten werden die Handlungsfelder der organisatorischen Ebene des qualitätsorientierten Data Governance Frameworks beschrieben. Die Handlungsfelder sind das Controlling, die Organisation des Datenmanagements und die Datenqualitätsmanagementprozesse und -methoden.

7.5.1 Controlling

Das Handlungsfeld Controlling stellt das Bindeglied zwischen der strategischen und der organisatorischen Ebene dar. Übersetzt bedeutet Controlling steuern bzw. regeln. Das Controlling arbeitet eng mit dem Management zusammen: Das Controlling sammelt und bewertet Informationen und bereitet diese als Entscheidungsvorlage für das Management auf, welches die Entscheidungen trifft (Gadatsch 2016, S. 1). Aktuelle und verlässliche Informationen über das zu steuernde Objekt sind die Voraussetzung für zielgerichtetes und wirtschaftliches Handeln. Nur wenn bekannt ist, wie der aktuelle Zustand ist, kann man gezielte Maßnahmen ergreifen, um diesen zu verbessern. Ob die Maßnahmen erfolgreich waren, sieht man nach einem gewissen zeitlichen Abstand an einer positiven Veränderung des Ist-Zustandes. Kurz gesagt, um etwas nachweislich zu verbessern, muss man es messen. Das Handlungsfeld Controlling im qualitätsorientierten Data Governance Framework dreht sich daher im Wesentlichen um das Thema Messen.

Konzeptionell orientiert sich das Handlungsfeld am IT-Controlling-Regelkreis (Bild 7.3). Das zu steuernde (zu beeinflussende) Objekt ist die Qualität der im Betrachtungsbereich liegenden Daten. Der Nutzen bzw. Erfolg der im Umsetzungsplan festgelegten Maßnahmen sollte sich in einer Erhöhung der Datenqualität zeigen. Also darin, dass die Daten für die definierten Einsatzzwecke nutzbar sind. Die Einführung von Quality Gates bei der Datenerfassung (vgl. Klingenberg/Brandstätter 2020) sollte z.B. dazu führen, dass neu erstellte Stammdaten den definierten Anforderungen entsprechen und somit eine hohe Qualität aufweisen.

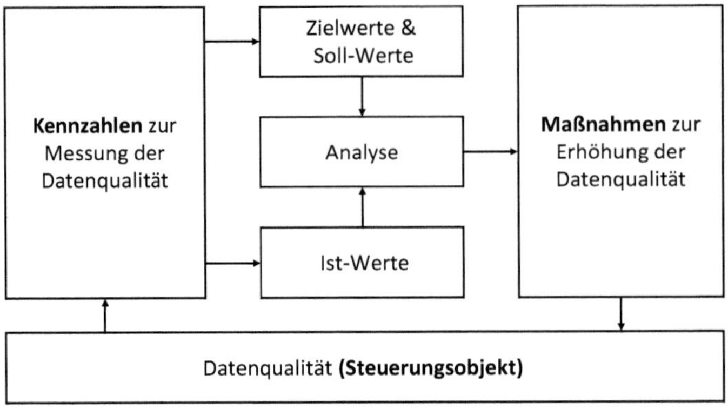

Bild 7.3 Datenqualität als Steuerungsobjekt im IT-Controlling-Regelkreis (in Anlehnung an Kütz 2011, S. 4)

Ausgangspunkt sind die Anforderungen an die Datenqualität, die aus der Datenstrategie abgeleitet werden. Es muss die Frage geklärt werden, in welcher Form und Qualität die Daten beschaffen sein müssen, um im Sinne der Strategie verarbeitet werden zu können *(Zielwerte und Soll-Werte)*. Die meist verbal beschriebenen Anforderungen (z. B. „Die DUNS-Nummer im Lieferantenstamm muss richtig und vollständig gepflegt sein") müssen auf quantitativ messbare Größen abgebildet werden. Diese Anforderungen müssen also in ein technisch abbildbares Regelwerk zur Prüfung der Datenqualität übertragen werden. Das ist die Voraussetzung für die Messung der Datenqualität *(Ist-Werte)*. Die Messwerte können dann mit den Soll-Werten verglichen werden, und Ursachen für die Abweichungen müssen gefunden werden *(Analyse)*. Nur dann können geeignete Maßnahmen zur Verbesserung der Datenqualität abgeleitet und schließlich umgesetzt werden.

Wichtig ist, dass alle Maßnahmen des Umsetzungsplans der Datenstrategie mit messbaren Zielen versehen werden. Die regelmäßige Messung der Ziele gibt Auskunft über den aktuellen Status der Umsetzung der Maßnahmen. Im Bedarfsfall können sehr konkrete und zielgenaue Maßnahmen platziert werden, sollte es in einzelnen Bereichen Herausforderungen bei der Umsetzung der Datenstrategie geben.

7.5.2 Organisation des Datenmanagements

Im Handlungsfeld Organisation wird der Kern von Data Governance definiert – das Rollenmodell. Sind die Rollen definiert, werden Mitarbeitende den Rollen zugeordnet und die Gremien konstituiert. Die Besetzung der Rollen muss nicht notwendigerweise in Vollzeit erfolgen. Beispielsweise werden die Rollen der fachlichen und technischen Data Stewards in der Regel mit Mitarbeitenden besetzt, die weiterhin ihre operativen Aufgaben wahrnehmen. Das ist auch notwendig, damit die erforderliche Expertise in den Geschäftsprozessen, Anwendungssystemen etc. dauerhaft aufrechterhalten werden kann. Jedoch sind zentrale Rollen wie der Konzern-Data-Steward häufig Vollzeitstellen.

Rollen übernehmen die Aufgaben der einzelnen Data-Governance-Handlungsfelder oder sind dafür verantwortlich, Entscheidungen zu treffen. Das Rollenmodell unterscheidet Einzelrollen, die meist einzelnen Personen bzw. Stellen im Unternehmen zugeordnet werden, und Gremien, die sich aus mehreren Einzelrollen zusammensetzen.

Die Data-Governance-Rollen können den vier Entscheidungsebenen exekutiv, strategisch, taktisch und operativ zugeordnet werden (vgl. Seiner 2019). Eine Zuordnung zu Ebenen ist sinnvoll, um den Entscheidungsraum und -horizont der Verantwortlichen klar abzugrenzen. Bild 7.4 zeigt ein mögliches Data-Governance-Rollenmodell, wobei dieses Modell in jedem Fall auf die Gegebenheiten des Unternehmens, in welchem es implementiert werden soll, angepasst werden muss.

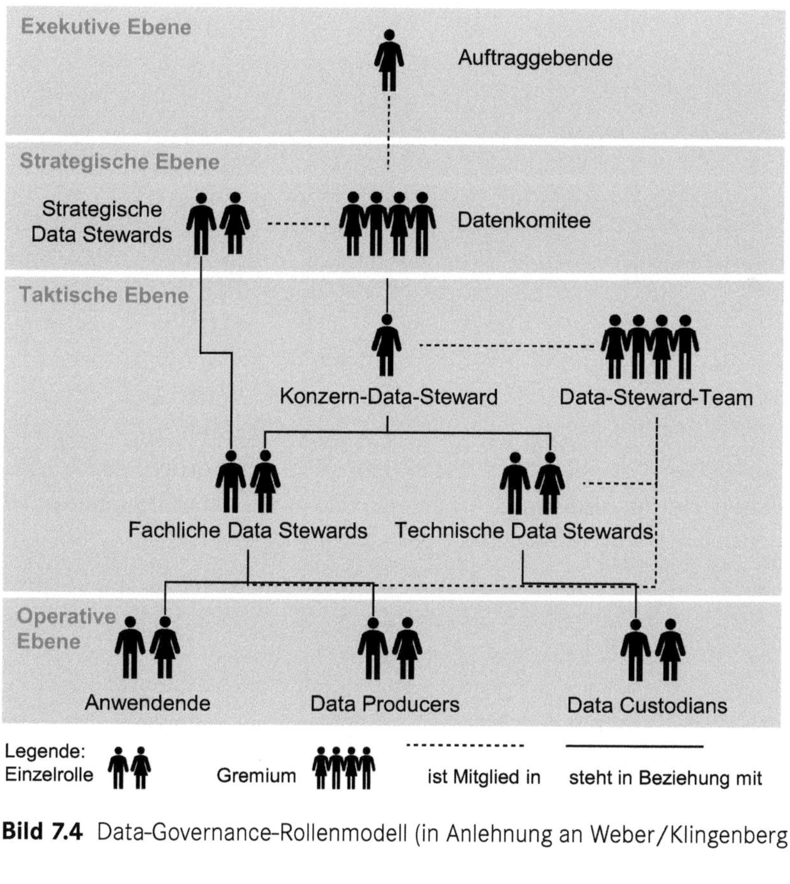

Bild 7.4 Data-Governance-Rollenmodell (in Anlehnung an Weber/Klingenberg 2020, S. 49)

Folgende Tabelle 7.1 bietet eine kurze Beschreibung der Rollen an.

Tabelle 7.1 Data-Governance-Rollen und -Gremien (in Anlehnung an Weber 2009, S. 107)

Rolle/Gremium	Beschreibung
Exekutive Ebene	
Auftraggebende (Sponsor, Chief Data Officer)	Die/der Auftraggebende verkörpert die ideelle und finanzielle Unterstützung des Datenmanagements durch die Unternehmensleitung. Die auftraggebende Person ist auf der höchsten Unternehmensebene für das Datenmanagement verantwortlich.
Strategische Ebene	
Datenkomitee	Das Datenkomitee ist das strategische Entscheidungsgremium des Datenmanagements. Es hat die Aufsicht über die Umsetzung und Einhaltung der Datenstrategie und kontrolliert alle datenbezogenen Projekte und Maßnahmen.
Strategische Data Stewards (Data Owner)	Die strategischen Data Stewards haben die strategische Verantwortung und höchste Entscheidungsbefugnis für einen Teil der Datenobjekte. Sie besitzen die notwendige Kompetenz, um Entscheidungen des Datenkomitees in die Organisation zu tragen.
Taktische Ebene	
Konzern-Data-Steward	Die/der Konzern-Data-Steward hat die taktische Leitung und Verantwortung für das Datenmanagement. Sie/er koordiniert alle anderen Rollen.
Data-Steward-Team	Das Data-Steward-Team repräsentiert alle Data Stewards des Unternehmens. Es trifft sich regelmäßig, um Erfahrungen auszutauschen und über aktuelle Probleme zu diskutieren und sie zu lösen.
Fachliche Data Stewards	Fachliche Data Stewards kümmern sich in ihrem Verantwortungsbereich um die Qualität der Datenobjekte aus fachlicher Sicht. Sie repräsentieren als Expert:innen die Interessen ihres Fachgebiets.
Technische Data Stewards	Technische Data Stewards sind verantwortlich für die informationstechnische Unterstützung des Datenmanagements.
Operative Ebene	
Anwendende	Anwendende nutzen Daten innerhalb von Geschäftsprozessen oder zur Entscheidungsfindung und definieren somit deren fachliche Anforderungen.
Data Producers	Data Producers erstellen und pflegen Daten gemäß den Regeln des Datenmanagements.
Data Custodians	Data Custodians implementieren die fachlichen Anforderungen in die Daten verarbeitenden und Daten haltenden Informationssysteme.

Neben den Rollen etablieren größere Unternehmen spezielle Abteilungen zur Bündelung der Aufgaben des Datenmanagements. Das Datenmanagement als Organisationseinheit ist für die unternehmensweite Koordination, Leitung, Unterstützung und Überwachung aller Aktivitäten, Aufgaben und Entscheidungen und aller daran beteiligten Mitarbeitenden des Datenmanagements zuständig.

Ein wesentlicher Faktor für eine Datenmanagementorganisation ist das Wissen um die Bedeutung und die Wichtigkeit der Unternehmensdaten für die Erreichung der strategischen Ziele. Es muss eine Awareness für Daten geschaffen werden. Außerdem ist es wichtig, den Mitarbeitenden, die eine Rolle in der Datenmanagementorganisation bekleiden, Schulungen und Unterstützung zukommen zu lassen. Denn nur wenn sie in der Lage sind, ihre Rolle erwartungsgemäß auszufüllen, können sie sich für ein zielgerichtetes Management der Unternehmensdaten im Sinne der Strategie einsetzen.

7.5.3 Datenmanagementprozesse

Bei den Datenmanagementprozessen sind die Datenproduktionsprozesse von den Datenqualitätsmanagementprozessen zu unterscheiden. Bei **Datenproduktionsprozessen** handelt es sich um Datenanlage- und Datenpflegeprozesse. Das können z.B. die Erfassung von Logistikdaten zu einem Artikelstammdatum oder die Neuanlage eines potenziellen Kunden sein. Datenproduktionsprozesse sind auch unter dem Kürzel CRUD Create - Read - Update - Delete (Anlegen - Lesen - Ändern - Löschen) bekannt.

Das Management der Datenproduktionsprozesse beinhaltet die Identifikation eines Prozessverantwortlichen, die Modellierung des Prozesses, die Etablierung eines Prozesscontrollings und die kontinuierliche Verbesserung (Redman 1996). Durch ein aktives Management der Datenproduktionsprozesse soll die Datenqualität während des gesamten Datenlebenszyklus sichergestellt werden. Dies kann durch die Definition von Quality Gates geschehen. Quality Gates werden während der Prozessdefinition beschrieben und sind im einfachsten Fall Checklisten, die Auskunft geben, ob bestimmte Informationen in der angeforderten Qualität aus den Vorsystemen oder datenzuliefernden Prozessen bereitgestellt wurden. Liegen die benötigten Daten nicht in der angeforderten Qualität vor, werden die Datenlieferanten informiert und der Prozess wird so lange gestoppt, bis die Anforderungen erfüllt sind. Diese iterative Vorgehensweise hat den Vorteil, dass allen Prozessbeteiligten die Anforderungen an die Datenqualität bekannt sind und ein Bewusstsein für eine hohe Datenqualität geschaffen wird (Klingenberg/Brandstätter 2020).

Nach dem Informationsproduktansatz (vgl. Wang et al. 1998) sind Daten (oder auch Informationen) das Ergebnis eines Produktionsprozesses. Ebenso wie die

Produktion physischer Produkte soll demnach der Prozess der Datenerzeugung gemanagt werden (Bild 7.5). Das Ergebnis eines Produktionsprozesses ist ein Datenprodukt, welches den Anforderungen der Nutzenden genügt. Ein solches Datenprodukt könnte das Risikoprofil eines Kunden oder eine Rechnung sein. Der Lebenszyklusgedanke beschreibt die verschiedenen Phasen eines Datenprodukts von dessen Entstehung bzw. Beschaffung über die Analyse, Bewertung, Anreicherung und Nutzung bis hin zur Entsorgung. Um Datenprodukte wiederzuverwenden, sollten gezielte Aktivitäten zur Pflege und Wartung unternommen werden. Dadurch kann die Qualität langfristig sichergestellt werden.

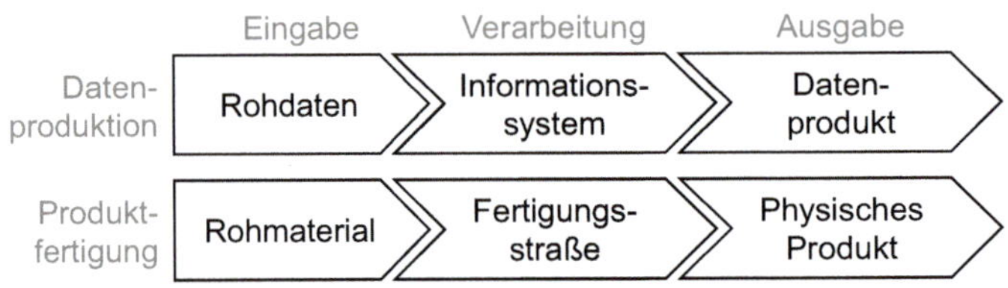

Bild 7.5 Datenproduktion (in Anlehnung an Wang 1998, S. 59)

In die Modellierung der Datenproduktionsprozesse fließen die Anforderungen der Nutzenden an das Datenprodukt ein sowie weitere Vorgaben, z.B. aus Gesetzen, Standards und Richtlinien.

Die wesentlichen Elemente der Datenproduktionsprozesse sind Datenquellen (Input), Verarbeitungsschritte, Datenspeicher, Qualitätskontrollen und Datensenken (Output). Data Governance macht für diese Prozesse Vorgaben und setzt Standards. Es wird definiert, wie Datenqualität in den Prozessen einzuhalten ist, z.B. durch Erfassungsrichtlinien, Anforderungen an (externe) Data Producer und Datenqualitätskontrollen mittels Quality Gates. Dieses aufwendige Management der Datenproduktionsprozesse betrifft vor allem die in der Datenstrategie festgelegten Kerndatenobjekte.

Data Governance legt auch fest, in welchem Umfang die Datenproduktionsprozesse in die operativen Geschäftsprozesse (z.B. Produktentwicklung, Einkauf, Marketing, Vertrieb) eingebettet sind. Ereignisse der Geschäftsprozesse lösen Aktivitäten der Datenproduktionsprozesse aus (Beispiel Materialstammdaten) (Otto et al. 2008, S. 225):

- Auslöser für die Anlage eines Stammsatzes ist der Einkauf eines neuen Rohmaterials oder der Abschluss der Entwicklung eines neuen Produkts.
- Eine Änderung der Verpackung oder die Erweiterung des Verkaufsgebiets führen zu Anpassungen im Stammsatz.
- Der Stammsatz wird deaktiviert und archiviert, wenn das Produkt vom Markt genommen wird.

Die Datenproduktionsprozesse sind elementar für sämtliche Geschäftsprozesse. Eine hohe Qualität bei der Anlage von Daten stellt sicher, dass die Geschäftsprozesse reibungslos ablaufen.

Die **Datenqualitätsmanagementprozesse** sichern und erhöhen die Qualität der Unternehmensdaten. Diese Aufgaben umfassen z. B. die Identifikation und Lösung von Datenqualitätsproblemen, den Umgang mit und die Pflege von Metadaten sowie die Unterstützung der Data Producer, Data Stewards und Anwendenden. Zur Analyse und Verbesserung der Datenqualität existieren zahlreiche Methoden und Techniken. Eine grundsätzliche Unterscheidung besteht zwischen reaktiver, nachträglicher Datenbereinigung („Data Cleansing") und proaktiver, vorbeugender Verbesserung der Datenqualität.

Für die nachträgliche Datenbereinigung sollte es in Unternehmen die Möglichkeit geben, entdeckte Datenqualitätsprobleme in ein Ticket-System einzupflegen. Diese Tickets werden in der Regel von den Anwendenden angelegt, da sie nur eingeschränkte Möglichkeiten haben, die Daten in den Systemen selbst zu ändern. Dabei ist die Anlage eines Datenqualitäts-Tickets der Startpunkt des Bearbeitungsprozesses zur Auflösung des Datenqualitätsproblems. Die Bereinigung der Daten kann, in Abhängigkeit des individuellen Problems, aufwendig sein. Sind z. B. Änderungen an der Rechtsform eines Unternehmens notwendig, muss diese zunächst verifiziert werden. Zudem muss geprüft werden, wer die Rechte hat, dieses Attribut in den jeweiligen Systemen anzupassen. Komplexer ist die Auflösung eines doppelten Datensatzes (Dublette). Hier müssen die Fachabteilungen unterstützen und dafür Sorge tragen, dass beim Zusammenlegen von Datensätzen keine relevanten Informationen verloren gehen.

7.6 Handlungsfelder auf Ebene der Informationssysteme

Die Ebene der Informationssysteme beschäftigt sich mit der Daten- und der Systemarchitektur. Diese Handlungsfelder sind sehr IT-nah. Daher sollte die Zusammenarbeit und gegebenenfalls die Abgrenzung zu IT-Governance diskutiert und geklärt werden, um gemeinsame Lösungen zu finden und sich nicht in unnötigem Kompetenzgerangel zu verlieren.

7.6.1 Datenarchitektur

Die Anforderungen an die Datenarchitektur lassen sich aus den Geschäftsprozessen ableiten. Dort wird definiert, welche Datenobjekte auf Unternehmensebene relevant sind und somit einheitlich interpretiert werden müssen. Andere Datenobjekte sind nur auf Bereichsebene oder lokaler Ebene gültig und können gegebenenfalls individueller ausgestaltet werden. In jedem Fall ist eine verständliche und zugängliche Dokumentation der Datenobjekte notwendig. Nur so lassen sich Missverständnisse zu den Daten vermeiden und es wird eine einheitliche Sprache über die Daten gesprochen.

Business Data Dictionary und Datenkatalog

Typischerweise werden die Fachbegriffe eines Unternehmens in einem Business Data Dictionary hinterlegt. Das ist notwendig, weil oft verschiedene Fachbereiche die Bedeutung der Daten unterschiedlich interpretieren. Ebenso werden Metadaten zu den Datenobjekten hinterlegt.

Beispiel: Definition des Begriffs „Kunde“

Eines der einfachsten Beispiele für unterschiedliche Interpretationen innerhalb eines Unternehmens ist der Begriff „Kunde“:

- Für den Vertrieb ist ein Kunde jemand, der die Ware bestellt hat.
- Für den Support ist ein Kunde jemand, der Unterstützung bei einem Produkt benötigt.
- Für das Team der Kundenzufriedenheit ist ein Kunde jemand, der die Waren nutzt.
- Für die IT ist der Kunde jemand, der im System angelegt ist.

Diese Beispiele zeigen, wie vielfältig der Begriff „Kunde“ innerhalb eines Unternehmens interpretiert werden kann.

Eine weitere Möglichkeit, Datenobjekte zu definieren und deren Bedeutung zu vereinheitlichen, ist ein Datenkatalog. Ein Datenkatalog enthält (mindestens) sämtliche Informationen, zu Kerndatenobjekten, die in der Datenstrategie verankert sind. Dazu gehören auch Informationen, in welchem System welche Daten erfasst und wie verarbeitet werden.

Data Dictionary

Ein weiterer, häufig verwendeter Begriff ist Data Dictionary. Im Gegensatz zu einem Business Data Dictionary werden nur technische Informationen verarbeitet. Ein alternativer Name dafür ist „Metadata Repository“. Diese Art der Data Dictionaries werden auf Systemebene erstellt und können auch in den Datenkatalog mit aufgenommen werden.

Aus der Perspektive der Datenqualität sind sie deswegen interessant, da hier bereits erste Hinweise auf die erwartete Qualität der aufgenommenen Datenobjekte hinterlegt sind bzw. diese sich aus der Gesamtheit der Informationen ableiten lassen.

Datenobjektmodell

Zur Datenarchitektur gehört auch das Datenobjektmodell, oder auch „Business Information Model". Dabei handelt es sich um eine grafisch aufbereitete Darstellung der Informationen aus dem Business Data Dictionary. Anhand der grafischen Aufbereitung lassen sich fachliche Zusammenhänge zwischen Datenquellen, Datenflüssen und Datensenken ablesen. Datenobjektmodelle werden erstellt, um die Kommunikation und das Verständnis der grundlegenden Datenanforderungen des Unternehmens zu fördern und die Planung und Entwicklung detaillierter Datenmodelle zu steuern.

Datenhaltungs- und Datenverteilungsarchitektur

Ein weiterer Aspekt der Datenarchitektur ist die Datenhaltungs- und Datenverteilungsarchitektur. Im Bereich des Stammdatenmanagements kann beispielsweise festgelegt werden, dass die Stammdaten an einer zentralen Stelle gehalten und gepflegt werden. Man spricht von Stammdatenmanagementsystemen oder auch Master-Data-Management(MDM)-Systemen. Charakteristisch für diese Systeme ist, dass die Stammdaten des Unternehmens nur an einer zentralen Stelle gepflegt werden und von dort aus in die notwendigen Umsysteme wie z. B. CRM-Systeme überführt werden. Vorteil einer solchen Architektur ist, dass die sich selten ändernden Stammdaten auch nur an einer Stelle gepflegt werden. Damit umgeht man die redundante und damit fehleranfällige Datenpflege, wenn sie in verschiedenen Systemen wie z. B. CRM- oder ERP-Systemen einzeln erfolgt. Des Weiteren verhindert man die Anlage von doppelten Datensätzen und erhöht durch die einmalige Anlage und Pflege die Qualität der Stammdaten.

Bei der Datenverteilungsarchitektur gibt es vier Modelle, die in der Literatur, wenn auch mit Abweichungen, immer wieder beschrieben werden (Legner/Otto 2007). Dieses sind das führende System, das zentrale Datensystem, das Verzeichnis/Registry-System und Standards. Bild 7.6 zeigt die Unterschiede. Bei harmonisierten Datenmodellen sind Attribute (z. B. Name und Feldlänge) und deren Inhalte (z. B. Wertebereiche) unternehmensweit festgelegt. Bei einem nicht oder nur partiell harmonisierten Datenmodell sind die Daten in den lokalen Systemen unterschiedlich ausgeprägt, z. B. abhängig von einer Region oder einem Geschäftsbereich.

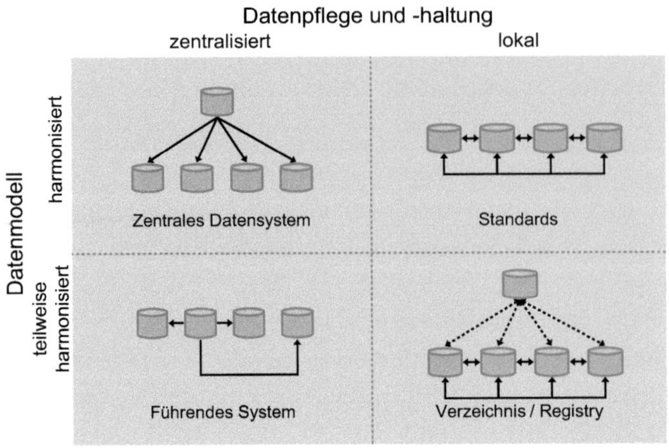

Bild 7.6 Varianten der Datenhaltungs- und Datenverteilungsarchitektur (Legner/Otto 2007, S. 8)

Zusammenfassend lassen sich die vier Datenhaltungs- und Datenverteilungsarchitekturen wie folgt beschreiben:

- Das **führende System** ist die häufigste Variante der Verteilung von Stammdaten. Dabei wird ein bestehendes System als führendes System für ein Stammdatum definiert und ist Ausgangspunkt für die Verteilung der Daten an die anderen Systeme. Die Datenmodelle sind nicht immer vollständig harmonisiert.
- Bei einem **zentralen Stammdatensystem** werden die Stammdaten in einem separaten Stammdatensystem erfasst und gepflegt, basierend auf einem harmonisierten Stammdatenmodell. Das zentrale System verteilt die Stammdaten synchron oder asynchron an die lokalen Systeme.
- Mittels **Verzeichnis/Registry** wird ein übergreifendes Verzeichnis implementiert, das Zuordnungen der verschiedenen Stammdatensätze zu den verschiedenen Quellsystemen enthält. Benötigt ein System Daten zu einem bestimmten Kunden, startet es eine Anfrage an die Registry, die antwortet, in welchem System die angefragten Daten hinterlegt sind, und die Daten dann bereitstellt.
- Bei der Variante **Standards** werden unternehmensweit einheitliche Strukturen definiert. Stammdaten werden nicht zentral gespeichert und verteilt. Ein harmonisiertes Stammdatenmodell gewährleistet, dass Aufbau und Befüllung eines Stammdatensatzes über verschiedene Systeme hinweg gleich sind. Die Daten werden jedoch dezentral in den lokalen Systemen erfasst, gepflegt und vorgehalten.

Welche der beschriebenen Varianten am besten für ein Unternehmen geeignet ist, muss individuell anhand von Aspekten zur Sicherheit, Skalierbarkeit, Auswirkung auf die Datenqualität, Automatisierungsgrad und Kosten bewertet werden.

7.6.2 Systemarchitektur

Die Systemarchitektur wird auf Basis der zuvor definierten Regeln und Anforderungen aus der Datenarchitektur und der Prozesslandschaft festgelegt. Die Systeme sollen die Umsetzung der Vorgaben möglichst unterstützen und damit auch zu einer Verbesserung der Datenqualität beitragen.

Zudem ist es so, dass neue und sich verändernde Anforderungen an die Daten nicht immer durch die bestehende Systemlandschaft abgebildet werden können. Spätestens dann stehen Überlegungen zur Optimierung an. Typischerweise sind Anforderungen an die Systeme geprägt durch folgende Vorgaben:

- Regeln über Berechtigungen werden in Zugangsbeschränkungen übersetzt.
- Vorgaben der Informationssicherheit führen zur verschlüsselten Aufbewahrung und Kennzeichnung von Daten.
- Aufbewahrungsregeln definieren die Einstellungen in Archivierungssystemen, z.B. Löschfristen, und unterstützen somit wesentliche Aspekte des Datenschutzes.
- Regeln über Verantwortlichkeiten führen zu Protokollierung von Zugriffen und Änderungen.
- Datenmanagement- und Datenproduktionsprozesse werden als Workflows und Datenflüsse zwischen Anwendungssystemen umgesetzt.

Auch ist der Automatisierungsgedanke allgegenwärtig, da jeder manuelle Eingriff in die Daten über die Systemgrenzen hinweg eine Quelle für Fehler und Datenqualitätsprobleme darstellt. Dies wird besonders bei Reporting- und Analyseaufgaben deutlich, da manuelle Exporte und Importe von Daten sowie manuelle Transformationsprozesse kostenintensiv, fehleranfällig und wenig effizient sind.

Zunehmend kommen dafür Automatisierungs-Tools zum Einsatz, die Anforderungen aus dem Bereich der künstlichen Intelligenz, Chatbots oder andere zukunftsweisende Szenarien unterstützen. Diese Tools nutzen nicht nur Stammdaten, sondern können auch andere Daten wie Transaktionsdaten oder externe Daten mitverarbeiten, um komplexe Fragestellungen zu beantworten.

Andere Lösungen unterstützen primär das Management von Stammdaten. Beispiele sind:

- MDM-Systeme: Es können Material- und/oder Geschäftspartnerdaten zentral verwaltet werden (vgl. Abschnitt 7.6.1). Datenmodelle sind nicht vorgegeben und müssen genau auf die Bedürfnisse des Unternehmens abgestimmt entwickelt werden.
- CRM- und ERP-Systeme: Typische Datenmodelle für das Customer Relationship Management sowie das Warenmanagement sind bereits vordefiniert und die technische Unterstützung der relevanten Prozesse ist vorbereitet.

Um ein effizientes Datenmanagement systemseitig zu unterstützen, stehen verschiedene Softwarelösungen von diversen Anbietern zur Verfügung. Je nach Bedarf und Aufgabe im Bereich der Datenqualität lassen sich die Lösungen in verschiedene Kategorien einteilen (English 1999, S. 312 ff.):

- **Tools zur Datenqualitätsanalyse** automatisieren Teile des Prozesses zur Bewertung, Messung und Prüfung der Datenqualität. Sie analysieren Datenbestände auf die Einhaltung von Datenqualitäts- und Geschäftsregeln. Oft gibt es diese Tools in Kombination mit stammdatenhaltenden Systemen oder spezieller Software zur Optimierung der Datenqualität.
- **Tools zur Datenkorrektur** verbessern die Qualität von Datenbeständen. Sie automatisieren die Extraktion, Standardisierung, Transformation, Bereinigung und Anreicherung der Daten nach definierten Regeln. Neben automatisierten Batch-Prozessen und der Bereinigung nach der Datenerfassung gibt es die Möglichkeit, Daten direkt bei der Eingabe zu prüfen und zu korrigieren.
- **Tools zur Fehlerprävention** verhindern das Entstehen von Fehlern bei der Datenerfassung und während der Datenproduktionsprozesse. Sie automatisieren die Überprüfung von Regeln in Anwendungssystemen.
- **Tools zum Auffinden von Geschäftsregeln** identifizieren, wie Daten tatsächlich gepflegt und genutzt werden. Sie finden implizit vorhandene Muster, Beziehungen und Regeln in Datenbeständen. Aus dieser Idee ist das Berufsbild des Data Scientist entstanden. Die Aufgabe von Data Science ist unter anderem, Muster in (großen) Datenbeständen zu erkennen und diese mit den Fachbereichen zu diskutieren.
- **Tools für das Metadatenmanagement** unterstützen die Verwaltung und Qualitätskontrolle von Datendefinitionen, Datenmodellen und der Datenarchitektur. Metadatenmanagement und die Umsetzung in Business Data Dictionaries gewinnen an Bedeutung und es gibt zunehmend Anbieter, die entsprechende Lösungen zur Verfügung stellen.

Zudem gibt es Fragestellungen bzw. Anforderungen, die auf die Systemarchitektur und die Datenverarbeitung abzielen und gegebenenfalls im Kontext der IT-Governance festgelegt werden müssen. Das sind z. B. die Art der Implementierung (cloudbasiert oder lokale Installation), Lizenzmodelle und Möglichkeiten der Skalierung, wenn der Nutzungsbedarf steigt oder weitere Funktionalitäten benötigt werden.

Um ein möglichst vollständiges Bild über die Anforderungen an die Datenmanagementsysteme zu bekommen, ist die Einbeziehung der Fachbereiche empfehlenswert. Sie kennen am besten die Anforderungen an die Daten und die benötigten technischen Hilfsmittel zur effizienten Umsetzung ihrer Aufgaben.

7.7 Relevanz von Datenqualität über alle Ebenen des Frameworks

In den vorherigen Abschnitten wurden die verschiedenen Handlungsfelder des qualitätsorientierten Data Governance Frameworks beschrieben. Immer wieder wurde die Qualität der Daten erwähnt und wie die verschiedenen Handlungsfelder zu einer angemessenen Datenqualität beitragen können. In diesem Sinn ist die Datenqualität ein Querschnittsthema, welches nicht durch ein Handlungsfeld allein abgedeckt werden kann.

Auf der strategischen Ebene, in der Unternehmens- und auch Datenstrategie ist beschrieben, welchen Mehrwert die Unternehmensdaten haben und wie deren Verwendung weiterentwickelt werden kann. Ebenso werden Ziele benannt, die mithilfe der Unternehmensdaten erreicht werden sollen. Diese Ziele beschreiben den internen Mehrwert in Form von Steigerungen der Effizienz und externe Ziele, indem erhobene Daten gegebenenfalls weiter vermarktet werden. Aspekte des Datenmanagements werden beschrieben und die gewinnbringende Nutzung der Daten basiert auf der Annahme einer angemessenen Qualität.

Das Controlling unterstützt die Steuerung des Unternehmens basierend auf den in der Strategie definierten Zielen und daraus abgeleiteten Anforderungen an die Qualität der Daten. Es überprüft durch regelmäßiges Messen, ob die Unternehmensdaten in der geforderten Qualität vorliegen, und sucht nach Ursachen für geringe Qualität. Aber auch das Controlling selbst muss zuverlässige Analysen und Reports liefern, die die Situation des Unternehmens widerspiegeln. Reports, die auf qualitativ minderwertigen Daten basieren, sind so minderwertig und unzuverlässig wie die Daten selbst.

Das Handlungsfeld der Organisation legt fest, welche Rollen ein angemessenes Datenmanagement braucht, und damit auch, wer für die Gewährleistung der Datenqualität zuständig ist. Verantwortlichkeiten werden festgelegt und wer Entscheidungen zu Unternehmensdaten treffen darf. Diese Entscheidungen betreffen sowohl die Basisprozesse bei der Datenanlage oder der Datenbereinigung (z.B. Zusammenlegen von Dubletten) als auch die Anforderungen an die Datenqualität, die in den Anwendungssystemen und der Datenarchitektur umgesetzt und im Controlling gemessen werden.

Das Handlungsfeld der Prozesse legt fest, wie die Daten im Einzelnen entlang ihres Lebenszyklus verarbeitet werden. Da alle Prozesse ein konkretes Ziel haben, ist im Idealfall auch beschrieben, wie die Daten beschaffen sein müssen, um in dieses Ziel einzuzahlen. Daher können die meisten Datenproduktionsprozesse mit Quality Gates versehen werden, die sicherstellen, dass die Datenqualität entsprechend den Anforderungen der Prozesse eingehalten wird.

Auf der Ebene der Informationssysteme tragen die Daten- und Systemarchitektur zu einer angemessenen Datenqualität bei. Die Datenarchitektur legt fest, wie Daten bzw. Datenobjekte erfasst und verarbeitet werden, und gestaltet die Datenmodelle entsprechend. Sind diese grundlegenden Aufgaben nicht gelöst, fehlt die entscheidende Basis für ein nachhaltiges Datenmanagement und damit auch für die Datenqualität. Das ist beispielsweise der Fall, wenn inhaltlich gleiche Daten in verschiedenen Systemen erfasst und verarbeitet werden oder in verschiedenen Systemen gleiche Berechnungen unterschiedlich durchgeführt werden. Dann ist das Risiko groß, dass Daten redundant verarbeitet werden und Datenbestände in den Informationssystemen nicht mehr konsistent sind.

Ebenso grundlegend wie die Datenarchitektur ist die Systemarchitektur. In den Systemen werden die Daten gemäß den Vorgaben zur Datenqualität verarbeitet und den Mitarbeitenden in der angeforderten Form und Qualität zur Bewältigung ihrer Aufgaben zur Verfügung gestellt. Datenqualitätsanforderungen werden zum Teil systemtechnisch umgesetzt, beispielsweise durch automatische Prüfung von Eingaben oder Berechnungen. Schnittstellen zwischen Systemen müssen so umgesetzt werden, dass die Datenqualitätsregeln eingehalten werden und deren Einhaltung überprüft wird.

Diese Zusammenfassung zeigt, dass beim Datenmanagement die Qualität der Unternehmensdaten eine tragende Rolle spielt. Nur wenn in allen Handlungsfeldern die Qualität der Daten in angemessener Weise adressiert wird, können die Unternehmensdaten die Erreichung der strategischen Unternehmensziele unterstützen.

7.8 Die wichtigsten Punkte in Kürze

- Data Governance definiert Standards, Regeln und Vorgaben und regelt die Verantwortlichkeiten für das Datenmanagement.
- Das qualitätsorientierte Data Governance Framework definiert sechs Handlungsfelder von Data Governance auf drei Ebenen (Strategie, Organisation, Informationssysteme).
- Eine Datenstrategie hebt die wirtschaftliche Relevanz von Daten hervor, legt die Ziele des Datenmanagements fest und gibt den Rahmen für den Umgang mit Daten innerhalb des Unternehmens vor.
- Im Controlling wird die Datenqualität kontinuierlich gemessen und es wird somit sichergestellt, dass Ursachen schlechter Datenqualität aufgedeckt und behoben werden können.

- Das Rollenmodell definiert die Verantwortlichkeiten des Datenmanagements auf verschiedenen Entscheidungsebenen. Data Stewards kümmern sich in ihrem Verantwortungsbereich um die Qualität der Daten.
- Die Datenproduktionsprozesse definieren, wie und nach welchen Vorgaben die Unternehmensdaten erstellt, bearbeitet und gelöscht werden.
- Die Datenarchitektur macht Vorgaben zur Haltung und Verteilung der Daten in den Anwendungssystemen. Ein Datenkatalog beschreibt die Unternehmensdaten und sorgt so für Transparenz und ein einheitliches Verständnis.
- Die Systemarchitektur stellt sicher, dass die Qualitätsanforderungen technisch sauber umgesetzt und überprüft werden.
- Datenqualität ist eine wichtige Orientierung und zentrale Zielsetzung für alle Handlungsfelder des Frameworks.

Literatur

Abraham, Rene; Schneider, Johannes; Brocke, Jan vom (2019): „Data governance: A conceptual framework, structured review, and research agenda", in: *International Journal of Information Management* 49, S. 424 - 438

English, Larry P. (1999): *Improving data warehouse and business information quality: Methods for reducing costs and increasing profits.* Bd. 1, New York

Gadatsch, Andreas (2016): *IT-Controlling für Einsteiger. Praxiserprobte Methoden und Werkzeuge.* Wiesbaden, *https://doi.org/10.1007/978-3-658-13580-5*

Henderson, Deborah; Earley, Susan; DAMA (Data Administration Management Association) (Hrsg.) (2017): *DAMA-DMBOK. Data management body of knowledge.* Second edition, Bradley Beach

Klingenberg, Christiana; Brandstätter, Thomas (2020): „Einführung eines Datenqualitätsmanagements durch Etablierung von Quality Gates in der Datenproduktion", in: *BI-SPEKTRUM* 5/2020, S. 19 - 22

Krotova, Alevtina; Eppelsheimer, Jan (2019): *Was bedeutet Data Governance? Eine Clusteranalyse der wissenschaftlichen Literatur zu Data Governance.* Köln, S. 33, *https://www.iwkoeln.de/fileadmin/user_upload/Studien/Gutachten/PDF/2019/Gutachten_Data_Governance_DEMAND_Template.pdf*

Kütz, Martin (2011): *Kennzahlen in der IT. Werkzeuge für Controlling und Management.* 4., überarbeitete und erweiterte Auflage, Heidelberg

Legner, Christine; Otto, Boris (2007): „Stammdaten-Management", in: *Das Wirtschaftsstudium (WISU)* 236(4), S. 562 - 568

Österle, Hubert; Höning, Frank; Osl, Philipp (2011): *Methodenkern des Business Engineering. Ein Lehrbuch.* (Lehrbuch BE HSG/2011-1; S. 136). St. Gallen *https://www.alexandria.unisg.ch/215432/1/BE%2520Core%2520AB2012%252002%2520pho.pdf*

Otto, Boris (2011): „A morphology of the organisation of data governance", in: *ECIS 2011 Proceedings*, S. 272

Otto, Boris; Österle, Hubert (2016): *Corporate Data Quality. Voraussetzung erfolgreicher Geschäftsmodelle.* Berlin

Otto, Boris et al. (2007). „Towards a framework for corporate data quality management", in: *Proceedings of 18th Australasian Conference on Information Systems (ACIS 2007)*, S. 916 - 926

Otto, Boris et al. (2008): „Unternehmensweites Datenqualitätsmanagement: Ordnungsrahmen und Anwendungsbeispiele", in: Töpfer, Jochen; Winter, Robert (Hrsg.): *Active Enterprise IntelligenceTM.* Berlin, S. 201 - 220

Otto, Boris et al. (2011): „Stammdatenmanagement: Datenqualität für Geschäftsprozesse“, in: *HMD – Praxis der Wirtschaftsinformatik* 48(279), S. 5 – 16

Otto, Boris et al. (2019): *Data Ecosystems. Conceptual Foundations, Constittuents and Recommendations for Actions.* Dortmund

Redman, Thomas C. (1996): *Data quality for the information age.* Boston, London

SAS (2017): *SAS® Data Governance Framework: Blaupause für Ihren Erfolg.* White Paper, *https://www.sas.com/content/dam/SAS/bp_de/doc/whitepaper1/sas-data-governance-framework-ger.pdf*, S. 16

Seiner, Robert S. (2019): „The Non-Invasive Data Governance Framework“, in: *The Data Administration Newsletter, https://tdan.com/the-non-invasive-data-governance-framework-the-framework-structure/24945*

Seiner, Robert S. (2022): *Non-Invasive Data Governance. Der Weg des geringsten Widerstands ist der erfolgreiche Weg.* Technics Publications

Thomas, Gwen (2014): *The DGI Data Governance Framework.* White Paper, *http://www.datagovernance.com/the-dgi-framework/*, S. 20

Wang, Richard Y. (1998): „A product perspective on total data quality management“, in: *Communications of the ACM* 41(2), S. 58 – 66

Wang, Richard Y.; Strong, Diane M. (1996): „Beyond Accuracy: What Data Quality Means to Data Consumers“, in: *Journal of Management Information Systems* 12(4), S. 5 – 34

Wang, Richard Y. et al. (1998): „Manage your information as a product“, in: *MIT Sloan Management Review* 39(4), S. 95 – 105

Weber, Kristin (2009): *Data Governance-Referenzmodell. Organisatorische Gestaltung des unternehmensweiten Datenqualitätsmanagements.* Dissertation, St. Gallen

Weber, Kristin (2012): „Data Governance – Organisation des Stammdatenmanagements“, in: *IT-Governance* 6, S. 3 – 8

Weber, Kristin; Klingenberg, Christiana (2020): *Data Governance. Der Leitfaden für die Praxis.* München

8 Datenqualität[1]

Christiana Klingenberg und Kristin Weber

Die Qualität von Daten ist dann hoch, wenn die Daten entsprechend ihres Verwendungzwecks genutzt werden können.

Dieses Kapitel befasst sich eingehend mit dem Begriff Datenqualität (DQ) und beschreibt verschiedene Dimensionen, anhand derer Datenqualität bestimmt, gemessen und bewertet werden kann. Es widmet sich dem Messen von Datenqualität, denn nur, was gemessen werden kann, kann auch verbessert werden. Zudem geht das Kapitel auf die Bedeutung hoher Datenqualität im unternehmerischen Kontext anhand von Beispielen ein.

In diesem Beitrag erfahren Sie,

- was Datenqualität bedeutet,
- mit welchen Dimensionen Datenqualität beschrieben werden kann,
- warum es wichtig ist, Datenqualität zu messen und zu bewerten,
- welche negativen Auswirkungen schlechte Datenqualität auf betriebliche Prozesse haben kann.

8.1 Probleme mit Datenqualität

Obwohl Daten einen wichtigen, vielleicht den entscheidenden Erfolgsfaktor für individuelle Karrieren, einzelne Entscheidungen, Projekte, Unternehmen und Volkswirtschaften darstellen, wird ihrer Qualität in der Praxis kaum Beachtung geschenkt – jedenfalls nicht in einer systematischen Art und Weise. Und das, obwohl den Unternehmen durch schlechte Datenqualität zunehmend hohe Kosten entstehen, die Produktivität der Mitarbeitenden sinkt, Prozessabläufe behindert werden und das Vertrauen der Datennutzenden in die Daten abnimmt.

---

[1] Dieses Kapitel basiert auf den Inhalten des Kapitels „Datenqualität" im Buch *Data Governance. Der Leitfaden für die Praxis* (Weber/Klingenberg 2020, S. 81 – 101).

Probleme mit Datenqualität treten bei der alltäglichen betrieblichen Arbeit bei allen möglichen Arbeitsschritten und Prozessen auf. Besonders häufig ist dies im Zusammenhang mit der Verfügbarkeit und dem Austausch von Information zu beobachten. So klagen Betroffene oft über

- fehlende, verspätete oder fehlerhafte Weitergabe von Informationen,
- unvollständige oder nicht auffindbare Daten und Informationen,
- zu wenig Informationen über Ziele und Zusammenhänge oder fehlenden Kontext,
- veraltete Daten und Informationen oder
- falsche Daten und Informationen.

Trotz eines umfangreichen Einsatzes an Informations- und Kommunikationstechnik scheinen Informationsprobleme nicht weniger zu werden. Vordergründig stehen oftmals technische Schwierigkeiten im Fokus. Sie bestimmen sowohl die Diskussionen als auch die durchgeführten Maßnahmen. Viele Schwierigkeiten liegen jedoch im personellen oder organisatorischen Bereich: beim Umgang der Mitarbeitenden mit Information bzw. bei der Nutzung von Information durch die Mitarbeitenden in allen Unternehmensfunktionen und auf allen hierarchischen Ebenen. Oft ergeben sich neue Anforderungen an Daten und die daraus abzuleitenden Informationen, die mit den aktuell im Einsatz befindlichen Anwendungen kaum oder nur mit sehr hohem Aufwand abzubilden sind.

Viele Prozesse, die auf Daten aus Systemen zurückgreifen, erwarten qualitativ hochwertige Daten. Bei diesen Prozessen ist nicht vorgesehen, dass die Daten nicht den Anforderungen entsprechen. Die fehlende Datenqualität zeigt sich in Fehlern, Störungen oder Ineffizienzen. Diese Ineffizienzen sind

- Verzögerungen,
- Arbeitswiederholungen,
- notwendige (manuelle) Korrekturarbeit und
- zusätzliche Prüftätigkeiten.

Die Folge ist zusätzlicher und ungeplanter Aufwand, um die Daten in die Qualität zu überführen, die für den jeweiligen Prozess notwendig ist. Aber auch die Kommunikation zwischen Applikationen ist betroffen, wenn beispielsweise Schnittstellen nicht mit den richtigen Daten bedient werden. Es kann zu Störungen in Produktionsabläufen kommen, deren Ursache aufwendig gesucht und behoben werden muss. Ein Beispiel sind Rundungsfehler in Applikationen aus der Finanzbuchhaltung, die über mehrere Transaktionen hinweg zu nicht mehr nachvollziehbaren oder schlicht falschen Ergebnissen führen. Falsche Zahlen können zu falschen Entscheidungen führen.

Weitere Beispiele für Datenqualitätsprobleme sind:

- Falsche Angaben der Verpackungsgrößen oder des Gewichts können eine falsche Beladung von Paletten verursachen. Der Versand verzögert sich, da Kartons umgepackt oder manuell umgeladen werden müssen.
- Sind Adressen veraltet, werden Rechnungen nicht zugestellt und pünktlich bezahlt. Der fehlende Zahlungseingang führt zu zusätzlichem Aufwand für das Erstellen und Versenden von Mahnungen.
- Unvollständige oder falsche Deklaration von Inhaltsstoffen kann dazu führen, dass Zollvorschriften nicht erfüllt werden. Verzögerungen in der Lieferkette und Strafzahlungen sind die Folge.

Datenqualitätsprobleme führen häufig zu höheren Kosten. Treten Probleme im Geschäftsverkehr mit externen Personen und Organisationen (Kundschaft, Lieferunternehmen, staatliche Stellen etc.) auf, können zudem Imageschäden oder Umsatzverluste die Folge sein. Oftmals wird ein Schaden erst als Folgeschaden sichtbar, beispielsweise, wenn eine unvollständige Terminplanung dazu führt, dass ein Antrag nicht fristgerecht eingereicht und deshalb abgelehnt wird. Ursache können unterschiedliche Datumsformate sein. Bei einer Datumsangabe 03.02.24 kann es sich um

- den 3. Februar 2024,
- den 2. März 2024 oder
- den 24. Februar 2003

handeln, je nach Lesart und Anordnung der Elemente von Tag, Monat und Jahr. Sicher ist das eine Frage, die mit einer Recherche schnell zu klären ist. Allerdings kostet die Recherche Zeit und trägt nicht zu einer effizienten Arbeitsweise bei.

8.2 Begriff Datenqualität - fit for use

Von Informationen spricht man, wenn Daten in einem Kontext stehen und in einen Zusammenhang gebracht werden. Informationen sind der Ausgangspunkt für unternehmerische Entscheidungen und werden in Geschäftsprozessen verarbeitet. Daten repräsentieren das „Rohmaterial" für Informationen.

Grenzt man Daten und Informationen voneinander ab, so unterscheiden sich auch Datenqualität und Informationsqualität. Streng genommen betrachtet Datenqualität (DQ) lediglich die regelkonforme Ausprägung der Daten (die korrekte Syntax) und verzichtet auf den fachlichen Kontext bzw. die Semantik. Beispielsweise handelt es sich bei dem 01.08.1865 um ein gültiges Datum in der Form dd.mm.yyyy.

Die Datenqualität ist hoch, da die Syntax korrekt ist. Wird allerdings der Kontext mitbetrachtet - in diesem Fall, dass es sich um das Geburtsdatum einer lebenden Person handelt - kann man davon ausgehen, dass das Datum nicht korrekt ist. Die Informationsqualität ist somit niedrig.

Im Gegensatz zur Informationsqualität ist die Beschreibung und Bewertung von Datenqualität einfacher, da DQ-Regelwerke meist technisch abbildbar sind. In der Praxis (und auch in der Literatur) allerdings werden beide Begriffe kaum voneinander abgegrenzt (vgl. Wang 1998). Es hat sich sogar eher der Begriff der Datenqualität durchgesetzt, ohne jedoch die unternehmerische, zweckorientierte Dimension außer Acht zu lassen. Daher verwendet auch dieser Beitrag den Begriff Datenqualität.

Als Definition für Datenqualität hat sich durchgesetzt: „we define ‚data quality' as data that are fit for use by data consumers" von Richard Wang und Diane Strong (Wang/Strong 1996). Auch diese Definition bezieht den Kontext bzw. den Zweck mit ein. Daten sollen für einen bestimmten Zweck brauchbar oder nutzbar sein. Die Datennutzenden müssen in der Lage sein, mit den Daten zu arbeiten („fit for use"). Damit sie mit den Daten arbeiten können, müssen sie nicht nur gewissen Syntaxregeln entsprechen, sondern für den aktuellen Einsatzzweck brauchbar sein. Was nützen vollständig und korrekt befüllte E-Mail-Adressen der Kundschaft, wenn nicht geklärt ist, ob diese im Rahmen einer Marketingkampagne genutzt werden dürfen? Von einer hohen Datenqualität spricht man, wenn die Daten in einer Ausprägung vorliegen, die es den Nutzenden erlaubt, die anstehende Aufgabe möglichst effizient zu bearbeiten. Kurz gesagt, **Daten haben dann eine hohe Qualität, wenn sie für den jeweiligen Zweck nutzbar sind**.

Daran zeigt sich auch, dass Datenqualität immer auch eine subjektive Komponente hat. Der Einsatzzweck der Daten bestimmt die Anforderungen an die Qualität. Unterschiedliche Nutzende oder unterschiedliche Verwendungsszenarien können den gleichen Datenbestand hinsichtlich der Qualität anders bewerten (siehe Kasten). Die Datennutzenden legen fest, wann die Qualität der Daten gut ist.

Gleiches Datum – unterschiedlicher Verwendungszweck

Der Personalstammsatz enthält das Datum des Eintritts der Mitarbeitenden in das Unternehmen. Soll für die Statistik die Betriebszugehörigkeit des Personals in Jahren ermittelt werden, reicht das Jahr des Eintritts aus. Für die Eingruppierung der Belegschaft in einen Tarifvertrag sind Monat und Jahr des Eintritts entscheidend. Das komplette Datum muss für die Ermittlung des Endes der Probezeit bekannt sein. Gleiches gilt, wenn den Mitarbeitenden am Tag ihrer zehn-, 20- oder 30-jährigen Betriebszugehörigkeit ein Präsent überreicht werden soll. In allen Fällen muss das Datum korrekt sein, also mit dem tatsächlichen Datum des Eintritts übereinstimmen. Die Anforderungen an die Genauigkeit - Tag, Monat oder Jahr - sind aber verschieden.

8.3 Dimensionen der Datenqualität

In der Praxis lässt sich Datenqualität am besten anhand der Symptome beschreiben, die auftreten, wenn die erwartete Qualität nicht gegeben ist. Datennutzende äußern dann typische Beschreibungen wie:

- Bevor die Daten für eine Mailing-Kampagne genutzt werden, müssen die Dubletten manuell gesucht, gefunden und gelöscht werden.
- Die Daten sind allgemein fehlerhaft und damit nicht vertrauenswürdig.
- Die Daten scheinen veraltet zu sein, das hat eine Stichprobe ergeben.
- Die notwendigen Informationen sind in den Datenextrakten nicht enthalten.
- Es ist nicht klar, aus welcher Datenquelle die vorliegenden Daten stammen.
- Die manuelle Bereinigung ist zeitaufwendig.
- Die Zahl der Rückläufer der versendeten Briefe ist zu hoch. Die Postsendungen konnten nicht zugestellt werden, weil die Adresse nicht korrekt war.

Typisch bei diesen Aussagen ist, dass es sich in der Regel um die Beschreibungen von Symptomen handelt, die oft von Annahmen geprägt sind. Das eigentliche Problem zu benennen, fällt schwer. Konkrete Hinweise zur Art der Herausforderung, z.B. ob es um die Aktualität der Daten geht, und zur tatsächlichen Größe der Herausforderung, also wie viele Datensätze betroffen sind, werden selten genannt. Datenqualität ist ein gefühlter Wert.

Daher gibt es die Möglichkeit, die Qualität der Daten in Form von Dimensionen, den sogenannten Datenqualitätsdimensionen zu beschreiben. Das sind Begriffe, die konkrete Eigenschaften der Daten beschreiben, wie z.B. Vollständigkeit, Aktualität, Relevanz und Korrektheit. So beschreibt die Dimension Vollständigkeit den Anteil der vollständig befüllten Datensätze oder ob die Anzahl der in einem Datenbestand vorhandenen Datensätze der Anzahl der Objekte (z.B. Kunden, Artikel, Mitarbeitende) in der Realität entspricht. DQ-Dimensionen sind Merkmale oder Eigenschaften, anhand derer Betroffene und Verantwortliche die Qualität von Datenobjekten, Datenattributen oder Datensätzen beschreiben können.

In der Literatur gibt es unterschiedliche Konzepte zur Datenqualität, die beschreiben, anhand welcher Dimensionen Datenqualität gemessen und bewertet werden kann (Batini et al. 2009). Die Beschreibung der Datenqualität anhand von Dimensionen ist Voraussetzung, um die Qualität der Daten in einzelnen Aspekten zu betrachten, zu messen, zu bewerten und zu optimieren.

Zwei Beispiele für derartige Konzepte sind

- die sechs primären Datenqualitätsdimensionen der DAMA (The Data Management Association) UK (*https://www.dama-uk.org*) (DAMA UK 2013) und
- der „Fitness for use"-Ansatz von Richard Wang und Diane Strong (Wang/Strong 1996) (ins Deutsche übertragen von Rohweder et al. 2021).

Um die Datenqualität zu bewerten, geht es nicht nur um Fehlerfreiheit, Aktualität oder Vollständigkeit, auch Merkmale wie Relevanz oder Gültigkeit von Daten sind bedeutsam. Im „Fitness for use"-Ansatz gibt es insgesamt 15 Dimensionen in vier verschiedenen Kategorien (Systemunterstützung, Inhärenz, Darstellungsbezug und Zweckabhängigkeit), welche die Vielseitigkeit der Dimensionen widerspiegeln. Beispielsweise wird unter „Relevanz" verstanden, dass Daten relevant sind, wenn sie für die Anwendenden notwendige Informationen liefern. Oder Daten sind zugänglich („Zugänglichkeit"), wenn sie anhand einfacher Verfahren und auf direktem Weg für die Anwendenden abrufbar sind.

Die sechs primären Dimensionen der DAMA UK sind:

1. Vollständigkeit (Completeness): der Anteil der gespeicherten Daten im Vergleich zu allen vorhandenen Daten.
2. Eindeutigkeit (Uniqueness): Keine Instanz eines Objektes oder Ereignisses der Realität wird mehr als einmal vorgehalten.
3. Aktualität (Timeliness): der Grad, in dem die Daten die Realität ab dem gewünschten Zeitpunkt abbilden.
4. Gültigkeit (Validity): Daten sind gültig, wenn sie der Syntax (Format, Typ, Bereich) ihrer Definition entsprechen.
5. Korrektheit (Accuracy): der Grad, in dem Daten das Objekt oder Ereignis der Realität korrekt beschreiben.
6. Konsistenz (Consistency): die Abwesenheit von Unterschieden, wenn zwei oder mehr Darstellungen eines Objektes oder Ereignisses mit einer Definition verglichen werden.

DAMA UK beschreibt jede Dimension mit einem Steckbrief. Dieser enthält den Namen, eine Definition, eine Referenz, Hinweise zur Messung, den Geltungsbereich, die Maßeinheit, die Art der Messung, Datenqualitätsdimensionen, die zu dieser in Beziehung stehen, sowie zusätzliche Informationen wie Beispiele und externe Referenzen.

Zwei Beispiele für die Dimension „Gültigkeit" sind:

- Die Syntax einer E-Mail-Adresse entspricht name@domain.com.
- Das Alter der registrierten Kunden muss zum Zeitpunkt des Eintrags in die Datenbank zwischen 18 und 110 Jahre sein.

Ob die Verantwortlichen ein ganzes Konzept für Datenqualitätsdimensionen übernehmen oder nur einzelne Dimensionen, ist abhängig von den jeweiligen Bedürfnissen des Unternehmens. Wichtig ist, dass die eigenen Datenqualitätsthemen mit den Dimensionen bzw. Begriffen charakterisiert werden, welche die Herausforderungen am besten beschreiben und die innerhalb des Unternehmens verstanden werden. Wenn es einfacher ist, eigene Begriffe zu nutzen, ist auch das eine Möglichkeit.

Praxistipp: Die benötigte Datenqualität ist festzulegen

Welche Qualitätsdimensionen relevant sind, ist von denjenigen Mitarbeitenden festzulegen, welche die betreffenden Daten verwenden. Somit liegt diese Verantwortung üblicherweise in den Fachabteilungen - und nicht bei der IT! Dennoch ist eine isolierte Sichtweise auf einen einzelnen Anwendungszweck zu vermeiden. Ohne einen Blick auf den gesamten Geschäftsprozess oder manchmal gar das ganze Unternehmen lassen sich die Anforderungen an die Datenqualität nicht bestimmen. Data Governance sorgt für eine übergreifende Sichtweise auf die Datenqualität und versucht die Interessen aller Nutzenden unter einen Hut zu bringen.

8.4 Datenqualitätsregeln

Unabhängig davon, mit welchen Dimensionen oder Begriffen die Datenqualität beschrieben wird, sind konkrete Erklärungen des jeweiligen Begriffs zum allgemeinen Verständnis nicht nur sinnvoll, sondern notwendig. Dazu kommt, frei nach Peter Drucker, dass nur die Dinge (hier Datenqualität) gemanagt werden können, die auch messbar sind. Um zu prüfen, wie gut oder schlecht die Qualität der Daten tatsächlich ist, muss die Qualität der Daten gemessen und bewertet werden. Das Ziel ist, die passenden Maßnahmen zu ergreifen, um die Datenqualität zu verbessern, sodass die Geschäftsprozesse wie geplant ablaufen und die Daten als Grundlage für unternehmerische Entscheidungen brauchbar sind.

Um die Datenqualität zu messen, werden häufig Datenqualitätsregeln erstellt, die auf einen Datenbestand angewandt werden können. Tabelle 8.1 listet Beispiele für Datenqualitätsregeln auf mit Hinweisen, wie diese gemessen werden können. Für das Messen der häufigsten Datenqualitätsdimensionen gibt es verschiedene Metriken und Methoden (vgl. Piro 2014).

Tabelle 8.1 Beispiele für Datenqualitätsregeln

Regel	Hinweis
Das Attribut „Unternehmen" muss gefüllt sein.	Über einfache Abfragen kann geprüft werden, ob in dem Attribut Inhalt ist. Es gibt keine Angaben zu syntaktischen Regeln (erlaubte oder nicht erlaubte Zeichen). So wäre die Nennung von 1&1 genauso valide wie 1und1 oder Eins & Eins. Ebenso wird nicht geprüft, ob es sich um ein real existierendes Unternehmen handelt. Dimension: Vollständigkeit
Die E-Mail-Adresse muss syntaktisch korrekt sein.	Bei dieser Regel wird die Syntax geprüft, also ob es sich beim Inhalt um eine formal gültige E-Mail-Adresse handelt. Im Idealfall wird noch eine Referenz angegeben, auf welche Syntax genau geprüft werden kann. Details dazu können z. B. bei Resnick (2008, S. 17 f.) nachgelesen werden. Es wird nicht geprüft, ob es die richtige und aktuelle E-Mail-Adresse der Person oder des Unternehmens ist. Dimension: Korrektheit (Syntax)
Das Attribut „opt-in" muss gefüllt sein.	Ähnlich wie beim ersten Beispiel wird hier ein Inhalt erwartet. Je nachdem, auf welche Entität sich dieses Attribut bezieht, kann es sich bei diesem opt-in um einen bestimmten Kommunikationskanal wie einen Newsletter handeln. Der Wert des Attributs kann 0 oder 1 sein. Möglich ist, dass 1 bedeutet, dass die Person einem Newsletter-Erhalt zugestimmt hat. Der Wert 0 bedeutet demnach, dass an die hinterlegte Adresse kein Newsletter gesendet werden darf. Dimension: Vollständigkeit
Die postalische Anschrift ist korrekt.	Um die Korrektheit einer Adresse bewerten zu können, müssen zumindest in Deutschland vier Angaben zur Adresse vorliegen: die Straße, die Hausnummer, die Postleitzahl und der Ortsname. Aus der Kombination der Angaben lässt sich bei der Prüfung gegen Referenzdaten, z. B. von der Deutschen Post (deutschepost.de, o. J.), feststellen, ob die angegebene Adresse auf einen real existierenden Briefkasten referenziert. Hier wird also nicht nur geprüft, ob alle Daten vorliegen, sondern auch, ob sie in ihrer Kombination zusammenpassen. Dimension: Korrektheit (Syntax)

Im Gegensatz zu den in Tabelle 8.1 genannten Beispielen gibt es auch Datenqualitätsregeln, die sich nicht so einfach technisch prüfen lassen. Ein Beispiel ist die Regel „Die Information muss glaubwürdig sein" (Dimension: Glaubwürdigkeit). Hier müssen vielmehr die Prozesse, nach denen die Information erhoben wird, betrachtet werden. Ebenso von Interesse können bei diesen eher weichen Datenqualitätskriterien Informationen über den Grad der Qualifizierung der Personen sein, welche die Daten erfassen. Also ob es sich um eine Fachkraft mit einer gezielten und zum Kontext passenden Ausbildung handelt und ob man davon ausgehen kann, dass sich diese Person der Relevanz der Information bewusst ist und diese somit gewissenhaft in die Datenbank einpflegt. Piro (2014) schlägt vor, die Glaubwürdigkeit zu messen, indem man anhand einer Checkliste prüft, ob Prozesse zur

Datenentstehung und Bearbeitung verfügbar sind. Alternativ oder zusätzlich kann eine Befragung der Anwendenden erfolgen, welche die Glaubwürdigkeit der Daten abfragt. Wird diese Befragung mit mehreren Leuten unabhängig voneinander durchgeführt, lassen sich auch hier objektive Ergebnisse erzielen.

DQ-Dimension „Dublettenfreiheit“

Bei Kundenstammdaten ist das Thema Dubletten, also Datensätze, die in einem Datenbestand mehrfach vorkommen, eine Herausforderung. Sind viele Dubletten vorhanden, kann der „single point of view“, also der eindeutige Blick auf einen Kunden, nicht geschaffen werden, da die unterschiedlichen Informationen zu diesem einen Kunden an verschiedenen Datensätzen hängen. Ein Datenbestand mit eindeutigen Datensätzen ohne Dubletten ist also erstrebenswert. Diese Eigenschaft des Datenbestandes könnte man als DQ-Dimension „Dublettenfreiheit“ bezeichnen. Eine Metrik wäre, den Anteil der mehrfach vorkommenden Datensätze im Verhältnis zum Gesamtdatenbestand zu ermitteln. Als Bedingung dafür muss noch die Eindeutigkeit eines Datensatzes definiert werden, z. B. die Kombination aus Namen und Adresse der Kunden.

DQ-Regeln werden von den Fachbereichen festgelegt, da sie die Anforderungen an die Nutzung der Daten am besten kennen. Der Fachbereich definiert, wie ein Datum beschaffen sein muss, damit es in den entsprechenden Geschäftsprozessen verwendet werden kann. Die Gesamtheit aller DQ-Regeln ist häufig in einem Datenqualitätsregelwerk beschrieben.

8.5 Messen der Datenqualität

Sind die Datenqualitätsregeln festgelegt, kann die Qualität der Daten automatisiert gemessen werden. Messen bedeutet, zu überprüfen, ob und wie gut die festgelegten Regeln beim vorliegenden Datenbestand eingehalten werden. Bild 8.1 zeigt exemplarisch die verschiedenen Komponenten, die beim Messen und Bewerten von Datenqualität eine Rolle spielen.

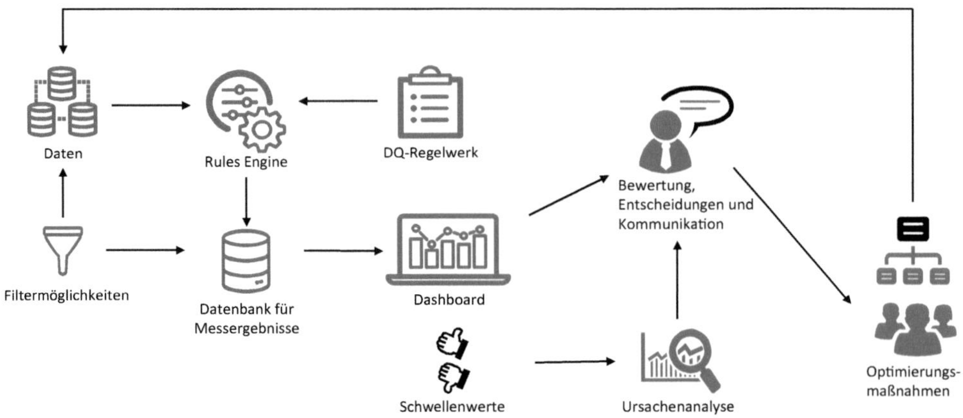

Bild 8.1 Komponenten und Informationsflüsse beim Messen der Datenqualität (Weber/Klingenberg 2020, S. 95)

Zunächst müssen die **Daten** identifiziert werden, deren Qualität gemessen werden soll. Die Fachbereiche, die mit den Daten arbeiten, können die besten Hinweise geben, welche Daten relevant sind. Mitarbeitende der Unternehmens-IT identifizieren dann die Daten bzw. Systeme, in denen die Daten gespeichert sind, und stellen die Daten für die Messung ihrer Qualität bereit. Die **DQ-Regeln**, die in einem Datenqualitätsregelwerk beschrieben sind, werden in der **Rules Engine** verarbeitet. Das System prüft jeden Datensatz mit jeder DQ-Regel und ermittelt die Messergebnisse. Diese Messergebnisse werden in einer **Datenbank** abgelegt. Hilfreich ist es, wenn man auf die Messergebnisse **Filter** anwenden kann, z. B., wenn nur die Messergebnisse aus bestimmten Postleitzahlbereichen angezeigt oder miteinander verglichen werden sollen.

Für die Darstellung der Messergebnisse empfiehlt sich ein **Dashboard** bzw. eine Datenqualitäts-Scorecard. Mit leicht verständlichen und einfach zu interpretierenden Grafiken können die Messergebnisse präsentiert werden. Hilfreich und sinnvoll ist auch die Festlegung von **Schwellenwerten**. Sie geben z. B. mit einem Ampelsystem an, in welchem Bereich der Messergebnisse die Datenqualität optimal, verbesserungswürdig und kritisch ist.

Liegen nun die Messergebnisse im Dashboard vor, müssen sie bewertet werden. Das bedeutet, abhängig vom fachlichen Kontext zu entscheiden, ob die gemessene Datenqualität ausreichend für die Umsetzung der Geschäftsprozesse ist. Diese **Bewertung** und die **Entscheidung** dazu müssen innerhalb des Unternehmens **kommuniziert** werden. Hat die Messung ergeben, dass sich die Datenqualität unerwartet verschlechtert hat, sollte eine **Ursachenanalyse** durchgeführt werden. Eine kritische Beleuchtung der möglichen Ursachen gibt Hinweise, wie die Datenqualität optimiert werden kann. Liegt eine Entscheidung zu den **Optimierungsmaßnahmen** vor, muss auch diese kommuniziert und umgesetzt werden. Im besten Fall lässt sich der Erfolg der Optimierungsmaßnahmen bereits bei der nächsten Datenqualitätsmessung erkennen.

Unabhängig von Tool oder Lösungsanbieter für die Messung und Darstellung der Datenqualität sollte das Ergebnis einfach, verständlich und nachvollziehbar sein. Ebenso wichtig ist, dass für alle Mitarbeitenden ersichtlich ist, was die dargestellten Kennzahlen für den eigenen Bereich bedeuten. Muss die Datenqualität verbessert werden, können unter Betrachtung der einzelnen Regeln konkrete Maßnahmen abgeleitet werden. Hilfreich ist dafür die Verknüpfung der Kennzahlen mit konkreten Prozessen. So ist ersichtlich, bei welchem Prozess genau die Qualität der Daten, gemessen an den Regeln, nicht optimal ist. Zudem sollte bekannt sein, in welchen Applikationen die Daten erfasst oder bearbeitet werden. So kann im Fall einer Datensatzoptimierung an der richtigen Stelle gehandelt werden, z.B. indem dort eine Real-Time-Prüfung für die Dateneingabe implementiert wird.

■ 8.6 Bewerten der Datenqualität

Liegen die ersten Messergebnisse vor und entsprechen diese nicht der Erwartung, wird schnell von einer schlechten Datenqualität gesprochen. Allerdings müssen die gemessenen Werte in den richtigen Kontext gesetzt werden. Der Kontext wird durch das DQ-Regelwerk im Detail definiert. Handelt es sich beim Ergebnis um einen Messpunkt in einer Messreihe, können schon Aussagen zu einem Trend getroffen werden. Nämlich, ob die ergriffenen Maßnahmen zur Optimierung effektiv waren oder ob die Messwerte im Vergleich zu den Werten anderer Geschäftsbereiche besser geworden sind oder nicht. Ein gemessener Wert ist aber keine Bewertung.

Neben der Bewertung der Messergebnisse ist im Fall von unzureichender Datenqualität auch die Suche nach möglichen Ursachen wichtig. Die Ursachen von schlechten Messergebnissen können auf unterschiedliche Bereiche zurückzuführen zu sein. Hier ein paar Beispiele.

Technische Gründe

Die Daten sind nicht korrekt aus den Systemen extrahiert worden. Das betrifft sowohl die Attribute, deren mögliche Transformationen oder die Auswahl der Datensätze. Abhilfe kann geschaffen werden, wenn IT-Mitarbeitende beim Implementierungsprojekt der DQ-Scorecard direkt involviert sind. Sie können am besten beurteilen, in welchen Systemen welche Attribute zu finden sind und welche Transformationen noch erfolgen müssen. Wird z.B. geprüft, ob alle Datensätze einem eindeutigen Land zugeordnet sind, und wird geprüft, ob der Landesname in einer ISO-3166-1-Schreibweise vorliegt, müssen systemseitig eventuell noch Transformationen durchgeführt werden. Hier kann es immer wieder zu Ausnahmen kommen. Das ist beispielsweise der Fall, wenn die ISO-2-Länderkürzel nicht einheitlich sind oder die Länder von den anderen UN-Mitgliedern noch nicht anerkannt sind. Das ist aktuell der Fall beim Kosovo. Aufgabe der IT wäre, sicherzustellen, dass die Daten wie gewünscht und eindeutig mit den hinterlegten Regeln geprüft werden.

Die Umsetzung der fachlichen Regeln in technische Regeln ist verbesserungsdürftig. Da die Personen mit fachlicher Expertise selten die DQ-Regeln in einer technischen Sprache an die Rules Engine übergeben, kann es zu „Übersetzungsfehlern“ kommen. Durch die enge Zusammenarbeit von Fachbereich und IT bei der Implementierung des Regelwerks und die gemeinsame Überprüfung der ersten Testergebnisse können diese Fehler vermieden werden.

Fachliche Gründe

Die definierten Regeln passen nicht zu den Anforderungen. Das ist der Fall, wenn es bei der Regeldefinition zu Missverständnissen kam. Wenn z. B. im Feld mit dem Unternehmensnamen nur Buchstaben erwartet werden und das Messergebnis schlecht ist, ist es möglich, dass viele Unternehmen Zahlen oder Sonderzeichen im Unternehmensnamen haben. Das trifft auf Unternehmensnamen wie „C&A“ oder „1&1 Internet“ zu. Ähnlich verhält es sich mit Längenprüfungen bei Namensfeldern. In asiatischen Ländern sind Namen mit nur zwei Buchstaben keine Seltenheit, während im europäischen Sprachraum bei einer geringen Anzahl von Buchstaben in Namensfeldern von Abkürzungen ausgegangen werden kann. Lautet z. B. eine Regel, dass der Nachname mindestens die Länge von drei Buchstaben haben muss, kann es zu Ausreißern kommen, die allerdings eher auf die falsche Ausprägung der Regel hindeuten als auf eine schlechte Qualität der Daten.

Mangelndes Wissen über die Datenanlage bzw. Dateneingabe. Bei der Messung der Datenqualität wird von Daten ausgegangen, die bereits in den Unternehmensdatenbanken gespeichert sind. Oft ist der Prozess der Datenanlage bzw. der Dateneingabe nicht transparent. Es gibt viele Punkte, bei denen Daten angelegt und geändert werden. Oft von unterschiedlichen Personen mit verschiedenen Rollen. Nicht immer ist allen Mitarbeitenden bewusst, in welchen Prozessen die Daten später noch genutzt werden und warum eine hohe Qualität wichtig ist.

8.7 Herausforderung Datenqualität bei der Auswertung von Daten

Durch schlechte Datenqualität entstehen den Unternehmen zunehmend hohe Kosten und es kommt zu Nachteilen bei der Analyse von Unternehmensentwicklungen oder der Vorbereitung wichtiger Entscheidungen, wie die folgenden Beispiele zur Auswertung von Daten zeigen.

Business Intelligence und Reporting

In Berichtswesen und Business Intelligence werden Daten aus dem gesamten Unternehmen ausgewertet. Basis für die Auswertung sind neben Stammdaten auch Bewegungs- bzw. Transaktionsdaten wie Rechnungsdaten. Diese Daten werden vor der Analyse und Bewertung in ein Data Warehouse geladen. Üblicherweise werden dort keine Korrekturen im Sinne der Datenqualität durchgeführt, d.h., Auswertungen und Analyseergebnisse basieren auf den Rohdaten der unterschiedlichen Applikationen und deren entsprechender Datenqualität. Die Ergebnisse der Analyse sind nicht selten die Grundlage für Geschäftsentscheidungen. Wenn z.B. festgestellt wird, dass sich die Produktion eines bestimmten Artikels aufgrund der schlechten Absatzzahlen nicht mehr lohnt und daher die Produktion und der Vertrieb eingestellt werden. Bei dieser Entscheidung sollte sichergestellt sein, dass die Datenbasis für dieses Produkt stimmt. Ist dieses Produkt bei den letzten Verkäufen der falschen Kategorie zugeordnet worden, wirkt sich das direkt auf die dann schlechten Analyseergebnisse und die entsprechende Entscheidung aus. Die fehlerhafte Zuordnung muss dabei nicht auf Fehler einzelner Mitarbeitender des Vertriebs zurückgehen. Ursache können auch ein fehlerhaftes Software-Update oder eine Änderung im Datenmodell sein, deren Auswirkungen nicht in allen Bereichen geprüft wurden.

Ebenso werden die Arten und die Anzahl von Kennzahlen weiter steigen, die auf Stammdaten basieren und die von anderen Kennzahlen abgeleitet werden. Bei der Beantwortung von strategischen Fragen, die nicht nur einzelne Unternehmensbereiche betreffen, werden verschiedene Kennzahlen und Informationen konsolidiert und darauf basierend Entscheidungen getroffen. Umso wichtiger ist es, darauf zu achten, dass die den Kennzahlen zugrunde liegenden Daten eine gute und belastbare Qualität haben.

Künstliche Intelligenz

Schlechte Datenqualität ist der größte Feind beim profitablen Einsatz maschinellen Lernens und künstlicher Intelligenz (KI) (Redman 2018). Damit eine KI entscheiden kann, was gute oder schlechte Bewerbende sind oder ob es sich bei einer

Abbildung um einen Hund oder einen Donut handelt, muss sie zuvor mit Daten trainiert werden. Das Training stellt hohe Ansprüche an die Datenqualität. Die Daten müssen unter anderem richtig, korrekt bezeichnet („gelabelt") und frei von Dubletten sein. Aber besonders wichtig ist, dass die Trainingsdaten die Grundgesamtheit korrekt repräsentieren, sonst ist die KI ungewollt parteiisch oder voreingenommen.

So gibt es mittlerweile mehrere Untersuchungen zur Befangenheit (englisch „bias") bei Gesichtserkennungssoftware. Beispielsweise fanden Buolamwini und Gebru (2018) heraus, dass bei drei untersuchten kommerziellen Produkten grundsätzlich Männer mit heller Hautfarbe am ehesten korrekt identifiziert wurden - mit Fehlerraten nahe 0 %. Frauen wurden generell schlechter erkannt als Männer, am schlechtesten die Gruppe der Frauen mit dunkler Hautfarbe - mit Fehlerraten von mehr als 30 %.

Ein anderes Beispiel für einen „Bias" ist eine KI, die bei Amazon eingesetzt wurde, um aus der Vielzahl an Bewerbenden die aussichtsreichsten für ein Bewerbungsgespräch auszusortieren (Dastin 2018). Die KI wurde auf Basis der Bewerbungen der letzten zehn Jahre trainiert. Da diese in der IT-Branche überwiegend von Männern kamen, „lernte" die KI, Bewerbungen von Männern systematisch zu bevorzugen.

■ 8.8 Herausforderung Datenqualität in überbetrieblichen Prozessen

Wie mit den Herausforderungen von unzureichender Datenqualität im Unternehmensalltag umgegangen wird, ist ganz unterschiedlich. Abhilfe wird häufig erst dann geschaffen, wenn Geschäftsprozesse spürbar unter den Folgen leiden und das Problem nicht mehr zu ignorieren ist. Die schlechte Qualität der Daten kostet meist nachweisbar Geld oder Umsatz, führt zu Compliance-Verstößen oder behindert die effektive Ausführung überbetrieblicher Prozesse.

E-Business/E-Commerce

Im E-Business bzw. E-Commerce sind Daten von höchster Qualität notwendig. Fehlerhafte Kundendaten führen hier zu unmittelbaren Umsatzverlusten sowie zu Kosten für die Ermittlung der richtigen Daten und die Korrektur der falschen Daten. Warum sollte die Kundschaft bei einem Dienstleistungsunternehmen auf einen guten Service vertrauen, wenn das betreffende Unternehmen es noch nicht einmal schafft, die Kundenadresse korrekt zu erfassen und zu pflegen? Vor allem Konzepte wie CRM (Customer Relationship Management) oder SRM (Supplier Relationship Management) können nicht effektiv umgesetzt werden, wenn die jeweilige

Datenbasis von schlechter Qualität ist. CRM und SRM basieren auf der Idee, die Beziehungen mit Kunden bzw. Lieferanten systematisch zu steuern. Im Fall von CRM können beispielsweise Verkaufsprozesse abgebildet werden, die Auskunft über den jeweiligen Stand der Verhandlung geben. Sind die hinterlegten Informationen falsch oder mit dem falschen Kundenkonto assoziiert, lassen sich keine korrekten und belastbaren Umsatzprognosen erstellen.

Für den Online-Handel stehen zunehmend auch Produkt- und Materialstammdaten im Fokus von DQ-Initiativen. Die Verwendung von Material-, Artikel- oder Produktstammdaten kann ganz unterschiedlich sein. Fast alle produzierenden Unternehmen haben heute angebundene Webshops, in denen sie die wesentlichen Informationen zu ihren Produkten bereitstellen. Bei manchen Artikeln gibt es vorgeschriebene Informationen, die dargestellt werden müssen. So muss bei elektrischen Kabeln und Klemmen die Brandlast ausgewiesen werden. Bei Lebensmitteln sind es Allergene. Zu fast jeder Artikelfamilie gibt es Informationen, die den Kaufenden bzw. Verbrauchenden mitgeteilt werden müssen. D.h., es handelt sich um Pflichtinformationen, die in jedem Fall in den Systemen gepflegt werden müssen. Artikel und Produkte haben somit sehr viele Stammdatenattribute und mögliche Ausprägungen. Tabelle 8.2 zeigt dies am Beispiel von Schuhen.

Tabelle 8.2 Ausgewählte Attribute zur Beschreibung von Schuhen

Attribut	Mögliche Ausprägungen (Auswahl)
Art des Schuhs	Sportschuh, Freizeitschuh, Sommerschuh, Schnürschuh etc.
Träger	Damen, Herren, Kinder, Unisex
Oberflächenmaterial	Echtleder, Kunstleder, Gore, Nylon, Leinen etc.
Farbe	rot, blau, schwarz, dunkelblau, grün, violett, lila etc.
Größe	35, 36, 37, 38, 39, 40, 41, 42, 43, 44 etc.
Verschluss	Schnürung, Klett, Slipper
Einlagen	ja/nein
Sohle	Gummi, Leder etc.
Absatz	ja/nein
Absatzhöhe	1 cm, 2 cm, 3 cm, 4 cm etc.
Anzahl der Schnürlöcher	4, 6, 8, 10

Lieferketten

Ein anderes Thema ist die Bereitstellung der Produktstammdaten in einer Lieferkette. Selten werden Produkte komplett vom gleichen Unternehmen hergestellt und vertrieben. In der Regel werden Bauteile von Zulieferern hergestellt und vormontiert. Auch werden verschiedene externe Vertriebskanäle bedient, z. B. werden die Produkte im eigenen Online-Shop vermarket. Zusätzlich werden sie auf Online-

Marktplätzen angeboten. Wichtig ist, dass jedes Mitglied in der Lieferkette und jeder Vertriebskanal die Daten in einer angemessenen Qualität erhält. Das kann ein bestimmtes Format sein (z.B. XML, JSON), eine bestimmte Syntax (z.B. BMEcat) oder eine konkrete Klassifikation (z.B. ETIM, eCl@ss). Unterschiedliche Attribute müssen mit den richtigen Informationen gefüllt sein, und die Informationen müssen zeitnah bereitstehen. All das sind Anforderungen an die Datenqualität.

8.9 Kosten schlechter Datenqualität

Die Abschätzung der Kosten für schlechte Datenqualität ist in den meisten Fällen nur rückblickend und indirekt möglich. Etwa dann, wenn Mitarbeitende manuell mit hohem zeitlichen Aufwand Daten korrigieren müssen, nachdem an anderer Stelle Prozesse nicht korrekt gelaufen sind.

Nach Einführung der Datenschutzgrundverordnung (DSGVO) am 25. Mai 2018 können die Mängel in der Datenqualität allerdings manchmal sehr genau beziffert werden. Denn wer die DSGVO nicht einhält, muss mit empfindlichen Geldbußen rechnen. Beispielsweise ist die korrekte Identifikation und Auffindbarkeit personenbezogener Daten in den Systemen auch eine Anforderung an Daten im Sinne der Datenqualität. Der nicht gesetzeskonforme Umgang mit personenbezogenen Stammdaten hat erhebliche finanzielle Konsequenzen. In regelmäßigen Abständen wird von verhängten Strafen berichtet (z.B. Anger/Neuerer 2020). Datenschutz und auch Datensicherheit definieren Anforderungen an Daten und gehören somit bei der Betrachtung von Datenqualität dazu.

Beispiele für DSGVO-Strafen

Das Online-Banking-Unternehmen N26 soll 50 000 Euro Strafe zahlen (Krempl 2019). Grund ist, dass das Unternehmen ehemalige Kunden auf eine schwarze Liste gesetzt hat. Auf dieser Liste dürfen allerdings nur Kunden stehen, gegen die der Verdacht auf Geldwäsche besteht. Somit waren die ehemaligen Kunden nicht mehr in der Lage, neue Konten zu eröffnen.

In einem anderen Fall gelangten Gesundheitsdaten versehentlich ins Internet. Es wurde eine Strafe von 80 000 Euro ausgesprochen (Seibel 2019).

Ende 2019 wurde eine Strafe von fast zehn Millionen Euro gegen den Internetkonzern 1&1 Telecom GmbH ausgesprochen. Grund war, dass Kundenberater „weitreichende Informationen zu [...] personenbezogenen Kundendaten“ über die Kundenhotline herausgegeben haben. In einem konkreten Fall habe es ausgereicht, den Namen und das Geburtsdatum eines Kunden zu nennen, um an weitreichende Informationen zu gelangen. Die 1&1 Telecom GmbH hat Klage gegen das Urteil angekündigt (Scheuer 2019).

Datenpannen und eine als mangelhaft empfundene Datenqualität stellen im betrieblichen Alltag wohl eher die Regel als die Ausnahme dar. Probleme der Datenqualität werden häufig als schwerwiegender erachtet als materielle Qualitätsprobleme. Die Kosten von Informationsproblemen sind jedoch nur selten transparent. Auch wenn Herkunft und Grundlage entsprechender Untersuchungen schwer zu überprüfen sind, werden allgemein verschiedene Richtwerte gehandelt, die die Kosten qualitativ schlechter Daten verdeutlichen. So schreibt Thomas Redman (2017), dass

- schlechte Datenqualität 15 % bis 25 % des Unternehmensumsatzes kostet;
- „knowledge worker" (Mitarbeitende, die für die täglichen Aufgaben mit Daten arbeiten) bis zu 50 % ihrer Arbeitszeit mit qualitativ schlechten Daten verbringen, bei Data Scientists liegt diese Rate sogar bei bis zu 80 %; und
- nur 16 % des Managements bei Entscheidungen der vorhandenen Datenbasis vertrauen.

In einer anderen Studie wird berichtet, dass nur 3 % aller Unternehmensdaten überhaupt die grundlegenden Anforderungen an Datenqualität erfüllen (Nagle/Redman/Sammon 2017). Ein weiteres Ergebnis der Studie ist, dass im Durchschnitt 47 % aller neu angelegten Datensätze mindestens einen kritischen Fehler haben, also Fehler, die negative Auswirkungen auf die Arbeit mit diesen Datensätzen haben. Dazu kommt, dass die Variation der gemessenen Datenqualitätswerte enorm hoch ist. Die Studie sieht keine branchenspezifischen Trends. Es kann davon ausgegangen werden, dass alle Branchen mit Herausforderungen bei der Datenqualität zu kämpfen haben. Folgendes Beispiel zeigt, wie die Kosten schlechter Datenqualität ermittelt werden könnten:

Beispielhafte Berechnung schlechter Datenqualität

Ein Versandunternehmen verschickt per Post halbjährlich Kataloge an seine Kundschaft. Aktuell hat das Unternehmen 125 000 Kunden in seinem Datenbestand. Jeder Katalog kostet in der Produktion 3,50 Euro. Die Versandkosten betragen pro Katalog 0,92 Euro.

Angenommen, bei 6 % der Kunden ist die postalische Adresse entweder unvollständig oder falsch, sodass der Katalog nicht zugestellt werden kann. Von weiteren 3 % der Kunden wird angenommen, dass sie im System doppelt angelegt sind (Dubletten). Dubletten bedeuten, dass diese Kunden bei jeder Katalogversendung zwei Kataloge geliefert bekommen würden.

Dann kostet die unzureichende Qualität der Kundenstammdaten das Unternehmen nur für den Katalogversand **97461,00 Euro** pro Jahr.

- Bei 7500 Kunden können die Kataloge aufgrund unvollständiger und falscher Adress-Informationen nicht zugestellt werden.
- 3525 Kunden sind doppelt angelegt und erhalten die Kataloge zweimal.

Rechenweg:

Die Kosten für den Katalogversand pro Kunde pro Jahr betragen:

(3,50 Euro Katalog + 0,92 Euro Versandkosten) x 2 = **8,84 Euro**

Die Kosten für die postalische Werbekampagne pro Jahr sind dann für den gesamten Kundenbestand:

125 000 Kunden x 8,84 Euro = **1105 000,00 Euro**

Die Anzahl der Kunden mit nicht zustellbaren Adressen ist:

6 % Kunden mit schlechten Adressen von 125 000 Kunden = 7500 Kunden

Die Anzahl der im Datensatz vorhandenen Dubletten ist (als Basis dient die Zahl der Kunden mit zustellbaren Adressen aus dem Rechenschritt zuvor):

3 % Dubletten von 117 500 Kunden = 3525 Kunden

Kunden, die entweder keinen Katalog bekommen oder den Katalog doppelt bekommen, sind somit:

7500 + 3525 = **11 025 Kunden**

Die Kosten für diese Kunden können eingespart werden, also insgesamt:

11 025 Kunden x 8,84 Euro = **97461,00 Euro pro Jahr**

Dies sind die Mehrkosten aufgrund schlechter Datenqualität.

Würde das Unternehmen also nur gute Kundenstammsätze besitzen (also Bestandskunden, die nur zweimal im Jahr einen Katalog an eine real existierende Adresse geschickt bekommen), würde es statt 1 105 000,00 Euro nur **1 007539,00 Euro** Kosten für die Kampagne pro Jahr haben. ■

In der Praxis ist es oft so, dass bei der Bereinigung eines Kundenbestands zunächst die Adressqualität geprüft und automatisiert optimiert wird. Erst danach erfolgt die Suche nach Dubletten. Grund hierfür ist, dass bei Datensätzen, die für Postsendungen vorbereitet werden, der Name und sämtliche Adressangaben zur Identifizierung der Dubletten herangezogen werden. Wurden die Adressen im Rahmen einer Bereinigung zuvor bereits korrigiert und wurde die Schreibweise standardisiert, ist die Trefferquote bei der Dublettensuche höher und zuverlässiger.

■ 8.10 Die wichtigsten Punkte in Kürze

- Eine angemessene Qualität der Unternehmensdaten ist die Basis für effizientes Arbeiten mit Daten und unterstützt datengetriebene Strategien.
- Gibt es Herausforderungen mit der Datenqualität, betreffen diese in der Regel mehrere bis alle Unternehmensbereiche.

- Daten haben dann eine hohe Qualität, wenn sie für den jeweiligen Einsatzzweck nutzbar sind.
- Datenqualität kann in Datenqualitätsdimensionen, die konkrete Eigenschaften von Daten beschreiben, eingeteilt werden. Beispiele sind Vollständigkeit, Aktualität und Glaubwürdigkeit.
- Es ist möglich, die Datenqualität anhand zuvor festgelegter Kriterien, den DQ-Regeln, zu messen.
- Eine Bewertung der Datenqualität ist nur kontextbezogen möglich.
- Das Messen und Bewerten der Datenqualität ist Voraussetzung für die Auswahl der richtigen Optimierungsmaßnahmen.
- Eine gute Datenqualität ist unabdingbar, wenn KI-basierte Lösungen eingeführt werden sollen.
- Auch überbetriebliche Prozesse sind auf eine hohe (Stamm-)Datenqualität angewiesen.
- Eine unzureichende Datenqualität kostet Geld und die Kosten können in manchen Fällen berechnet werden.

Literatur

Anger, Heike; Neuerer, Dietmar (2020): „DSGVO. Datenschutz-Verstöße: Zahl der Bußgelder ist drastisch gestiegen", in: *Handelsblatt* vom 01.01.2020, *https://www.handelsblatt.com/politik/deutschland/dsgvo-datenschutz-verstoesse-zahl-der-bussgelder-ist-drastisch-gestiegen/25364576.html*

Batini, Carlo et al. (2009): „Methodologies for data quality assessment and improvement", in: *ACM Computing Surveys* 41(3), S. 1 - 52, *https://doi.org/10.1145/1541880.1541883*

Buolamwini, Joy; Gebru, Timnit (2018): „Gender shades: Intersectional accuracy disparities in commercial gender classification", in: *Conference on Fairness, Accountability and Transparency*, S. 77 - 91, *http://proceedings.mlr.press/v81/buolamwini18a/buolamwini18a.pdf*

DAMA UK (2013): *The Six Primary Dimensions for Data Quality Assessment*, *https://www.whitepapers.em360tech.com/wp-content/files_mf/1407250286DAMAUKDQDimensionsWhitePaperR37.pdf*

Dastin, Jeffrey (2018): „Amazon scraps secret AI recruiting tool that showed bias against women", in: *Reuters*, *https://www.reuters.com/article/us-amazon-com-jobs-automation-insight/amazon-scraps-secret-ai-recruiting-tool-that-showed-bias-against-women-idUSKCN1MK08G*

deutschepost.de (o.J.): „Anschriftenprüfung", abgerufen 06.03.2020, von *http://www.deutschepost.de/content/dpag/de/a/anschriftenpruefung.html*

Krempl, Stefan (2019): „DSGVO-Verstoß: App-Bank N26 soll 50 000 Euro Bußgeld zahlen", in: *Heise online*, *https://www.heise.de/newsticker/meldung/DSGVO-Verstoss-App-Bank-N26-soll-50-000-Euro-Bussgeld-zahlen-4431356.html*

Nagle, Tadhg; Redman, Thomas C.; Sammon, David (2017): „Only 3% of Companies' Data Meets Basic Quality Standards", in: *Harvard Business Review* vom 11.09.2017, *https://hbr.org/2017/09/only-3-of-companies-data-meets-basic-quality-standards*

Piro, Andrea (Hrsg.) (2014): *Informationsqualität bewerten. Grundlagen, Methoden, Praxisbeispiele.* 1. Aufl., Düsseldorf

Redman, Thomas C. (2017): „Seizing Opportunity in Data Quality [Blog]“, in: *MIT Sloan Management Review* vom 27.11.2017, *https://sloanreview.mit.edu/article/seizing-opportunity-in-data-quality/*

Redman, Thomas C. (2018): „If Your Data Is Bad, Your Machine Learning Tools Are Useless“, in: *Harvard Business Review* vom 02.04.2018, *https://hbr.org/2018/04/if-your-data-is-bad-your-machine-learning-tools-are-useless*

Resnick, Peter W. (2008): „Internet Message Format“, *The IETF Trust, https://tools.ietf.org/pdf/rfc5322.pdf*

Rohweder, Jan Philipp et al. (2021): „Informationsqualität – Definitionen, Dimensionen und Begriffe“, in: Hildebrand, Knut; Gebauer, Marcus; Mielke, Michael (Hrsg.): *Daten- und Informationsqualität.* Wiesbaden, S. 23 – 43

Scheuer, Stephan (2019): „Telekombranche: 1&1 muss wegen Datenschutzverstoß Millionenstrafe zahlen“, in: *Handelsblatt* vom 09.12.2019, *https://www.handelsblatt.com/technik/it-internet/telekombranche-1und1-muss-wegen-datenschutzverstoss-millionenstrafe-zahlen/25316530.html*

Seibel, Karsten (2019): „485000 Euro Strafe – Bundesländer ziehen Bußgeld-Bilanz“, in: *Welt* vom 12.05.2019, *https://www.welt.de/finanzen/article193326155/DSGVO-Verstoesse-Bundeslaender-ziehen-Bussgeld-Bilanz.html*

Wang, Richard Y. (1998): „A product perspective on total data quality management“, in: *Communications of the ACM* 41(2), S. 58 – 66

Wang, Richard Y.; Strong, Diane M. (1996): „Beyond Accuracy: What Data Quality Means to Data Consumers“, in: *Journal of Management Information Systems* 12(4), S. 5 – 34

Weber, Kristin; Klingenberg, Christiana (2020): *Data Governance. Der Leitfaden für die Praxis.* München

9 Datenschutz und Datensicherheit

Stefan Karg

Zur Datenkompetenz gehört unabdingbar auch der sichere und legale Umgang mit den Daten, um Schaden sowohl vom eigenen Unternehmen als auch von seinen Kunden, Partnern und Belegschaft abzuwenden. Praktisch kein Unternehmen kommt ohne Betriebsgeheimnisse und damit schutzbedürftige Informationen und Daten aus, ebenso kann kein Unternehmen auf Daten von Personen (Kunden, Belegschaft, Interessenten usw.) verzichten. Ein belegbar sicherer und gesetzeskonformer Umgang mit eigenen und dem Unternehmen anvertrauten Daten vermindert Risiken, bildet Vertrauen und stärkt damit in der Regel die Marktposition.

Somit ist es notwendig, sich mit den gesetzlichen Vorgaben und Rahmenbedingungen und auch mit den technischen Möglichkeiten für eine sichere Datenverarbeitung auseinanderzusetzen. Datensicherheit und Datenschutz sind dabei verschiedene Disziplinen, welche sich gegenseitig ergänzen und wesentliche Säulen im Risikomanagement eines Unternehmens bilden.

In diesem Beitrag lernen Sie,

- die Themenkomplexe „Datenschutz“ und „Datensicherheit“ zu verstehen und zu unterscheiden,
- worauf es bei der Verwendung von Daten im Unternehmen zu achten gilt,
- wann Sie den Datenschutzbeauftragten hinzuziehen sollten,
- Risiken und Schutzbedarfe zu erkennen,
- gängige Methoden und Schutzmaßnahmen (TOM) kennen.

9.1 Grundlagen und Begriffe

Ein Datum wird durch den Kontext, in dem es steht, bzw. durch seine Interpretation zu einer Information (siehe Abschnitt 2.2). Schon deshalb liegt nahe, dass mit Datensicherheit und Informationssicherheit im Wesentlichen dieselben Dinge gemeint sein müssen. Im Alltagsgebrauch werden aber häufig auch Datenschutz und

Datensicherheit verwechselt oder irrtümlich synonym verwendet. Dies ist jedoch nicht richtig, trotz vieler Gemeinsamkeiten bestehen wesentliche Unterschiede:

Im Fokus der **Informationssicherheit** stehen **alle schützenswerten Informationen** in einem Unternehmen, unabhängig von deren Repräsentation (z. B. als Datei, Audio- oder Videoaufzeichnung, auf Papier oder als Gesprächsinhalt) und der Art ihrer Ablage, Speicherung, Nutzung oder Verarbeitung. Manchmal wird der Begriff **Datensicherheit** verwendet, um nur den Schutz der Daten in IT-Systemen zu bezeichnen, also in Abgrenzung z. B. gegen den Schutz von Akten oder sonstigen Informationen in Papierform. Diese Unterscheidung ist aber nicht wohldefiniert.

Der **Datenschutz** betrachtet dagegen nicht sämtliche Daten, sondern die Verarbeitung **personenbezogener Daten**, hierbei aber zunächst unabhängig vom tatsächlichen Schutzbedarf des Einzeldatums. Wie in Bild 9.1 erkennbar, können somit im Einzelfall auch Daten erfasst sein, die im Sinne der Informationssicherheit gar nicht als schützenswert erachtet werden. Für den Datenschutz werden zudem – analog zu Datensicherheit – nur die Daten berücksichtigt, die automatisiert, also unter Einsatz von IT-Systemen, verarbeitet werden.[1]

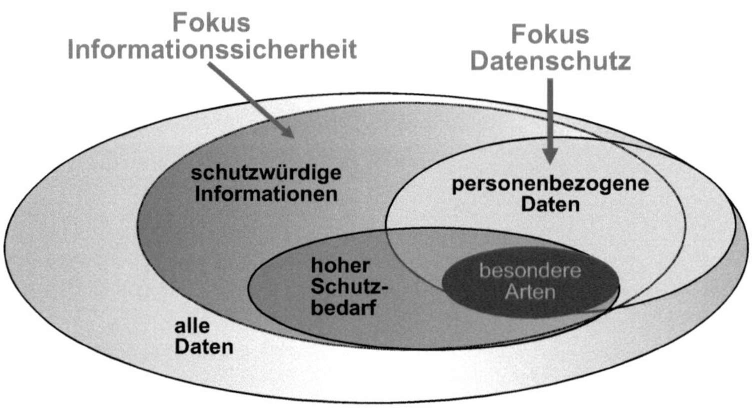

Bild 9.1 Unterschiede und Gemeinsamkeiten von Datenschutz und Informationssicherheit

Auch der Blickwinkel auf die zu schützenden Objekte ist bei Datenschutz und Informationssicherheit unterschiedlich. Während die Informationssicherheit das Risiko für das Unternehmen in den Mittelpunkt stellt, fokussiert der Datenschutz das „Risiko für die Rechte und Freiheiten natürlicher Personen“ (Artikel 24 (1) und 32 (1) DSGVO). Als Konsequenz daraus erfolgt auch eine staatliche (bzw. europäische) Aufsicht. Verstöße gegen die gesetzlichen Vorgaben im Datenschutz sind mit

[1] Damit keine Umgehungsmöglichkeiten geschaffen werden, sind von dieser Einschränkung strukturierte und durchsuchbare (Papier-)Ablagen ausgenommen. Eine herkömmliche analoge Personalakte fällt somit z. B. unter den Anwendungsbereich des Datenschutzes.

hohen Bußgeldern (die DSGVO spricht hier in Artikel 83 von „wirksam, verhältnismäßig und abschreckend“) sanktioniert.

Das Risiko durch dieselbe Verarbeitung von Daten wird somit aus unterschiedlichen Perspektiven beurteilt. Auch diese Risikobetrachtung hat eine große Schnittmenge, es verbleiben aber jeweils für die Informationssicherheit und den Datenschutz spezifische Bereiche. Tabelle 9.1 fasst dies nochmals zusammen.

Tabelle 9.1 Datenschutz vs. Datensicherheit

Kriterium	Datenschutz	Datensicherheit/ Informationssicherheit
Umfang	Personenbezogene oder personenbeziehbare Daten	Alle Daten
Schutzziel	Rechte und Freiheiten natürlicher Personen (informationelle Selbstbestimmung)	Schutz der Unternehmenswerte
Blickwinkel	Auswirkung auf den Betroffenen	Auswirkung auf das Unternehmen
Gefahren	Unrechtmäßige Verarbeitung, Vernichtung, Verlust, Veränderung, Offenlegung	Vernichtung, Verlust, Veränderung, Offenlegung
Konsequenzen bei Vorfall	Inhärenter Schaden, Reputationsschaden (Informationspflichten), Bußgeld, Audit, Auflagen	Inhärenter Schaden, Reputationsschaden

■ 9.2 Informationssicherheit

Als Informationssicherheit bezeichnet man das „Sicherstellen von Vertraulichkeit (Confidentiality), Integrität (Integrity) und Verfügbarkeit (Availability) der zu schützenden Informationen“ (Definition nach ISO/IEC 27000, Abschnitt 2.19).

Diese drei Säulen werden als die „Schutzziele der Informationssicherheit“ oder „Sicherheitsgrundwerte“ bezeichnet und meist mit dem englischen Akronym CIA (bzw. im Deutschen unter hilfsweiser Hinzunahme von „Authentizität“ als VIVA) abgekürzt. Darüber hinaus bzw. von diesen Grundwerten abgeleitet können auch andere Eigenschaften wie Authentizität, Rechenschaftspflicht, Verbindlichkeit und Zuverlässigkeit eine Rolle spielen.

9.2.1 Vertraulichkeit

Der Schutz der Vertraulichkeit zielt darauf ab, eine unberechtigte Kenntnisnahme der Daten durch Dritte zu verhindern oder zumindest zu erschweren. Dazu gehört es auch, zu verhindern, dass berechtigte Personen die Daten unbefugt weitergeben oder dass Daten zufällig oder unbeabsichtigt bekannt werden, z. B. durch Verlust eines Datenträgers oder durch Fehler bei der Entsorgung.

Wesentlich ist es also, die Möglichkeiten der Kenntnisnahme der zu schützenden Daten angemessen zu beschränken. Maßnahmen umfassen somit unter anderem

- die Kontrolle der Zugangsmöglichkeiten zu Systemen und Daten, sowohl physisch (Zutritt zu Räumen, Zugang zu Daten verarbeitenden Anlagen) als auch logisch (Autorisierung, Berechtigungen zum Zugriff auf Daten und Systeme),
- das sichere Aufbewahren, Speichern und Transportieren von Daten,
- das Verhindern unbefugten Zugangs, z. B. durch Eindringen in Daten verarbeitende Systeme,
- Regeln und Vorgaben für den Umgang mit Daten sowie
- das sichere Entsorgen von Datenträgern.

9.2.2 Integrität

Integrität bezeichnet als Sicherheitsgrundwert „die Sicherstellung der Korrektheit (Unversehrtheit) von Daten und der korrekten Funktionsweise von Systemen“[2]. In der Praxis versteht man darunter die Zusicherung, dass eine Änderung von Daten unerkannt nicht möglich ist.

Wichtig wird Integrität z. B. bei jeder Übertragung von Daten. Sender und Empfänger müssen sicher sein können, dass die empfangene Information der gesendeten entspricht und dass Fehler oder Manipulationen auf dem Übertragungsweg zumindest erkannt werden können. Ein weiterer Aspekt ist die Protokollierung von Zugriffen auf schützenswerte Daten, um Änderungen nachvollziehen zu können.

> Nicht immer lässt sich eine Schutzmaßnahme einem Sicherheitsgrundwert eindeutig zuordnen.
>
> Die Aufzeichnung von Erfassungen und Änderungen von Daten im Transaktionsprotokoll einer Datenbankanwendung ist sowohl eine Maßnahme der Integrität (logging), da Änderungen nachvollziehbar bleiben, als auch der Verfügbarkeit (recovery), da sich Änderungen rekonstruieren lassen.

[2] Definition des BSI, *https://www.bsi.bund.de/DE/Service-Navi/Cyber-Glossar/cyber-glossar_node.html*

Vom Schutzziel „Integrität“ lassen sich weitere Schutzziele ableiten. **Authentizität** bedeutet die Zusicherung, dass eine Information echt ist, d. h., dass sie tatsächlich vom erwarteten Absender stammt und unverändert ist. Hier muss eine Instanz also zweifelsfrei ihre Identität nachweisen können. Ein Ansatz dazu, nämlich der Einsatz von Public-Key-Verfahren, ist im Abschnitt 9.4.4.2 beschrieben.

Ebenso bedeutsam wie der Identitätsnachweis ist auch die **Verbindlichkeit** (auch Nichtabstreitbarkeit, non-repudiation). Darunter versteht man die verbindliche Zurechnung einer Nachricht oder Handlung zu einer Person. Verbindlichkeit ist besonders im elektronischen Rechts- und Geschäftsverkehr wesentlich.

Beispiel: Integrität, Authentizität, Verbindlichkeit

A zahlt im Geschäft mit Karte. Auf dem gesamten Weg vom POS-Terminal an die Bank muss der Datensatz aus Betrag, Empfänger, Konto des A und Autorisierung (PIN) korrekt sein. Fehler und Manipulationen müssen erkannt werden, damit kein Schaden entsteht (Integrität).

Aufseiten der Bank muss die PIN-Eingabe des A geprüft werden, um sicherzustellen, dass die Zahlung auch durch A autorisiert ist (Authentizität). Der Auftragseingang muss aufgezeichnet werden, diese Aufzeichnung muss ebenso besonders gegen Manipulation geschützt werden.

Zudem muss auch das Geschäft im Falle eines Fehlers oder einer Störung zweifelsfrei nachweisen können, dass die Zahlung erfolgt ist (per Aufzeichnung im Gerät, Beleg oder in der Kasse). Auch diese Aufzeichnung muss gegen Manipulation gesichert sein (Verbindlichkeit).

Alle diese Vorgänge berühren personenbezogene Daten und sind daher für Informationssicherheit und Datenschutz gleichermaßen relevant.

9.2.3 Verfügbarkeit

Verfügbarkeit (Availability) bedeutet im Kontext der Informationssicherheit, dass ein Objekt in der Lage ist, die Aufgaben zu erfüllen, für welche es vorgesehen ist. Daten sind demnach genau dann verfügbar, wenn in dem Zeitpunkt und an dem Ort, an welchem sie benötigt werden, auf sie zugegriffen werden kann. Verfügbarkeit beinhaltet also erstens den Aspekt des zuverlässigen und zeitnahen Zugangs und Zugriffs zu den Daten und zweitens den Aspekt der generellen Auffindbarkeit und Sicherung gegen Verlust.

Hohe Anforderungen an die (zeitliche) Verfügbarkeit sind ein wesentlicher Kostentreiber, es ist daher notwendig, die tatsächlichen Anforderungen genau zu kennen.

Die Verfügbarkeit wird in Prozent angegeben und berechnet sich wie folgt:

$$\text{Verfügbarkeit} = 1 - \left(\frac{\text{Ausfallzeit}}{\text{Gesamtzeit}}\right)[\%] \qquad (9.1)$$

Praktische Werte für die Verfügbarkeit liegen jeweils oberhalb von 99,0% (VK 2, siehe unten), entsprechend einer maximalen Gesamtausfallzeit von etwa drei Tagen pro Jahr. Zur Vereinfachung wird die Verfügbarkeit in sechs Klassen entsprechend der Länge der Neunerziffernfolge in der Prozentangabe eingeteilt. Von Hochverfügbarkeit spricht man ab VK 3, also 99,9%. Dies entspricht einem Ausfall von weniger als neun Stunden pro Jahr bzw. 45 Minuten pro Monat. Kritische oder lebenswichtige Anwendungen haben in VK 6 eine erlaubte maximale Ausfallzeit von weniger als 31,5 Sekunden pro Jahr.

Die mit dem Informationssicherheitsgrundwert „Verfügbarkeit" bezeichneten Vorkehrungen umfassen insbesondere

- Maßnahmen der Ausfallsicherheit (z.B. Einsatz von Redundanz),
- die Erkennung von Störungen und Betriebsunterbrechungen (Monitoring),
- die Gewährleistung eines geregelten Ablaufes auch unter Störeinflüssen (Resilienz),
- die regelmäßige Sicherung der Daten (Back-up) und
- die Möglichkeit zu einer raschen Wiederherstellung der Systeme und Daten nach einem Zwischenfall (Restore, Recovery, Notfallplanung).

9.2.4 Wesentliche Normen

Eine gesetzliche Vorgabe für den Rahmen und die Realisierung dieses Schutzes, wie es die DSGVO im Bereich Datenschutz ist, fehlt in der Informationssicherheit hierzulande leider. Die Notwendigkeit zum Schutz der Daten sowie die wirksame Vorsorge gegen die Risiken der Informationsverarbeitung leiten sich jedoch aus den allgemeinen kaufmännischen Sorgfaltspflichten ab. Teilweise gibt es auch branchenspezifische Spezialregelungen, im Bereich der Telekommunikation werden z.B. in § 166 TKG das Vorhalten eines Sicherheitskonzeptes und die Benennung eines Sicherheitsbeauftragten explizit gefordert. Ähnliches gilt beim Betrieb von kritischen Infrastrukturen nach dem IT-Sicherheitsgesetz/BSI-Gesetz, also z.B. in den Bereichen Energieversorgung, Wasserversorgung, Gesundheitswesen und Transport und Verkehr. Auch im Finanz- und Versicherungswesen wird im Rahmen des Risikomanagements oder internen Kontrollsystems die Einrichtung eines wirksamen Informationssicherheitsmanagementsystems (ISMS) gefordert.

Die Orientierung im Bereich der Informationssicherheit erfolgt somit an Best Practices, welche in Standards und Normen niedergelegt sind. Neben branchenspezifischen Standards wie TISAX für den Automobilbereich oder PCI-DSS in der Kreditkartenindustrie existieren hierzulande zwei bedeutende allgemeine Normen für die Informationssicherheit:

9.2.4.1 ISO/IEC 27001

Die ISO-Normen der Reihe 27001, hervorgegangen aus dem bereits seit 1995 existierenden britischen Standard BS 7799, zielen auf die Etablierung eines stabilen, risikomindernden Informationssicherheits-Managementsystems (ISMS) ab, im Mittelpunkt der Normen stehen somit die Prozesse für die Herstellung und kontinuierliche Verbesserung der Informationssicherheit. Orientierung dafür, welche Themenbereiche es dabei zu beachten gilt, bietet ein Katalog von Referenzmaßnahmenzielen (ISO/IEC 27001 Anhang A[3]).

Die ISO-Norm setzt auf eine möglichst vollständige Erfassung der Risiken, welche auf die zu schützenden Werte („Assets") im Anwendungsbereich wirken. Diese Risikoanalyse dient dann als Basis für die Festlegung der umzusetzenden Schutzmaßnahmen. Dazu enthält der Praxisteil der Norm (ISO/IEC 27002) Umsetzungshinweise und Maßnahmenvorschläge zu den einzelnen Maßnahmenzielen.

Ein so etabliertes ISMS kann durch einen festgelegten Auditprozess zertifiziert werden. Durch den Status als internationale Norm sind nach ISO/IEC 27001 zertifizierte ISMS auch international bekannt und anerkannt. Zudem wurde bei der Erstellung des Standards darauf geachtet, methodische Synergien zu anderen Managementsystemen wie z. B. Qualitätsmanagement nach ISO 9000 oder IT-Service-Management nach ISO 20000 zu schaffen. Es ist daher möglich, mit Teilen der Vorgehensweise und Anforderungen auf bereits bestehende Systeme aufzusetzen oder sogar ein integriertes Managementsystem zu schaffen.

9.2.4.2 IT-Grundschutz

Der IT-Grundschutz wird vom Bundesamt für Sicherheit in der Informationstechnik (BSI) erstellt und herausgegeben. Die zugrunde liegende Idee ist es, ausgehend von Standardrisiken und Gefährdungen Anforderungen für ein minimal notwendiges Schutzniveau („Basisabsicherung") zu definieren sowie ein für die meisten Anwendungsfälle angemessenes und ausreichendes Sicherheitsniveau abzuleiten („Standardabsicherung"). Aufgrund der Berücksichtigung von Standardrisiken in den Anforderungen ist eine ausführliche individuelle Risikoanalyse daher nur ergänzend für besonders gefährdete oder besonders schützenswerte Informationsverbünde notwendig.

---

[3] Anmerkung: Die ungewöhnliche Nummerierung der Maßnahmenziele in Anhang A beginnend mit A.5 wurde gewählt, um die Konsistenz mit BS 7799 zu erhalten.

Die Prozesse und Systeme, die typischerweise in einem Informationsverbund vorkommen können, sind im IT-Grundschutz-Kompendium in einem Baukastensystem gefasst und können je nach Anwendungsfall kombiniert werden. In einem jährlichen Aktualisierungszyklus werden die Anforderungen auch unter Zuhilfenahme von Rückmeldungen aus der Anwenderschaft jeweils auf den neuen Stand der Technik und die sich ändernde Sicherheitslage angepasst. Die Standards des BSI, „Managementsysteme für Informationssicherheit (200-1)", „IT-Grundschutz-Methodik (200-2)" und „Risikoanalyse auf Basis von IT-Grundschutz (200-3)" ergänzen dies zu einer vollständigen und in sich geschlossenen Methodik zur Umsetzung eines Informationssicherheitsmanagementsystems. Ein Standard zum Business Continuity Management (200-4) ist derzeit in Arbeit.

Der IT-Grundschutz ist zur ISO 27001 kompatibel, er folgt denselben Prinzipien. Daher lässt sich auch nach IT-Grundschutz ein ISO-27001-Zertifikat erwerben. Ein solches ist in Deutschland im öffentlichen Bereich häufig Vergabevoraussetzung.

9.3 Datenschutz

Allein mit dem Thema Datenschutz lassen sich ganze juristische und technische Bücher füllen, es kann und soll hier nur ein Einstieg ermöglicht und ein Überblick über die komplexe Materie gegeben werden.

Ziel des Datenschutzes ist nicht – wie man aus dem Wortlaut vermuten könnte – der Schutz von Daten, sondern die Sicherstellung des Grundrechts auf informationelle Selbstbestimmung (siehe dazu auch BPB 2022). Dieser juristische Begriff bedeutet vereinfacht dargestellt, dass jedem Bürger die Kontrolle über die Verbreitung und Verwendung seiner personenbezogenen Daten selbst zustehen soll. Der Datenschutz zielt somit als Teilbereich des Persönlichkeitsrechts auf die Vermeidung von Gefahren für die freie Persönlichkeitsentfaltung ab, welche durch eine unkontrollierte Verwendung und Verbreitung persönlicher Daten beeinträchtigt würde (siehe ausführlich hierzu unter anderem Gierschmann et al. 2018, Artikel 1, RZ 23-36).

9.3.1 Grundlagen

Der Datenschutz wird in der Europäischen Union seit 2018 verbindlich und einheitlich durch die Datenschutz-Grundverordnung (DSGVO) geregelt. Betrachtet werden dabei nur **personenbezogene Daten**:

Personenbezogene Daten sind „alle Informationen, die sich auf eine identifizierte oder identifizierbare natürliche Person [...] beziehen; als identifizierbar wird eine natürliche Person angesehen, die direkt oder indirekt, insbesondere mittels Zuordnung zu einer Kennung [...] oder zu einem oder mehreren besonderen Merkmalen [...] identifiziert werden kann" (**Artikel 4 Nr. 1** DSGVO).

Daten von juristischen Personen (ABC GmbH) sowie Daten ohne Personenbezug, z. B. technische Daten wie Konstruktionszeichnungen, Konfigurationsdaten, Bestandslisten etc., werden unabhängig von ihrem Schutzbedarf beim Datenschutz nicht erfasst.

Hier lässt sich bereits eine praktische Schwierigkeit erkennen, denn diese Abgrenzung ist nicht immer offensichtlich und hängt teilweise auch vom Kontext und der Kombination der Daten ab:

Beispiele

- Das Kennzeichen eines Autos ist ein indirekt personenbezogenes Datum, es identifiziert über das Register in Flensburg den Halter bei der Ahndung von Verkehrsverstößen oder für die Kfz-Steuer.
  Dies gilt auch bei Miet- und Firmenwägen, bei denen der Halter eine juristische Person ist, da hier (unter Hinzunahme verpflichtender Aufzeichnungen des Halters) auf den jeweils berechtigten Nutzer geschlossen werden kann.
- Die periodisch an den Verleiher übermittelten Standortdaten eines Leih-Elektrorollers sind per se nicht personenbezogen, sondern Sachdaten, sie dienen der Auffindbarkeit des Fahrzeugs z. B. zu Wartungszwecken.
  Aber:
  Durch den personalisierten und zeitlich definierten Ausleihvorgang wird der Start- und Endpunkt der Fahrt, der ja gleichzeitig den Aufenthaltsort des Ausleihenden zu diesem Zeitpunkt beschreibt, zum personenbezogenen Datum. Sobald also beim Verleiher eine Verknüpfung von Standort und Besitzer des Fahrzeugs irgendwie möglich ist, sind die Daten als personenbezogen zu handhaben.

Artikel 9 bestimmt darüber hinaus sogenannte „besondere Arten personenbezogener Daten", deren Missbrauch ein besonders hohes Risiko für den Betroffenen birgt, beispielsweise hinsichtlich einer möglichen Diskriminierung. Hierzu zählen Angaben über die Gesundheit, Rasse oder Ethnie, sexuelle Orientierung, politische und weltanschauliche Ausrichtung oder Gewerkschaftszugehörigkeit, aber auch unveränderliche und eindeutige persönliche Merkmale wie biometrische oder genetische Daten. Für die Verarbeitung und Nutzung dieser Daten gelten besonders strikte Beschränkungen und erhöhte Sicherheitsanforderungen.

Grundsätzlich ist die Verarbeitung und Nutzung personenbezogener Daten zunächst verboten, notwendige Ausnahmen werden durch die DSGVO und weitere Gesetze geregelt. Man spricht hier vom Prinzip des „Verbots mit Erlaubnisvorbehalt“ bzw. dem Grundsatz, „alles, was nicht ausdrücklich erlaubt ist, ist verboten“.

Die notwendige Erlaubnis findet sich in **Artikel 5** DSGVO, er bestimmt sechs Prämissen, unter denen eine Verarbeitung personenbezogener Daten zulässig ist:

- „Rechtmäßigkeit und Transparenz“: Die Verarbeitung muss rechtmäßig und für den Betroffenen nachvollziehbar sein. Rechtmäßig bedeutet dabei vereinfacht, dass entweder ein Gesetz, ein Vertrag oder eine Vereinbarung mit dem Betroffenen (Einwilligung) die Verarbeitung erlaubt, oder dass diese aufgrund belegbarer berechtigter Interessen erforderlich ist (dies ist definiert in **Artikel 6** DSGVO).
- „Zweckbindung“: Der Zweck der Verarbeitung muss initial festgelegt und dokumentiert werden und darf nicht nach Belieben geändert werden.
- „Datenminimierung“: Es dürfen nur diejenigen personenbezogenen Daten verarbeitet werden, die für den Zweck minimal notwendig sind.
- „Speicherbegrenzung“: Personenbezogene Daten dürfen nur so lange vorgehalten werden, wie es der Zweck unbedingt erfordert.
- „Richtigkeit“: Personenbezogene Daten müssen korrekt und aktuell sein.
- „Integrität und Vertraulichkeit“: Ein angemessener Schutz der Daten muss gewährleistet sein.[4]

Der letzte Verarbeitungsgrundsatz (Artikel 5 Abs. 1 lit. f) schlägt somit die Brücke zur Informationssicherheit.

9.3.2 Sicherheit der Verarbeitung

Diese soll durch den Einsatz geeigneter technischer und organisatorischer Maßnahmen (im Folgenden sprechen wir hier kurz von TOM, siehe hierzu ausführlich Abschnitt 9.5) erreicht werden. TOM sollen die drei klassischen Schutzziele der Informationssicherheit gewährleisten, müssen aber ergänzend auch einen Schutz vor unbefugter oder unrechtmäßiger Verarbeitung im Sinne der obigen Grundsätze sicherstellen. Um eine solche Absicherung flächendeckend möglich zu machen, muss der Verantwortliche ein Verzeichnis aller Verarbeitungen (siehe **Artikel 30** DSGVO) führen.

Artikel 32 („Sicherheit der Verarbeitung„) definiert Auswahlkriterien und Umfang der dafür notwendigen Schutzmaßnahmen: Diese sollen auf Basis einer Risikobetrachtung festgelegt werden, welche neben der „Art, des Umfangs, der Umstände und der Zwecke der Verarbeitung“ die Eintrittswahrscheinlichkeit und die Schwere

---

[4] Obwohl die Bezeichnung des Artikels 5 Abs. 1 lit. f nur „Vertraulichkeit und Integrität“ nennt, bezieht der Text die Verfügbarkeit mit ein. Insofern ist das gesamte Spektrum der Informationssicherheit gemeint.

des Risikos für die „Rechte und Freiheiten natürlicher Personen“ berücksichtigen. Personenbezogene Daten haben also einen dem Risiko für den Betroffenen entsprechenden Schutzbedarf.

Maßgebend für die zu treffenden Schutzmaßnahmen sind neben dem Risiko der jeweilige Stand der Technik sowie die Implementierungskosten dieser Maßnahmen. Kosten (für das Unternehmen) und Nutzen (Risikominderung für den Betroffenen) sollen dabei in einem wirtschaftlich angemessenen Verhältnis bleiben. Eine Verarbeitung, deren Risiko für die betroffenen Personen sich nicht mit wirtschaftlich vertretbaren Mitteln auf ein angemessenes Maß reduzieren lässt, darf nicht erfolgen.

Zudem wird der schnellen Änderung gerade im Bereich der Informationstechnik Rechnung getragen: Einmal implementierte Maßnahmen müssen regelmäßig auf ihre Wirksamkeit hin überprüft und gegebenenfalls angepasst werden. Hierzu müssen entsprechende organisatorische Vorkehrungen getroffen werden, z. B. die Durchführung regelmäßiger interner Audits oder ein wirksam etablierter Verbesserungsprozess.

Artikel 24 legt die Verpflichtung zur Umsetzung und zum Nachweis dieser technischen und organisatorischen Maßnahmen dem „Verantwortlichen“ auf (Artikel 4 Nr. 7 DSGVO), hiermit ist in der Regel der Inhaber, Vorstand oder die Geschäftsführung gemeint, in jedem Fall diejenige Instanz, die im Unternehmen letztlich über Zwecke und Mittel der Verarbeitung (also „ob“, wofür“ und „wie“) entscheidet. Die Durchführung, nicht aber die Verantwortung dafür, kann geeignet delegiert werden, entweder intern oder aber auch an einen Partner (Auftragsverarbeiter).

Der Datenschutzbeauftragte (DSB), dessen Aufgaben und Stellung in den **Artikeln 37 – 39** geregelt sind, berät den Verantwortlichen und die Ausführenden dabei und versetzt diese in die Lage, die DSGVO auch einhalten zu können. Er kontrolliert als unabhängige Instanz die Umsetzung der Maßnahmen und überwacht deren Einhaltung, trägt aber selbst nicht die Verantwortung dafür.

Einbindung des Datenschutzbeauftragten

Zu den gesetzlichen Aufgaben des DSB gehört es, in Projekten mit seiner fachlichen Expertise zu unterstützen und Lösungsansätze aufzuzeigen. Seine Einbindung sollte möglichst frühzeitig im Projekt erfolgen, am besten bereits im Ideenstadium, damit die Anforderungen des Datenschutzes konstruktiv eingebracht werden können.

In jedem Fall sollte der DSB unbedingt in folgenden Fällen hinzugezogen werden:

- Es werden Daten von Minderjährigen verarbeitet.
- Es werden „besondere Arten“ personenbezogener Daten verarbeitet (siehe Artikel 9).
- Es werden Daten verarbeitet, die besonders sensibel sind (z. B. Angaben über Straftaten, Standortdaten, Videoaufzeichnungen ...) oder die besonderen Regelungen unterliegen (z. B. Berufs- oder Fernmeldegeheimnis).

- Daten aus verschiedenen Quellen werden in großem Umfang kombiniert.
- Profilbildung, Scoring, Bewertungen, Verhaltensanalysen ...
- Einsatz neuartiger Technologien und Verfahren.

Hier kann eine formale Risikobetrachtung (Datenschutz-Folgenabschätzung, Artikel 35 DSGVO) notwendig werden, um die Verarbeitung legal durchführen zu können.

Zusammengefasst bedeutet dies, dass die Unternehmensleitung von Anfang an die jeweils aktuell technisch möglichen und dabei wirtschaftlich vertretbaren Maßnahmen ergreifen muss, um das Risiko für die betroffene Person so gering wie möglich zu halten. Wie dies gewährleistet wird, muss der Verantwortliche z. B. gegenüber der Aufsichtsbehörde jederzeit nachweisen können.

In **Artikel 25** werden unter dem Titel „Datenschutz durch Technikgestaltung" bzw. „privacy by design" weitere Rahmenbedingungen für die Verarbeitung gesetzt: Bereits bei der Planung einer Verarbeitung hat der Verantwortliche den Datenschutz als Anforderung aufzunehmen und insbesondere dabei den Schutz der verarbeiteten Daten bereits im Entwurf zu berücksichtigen.

Ergänzung

Die DSGVO macht in Artikel 25 noch weitere Vorgaben zur technischen Umsetzung, welche für die „Datenkompetenz" aber nur ergänzend wichtig sind:

Sofern ein System optionale Funktionen vorsieht, also solche, die für den eigentlichen Zweck nicht zwingend erforderlich sind, aber z. B. Komfort oder Nutzbarkeit verbessern, so muss die jeweils datenschutzfreundlichere Variante voreingestellt sein. Eine Aktivierung bedarf einer bewussten Handlung des Betroffenen.

Beispiele hierzu wären die Übermittlung von Diagnosedaten für die Qualitätsverbesserung oder die Nutzung von Standortdaten für eine zielgerichtete Anzeige örtlicher (anstelle aller) Angebote.

Dieses Prinzip läuft unter dem Label „privacy by default".

Die **Artikel 12 – 23** schließlich definieren weitgehende Rechte für den Betroffenen, sowohl auf Auskunft über die gespeicherten Daten, deren Verwendung, Herkunft und Weitergabe als auch auf deren Berichtigung oder Übertragung an Dritte. Die Verarbeitung kann - soweit sie nicht z. B. aufgrund gesetzlicher Tatbestände notwendig ist - auch ganz untersagt und das Löschen der eigenen Daten verlangt werden. Es ist daher notwendig, dass die Informationen über den „Lebenslauf" und die Verwendung personenbezogener Daten auch vorgehalten und auf Anfrage produziert werden können.

9.4 Methoden

Für die Umsetzung der Anforderungen von Datenschutz und Informationssicherheit ist die Kenntnis hierzu gängiger Verfahren und Methoden notwendig. Diese werden teils explizit in den Normen gefordert. So teilen DSGVO und die gängigen ISMS einen risikobasierten Ansatz zur Festlegung geeigneter Schutzmaßnahmen. Unter anderem werden an verschiedenen Stellen der DSGVO die Pseudonymisierung und die Verschlüsselung als geeignete Methoden zum Schutz von Daten und zur Risikominderung explizit aufgeführt.

9.4.1 Risiko- und Schutzbedarfsanalyse

Um eine geeignete und wirtschaftlich vertretbare Absicherung von Daten und Werten zu erreichen, muss deren Schutzbedarf bekannt sein. Es ist trivial, dass die „Kronjuwelen" (z. B. Strategiedokumente oder Patententwürfe) eines Unternehmens einen höheren Schutzbedarf haben als das interne Telefonverzeichnis oder gar der Speiseplan der Betriebskantine. Eine Klassifizierung des Schutzbedarfs, zumindest in die Kategorien „hoch", „normal" bzw. „mittel" und „gering", ist also notwendig.

Sinnvoll ist es, die betrachteten Daten hierzu in Gruppen mit den gleichen Anforderungen und Eigenschaften einzuteilen, also Datenkategorien zu schaffen. In der Folge kann dann je Kategorie durch die Festlegung von gemeinsamen (Mindest-) Schutzmaßnahmen ein jeweils angemessenes Sicherheitsniveau hergestellt werden. Diese Skala kann falls notwendig nach oben („sehr hoch") oder unten („kein") erweitert werden, mehr Abstufungen sind in den allermeisten Fällen jedoch nicht sinnvoll - bei Daten mit Schutzbedarf „sehr hoch" ist in jedem Fall eine individuelle Festlegung der Schutzmaßnahmen geboten.

Um den Schutzbedarf zu ermitteln, muss man zunächst das Risiko für den betrachteten Wert bzw. die jeweiligen Daten oder Datenkategorien kennen. Je höher das Risiko, desto höher ist der bei dessen Realisierung verursachte Schaden. Aus dem Bestreben, diesen potenziellen Schaden zu vermeiden, leitet sich dann der Schutzbedarf ab; je höher das Risiko, desto höher auch der Schutzbedarf.

Hinweis

Der Schutzbedarf von Daten kann sich auch durch Kombination bzw. Aggregation oder äußere Einflüsse wie z. B. den Zeitpunkt der Betrachtung verändern. Eine Auswertung oder Aggregation von Daten ist daher immer eigenständig zu betrachten, bei personenbezogenen Daten ist auch die Zweckbindung zu berücksichtigen (ist die Auswertung noch vom ursprünglichen Zweck gedeckt oder dient sie anderen Zwecken?).

Beispiel

Die Buchhaltung eines Unternehmens ermittelt für einzelne Vorgänge folgenden Schutzbedarf (L = low/gering, M = medium/mittel, H = high/hoch, V = very high/sehr hoch)

Vorgang	C	I	A
Einzelne Buchungen	L	H	H
Auswertung der Buchungen (z. B. Umsätze einzelner Partner im Quartal)	M	H	M
Quartalsabschluss vor Veröffentlichung	V	H	V
Quartalsabschluss nach der Veröffentlichung	-	H	M

(hinsichtlich C = Vertraulichkeit, I = Integrität, A = Verfügbarkeit)

Eine **Bedrohung** (auch „Gefährdung") ist laut ISO/IEC eine *potenzielle Schadensquelle*. Möchte man den Schutzbedarf z. B. einer Gruppe von Daten ermitteln, so muss man sich zunächst über mögliche Gefährdungen Gedanken machen. Einen Katalog mit 47 elementaren Gefährdungen (aus Sicht der Informationssicherheit) findet man z. B. im IT-Grundschutz-Kompendium. Betrachtet werden nur solche Gefährdungen, die auf die Sicherheitsgrundwerte (siehe Abschnitt 9.2) Einfluss nehmen können, also Vertraulichkeit, Verfügbarkeit oder Integrität der Daten bedrohen. Aus Sicht des Datenschutzes müssen diese noch um die Bedrohungen für die Rechte des Betroffenen ergänzt werden.

Eine Bedrohung wird zur **Gefahr**, wenn sie allgemein oder durch eine **Schwachstelle** auf Daten oder Systeme (allgemein „Werte" oder „assets") wirken kann. Im zweiten Schritt ist also zu überlegen, welche Schwachstellen vorhanden sind und welche der identifizierten Bedrohungen somit tatsächlich wirksam werden können. Die Bedrohung „Feuer" bedroht z. B. generell die Verfügbarkeit von Daten und Systemen, sie können im Feuer untergehen; „Hochwasser" ist dagegen nur in gefährdeten Gebieten und bis zu einer gewissen Etage auch eine Gefahr – die Lage begründet hier die Schwachstelle.

Im dritten Schritt ist dann der bei Eintritt der Gefahr entstehende (maximale) **Schaden** abzuschätzen. Dieser kann in der Praxis nicht immer direkt beziffert werden. Beispielsweise lässt sich der Reputationsschaden, den ein Unternehmen erleidet, wenn es wegen des Verlusts sensibler Daten in der Presse steht, in der Regel nicht direkt beziffern, man kann aber normalerweise abschätzen, ob die Auswirkung relativ zum Gewinn hoch, mäßig oder gering sein wird. Man bedient sich daher auch hier qualitativer Kategorien (sehr hoch/hoch/mittel/gering/sehr gering).

Um nun das mit der Bedrohung verbundene **Risiko** zu ermitteln muss man sich noch fragen, wie wahrscheinlich es ist, dass die Bedrohung sich realisiert und in einem tatsächlichen Schaden mündet. Diese Eintrittswahrscheinlichkeit kann häufig ebenso nur qualitativ abgeschätzt werden. Eine mögliche Metrik (nach Zeiträumen) ist in Bild 9.2 angegeben.

$$\text{Risiko} = \text{Schaden} \times \text{Eintrittswahrscheinlichkeit} \tag{9.2}$$

Als Maß für die Relevanz oder Schwere eines Risikos nimmt man üblicherweise den Erwartungswert, also das Produkt aus der Wahrscheinlichkeit des Auftretens eines Schadereignisses mit dem Ausmaß des dabei zu erwartenden Schadens (siehe Formel 9.2). Bei qualitativen Skalen hilft die folgende Matrix:

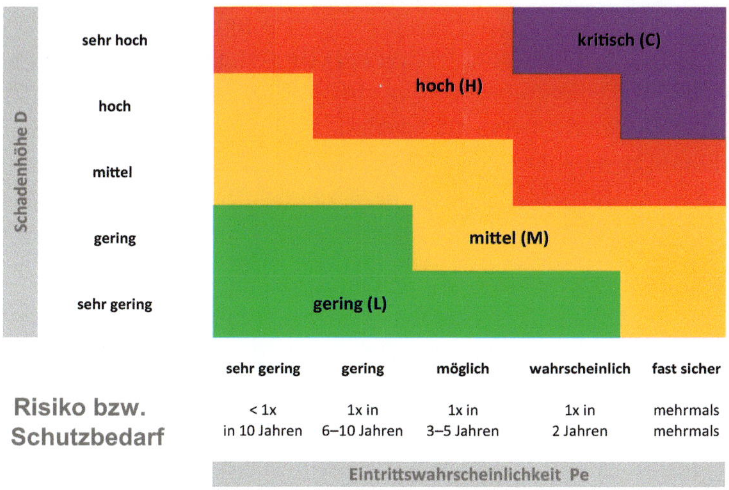

Bild 9.2 Risiko und Schutzbedarf

An dieser Stelle (mit den „Bruttorisiken") endet der Gleichlauf von Risiko- und Schutzbedarfsanalyse. Jetzt ist erkennbar, welche Daten und Werte welchem Schutzbedarf unterliegen. Es können geeignete Schutzmaßnahmen abgeleitet werden. Das Risiko ändert sich, sobald Schutzmaßnahmen ergriffen werden. Die Situation kann dann aufgrund der getroffenen Maßnahmen neu bewertet werden („Nettorisiko").

Generell gibt es zum Umgang mit Risiken vier mögliche Strategien:

- Vermeiden: Die Ursache des Risikos wird beseitigt.
- Mindern: Der mögliche Schaden wird auf ein akzeptables Maß verringert und/oder die Eintrittswahrscheinlichkeit wird auf ein akzeptables Maß reduziert.
- Übertragen: Ein Dritter übernimmt den Schaden (in der Regel Abschluss einer Versicherung).
- Akzeptieren: Das Risiko wird aufgrund unternehmerischer Entscheidung getragen.

Ziel der Maßnahmen ist es, die Risiken in einen Bereich zu verlagern, in dem sie als Restrisiko akzeptiert werden können.

In der Praxis wird in etablierten Unternehmen eine Vorgabe zum Risikomanagement bestehen, in welcher die oben angesprochenen Verfahren und Klassifizierungen für das Unternehmen festgelegt sind.

9.4.2 Pseudonymisierung

In der DSGVO wird an mehreren Stellen (unter anderem Artikel 32 und 25) eine Pseudonymisierung personenbezogener Daten als Mittel zur Risikoreduzierung genannt.

Dabei werden identifizierende Merkmale, beispielsweise der vollständige Name, durch einen Schlüssel, das Pseudonym, ersetzt. Die Abbildung Pseudonym ⇔ Merkmal kann jedoch rückgängig gemacht werden, sofern die Zuordnung eindeutig ist und die Abbildungstabelle oder -vorschrift vorhanden ist. Eine weitere Möglichkeit zur Pseudonymisierung ist es, die personenbezogenen Daten zu verschlüsseln – nur wer im Besitz des passenden Schlüssels ist, kann dann auf diese zugreifen.

Der Vorteil aus Sicht des Datenschutzes besteht nun darin, dass die pseudonymisierten Daten und die Abbildungstabelle getrennt voneinander verarbeitet werden können. Somit ist es beispielsweise möglich, einem Dienstleister z. B. nur die pseudonymisierten Daten zu übermitteln. Ohne die Zuordnungsinformation kann dieser nicht auf den zugehörigen Betroffenen schließen. Das Risiko der Verarbeitung durch den Dienstleister ist daher für den Betroffenen geringer, der Schutzbedarf sinkt, und damit verringert sich auch die Intensität der notwendigen Schutzmaßnahmen. Die Daten bleiben jedoch weiterhin *personenbeziehbar* und damit unter dem Schutz der DSGVO.

Ein weiteres Beispiel wäre die Verwendung eines Nicknamens (Pseudonyms) in einem Internetdienst, beispielsweise einem Diskussionsforum oder Bewertungsportal. Dem Betreiber ist durch die Anmeldung der Klarname bekannt, öffentlich verwendet wird jedoch nur der Nickname. Beiträge können von jedermann dem Nutzer eindeutig zugeordnet werden, dessen Identität (der Klarname) bleibt aber verborgen.

In der Praxis erfolgt eine Pseudonymisierung oft schon aus technischen Gründen: Der eindeutige Schlüssel in einer Datenbank verkettet einen Datensatz über mehrere Tabellen hinweg, damit dieselbe Information nicht mehrfach vorgehalten werden muss (siehe dazu auch Abschnitt 2.7). Eine Tabelle „Stammdaten" ordnet beispielsweise Namen und Adresse von Kunden einer Kundennummer zu. Diese wird in weiteren Tabellen („Bestellung" oder „Rechnung") dann als Referenz für den Stammdatensatz verwendet. Das Beispiel in Tabelle 9.2 im folgenden Abschnitt illustriert dies.

Als Datenschutzmaßnahme kann dies innerhalb einer Unternehmung allerdings nur wirken, wenn die Zuordnung für die verarbeitenden Abteilungen oder Personen aufgrund weiterer Vorkehrungen nicht ohne Weiteres möglich ist, etwa aufgrund fehlender Leseberechtigungen für die Tabelle „Stammdaten". Durch eine geschickte Prozess- und Verfahrensgestaltung kann man eine bereits vorhandene Eigenschaft also zusätzlich als Schutzmaßnahme ausnutzen.

9.4.3 Anonymisierung

Anonymisierung bedeutet, dass der Personenbezug vollständig entfernt wird. Personenbezogene Daten werden dabei so verändert, dass der Rückschluss auf den Betroffenen tatsächlich unmöglich ist oder nur mit unrealistisch hohem Aufwand möglich wäre. Damit verlieren die Daten die Eigenschaft, personenbezogen zu sein, und verlassen so den Anwendungsbereich der Datenschutzgesetze. Die zum Schutz der Betroffenen notwendigen Restriktionen können entfallen.

Anonymisierung kann - je nach weiterer Verwendung der Daten - auf verschiedene Art und Weise erfolgen. Im einfachsten Fall werden alle Personenbezüge durch feste oder zufällige Werte überschrieben. Werden eindeutige Werte benötigt, kann ein Datum auch durch eine kryptografische Prüfsumme (Hash, siehe Abschnitt 9.4.4.3) ersetzt werden.

Zu Anonymisierung führt es auch, eine vollständige Pseudonymisierung durchzuführen und anschließend die Zuordnungstabelle zu verwerfen. Wurden die personenbezogenen Anteile der Daten mit einem sicheren Verfahren verschlüsselt, kann die Anonymisierung durch ein Verwerfen des Schlüssels erfolgen. Tabelle 9.2 zeigt ein Beispiel zu Pseudonymisierung und Anonymisierung.

Diese Verfahren haben jedoch alle den Nachteil, dass sich die Charakteristik der Daten verändert, die Struktur also nicht erhalten bleibt. Für manche praktischen Anwendungen, z. B. um möglichst realitätsnahe Testdaten zu generieren, ist es jedoch notwendig, dass die Struktur der Daten erhalten bleibt. In diesem Fall kann auch durch ein geschicktes Verändern oder Vertauschen eine Anonymisierung erreicht werden:

Beispiele:

- Name innerhalb der Gesamtdaten permutieren
- Vorname permutieren, dabei Zuordnung m/w/d konsistent halten
- Straßenname und Hausnummer innerhalb der Datensätze des gleichen PLZ-Bereichs permutieren
- E-Mail-Adresse durch hashwert@testsystem.local ersetzen

- Telefonnummer: Vorwahl erhalten, letzte fünf Ziffern der Rufnummer durch Zufallszahlen ersetzen
- Sozialversicherungsnummer: Aus Geburtsdatum und ersetztem Namen neu berechnen

Sichergestellt sein muss dabei, dass

- ... auch in der Gesamtheit der verfügbaren Daten der Personenbezug nicht zu rekonstruieren ist.

  Beispiel:

  Es gibt es aber nur wenige Personen über 90 Jahre in einem Datensatz. Diese bleiben somit identifizierbar.

- ... auch mithilfe von Zusatzinformationen keine Rekonstruktion vorgenommen werden kann.

  Beispiel:

  Im Einzelverbindungsnachweis von A werden die letzten drei Ziffern der Rufnummer unkenntlich gemacht, es gibt also für jeden Eintrag 1000 mögliche Rufnummern. Ohne zusätzliche Kenntnisse wäre dies eine hinreichende Anonymisierung. Bei Kenntnis des persönlichen Telefonbuchs von A werden die Möglichkeiten aber so weit eingeschränkt, dass eine Zuordnung in vielen Fällen möglich wird.

Tabelle 9.2 Beispiel zu Pseudonymisierung und Anonymisierung

Kategorie	Originaldaten	Pseudonymisierung		anonymisiert
		Zuordnung	pseudonymisiert	
Kundennummer	47110815	47110815	47110815	33170218
Name, Vorname	Muster, Vera	Muster, Vera		Anonym, Frieda
Straße	Anatomiestr. 20	Anatomiestr. 20		Kreuzstr. 13[5]
PLZ, Ort	85049 Ingolstadt	85049 Ingolstadt		85049 Ingolstadt
Geburtsdatum	22.06.1999		22.06.1999	18.03.1999
Größe	175 cm		175 cm	175 cm
Beruf	Bankkauffrau		Bankkauffrau	Bankkauffrau
Sozialversicherungsnr.	14 220699 M 512		14 220699 M 512	14 180399 A 516

[5] Ersetzt durch beliebige Straße/Hausnummer aus demselben PLZ-Bereich.

9.4.4 Verschlüsselung

Bei der Verschlüsselung von Daten wird deren Originalform (Klartext) unter Zuhilfenahme einer umkehrbaren Abbildung (Verfahren) und einem Geheimnis (Schlüssel, Passwort) in einen Geheimtext (Schlüsseltext, Chiffrat) umgewandelt. Ziel ist es, die Vertraulichkeit der Daten sicherzustellen. Da die verschlüsselten Daten nicht mehr lesbar sind, hängt die Vertraulichkeit nun von der Kenntnis erstens des Verfahrens und zweitens des Schlüssels ab.

> Welche kryptografischen Verfahren und welche Schlüssellängen aktuell als sicher gelten, veröffentlicht das Bundesamt für Sicherheit in der Informationstechnik jeweils in seiner technischen Richtlinie TR-02102.

Nach dem von Auguste Kerckhoffs schon 1883 formulierten Prinzip darf hierbei die Sicherheit nicht von der Geheimhaltung des Verfahrens selbst, sondern nur von der Geheimhaltung des Schlüssels abhängen. Das Verfahren kann und darf bekannt sein, um auch einer Überprüfung auf Schwachstellen und Einsatzbeschränkungen zugänglich zu sein.

9.4.4.1 Symmetrische Verfahren

Bei der **symmetrischen Verschlüsselung** einigen sich die Kommunikationspartner auf ein Verfahren und tauschen dann einen geeigneten Schlüssel aus (shared key). Die verwendeten symmetrischen Verfahren wie AES, 3DES, Blowfish etc. sind wenig rechenintensiv und gut in Hardware zu realisieren, sie eignen sich also auch zum performanten Verschlüsseln größerer Datenmengen oder von Datenströmen.

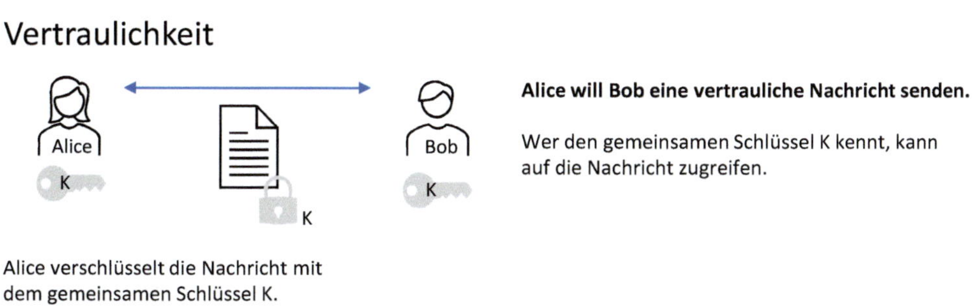

Bild 9.3 Symmetrische Verschlüsselung

Das Problem besteht hier im sicheren Austausch des Schlüssels, der keinesfalls in falsche Hände geraten darf. Ist der Schlüssel kompromittiert, kann ein Angreifer Nachrichten zwischen den Kommunikationspartnern nach Belieben mitlesen, verändern oder unterschieben, das Verfahren selbst bietet weder eine Möglichkeit der Verifizierung noch eine Möglichkeit der Integritätsprüfung.

Häufig wird Verschlüsselung verwendet, weil dem Kommunikationskanal nicht vertraut werden kann. Es besteht somit das Risiko, dass Dritte eine Nachricht im Zuge der Übermittlung mitlesen oder verändern. Der Schlüsselaustausch sollte daher mit einem Verfahren erfolgen, bei dem der Schlüssel von den Kommunikationspartnern erzeugt wird und so selbst nicht übertragen werden muss (z. B. Diffie-Hellman-Schlüsselaustausch). Alternativ kann er auch auf einem anderen Kommunikationskanal erfolgen als der Nachrichtenaustausch. Wenn im Beispiel von Bild 9.3 Alice und Bob über E-Mail verschlüsselte Nachrichten austauschen wollen, könnten sie den Schlüssel vorher persönlich, per Messenger, per Telefon oder Brief etc. austauschen. Das leider häufige gesehene „Passwort folgt in separater E-Mail" macht die Verschlüsselung wirkungslos, wenn der Nachrichtenaustausch mitgelesen wird.

Gibt es mehrere Parteien, die untereinander vertraulich kommunizieren sollen, so muss jeder mit jedem individuell einen Schlüssel vereinbaren. Die Anzahl der Schlüssel steigt dabei quadratisch an und erreicht somit schnell ein nicht mehr handhabbares Maß. Auch muss jeder Beteiligte eine Vielzahl an Geheimnissen wahren.

9.4.4.2 Asymmetrische Verfahren

Bei **der asymmetrischen VerschlüsselungVerschlüsselung** ist der Schlüssel zweigeteilt: Es gibt einen Teil, der geheim zu halten ist (private key, A*), und einen öffentlichen Schlüssel (public key, A), welcher jedermann zugänglich gemacht werden kann. Dieses Schlüsselpaar (A, A*) ist dabei voneinander abhängig; wird eine Nachricht mit dem öffentlichen Schlüssel A verschlüsselt, so kann sie ausschließlich mit dem zugehörigen privaten Schlüssel A* wieder entschlüsselt werden. Das bekannteste und praktisch bedeutsamste solche „Public-Key-Verfahren" ist RSA, es wurde 1977 am MIT entwickelt und nach seinen „Vätern" Ronald Rivest, Adi Shamir und Leonard Adleman benannt.

Aus den Eigenschaften der asymmetrischen Verschlüsselung ergeben sich unter anderem die in Bild 9.4 dargestellten Einsatzmöglichkeiten.

Bild 9.4 Einsatzszenarien für asymmetrische Verschlüsselungsverfahren

Die Public-Key-Verfahren haben den Vorteil, dass das Problem des sicheren Schlüsseltauschs entfällt. Es reduziert sich darauf, dass die Kommunikationspartner der schlüsselausgebenden Stelle vertrauen müssen, insbesondere hinsichtlich der Identität des Kommunikationspartners und der Vertraulichkeit der private keys. Darüber hinaus wächst die benötigte Schlüsselanzahl nur linear mit der Anzahl der Kommunikationspartner und bleibt somit handhabbar. Jeder muss dabei nur einen einzigen Schlüssel geheim halten. Nachteil der Verfahren ist die vergleichsweise hohe Komplexität, verbunden mit höherer Rechenleistung und geringer Geschwindigkeit.

In der Praxis kommen daher auch oft hybride Ansätze, also geschickte Kombinationen der Verfahren, zum Einsatz: Bei der Transportverschlüsselung TLS wird z. B. der Datenstrom symmetrisch verschlüsselt, um die dafür notwendige Performance zu gewährleisten. Der dazu notwendige Schlüssel (session key) wird in der Initialisierungsphase der Verbindung aber mittels asymmetrischer Verschlüsselung gesichert zwischen den Instanzen ausgetauscht. Hier kommt es auf Geschwindigkeit nicht an, sondern auf ein handhabbares Verfahren. Die benötigten Schlüssel sind dabei in Zertifikaten enthalten, welche von einer Instanz ausgestellt werden, der beide Partner vertrauen.

9.4.4.3 Hashing

Hierbei wird mittels eines kryptografischen Verfahrens eine eindeutige Prüfsumme über einen Datensatz erzeugt. Dabei bleibt die Information im Gegensatz zur Verschlüsselung nicht vollständig erhalten, die Verfahren sind also verlustbehaftet. Es ist daher in der Regel unmöglich, aus dem Hash die Originalnachricht zu rekonstruieren. Man spricht hier auch von einer Einwegfunktion.

Bekannte und sichere Verfahren sind z. B. SHA-2 und -3 (ab 256 Bit Länge), sowie „Whirlpool" oder RIPEMD-160. SHA-1 und MD5 gelten dagegen als nicht mehr sicher, da inzwischen Möglichkeiten existieren, unterschiedliche Nachrichten zu erzeugen, die den gleichen Hashwert aufweisen (Kollisionen).

Mithilfe einer solchen Prüfsumme ist es möglich, nachzuweisen, dass zwei Datensätze identisch sind (Integrität). Berechnen Sender und Empfänger eines Datenaustauschs jeweils mit demselben Verfahren die (im Gegensatz zu der Nachricht selbst meist kurze) Prüfsumme, so kann der Empfänger durch Vergleich der Prüfsummen sicherstellen, dass die Nachricht, welche bei ihm ankommt, unverändert ist.[6] Jede Veränderung, z. B. durch einen Übertragungsfehler, hätte eine andere Prüfsumme zur Folge.

Praktisch findet dies unter anderem Anwendung für digitale Signaturen, Integritätsprüfungen und auch zur sicheren Ablage von Passwörtern: Nur der Hash des Passworts wird gespeichert; zur Authentifizierung genügt es dann, zu kontrollieren, ob ein eingegebenes Passwort ebenfalls den hinterlegten Hash erzeugt. Das Passwort selbst muss dabei nicht gespeichert werden und ist somit besser geschützt.

---

[6] Wird dieses Vorgehen als Integritätsprüfung von Daten genutzt, welche über einen unsicheren Kanal übermittelt werden, so muss die Prüfsumme über einen anderen Kanal übermittelt oder anderweitig gesichert werden, um einen Angriff durch gleichzeitigen Austausch von Nachricht und Prüfsumme („man-in-the-middle") zu verhindern.

9.5 Der Konvergenzbereich: TOM

Die Schutzziele der Informationssicherheit (CIA) decken sich mit einem großen Teil der vom Gesetz geforderten Anforderungen an eine sichere Verarbeitung personenbezogener Daten. Es ist daher folgerichtig, dass auch die zugehörigen Maßnahmen weitgehend deckungsgleich sind. Bild 9.5 zeigt einen Überblick über die vom Datenschutz geforderten technischen und organisatorischen Maßnahmen.

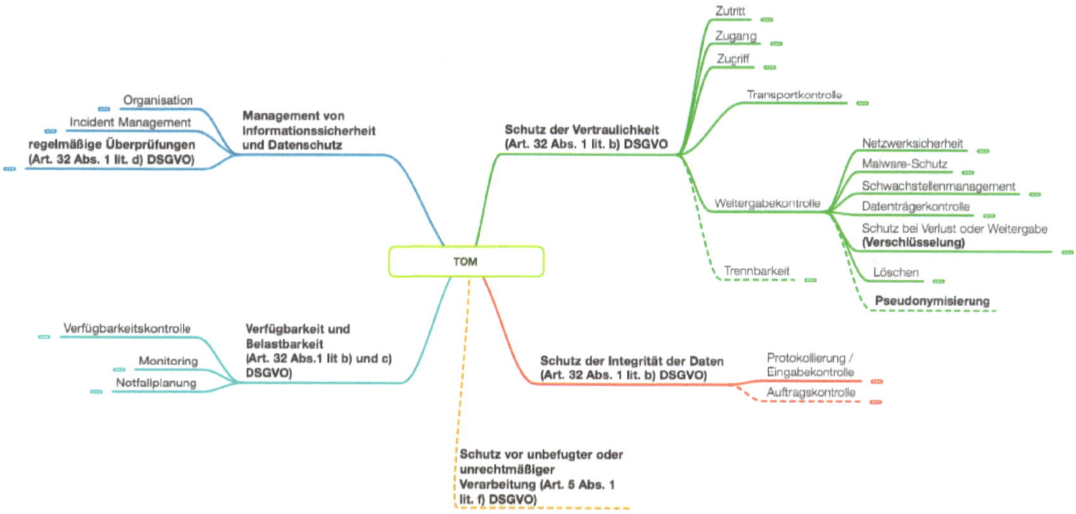

Bild 9.5 Technische und organisatorische Maßnahmen – Überblick

Datenschutz kann nicht ohne Informationssicherheit funktionieren, die Informationssicherheit hat jedoch einen breiteren Anwendungsbereich (scope). Gleichzeitig fordert der Datenschutz Maßnahmen, welche über die Anforderungen der Informationssicherheit hinausgehen, in Bild 9.5 mit gestrichelten Linien dargestellt. Im Normalfall müssen sie über den jeweiligen Geschäftsprozess abgebildet werden, das betrifft z. B. die Bereiche „Trennung nach Zwecken der Verarbeitung“ oder den „Schutz vor unrechtmäßiger Verarbeitung“.

9.5.1 Zutritt, Zugang, Zugriff

Die Möglichkeiten der Kenntnisnahme und gegebenenfalls Veränderung von Daten hängen von drei Faktoren ab:

- dem physischen Zutritt zu dem Ort, an dem sich die Daten befinden oder an dem die Verarbeitung stattfindet,

- dem Zugang zu den Daten, also der Zugriffsmöglichkeit auf das verarbeitende System oder die Ablage der Daten, und
- dem Zugriff (lesend oder schreibend) auf die Daten selbst.

Beispiel

Daten sind verschlüsselt auf einem USB-Stick abgelegt, der auf einem Schreibtisch im Büro liegt.

Wer *Zutritt* zum Büro hat (z. B. wegen der offenen Türe), kann sich *Zugang* zu dem USB-Stick verschaffen, indem er diesen an sich nimmt. *Zugriff* auf die abgelegten Daten bekommt er, wenn er darüber hinaus das Passwort für die Verschlüsselung kennt.

Die entsprechenden Sicherungsmaßnahmen bauen also aufeinander auf bzw. ergänzen sich. Maßnahmen der *Zutrittskontrolle* umfassen dabei alles, was den unbefugten **Zutritt** zu Räumen, in denen die Verarbeitung der Daten stattfindet, erschwert oder verhindert. Technisch gesehen betrifft dies also alles vom Schlüssel über Schließ- und Zutrittskontrollsysteme bis hin zu baulichem Einbruchschutz und der Einbruchmeldeanlage. Auf der organisatorischen Seite finden sich z.B. die Regelungen zum Empfang und zum Werksschutz, zum Besuchermanagement sowie zur Einteilung der Liegenschaften in verschiedene Sicherheitszonen.

Aus der Perspektive der Daten fallen hierunter die Regelungen zum Zutritt zu Rechenzentren, Server- oder Technikräumen, in denen die Daten verarbeitet und gespeichert werden, sowie zu den Arbeitsplätzen, an denen sie genutzt werden.

In die Domäne **Zugang** fallen alle Maßnahmen, die ein Erreichen der abgelegten Daten möglich machen. Hierunter versteht man also z.B. die Möglichkeit der Anmeldung (Log-in) an einem System oder einer Anwendung. Die *Zugangskontrolle* umfasst somit alle Prozesse und Vorkehrungen im Umfeld des Identitätsmanagements und der Authentifizierung (Identity and Access Management) und deren Sicherheitsvorgaben. Bekannte Maßnahmen sind hier unter anderem Regelungen zur Passwortsicherheit und zum Umgang mit Kennungen oder Vorkehrungen für eine Zwei-Faktor-Authentifizierung. Nur wer sich ausweisen kann (Authentifizierung), und zwar durch zwei unabhängige Faktoren, z.B. *Besitz* einer Smartcard und *Wissen* der zugehörigen PIN, bekommt von dem jeweiligen System den gewünschten Zugang gestattet (Autorisierung).

Der eigentliche **Zugriff** auf die Daten erfolgt sodann gesteuert durch Berechtigungen in Betriebssystem, Datenbank oder Anwendung, häufig durch zentrale Verzeichnisdienste unterstützt. Als Maßnahmen der *Zugriffskontrolle* sind ein rollenbasiertes Berechtigungskonzept sowie ein angemessenes Verfahren für privilegierte Zugriffe (Privileged Identity Management) Stand der Technik. Auch hier gilt also: Nur wer sich ausweisen kann (z.B. durch einen Token, der beim vorangegangenen

Log-in zugeteilt wurde), bekommt die für seine Identität und die dieser zugeteilten Rollen die bei dem Verzeichnisdienst hinterlegten Zugriffe erlaubt.

In den meisten Unternehmen existieren bereits entsprechende Regelungen und Prozesse, die es zu kennen und einzuhalten gilt. Sofern diese fehlen, ist es notwendig, ein Umfeld mit einem Mindestmaß an Sicherheit für die Datenverarbeitung zu etablieren. Gute Hinweise dafür liefert z. B. die Basisabsicherung des IT-Grundschutzes.

9.5.2 Data in transit

Daten befinden sich jedoch nur in den verarbeitenden Systemen, sie müssen in vielen Fällen auch zwischen diesen transportiert und ausgetauscht werden. Man spricht von „data in transit", gemeint sind Daten, die sich im Prozess der Übertragung zwischen Systemen sowohl innerhalb als auch außerhalb des eigenen Einflussbereichs befinden.

Da der eigentliche Übertragungskanal (z. B. das Internet, ein Netzwerkverbund, Mobilfunk ...) häufig dem Zugriff Dritter ausgesetzt ist und zumeist nicht selbst abgesichert werden kann, ist eine geeignete Verschlüsselung der Daten in der Regel das angemessene Mittel. Das vermutlich praktisch relevanteste Beispiel ist die Transportverschlüsselung mittels TLS, wie sie zwischen E-Mail-Servern oder bei gesicherten Inhalten des Internets (https://) eingesetzt wird. Des Weiteren sind auch Maßnahmen notwendig, welche die Fehlerfreiheit und Reihenfolge (Integrität) der Daten während des Transport- oder Übertragungsvorgangs sicherstellen, also Protokolle zur Übertragungssicherung (z. B. TCP).

Darüber hinaus fallen aber auch die physische Absicherung von Back-up-Bändern beim Transport an einen abgesetzten Lagerort oder die Sicherungsmaßnahmen beim Versand von Datenträgern in diese Kategorie.

Im Datenschutz werden diese Maßnahmen unter dem Begriff *Transportkontrolle* zusammengefasst.

9.5.3 Data at rest

Daten, die sich nicht im aktiven Gebrauch oder auf dem Transportweg befinden, sind in Speichermedien abgelegt, sie befinden sich in Ruhe (at rest). Diese Daten können z. B. auf Festplatten oder SSD, Storage-Systemen (SAN), mobilen Datenträgern (USB-Stick), Back-up-Medien oder Archivsystemen physisch gespeichert sein.

Die regulären Zugriffswege auf diese ruhenden Daten werden zumeist durch die Nutzung einer Kombination von betriebssystem-, datenbank- oder anwendungsimmanenten Berechtigungssystemen (z. B. bei einem Archivsystem) geschützt.

Wird ein Speichermedium aus der Ferne (remote), mobil oder außerhalb des vorgesehenen Systems eingesetzt, oder erfolgen Zugriffe Dritter (Cloudsysteme), so müssen zusätzlich ähnliche Überlegungen wie bei data in transit angestellt werden. Auch hier ist Verschlüsselung die vorrangige Maßnahme, um einen geeigneten Schutz gegen unbefugte Zugriffe z. B. bei Verlust des Mediums oder Angriffen durch Hacker zu erreichen.

Beispielsweise sollten lokal gespeicherte Daten auf Laptops durch eine geeignete Verschlüsselung der eingebauten Speichermedien gesichert werden, damit diese bei Verlust und Diebstahl nicht in falsche Hände gelangen.

Insbesondere bei Back-up-Medien besteht aber Abwägungsbedarf zwischen Zuverlässigkeit und Sicherung. Hier ist auf ein geeignetes Verschlüsselungsverfahren und Fehlertoleranz zu achten, damit nicht einzelne Bitfehler einen ganzen Block Daten unwiederherstellbar machen.

9.5.4 Schutz vor unberechtigter Kenntnisnahme

Dieser Bereich umfasst unter anderem die klassische Netzwerksicherheit, also Schutzmaßnahmen wie die Auftrennung von Netzwerken in verschiedene Sicherheitszonen (Segmentierung), und die Kontrolle der Übergänge durch entsprechende Gateways. Damit soll erreicht werden, dass Unberechtigten der Zugang zu den dort verarbeiteten Daten erschwert wird. Eine Analogie in der physischen Welt wären hier Türsteher, welche den Einlass in bestimmte Räume kontrollieren und gegebenenfalls verwehren.

In der Datenverarbeitung gehört hierzu der sowohl technisch (die richtige Technologie an der richtigen Stelle im Netzwerk) als auch organisatorisch (mit passenden Prozessen für die Erstellung, Pflege und Aktualisierung der Regelsätze) geregelte Einsatz von Firewalls und Intrusion-detection- bzw. -prevention-Systemen.

Da eine große Gefahr für unberechtigte Weitergabe von Daten durch Trojaner und andere Schadprogramme besteht, gehören auch die Maßnahmen zum Schutz vor Malware mit in diese Kategorie. Damit ist jedoch nicht nur der Virenscanner auf Endgerät und im Netzwerk gemeint. Vielmehr gehören auch ein gut organisiertes Schwachstellenmanagement und eine regelmäßige Aktualisierung der Systeme dazu, Sicherheitslücken zu vermeiden oder möglichst rasch zu schließen. Auch hier ergänzen sich technische (Patches) und organisatorische Maßnahmen, also die Prozesse, um Patches zu identifizieren, zu testen und einzuspielen.

Ergänzend zählen hierzu auch die in Abschnitt 9.5.3 beschriebenen Maßnahmen gegen Verlust und Diebstahl sowie ein Mobile Device Management für Smartphones und Tablets. Mit diesem soll unter anderem eine Beschränkung und Kontrolle der installierbaren Software sowie eine Trennung von kontrollierten Daten und überwachter Nutzung und einem privat/unkontrolliert genutzten Bereich ermöglicht werden.

Vorgaben zur sicherheitskonformen Entsorgung und Löschung von Datenträgern aller Art (siehe hierzu z.B. DIN 66539) verhindern schließlich, dass nach dem Ende der aktiven Nutzung von Datenträgern und Systemen noch ein Risiko besteht.

Verständliche und praxisgerechte Vorgaben (Policies, Richtlinien), eine regelmäßige Schulung der Mitarbeitenden sowie Maßnahmen zur Förderung der Security Awareness (z.B. hinsichtlich Phishing etc.) sind die Kernbereiche im organisatorischen Segment. Verhaltensregeln wie „Clean Desk", also der Grundsatz eines aufgeräumten Schreibtisches bei Verlassen desselben, gehören ebenso in diesen Bereich wie Vorgaben dazu, wie mit vertraulichen Daten, Informationen und Dokumenten umzugehen ist.

Im Datenschutz werden diese Maßnahmen unter dem Begriff *Weitergabekontrolle* zusammengefasst.

9.5.5 Schutz der Integrität

Die Sicherstellung der Integrität lässt sich durch eine Reihe von technischen Maßnahmen erreichen, z.B. durch die Verwendung von Prüfsummen (CRC = cyclic redundancy check) zur Fehlerkorrektur in Übertragungsprotokollen, von kryptografischen Hashes (siehe Abschnitt 9.4.4.3) als Prüfsumme oder mittels digitaler Signaturverfahren. Wirksam können aber auch organisatorische Vorgaben sein, wie z.B. die Einhaltung eines Vier-Augen-Prinzips oder die Etablierung von Freigabeprozessen für bestimmte Vorgänge.

Ein weiterer Aspekt ist die Protokollierung von Zugriffen auf schützenswerte Daten, um Änderungen nachvollziehen zu können. Hierbei ist auch der Schutz dieser Protokolle selbst vor Manipulation und Löschung zu berücksichtigen.

9.5.6 Schutz der Verfügbarkeit und Belastbarkeit

Das bewährteste und bekannteste Mittel zur Sicherstellung der Verfügbarkeit technischer Einrichtungen ist die Redundanz. Im einfachsten Fall ist damit gemeint, dass einem erforderlichen System ein weiteres zur Seite gestellt wird, welches bei Ausfall des ersten Systems dessen Funktion übernimmt.

Im einfachsten Fall werden hierbei zwei gleiche Systeme vorgehalten, obwohl für den normalen Betrieb ein einzelnes System reichen würde. Fällt ein System aus oder muss gewartet werden, so kann das jeweils andere die Aufgabe übernehmen, je nach Anwendungsfall unterbrechungsfrei (hot standby) oder auf Anforderung (cold standby). Die höhere Verfügbarkeit wird also mit geringerer Effizienz (doppelte Kapazität notwendig) erkauft. Eine geeignete Kapazitätsplanung sorgt auch nach Änderungen für eine dauerhafte Bereitstellung der benötigten Kapazitäten.

Wo keine Redundanz möglich oder sinnvoll ist, muss eine geeignete Notfallplanung z. B. für die kurzfristige Bereitstellung von Ersatzsystemen sorgen.

Hinsichtlich der Daten ist zudem eine Sicherungs- und Wiederherstellungsstrategie (backup and recovery) notwendig. Daten müssen in angemessenen Abständen regelmäßig gesichert und so aufbewahrt werden, dass System und Back-up nicht gleichzeitig untergehen. Dazu gehört auch ein Konzept für Sicherung und Vorhalten verschiedener Sicherungszeitpunkte (z. B.: stündlich eine Sicherung der Änderungen (Inkrement), Aufbewahrung dieser für eine Woche. Täglich abends eine volle Sicherung (full backup), Aufbewahrung dieser für zwei Monate, danach alle außer die Sicherung vom jeweiligen Samstag löschen ...). Die Aufbewahrung der Sicherungsmedien und deren Transport müssen dem Sicherheitsniveau der gesicherten Daten entsprechen. Eine Wiederherstellung muss in regelmäßigen Abständen getestet werden, denn nichts ist sinnloser und ärgerlicher als eine Sicherungskopie, deren Rückspielung bei Bedarf versagt. Langfristig aufzubewahrende Daten sollten in einem Archiv gesichert werden und mit einem Ablaufdatum versehen sein.

Zur Aufrechterhaltung der Verfügbarkeit gehören weiterhin auch Maßnahmen der Betriebsüberwachung (Monitoring). Ein angemessenes Monitoring erlaubt es, Störungen und Ausfälle frühzeitig zu erkennen und darauf schadenbegrenzend reagieren zu können.

9.5.7 Regelmäßige Überprüfung der Wirksamkeit

Veränderungen an gesetzlichen oder technischen Rahmenbedingungen (wie z. B. bekannt werdende Schwachstellen eingesetzter Systeme) sowie Veränderungen im Unternehmen, z. B. neue Geschäftsprozesse oder Verfahren, verlangen eine fortlaufende Bewertung der mit der Datenverarbeitung verbundenen Risiken. Nur über eine regelmäßige Überprüfung der Wirksamkeit der implementierten risikobehandelnden Maßnahmen und darauf gründende Aktualisierung der Bewertung kann die gewünschte Risikoreduktion erreicht und nachgewiesen werden. Dies wird sowohl im Rahmen der gängigen ISMS (z. B. ISO/IEC 27001, Kapitel 9 und 10) als auch vom Datenschutz gefordert (Artikel 32 Abs. 1 lit. d. DSGVO).

Die Überprüfung der Maßnahmen kann dabei auf verschiedenste Art und Weise erfolgen: als Selbstauskunft, formal als Review oder aktiv durch eine direkte Überprüfung von Nachweisen. Eine aufwendige, aber besonders wirksame und aussagekräftige Methode ist die aktive Überprüfung durch Simulation eines realen Szenarios, z. B. durch einen Penetrationstest, Social Engineering, Power-off-Tests sowie auch Wiederanlauf- und Wiederherstellungstests.

9.6 Herausforderungen in der Praxis

Der DSB und der Informationssicherheitsbeauftragte (ISB) haben das Risiko für die Unternehmung und die gesetzlichen Vorgaben im Blick, der Fachverantwortliche sieht die Chancen der Datennutzung - leider passen diese aber nicht uneingeschränkt zusammen. Auch das Thema „Zweckbindung“ und „Einwilligung in die Verarbeitung“ sorgt regelmäßig für Differenzen. Aus diesen Konfliktfeldern resultiert häufig der schlechte Ruf der Sicherheitsverantwortlichen als „Bremser“ und „Verhinderer“. Dies wird deren Rolle aber nicht gerecht.

Ein guter DSB arbeitet im Interesse des Unternehmens und versucht auch kritische Verarbeitungen im Rahmen der gesetzlichen Vorgaben möglich zu machen, getreu dem Motto „geht nicht gibt’s nicht“ - allerdings müssen auch die Fachverantwortlichen für angemessene Beschränkungen und Vorgaben offen sein und nicht „mit dem Kopf durch die Wand wollen“. Eine vertrauensvolle Zusammenarbeit maximiert den Nutzen für das gemeinsame Unternehmen.

Unabhängig davon, wie der (Produkt-)Entwicklungsprozess im Unternehmen genau ausgestaltet ist, ist es notwendig, sich mit den Anforderungen von Informationssicherheit und Datenschutz schon in einem sehr frühen Stadium des Projekts zu beschäftigen. So können die Rahmenbedingungen von Anfang an Berücksichtigung finden. DSB und ISB sollten dabei nicht nur bei kritischen Verarbeitungen (siehe den Hinweiskasten in Abschnitt 9.3.2) involviert werden, denn manchmal ist die Sicherheits- oder Datenschutzrelevanz nicht auf den ersten Blick erkennbar.

Eine Binsenweisheit in der IT besagt, dass die Kosten für die Beseitigung von Fehlern oder fehlenden Anforderungen je Projektphase/Wertschöpfungsstufe um einen Faktor Zehn zunehmen (sogenannte „rule of ten“). Dies ist sicher mehr Schätzgröße als Naturgesetz, hilft aber, das Problem zu fassen: In den frühen Phasen lassen sich Änderungen mit kalkulierbarem Aufwand umsetzen; je eher eine Anforderung bekannt ist oder ein Problem erkannt wird, desto einfacher (und damit kostengünstiger) ist es in der Regel, Anpassungen im Projekt vorzunehmen.

Wird eine Sicherheitslücke oder ein Datenschutzproblem (z. B. ein hohes Risiko für Betroffene aus der im Projekt benötigten Zusammenführung von an sich unkritischen Daten) jedoch erst unmittelbar vor dem Launch oder der Abnahme eines Produkts erkannt, so entstehen erhebliche Mehrkosten nicht nur durch die nun aufwendige Anpassung, sondern auch dadurch, dass frühere Phasen teils wiederholt werden müssen und zeitlicher Verzug eintritt.

Noch größer sind die Kosten, wenn das Produkt bereits auf dem Markt ist - hier drohen neben den Beseitigungskosten auch kostspielige Rückrufe oder Updates, Reputationsschäden und - im Falle des Datenschutzes - unangenehme Fragen der Aufsichtsbehörde und Bußgelder. Der Erfahrung nach ist der Aufwand erheblich, den eine Anfrage oder ein Kontrollbesuch der Datenschutzaufsicht im Unternehmen auslöst. Dies gilt auch für Unternehmen, die im Datenschutz gut aufgestellt sind. Oft wird dieses Risiko jedoch nicht erkannt.

DSB und ISB sollten daher im gesamten Projektverlauf beteiligt bleiben, damit Änderungen und Erweiterungen des Vorhabens in gleicher Art und Weise beachtet werden und Entscheidungen oder auftretende Fragen hinsichtlich des Datenschutzes oder sicherheitsrelevanter Belange schnell behandelt werden können. In der Praxis hat es sich als sinnvoll herausgestellt, den Entwicklungsprozess zudem jeweils, wie in Bild 9.6 illustriert, an den Phasenübergängen durch Checkpunkte in Bezug auf Datenschutz und Informationssicherheit zu ergänzen.

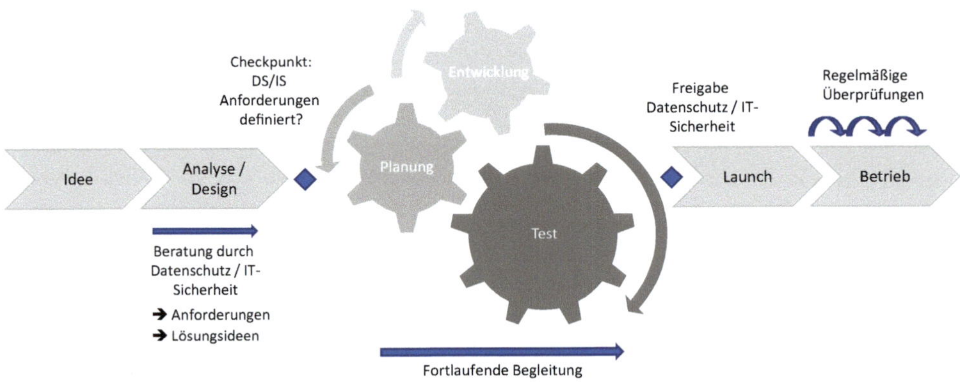

Bild 9.6 Einbindung von Datenschutz und Informationssicherheit in einen generischen Entwicklungsprozess

Je besser die fortlaufende Einbindung von DSB und ISB realisiert ist, umso geringer ist das Risiko unliebsamer Überraschungen bei Launch und Betrieb.

Häufig stellt sich auch die Frage, wer denn im Unternehmen für die ganzen Sicherheitsthemen verantwortlich zeichnet, gerne wird dabei mangels fester Prozesse und Regeln im Kreis von der Fachabteilung auf die IT, die Informationssicherheit, den DSB und zurück gezeigt. Für Kategorien von Daten im Unternehmen ist jeweils ein Verantwortlicher aus den Fachbereichen bestimmt. Dieser begleitet die ihm zugeordneten Daten „von der Wiege bis zur Bahre" und ist für deren Verwendung verantwortlich. DSB, IT und Informationssicherheit unterstützen und zeigen

Risiken und Lösungsmöglichkeiten auf, der „Data Owner“ verantwortet im Auftrag der Geschäftsführung die Verarbeitung, sowohl hinsichtlich der Risiken als auch des Ergebnisses (Nutzen). Risiken und Erträge müssen dabei gegenübergestellt und abgewogen werden.

9.7 Die wichtigsten Punkte in Kürze

Informationssicherheit

Im Fokus der Informationssicherheit stehen alle schutzwürdigen Daten eines Unternehmens.

Ziel ist es, die Daten und Werte des Unternehmens zu schützen hinsichtlich der Sicherheitsziele:

- Verfügbarkeit
- Vertraulichkeit
- Integrität

Die Auswahl der dazu notwendigen Maßnahmen orientiert sich am Schutzbedarf der Daten.

Datenschutz

Datenschutz befasst sich nur mit personenbezogenen und -beziehbaren Daten:

- Personenbezogene Daten dürfen nur vor dem Hintergrund einer gesetzlichen Erlaubnis (z.B. Art 5 und 6 DSGVO) verarbeitet werden.
- Sie müssen mit Mitteln der Informationssicherheit und weiteren Maßnahmen angemessen und nachweisbar geschützt werden (technische und organisatorische Maßnahmen, TOM).
- Maßgeblich für den Schutzbedarf ist das Risiko für die Rechte und Freiheiten der betroffenen Personen.
- Personenbezogene Daten dürfen nur für zuvor bestimmte Zwecke verwendet werden.

Wesentliche weitere Parameter für die Festlegung von Schutzmaßnahmen sind:

- Notwendigkeit der Verarbeitung (Umfang, Zweck)
- Art und Weise der Verarbeitung (Art, „Umstände“)
- Stand der Technik (welche Maßnahmen sind möglich?)
- Implementierungskosten (in Relation zum Maß der Risikoreduzierung für die betroffenen Personen)

Die Maßnahmen können technischer oder organisatorischer Art sein. Sie müssen regelmäßig überprüft und gegebenenfalls angepasst werden. Verantwortlich ist die Unternehmensleitung, welche vom Datenschutzbeauftragten in der Umsetzung unterstützt wird.

- Eine Verarbeitung, deren Risiko für die betroffenen Personen sich nicht mit wirtschaftlich vertretbaren Mitteln auf ein angemessenes Maß reduzieren lässt, darf nicht erfolgen.
- Bei „besonderen Arten“ personenbezogener Daten, Daten von Kindern und Verarbeitungen mit hohem Risiko für den Betroffenen ist vor Beginn der Verarbeitung zwingend der Rat des DSB einzuholen.

Risikomanagement und Schutzbedarfsanalyse

- Methodisches Vorgehen, um Bedrohungen, Schwachstellen, Gefahren und die daraus resultierenden Risiken zu erkennen
- Ermöglicht, geeignete (wirtschaftlich vertretbare) Maßnahmen zur Risikobehandlung festzulegen
- Pseudonymisierung oder Anonymisierung können Risiko und Schutzbedarf und damit Aufwand und Kosten verringern

Risikobasierte Vorgehensweise

- Daten identifizieren und kategorisieren
- (Geplante) Verarbeitung, Speicherung, Übertragung, Nutzung verstehen
- Welche Bedrohungen und Missbrauchsmöglichkeiten gibt es (Gefährdungsanalyse)?

  → Sichtweise Unternehmen und Betroffener berücksichtigen!
- Welche Folgen (Reputation, Finanzen, Strafen, Schaden) hat ein Verlust?
- Wie wahrscheinlich ist das Ereignis?
- Risiko bestimmen und Schutzbedarf festlegen
- Gegenmaßnahmen und deren Kosten identifizieren
- Schutzkonzept aufstellen

Literatur

Bitkom e. V. (Hrsg.) (2013): *Leitfaden betriebssicheres Rechenzentrum.* Berlin

Bundesamt für Sicherheit in der Informationstechnik (Hrsg.) (2018): *Redundanz - Modularität - Skalierbarkeit.* Bonn

Bundesamt für Sicherheit in der Informationstechnik (Hrsg.) (2022): „TR 02102-1 Kryptographische Verfahren und Schlüssellängen“, Version 2022 (28. 01. 2022), Bonn

Bundesamt für Sicherheit in der Informationstechnik; Deutsches Institut für Normung e. V.; Karg, Stefan (2022): *IT-Grundschutz Arbeitshandbuch. DIN ISO/IEC 27001, DIN ISO/IEC 27002, BSI-Standards 200-1/2/3.* 3., aktualisierte Auflage, Köln

Bundeszentrale für Politische Bildung (BPB), Autorenteam iRights.Lab (2022): „Das Recht auf informationelle Selbstbestimmung“, Bonn, *https://www.bpb.de/themen/recht-justiz/persoenlichkeitsrechte/244837/das-recht-auf-informationelle-selbstbestimmung/*, abgerufen am 25.10.2022

Ebert, Christof (2013): *Risikomanagement kompakt. Risiken und Unsicherheiten bewerten und beherrschen.* 2., überarbeitete und erweiterte Auflage, Berlin, Heidelberg

Gierschmann, Sibylle et al. (2018): *Kommentar Datenschutz-Grundverordnung.* Köln

Knoll, Matthias (2019): *Praxisorientiertes IT-Risikomanagement. Konzeption, Implementierung und Überprüfung.* 2., überarbeitete und erweiterte Auflage, Heidelberg

Lang, Michael; Löhr, Hans (Hrsg.) (2022): *IT-Sicherheit: Technologien und Best Practices für die Umsetzung im Unternehmen.* München

Schäffter, Markus (2017): *Verfahrensverzeichnis 2.0. Datenschutzdokumentation konform zur EU-Datenschutzgrundverordnung gestalten.* 2., überarbeitete Auflage, Amazon Print-On-Demand

10 Big Data und Big Data Analytics

Oliver Hummel

Der Begriff Big Data beschreibt große Datenmengen, die nicht mehr auf einen Rechner passen, sondern aus Gründen ihrer schieren Menge, der geforderten Verarbeitungsgeschwindigkeit oder verschiedener Datenformate verteilt auf mehreren Servern gespeichert und verarbeitet werden müssen. Dies führt zu spannenden Herausforderungen, für deren Lösung sich in den letzten gut zwei Jahrzehnten zahlreiche spezialisierte Frameworks etablieren konnten, zu denen im Folgenden ein Überblick gegeben werden soll.

In diesem Beitrag erfahren Sie:

- Was bedeutet der Begriff Big Data und woher kommen solche Datenmengen?
- Was sind nutzbringende Anwendungsbereiche für Big Data Analytics und wie können diese klassifiziert werden?
- Wieso ist die Verteilung von Daten auf mehrere Server eine der Hauptaufgaben von Big Data und welche Herausforderungen bringt sie mit sich?
- Wie können große Datenmengen in verteilten Datenbanken (Stichwort: NoSQL) gespeichert werden und welche Besonderheiten sind dabei zu beachten?
- Welche Ansätze gibt es zur Verarbeitung und Analyse von großen Datenmengen? Was bedeutet Batch- und Stream-Verarbeitung und welche Frameworks gibt es dafür?
- Welche Referenzarchitekturen für Big-Data-Systeme haben sich in den letzten Jahren herausgebildet?
- Was sind die Charakteristika von speziellen Algorithmen zur Verarbeitung großer Datenmengen?

10.1 Big Data, worum geht es?

Wörtlich übersetzt bedeutet „Big Data“ erst einmal nichts weiter als „große Daten“, bzw. passender übersetzt „große Datenmengen“. Nie zuvor in ihrer Geschichte hat die Menschheit solche Massen davon produziert wie heute. Aktuelle Schätzungen (Reinsel/Gantz/Rydning 2018) gehen davon aus, dass 2025 ca. 175 Zettabyte

(= 175 000 000 000 000 Gigabyte, vgl. Bild 10.1) an Daten auf der Welt gespeichert sein werden. Das ist eine Menge, die auf heute gängigen 10-Terabyte-Festplatten gespeichert und übereinandergestapelt ungefähr die Strecke von der Erde zum Mond ergeben würde.

175.000.000.000.000.000.000.000

Zetta Exa Peta Tera Giga Mega Kilo -Byte

Bild 10.1
175 Zettabyte ausgeschrieben in Bytes

Dieser gigantische Datenschatz wurde schon vielfach als das neue (Roh-)Öl des 21. Jahrhunderts gepriesen (wohl erstmals in einem Vortrag von Clive Humby im Jahr 2006) und hat einen entsprechenden Wert für die Steuerung und Verbesserung von allerlei wirtschaftlichen und gesellschaftlichen Prozessen. Ähnlich wie beim Öl müssen jedoch auch Rohdaten zunächst „gefördert", sicher gelagert und raffiniert werden, um ihren Wert entfalten zu können. Und wie beim Öl haben Datenlecks in der Vergangenheit schon die ein oder andere „Ölpest" ausgelöst, wie beispielsweise 2021 bei Facebook (Datenschutz Hamburg 2021), als die Daten von mehr als 500 Millionen Benutzern kompromittiert und ins Internet geleakt worden sind.

Geht es um eine Definition von Big Data als Begriff bzw. Fachgebiet, bleibt die Literatur meistens schwammig und zieht sich auf eine Beschreibung der wichtigsten Eigenschaften von Big Data mithilfe einer Alliteration mit 3 V zurück. Auch wir werden uns diese gleich betrachten, zuvor sei jedoch der Versuch einer intuitiven Definition unternommen, die gleichzeitig die Schwierigkeiten beim Festlegen eines Schwellwerts an Daten für Big-Data verdeutlichen soll.

Schon in den frühen 2000er-Jahren, als das zuvor endlos scheinende Wachstum der Prozessortaktraten zu einem Ende kam, erkannte man, dass die Verwendung immer größerer und stärkerer Einzelsysteme (sogenannte vertikale Skalierung, vgl. Bild 10.2) kein dauerhafter Ausweg für den Umgang mit wachsenden Datenmengen sein würde, da die Wachstumsgeschwindigkeit der Daten die der Hardware schlichtweg überstieg. Entsprechend liegt es nahe, eine Definition von Big Data an die notwendige horizontale Skalierung, also die Verteilung von Daten auf mehrere Server, zu koppeln. Salopp gesagt: **Big Data wird es, sobald die Daten nicht mehr auf eine Kiste passen**.

Nichtsdestotrotz entwickelt sich auch die Hardware laufend weiter, sodass diese Schwelle heute in einer ganz anderen Größenordnung zu verorten ist als noch vor einigen Jahren, womit sich eine fixe Untergrenze von selbst verbietet. Um dennoch eine ungefähre Größenordnung zu geben: Diese Schwelle kann grob im Bereich von einigen Terabyte aufwärts veranschlagt werden.

Bild 10.2 Sogenannte vertikale und horizontale Skalierung von Softwaresystemen

Betrachten wir nun die Eigenschaften, die Big Data nach dem sogenannten 3-V-Modell (manchmal werden auch 4 oder gar 5 V angeführt; dazu gleich mehr) zugeschrieben werden. Eine große Datenmenge (engl. **V**olume) kann auf einem einzelnen Rechner nicht mehr vollständig gespeichert werden. Eine ausreichende Geschwindigkeit (engl. **V**elocity) bei Speicherung und Verarbeitung gesellt sich leicht nachvollziehbar als zweite Herausforderung hinzu. Ferner stammen große Datenmengen üblicherweise nicht nur aus einer einzigen Datenquelle, sondern aus vielen verschiedenen, mit oft unterschiedlichen Formaten und Speichersystemen, sodass mit Datenvielfalt (**V**ariety) auch die dritte Eigenschaft leicht nachvollziehbar und damit das ursprüngliche 3-V-Modell, wie in Bild 10.3 dargestellt, komplettiert worden ist.

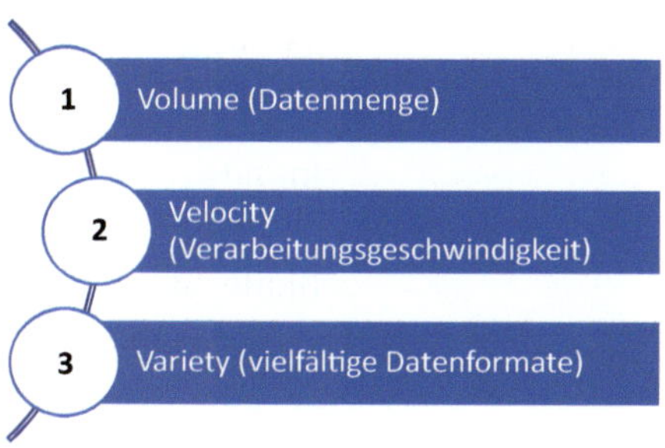

Bild 10.3
Das V-Modell für Big Data: Überblick der drei Haupteigenschaften von Big Data, die eine Verarbeitung in einem Computer-Cluster notwendig machen können

In jüngerer Zeit zeigte sich, dass durch neue Anforderungen, wie sie beispielsweise das Internet of Things (IoT) mit seinen endlosen Datenströmen von zahllosen Sensoren und Aktuatoren mit sich bringt, Daten verfälscht werden und erst mit Verspätung oder gar nicht zur Verarbeitung ankommen können. Daher ergänzen manche Autoren mit der **V**eracity (Wahrhaftigkeit) von Daten noch ein viertes V in der Definition. Oft wird auch noch der Nutzen (**V**alue), den die Verarbeitung großer Datenmengen stiften soll, als fünftes V angeführt.

Da es sich jedoch weder bei Veracity noch bei Value um Eigenschaften der Daten handelt, die per se eine Parallelverarbeitung auf verschiedenen Rechnern bedingen würden, bevorzuge ich das 3-V-Modell als Arbeitsgrundlage, anhand dessen sich der Begriff Big Data folgendermaßen definieren lässt:

Big Data bezeichnet Datenmengen, die wegen ihrer Größe (Volume), der geforderten Verarbeitungsgeschwindigkeit (Velocity) oder aufgrund ihrer Vielfalt (Variety) nicht auf einem einzelnen Rechnersystem gehalten werden können, sondern parallel auf mehreren Servern verarbeitet werden müssen.

Technisch gesehen bringt Parallelverarbeitung auf verteilten Systemen vor allem zwei große Herausforderungen mit sich, nämlich einmal die Vermeidung von gleichzeitigen Schreibzugriffen durch verschiedene Verarbeitungseinheiten („random writes“) sowie das konsistent Halten („consistency“) von aus Resilienzgründen angelegten Kopien (sogenannte Replika) von Daten im System (siehe auch Kleppmann 2017).

Parallelverarbeitung (engl. distributed computing) ist keine neue Idee des Big-Data-Hypes der 2000er-Jahre: Erste Überlegungen in diese Richtung gab es bereits in den 1960er-Jahren, und spätestens seit den 1980ern wurde ernsthaft an entsprechenden Systemen gearbeitet, bereits Anfang der 1990er wurde mit dem Message Passing Interface (kurz MPI) ein einheitlicher Standard für den Nachrichtenaustausch in verteilten Systemen verabschiedet. Die damaligen Ansätze setzten allerdings meist auf einheitliche Hardware, die zu sogenannten Supercomputern verschaltet wurde (Grid- oder Cluster-Computing), und zielten darauf ab, alle Knoten die Daten im „Gleichschritt“ verarbeiten zu lassen. Für heutige Computing-Cluster oder Cloud-Systeme, die oft aus „bunt zusammengewürfelter“ sogenannter Commodity-Hardware bestehen, würde dieser Ansatz nicht besonders gut funktionieren. Daher wurden die frühen Vorreiter der Parallelverarbeitung im heutigen Big-Data-Einsatz nahezu vollständig von flexibleren (Open-Source-)Frameworks wie Hadoop und seinen Nachfolgern verdrängt.

10.2 Big Data Analytics

Die Hauptmotivation hinter dem aufwendigen Umgang mit großen Datenmengen ist, wie zuvor erwähnt, die Generierung eines geschäftlichen Nutzens (Value) aus den Daten. Um aus Rohdaten in verschiedenen Formaten wertbringende Produkte zu erzeugen, sind verschiedene Verarbeitungsschritte notwendig. Eine grobe, für große, wie für nicht ganz so große Datenmengen zutreffende Grundidee gibt uns die klassische ETL-Pipeline (ETL = Extract, Transform, Load). Die benötigten Daten müssen zunächst aus den Quellsystemen extrahiert, in das gewünschte Format transformiert und schließlich in das zur Analyse vorgesehene System hineingeladen werden.

An dieser Stelle sei noch ein genauerer Blick auf mögliche Arten des Datenspeicherns sowie das Stichwort Variety geworfen; hier sind drei große Kategorien (vgl. Tabelle 10.1) zu betrachten.

Tabelle 10.1 Strukturiertheit von Daten

Art der Daten	Erklärung	Beispiel
Strukturiert	Daten, die einem tabellarischen Schema mit festen Datentypen sowie Primärschlüssel unterliegen und daher gut verarbeitet (beispielsweise aggregiert) werden können.	Tabellarische Daten in Datenbanken
Semistrukturiert	Daten ohne festes Schema, aber mit Annotationen (Metadaten), die die Interpretation der Daten erleichtern, sodass sie oft auch leicht in Datenbanken importiert werden können.	Log-Daten, JSON-Daten (ohne Schema), auch E-Mails, Webseiten etc.
Unstrukturiert	Daten ohne Annotationen, die maschinell schwer zu analysieren sind.	Bild-, Video- oder Audiodaten, Fließtext

Strukturierte Daten liegen üblicherweise in einer Datenbank in Tabellenform (vom Aufbau her ungefähr vergleichbar mit einer Excel-Tabelle) vor und haben pro Tabelle ein gleichartiges Schema. D.h., jede Tabelle hat verschiedene Spalten, deren Datentypen (also beispielsweise Ganzzahl, Text oder Datumswert) genau festgelegt sind und von denen eine oder mehrere gemeinsam als eindeutige Primärschlüssel (Identifier) fungieren, um einen Datensatz zweifelsfrei identifizieren zu können. Dabei haben alle Einträge (= Zeilen) einer Tabelle die gleichen Spalten (Bild 10.4).

ID	Name	Küche	Straße	Ort
1	Jägerstube	Gut bürgerlich	Hauptstraße 17	Mannheim
2	Zur Brücke	Italienisch	Flussstraße 9	Heidelberg

Bild 10.4 Beispielhafte Tabelle mit Daten von Restaurants und festgelegten Datentypen pro Spalte

Semistrukturierte Daten sind üblicherweise mit Kategorien annotiert, haben aber kein festgelegtes Schema und meist unstrukturierte Inhalte. Völlig unstrukturierte Daten wie Freitext (z.B. Tweets auf Twitter), Bilddaten oder Tonaufnahmen, enthalten keinerlei Annotationen und sind daher maschinell oft sehr aufwendig auszuwerten. Sie benötigen daher beispielsweise Methoden aus der künstlichen Intelligenz (KI), um sie „verstehen" und interpretieren zu können.

Werden große Datenmengen zu Analysezwecken in einem zentralen Datenspeicher gesammelt, nennt man diesen ein Data Warehouse, sofern es sich um strukturierte Daten handelt, oder einen Data Lake, wenn auch semistrukturierte und unstrukturierte Daten dort gespeichert werden. Gerade Data Lakes haben jedoch oft die Angewohnheit, zu einem „Data Swamp" zu versumpfen, wenn sie beständig wachsen und irgendwann niemand mehr ihre Inhalte überblicken, geschweige denn etwas damit anfangen kann. Neuere Ansätze wie das sogenannte Data Lakehouse (Oreščanin/Hlupić 2021) versuchen, die Metadaten von Data Lakes und moderne Analysen auf deren Daten zu nutzen, um etablierte Analysemethoden von Data Warehouses damit verwenden zu können. Ein dezentrales Data Mesh zielt auf eine übergreifende Analyse von Daten ab, ohne sie aus ihren Quellsystemen extrahieren zu müssen.

Um Anwendungsfälle für Big Data in der Praxis leichter erkennen, einordnen und nicht zuletzt angehen zu können, hat der Bitkom-Arbeitskreis für Big Data 2015 einen Leitfaden (Bitkom 2015) zur Analyse großer Datenmengen zusammengestellt. Eine dort (S. 114) enthaltene Klassifizierung enthält vier verschiedene Kategorien von Big-Data-Geschäftsmodellen, die in Abhängigkeit von den Datenquellen und Geschäftsaktivitäten zugeordnet worden sind. In Tabelle 10.2 sind die im Bitkom-Leitfaden angeführten möglichen Kombinationen aus vorhandenen und neu zu erhebenden Daten sowie aus vorhandenen und neu zu erdenkenden Geschäftsaktivitäten abgebildet und jeweils mit einem von dort übernommenen Beispiel illustriert.

Tabelle 10.2 Big-Data-Geschäftsmodelle (Bitkom 2015)

Kategorie	Erklärung	Beispiel
Optimierung	Verbesserung bestehender Geschäftsaktivitäten mit vorhandenen Daten, oft als Einstieg in Big Data Analytics in einem Unternehmen.	Analyse von Wechselwirkungen zwischen Online- und Kaufverhalten.
Monetarisierung	Entwicklung neuer Produkte, Dienstleistungen oder Geschäftsmodelle auf Basis vorhandener Daten.	Nutzung von aggregierten GPS-Daten als Zusatzleistung in Navigationssystemen (TomTom Live).
Hebelung	Verbesserung von bestehenden Produkten, Dienstleistungen oder Geschäftsmodellen durch Erhebung und Nutzung neuer Daten.	Optimiertes Verkehrsmanagement durch Preisanpassung in Mautsystemen auf der Basis von Verkehrsdaten.
Disruption	Innovative Entwicklung neuer geschäftlicher Aktivitäten mithilfe zuvor noch nicht gesammelter Daten.	Monitoring von Social-Media-Plattformen zur Erstellung von Produkt-Feedbacks und Trendanalysen.

Wie die Beispiele verdeutlichen, sind die Übergänge zwischen den Kategorien der Geschäftsmodelle fließend. Der Bitkom-Leitfaden stellt ferner zahlreiche - mittlerweile gealterte - Anwendungsbeispiele von Big Data mit deutscher Beteiligung vor, die noch immer einen guten Einblick in das Potenzial von datengetriebenem Wirtschaften geben.

Datenanalysen auf großen Datenmengen entscheiden heute vielfach über Erfolg oder Misserfolg eines Geschäftsmodells.

Dabei unterscheiden sich die grundlegenden Analysemethoden für Big Data wenig bis gar nicht von denen, die für „Small Data“ verwendet werden, außer, dass sie deutlich mehr Rechenleistung und oft auch zusätzliche Verarbeitungsschritte benötigen. Hilfreiche Einblicke beispielsweise in das Verhalten von Kunden oder die Qualität von Produkten lassen sich vielfach bereits mit deutlich kleineren Datenmengen, wie z. B. aus der Analyse einzelner Online-Foren, erhalten.

Der Weg zu qualitativ hochwertigen Datenanalysefähigkeiten beginnt in den Chef-Etagen von Unternehmen häufig mit dem sogenannten „Big Data Envy“. Dieser Neid auf die Konkurrenz taucht meistens dann auf, wenn eine Firma oder auch eine Behörde erkennt oder befürchtet, Digitalisierung und „Datalisierung“ verschlafen zu haben. Er wird oftmals nahtlos von einer Verdrängungsstrategie abgelöst, die Verhaltensökonom Dan Ariely 2013 - in den Teenager-Jahren von Big Data - in einem Facebook-Post treffend auf den Punkt gebracht hat:

„Big data is like teenage sex: everyone talks about it, nobody really knows how to do it, everyone thinks everyone else is doing it, so everyone claims they are doing it.“

Big Data hat seither seine Volljährigkeit erreicht, und die wilde Partystimmung der Teenager-Jahre wurde durch eine geschäftige Betriebsamkeit ersetzt, deren Ergebnisse sich mithilfe des in Tabelle 10.3 angegebenen Reifegradmodells einordnen lassen.

Tabelle 10.3 Reifegrade (engl. Maturity Levels) bei der Nutzung von Datenanalysen (nicht nur) für Big Data

Stufe	Reifegrad	Beschreibung	Werkzeuge
Level 0	„Panik“	Hilfe, wohin mit den ganzen (Roh-)Daten?	Viele Einzelsysteme
Level 1	Speicherung	Große (Roh-)Datenmengen können stabil gespeichert und zusammengebracht werden, z. B. über einen Data Lake.	Verteiltes Dateisystem oder Datenbank, Data Lake
Level 2	Reporting	Die Daten können für ein grundlegendes Reporting ausgewertet werden, z. B. um Verläufe in Daten zu visualisieren.	Statische Analyse- und Visualisierungswerkzeuge
Level 3	Business Intelligence (BI)	Muster und Korrelationen können aus den Daten abgeleitet werden und dienen als Grundlage für Geschäftsentscheidungen.	Data Warehouses, BI-Werkzeuge, Auswertungen erfolgen oft per Batch-Verarbeitung
Level 4	Predictive Analysis	Zukünftige Entwicklungen können anhand der aus den Daten gewonnenen Erkenntnisse prognostiziert und als Entscheidungsgrundlage genutzt werden.	Wieder BI-Werkzeuge, Analysen kontinuierlich verarbeiteter Datenströme werden mit Dashboards live visualisiert
Level 5	Prescriptive Analysis	Maßnahmen zur gezielten Beeinflussung von künftigen Datenverläufen werden abgeleitet und gegebenenfalls automatisiert umgesetzt.	Einbindung von KI-Systemen in die kontinuierliche Verarbeitung von Datenströmen

Die Stufen 0 bis 2 des Modells können in erster Linie als Data-Engineering-Aufgaben aufgefasst werden, die Stufen 3 bis 5 befassen sich mit Fragestellungen, bei denen es in erster Linie auf die Fähigkeiten von Data Analysts ankommt. Bei fortgeschrittenen Fragestellungen auf den Levels 4 und 5, wo es meist auch auf Fachwissen aus der Data Science oder der künstlichen Intelligenz (KI) ankommt, suchen entsprechende Stellenbeschreibungen oft nach einem Data Scientist oder KI-Spezialisten.

Es gibt zahlreiche Erfolgs- und auch Misserfolgsgeschichten beim Umgang mit großen Datenmengen. Beide können sogar den Aktienkurs großer Unternehmen beeinflussen, und so dringen eher erstere nach außen, obwohl gelegentlich auch Erfolge unter Verschluss gehalten werden, wenn Unternehmen sich dadurch einen Wettbewerbsvorteil erhoffen.

Erfolgsgeschichten

Der Large Hadron Collider (LHC) am CERN in Genf ist nicht nur eine der komplexesten Maschinen, die die Menschheit je gebaut hat, sondern auch bei der Menge an Daten, die sie produziert, ganz vorne dabei. Dort entstehen aktuell pro Jahr etwa 200 Petabyte an Daten, die im sogenannten Worldwide LHC Computing Grid (WLCG, Bird et al. 2014) in verschiedenen Stufen auf insgesamt etwa 170 Rechenzentren in über 40 Ländern zur Speicherung und Analyse verteilt werden. Alleine die Detektoren des LHC produzieren während eines Experiments bis zu 300 GB/s an Daten, aus denen bereits vor der ersten Speicherung etwa 1 ‰ relevante Daten herausgefiltert werden.

Die verschiedenen Rechenzentren des WLCG haben in den vergangenen rund zwei Jahrzehnten jede Menge verschiedene Technologien zur Bewältigung dieser Datenmassen eingesetzt, unter anderem gibt es Berichte über den erfolgreichen Einsatz von Open-Source-Werkzeugen wie HBase oder Phoenix (Cherepanova et al. 2021). Die zahlreichen fundamentalen physikalischen Entdeckungen (wie beispielsweise das Higgs-Boson), die mit dem LHC in den letzten Jahren gemacht wurden, wären ohne den erfolgreichen Umgang mit Big Data vermutlich nicht möglich gewesen.

Big-Data- und Data-Science-Methoden zur Verbesserung der Kundenzufriedenheit haben maßgeblich zum Erfolg von Amazon beigetragen, beispielsweise die Funktion „Kunden, die diesen Titel angesehen haben, haben auch angesehen ...“ animiert erfolgreich zum Kauf von Büchern.

Der Triebwerkshersteller Rolls-Royce ist vor einigen Jahren groß in die Datenverarbeitung eingestiegen und nutzt Big Data sowohl in Design und Herstellung seiner Triebwerke als auch in der Betriebsüberwachung (Marr 2015). So fallen bereits bei der Produktion einer Flugzeugturbine pro Blatt (!) 500 Gigabyte an Daten an. Und auch die Auswertung von mehreren Terabytes an Flugdaten, zum Teil noch im Flug an Bord des Flugzeugs, ist nur ein konsequentes Weiterdenken der Möglichkeiten, die die Digitalisierung bietet. Stillstand oder gar Ausfall von Flugzeugen ist teuer, und so helfen Wartungsvorhersagen (sogenannte Predictive Maintenance) dabei, Wartungen möglichst frühzeitig zu planen und damit Ausfallzeiten zu reduzieren.

Auch im stationären Einzelhandel werden Big-Data-Methoden genutzt. In den USA gilt Walmart als einer der Vorreiter auf diesem Gebiet. Dahinter wollen auch die Supermärkte und Discounter hierzulande nicht zurückstehen und analysieren den Verkauf eines jeden Produkts, sobald es über den Scanner an der Kasse gezogen wird. So arbeitet beispielsweise REWE seit mehreren Jahren an und mit einem System, das sogenannte „Out-of-Shelf“-Situationen in Regalen erkennen und dem Personal vor Ort direkt Anweisungen zum Wiederbefüllen geben kann (Elm 2017). Ferner sollen damit auf Basis historischer Abverkaufszahlen Über- und Unterbevorratung besser verhindert werden, als menschliche Besteller oder die bisherige automatische Disposition dazu in der Lage wären. Der Einsatz moderner Technik ist unübersehbar auch in Deutschland auf breiter Front angekommen, so macht beispielsweise auch der hinter dem Discounter Lidl stehende Schwarz-Konzern in jüngerer Zeit durch massive Investitionen in Big-Data-Technologien von sich reden.

Der Agrarmaschinenhersteller Deere & Company investiert ebenfalls massiv in Big Data, um sowohl Ertrag als auch den Einsatz von Dünge- und Pflanzenschutzmitteln für seine Kundschaft quadratmetergenau zu optimieren (7wData 2016). Darüber, wie weit die Firma Deere, in Deutschland mit einem Marktanteil von immerhin fast 20%, darüber nachdenkt, diese Daten auch für eigene Zwecke zu nutzen, lässt sich an dieser Stelle nur spekulieren. Mit einer weitreichenden Erfassung von Erntemengen direkt beim Erzeuger sollte etwa eine fundierte Vorhersage von Zucker-, Weizen- oder auch Maispreisen in naher Zukunft ohne Weiteres im Bereich des Möglichen liegen.

■ 10.3 Speicherung großer Datenmengen

Die rapide wachsenden Datenmengen der frühen 2000er-Jahre brachten die damals zur Verfügung stehenden Technologien zur Datenspeicherung rasch an ihre Grenzen. Relationale Datenbanken skalieren, bedingt durch die Verlinkung von verschiedenen Tabellen durch sogenannte Fremdschlüssel, auch heute noch bevorzugt vertikal (also über stärkere Hardware), und schon die Erstellung eines verteilten Dateisystems über mehrere Rechnerknoten war damals alles andere als Routine. Die Reifegrade im Umgang mit großen Datenmengen (siehe Tabelle 10.3), spiegeln ein Stück weit auch diese historische Entwicklung wider: In den Anfangstagen von Big Data war die vordringlichste Herausforderung, große Datenmengen überhaupt sinnvoll handhaben, speichern und verarbeiten zu können. Heutige Cloud-Services abstrahieren nach außen zwar von solchen technischen Details und werben gerne mit „elastischer Skalierbarkeit", also der Fähigkeit bei Bedarf weitere Knoten hinzuschalten zu können, letztlich besteht jedoch auch eine Cloud intern aus vielen (virtuellen) Maschinen, auf die Daten sinnvoll verteilt werden müssen.

Die Verteilung von Daten in einem Rechner-Cluster ist daher nach wie vor eine wichtige Fähigkeit beim Umgang mit großen Datenmengen. Dazu bieten sich drei grundlegende Strategien an: Die erste ist schlicht das gleichmäßige Verteilen von Daten auf alle Rechnerknoten, wie es meist in verteilten Dateisystemen verwendet wird, um optimale Voraussetzungen für die Weiterverarbeitung von Daten in späteren Analysejobs (mehr dazu in Abschnitt 10.4.1) zu schaffen.

Die beiden anderen Strategien kommen in erster Linie bei verteilten (NoSQL-)Datenbanken zum Einsatz und setzen das Vorhandensein eines Schlüsselwerts zur Identifikation eines Datensatzes voraus. Dieser Schlüssel wird in diesem Zusammenhang meist Partition Key genannt, mit seiner Hilfe wird entschieden, in welcher Datenpartition auf welchem Server ein Datensatz gespeichert werden soll. Zum einen ist damit eine bereichsweise Verteilung auf Basis der Werte des Partition

Keys möglich, z. B. könnten alle Daten mit Anfangsbuchstaben von A bis M auf Knoten 1 und alle von N bis Z auf Knoten 2 landen.

Zum anderen kann über eine Hash-Funktion (eine Art Fingerabdruck für digitale Daten) der Partition Key in eine Zahl verwandelt werden, auf der eine Modulo-Operation - also eine Division mit Rest - durch die Anzahl der Knoten durchgeführt wird, um die Zielpartition zu bestimmen. Die letztgenannte Strategie wird übrigens auch gerne bei der verteilten Verarbeitung von großen Datenmengen, wie sie in Abschnitt 10.4 beschrieben wird, verwendet. Wichtig ist bei beiden eine möglichst zufällige Gleichverteilung der Schlüsselwerte, da sonst der sogenannte „Data Skew", also eine ungleiche Verteilung der Daten, auftreten wird. Konsequenz davon sind ungleich ausgelastete Server, die gut mit ungleich ausgelasteten Warteschlangen, z. B. an der Supermarktkasse oder bei der Sicherheitskontrolle am Flughafen, veranschaulicht werden können.

10.3.1 Eventual Consistency

> „Relational Databases are the foundation of western civilization" - Bruce Lindsay (ehemaliger IBM Fellow).

Relationale Datenbanken und mit ihnen die Structured Query Language (SQL) haben sich seit den 1970er-Jahren als Eier legende Wollmilchsau und Rückgrat der elektronischen Datenverarbeitung etabliert und vor allem durch ihre Flexibilität und Zuverlässigkeit bei Datenspeicherung und Abfragen punkten können. Sie sind dafür ausgelegt, einzelne Datensätze auf Basis eines festen Speicherrasters (genannt Schema) schnell auffinden und „in place" verändern zu können sowie dabei vorgegebene Integritätsbedingungen einzuhalten. Haerder und Reuter prägten dazu 1983 das Akronym ACID (Haerder/Reuter 1983), das für Transaktionen in relationalen Datenbanken zu einer Art oberster Direktive wurde, um unerwünschte Nebeneffekte wie „Dirty Reads", also das Auslesen noch nicht endgültig persistierter Werte, zu vermeiden. Ausgeschrieben steht ACID für:

- **A**tomicity (Atomarität): Alles oder nichts, entweder alle Teile einer Transaktion waren erfolgreich und sind gespeichert oder nichts davon wurde persistiert.
- **C**onsistency (Konsistenz): Im Sinne der Einhaltung vorgegebener Regeln und Integritätsbedingungen.
- **I**solation (Isolation): Alle Transaktionen erfolgen unabhängig voneinander, insbesondere bekommt keine Transaktion geänderte Daten von nicht abgeschlossenen parallel laufenden Transaktionen zu „sehen".

- Durability (Dauerhaftigkeit): Sobald das System den Erfolg einer Transaktion bestätigt, müssen die durchgeführten Änderungen auch dauerhaft im System gespeichert bleiben.

Eine einzelne Transaktion kann eine Reihe von Einzelschritten, die Abfragen und darauf basierende Änderungen an einer Datenbank ausführen können, beinhalten.

Größere Transaktionen können die Performance eines Datenbanksystems nicht unerheblich beeinflussen, da gegebenenfalls Teile der Datenbank für parallele Zugriffe von anderen Transaktionen gesperrt werden müssen. Transaktionen in einem verteilten System werden durch Netzlaufzeiten zu einer noch viel größeren Herausforderung und sind einer der Gründe, warum relationale Datenbanken nur schwer horizontal – also auf verschiedene Rechner – skalieren. Ein weiterer ist die Normalisierung von Daten, die in Abschnitt 10.3.2.1 genauer erläutert wird.

Unter dem Eindruck wachsender Datenmengen und Performance-Anforderungen der frühen 2000er-Jahre musste an den damals noch ehernen ACID-Grundsätzen gerüttelt werden: Plötzlich war es nicht mehr von höchster Wichtigkeit, zu jeder Zeit einen in sich konsistenten Zustand der Datenbank zu gewährleisten, es ging vielmehr darum, die Daten überhaupt schnell genug abspeichern zu können, ohne z. B. Datenverluste durch Pufferüberläufe oder Ähnliches zu riskieren.

Entsprechend keimte damals die Idee der sogenannten „Eventual Consistency" auf und verbreitete sich schnell. Zum Verständnis wichtig ist, „eventual" nicht mit „eventuell", sondern mit „schlussendlich" zu übersetzen. Und auch auf einen weiteren Punkt mit Potenzial für Missverständnisse sei direkt hingewiesen, Consistency meint nicht die eben beschriebene ACID-Consistency, also die Einhaltung von Integritätsbedingungen, sondern einen synchronisierten Zustand über aus Gründen der Datensicherheit angelegte Replika eines Datensatzes in einer verteilten Datenbank hinweg (vgl. Abschnitt 10.6).

Noch einmal mit anderen Worten zusammengefasst bedeutet Eventual Consistency, dass in einem Datenbank-Cluster nach einer Schreiboperation kurzzeitig (im Bereich weniger Millisekunden) für den gleichen Datensatz auf verschiedenen Server-Knoten verschiedene Werte gelesen werden können. Das ist der Preis, der für eine bessere Performanz und Skalierbarkeit zu zahlen ist.

BASE und das CAP-Theorem

Um Latenzen in Systemen mit hoher Last möglichst niedrig zu halten, verschoben sich in den frühen 2000er-Jahren die Prioritäten: Die Konsistenz wurde der Verfügbarkeit (Availability) untergeordnet und aus ACID wurde BASE: **B**asically **A**vailable, **S**oft State, **E**ventually Consistent. Dieses Akronym wurde bewusst gewählt, um in Anlehnung an die Chemie den Gegensatz zwischen ACID (dt. Säure) und BASE (dt. Base) plakativ deutlich zu machen; dafür lohnte es sich offenbar auch, die etwas sperrige Beschreibung des BASE-Akronyms in Kauf zu nehmen. Während bei

ACID ein „aufgeräumter" Zustand der Datenbank die Hauptrolle spielt, steht bei BASE besonders die schnelle Verfügbarkeit für Lese- und Schreibzugriffe im Vordergrund (siehe z. B. auch Kleppmann 2017).

Der Idealzustand in einem verteilten Big-Data-System wäre es, mit geringen Latenzen jederzeit auf alle Knoten eines Systems sowohl lesend als auch schreibend zugreifen zu können und dabei jederzeit von allen Knoten die gleichen Daten zurückgeliefert zu bekommen. Allerdings ist zwischen den Knoten eines verteilten Datenbanksystems immer mit Netzwerkunterbrechungen bzw. auch Totalausfällen von Knoten zu rechnen, die die durchgängige und vollständige Erreichbarkeit des Systems von außen unterminieren.

Ein kurzes Beispiel soll das anschaulicher machen. Angenommen wir haben einen Datenbank-Cluster, der aus vier einzelnen Servern besteht. Nehmen wir weiter an, dass jeder Datensatz zur Ausfallsicherheit auf mindestens drei dieser Server gespeichert wurde. Solange alle Server verzögerungsfrei untereinander kommunizieren können, können Updates auf einem Server an die beiden anderen Server, die die zugehörigen Replika gespeichert haben, weitergeleitet und dort ebenfalls durchgeführt werden. Sobald eine Aktualisierung von allen Servern bestätigt worden ist, befindet sich das gesamte System in einem konsistenten Zustand. Fällt nun aber einer der Replika-Server aus oder wird die Netzwerkverbindung dorthin gestört, kann keine zeitnahe und vollständige Aktualisierung mehr erfolgen und mithin wird im System kein konsistenter Zustand erreicht. Auch im Normalbetrieb kann ein Warten auf die Rückmeldung aller Server die Performance beeinträchtigen, sodass es sich lohnen kann, zumindest kurzzeitig darauf zu verzichten, um den Datendurchsatz nicht zu gefährden.

An diesem Punkt kommt Brewers sogenanntes CAP-Theorem (Brewer 2000) zur Synchronisation von verteilten Systemen ins Spiel. Wie in Bild 10.5 dargestellt, besteht es aus drei Teilen, die miteinander in einem Dreiecksverhältnis stehen: **C**onsistency, **A**vailability, (Network) **P**artition Tolerance. Es wurde theoretisch gezeigt, dass nur zwei dieser drei Bedingungen gleichzeitig erfüllt sein können. Daher ist eine Einhaltung aller drei Eigenschaften, also von „CAP" im Ganzen, nicht möglich. Dies ist in Bild 10.5 durch das rote x gekennzeichnet.

Zudem hat die Kombination aus Availability und Consistency (AC) keine praktische Relevanz, weil zwischen verteilten Systemen immer die Möglichkeit einer Netzwerkunterbrechung einkalkuliert werden muss. Wir können uns bei der praktischen Nutzung von Big-Data-Systemen also nur zwischen mehr Konsistenz (CP) oder mehr Verfügbarkeit (AP) entscheiden, der jeweils fehlende Gegenpart kann nicht gewährleistet werden.

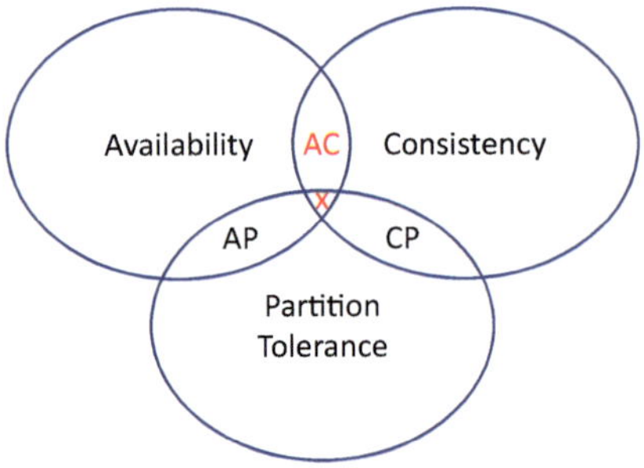

Bild 10.5
Grafische Darstellung des CAP-Theorems

Oft ist das entsprechende Verhalten einer Software bereits durch ihre Architektur festgelegt, es existieren aber auch Systeme, wie etwa die Open-Source-Datenbank Cassandra, bei denen das gewünschte Konsistenzverhalten in gewissem Rahmen einstellbar ist. Dafür hat sich der Begriff „Tunable Consistency" etabliert. Dies bedeutet, dass beim Lesen und Schreiben von Daten festgelegt werden kann, wie viele Serverknoten eine Anfrage jeweils erfolgreich bestätigt haben müssen, damit ihr Ergebnis persistent gespeichert bzw. ausgeliefert wird. Cassandra bietet die Einstellmöglichkeiten (sogenannte Consistency Levels) ONE, TWO, THREE, QUORUM und ALL, die bis auf QUORUM selbsterklärend sein dürften. QUORUM bedeutet, dass eine Mehrheitsentscheidung zwischen allen Servern getroffen werden muss, die Kopien eines Datensatzes speichern sollen bzw. gespeichert haben. Erst wenn mehr als die Hälfte der Knoten die Ausführung bestätigt haben, gilt eine Operation als erfolgreich abgeschlossen. Cassandra kann zudem „DC aware" (DC = data center = Rechenzentrum) konfiguriert werden, sodass die genannten Consistency Levels auch unter Beteiligung von verschiedenen Rechenzentren überwacht werden können, um die Datensicherheit weiter zu erhöhen.

Ein System, das die theoretischen Grenzen des CAP-Theorems in der Praxis nahezu überwinden können soll, ist Google Cloud Spanner (Brewer 2017). Google verspricht dafür eine Ausfallwahrscheinlichkeit von weniger als $1/10^5$ und hat, um diesen Wert zu erreichen, seine Rechenzentren mit dreifach redundanten Glasfaserstrecken verbunden. Wenn man Googles Werbung Glauben schenken mag, wird hier Konsistenz mit einer extrem hohen Verfügbarkeit kombiniert, da die Wahrscheinlichkeit eines Netzwerkausfalls minimiert worden ist. Nichtsdestotrotz kann auch Google Ausfälle von Servern nicht völlig ausschließen.

10.3.2 NoSQL-Datenbanken

NoSQL-Datenbanken versuchen zur Steigerung der Performance möglichst viel des Ballasts, den relationale Datenbanken aufgrund ihrer Konzeption mit sich schleppen müssen, über Bord zu werfen. Das folgende Zitat des Datenbankexperten Michael Stonebraker (2009) bringt diesen Gedanken auf den Punkt:

> „In summary, blinding performance depends on removing overhead. Such overhead has nothing to do with SQL, but instead revolves around traditional implementations of ACID transactions, multi-threading, and disk management."

„Blinding Performance" erreichen NoSQL-Datenbanken durch eine sehr starke Spezialisierung auf einzelne Anwendungsfälle, die mit einer Einschränkung in der Flexibilität bzw. sogar der generellen Möglichkeiten dieser Datenbanken, wie beispielsweise einer Limitierung der Suchmöglichkeiten, einhergehen. Nicht, wie das anfangs durch das Akronym NoSQL impliziert wurde, durch eine Abwendung von der Abfragesprache SQL (Structured Query Language). Zwischenzeitlich wurde „NoSQL" entsprechend zu „Not only SQL" umgedeutet, da sich auch die Abfragesprachen zahlreicher NoSQL-Datenbanken wieder deutlich dem SQL-Standard angenähert haben. SQL als Abfragesprache wird über entsprechende Erweiterungen mittlerweile sogar in Big-Data-Verarbeitungs-Frameworks wie Hadoop oder Spark unterstützt, was ihre enorme Wichtigkeit noch einmal unterstreicht. Umgekehrt werden immer mehr NoSQL-Ideen auch in relationale Datenbanksysteme zurückgespielt, so gibt es beispielsweise für PostgreSQL eine Erweiterung zum besseren Umgang mit Zeitreihendaten.

> Merke: Everything gets faster in memory! Entsprechend bieten viele Datenbanken heute die Möglichkeit an, Daten entweder im Arbeitsspeicher zu cachen oder direkt im Arbeitsspeicher zu arbeiten und nur zur Sicherheit ein sequenzielles Log der Schreiboperationen auf Platte zu speichern. Dieses muss nach einem Ausfall bzw. Neustart entsprechend wieder eingelesen werden, um den vorherigen Zustand der Datenbank im Arbeitsspeicher wiederherzustellen. Vom jeweils darunterliegenden Paradigma unterscheiden sich In-Memory-Datenbanken nicht von ihren Festplatten nutzenden Pendants, sodass ich an dieser Stelle nicht näher darauf eingehen möchte.

10.3.2.1 Denormalisierung

Über Jahrzehnte verlangten relationale Datenbanken zur Vermeidung diverser Probleme, im Fachjargon Anomalien genannt, eine Normalisierung der in ihnen gespeicherten Daten (Kemper/Eickler 2015). Dies hat eine Verteilung der Daten auf verschiedene Tabellen zur Folge, welche zunächst einmal nicht verwerflich ist, sondern die Flexibilität in der Nutzung erhöht und die zuvor angesprochenen Anomalien vermeidet.

Betrachten wir als Beispiel die in Bild 10.6 gezeigte Datenbank für ein System mit Restaurants und Restaurantbewertungen. Es liegt nahe, die Daten des Restaurants wie Name, Küchenstil oder Adresse in einer Tabelle zu speichern und Restaurantbewertungen, wie den User, die Bewertung und einen eventuellen Kommentar in einer anderen Tabelle. Um nun eine Bewertung einem Restaurant zuordnen zu können, muss in einer relationalen Datenbank bei einer Bewertung ein Verweis zum jeweiligen Restaurant gespeichert werden; dazu wird üblicherweise der Schlüssel des Restaurants, also sein Identifier, der etwa eine im System generierte eindeutige Zahl sein kann, verwendet.

ID	Name	Küche	Straße	Ort
1	Jägerstube	Gut bürgerlich	Hauptstraße 17	Mannheim
2	Zur Brücke	Italienisch	Flussstraße 9	Heidelberg

ID	User	Bewertung	Kommentar	RestaurantID
105	kmayer	5	Super lecker!	1
106	shuber	4	Lecker, aber kalt.	2
107	shuber	5	Tolles Ambiente	1
108	fherr	3	Lahme Bedienung	1

Bild 10.6 Restaurants mit Bewertungen als relationale Datenbanktabellen

Soll nun für ein Restaurant seine durchschnittliche Bewertung auf einer Webseite angezeigt werden, müssen die Daten des Restaurants und sämtliche zugehörigen Bewertungen wie in Bild 10.7 wieder zusammengebracht werden, was über einen sogenannten Join direkt in der Datenbank oder mit einem gewissen Programmieraufwand auch applikationsseitig passieren kann. Datenbankseitig ist das ein seit Jahrzehnten erprobtes Verfahren, das nur sehr schlecht über Rechnergrenzen hinaus skaliert.

Angenommen die Daten eines Restaurants liegen auf einem anderen Knoten als seine Bewertungen, so müssen für einen Join unter Umständen umfangreiche Daten über eine Netzwerkstrecke transportiert werden, was große Performance-Einbußen mit sich bringen würde. Eine Möglichkeit der Abhilfe sind erweiterte Konfigurationsmöglichkeiten, die es erlauben müssen, beide Tabellen garantiert auf dem gleichen Rechner zu halten. Letzteres ist eine Möglichkeit, die – begrenzt durch Datenmenge und Knotengröße – beispielsweise von SAPs HANA-Datenbank, die gerne scherzhaft als **HA**sso's **N**ext-Generation **A**rchitecture (nach Hasso Plattner, einem der SAP-Gründer) bezeichnet wird, angeboten wird.

Die meisten NoSQL-Datenbanken hinterfragen nun genau diese Aufspaltung auf zwei Tabellen. Da nämlich im gezeigten Beispiel eine Bewertung immer nur genau einem Restaurant zugeordnet ist, spricht aus NoSQL-Sicht nichts dagegen, auf eine Normalisierung ganz zu verzichten und ein Restaurant mit all seinen Bewertungen an der gleichen Stelle und damit zwangsläufig auch auf dem gleichen Knoten zu speichern.

ID	Restaurants				Bewertungen		
	Name	*Küche*	*Straße*	*Ort*	*User*	*Bewertung*	*Kommentar*
1	Jägerstube	Gut bürgerlich	Hauptstraße 17	Mannheim	kmayer	5	Super lecker!
					shuber	5	Tolles Ambiente
					fherr	3	Lahme Bedienung
2	Zur Brücke	Italienisch	Flussstraße 9	Heidelberg	shuber	4	Lecker, aber kalt.

Bild 10.7 Beispielhafte Denormalisierung der beiden vorherigen Tabellen in einem Wide-Column Store

Genau diese sogenannte Denormalisierung ist die Grundidee vieler NoSQL-Paradigmen, und Bild 10.7 illustriert anschaulich, wie die Bewertungen zusammen mit den Restaurantinformationen in einem Eintrag gespeichert werden können. Diese Vorgehensweise verbessert die Performanz, solange es um Zugriffe auf zusammengehörende Restaurant- und Bewertungsdaten, die auf einem Knoten gemeinsam abgelegt sind, geht.

Ein sich direkt daraus ergebender Nachteil ist jedoch die Einschränkung, dass etwa ein Zusammensuchen aller Bewertungen eines Users oder aller Restaurants in einer Stadt nun deutlich aufwendiger wäre, da diese verstreut über alle Restauranteinträge abgelegt sind und schlimmstenfalls über verschiedene Serverknoten hinweg eingesammelt werden müssten. NoSQL-Datenbanken haben daher aus Performancegründen oft nur eingeschränkte Suchmöglichkeiten für solche Szenarien und empfehlen, die Daten (also hier die Bewertungen) gegebenenfalls noch ein zweites Mal abzuspeichern, wenn ein Zugriff in einer anderen Form notwendig sein sollte.

Bedingt durch die Einschränkungen von NoSQL-Datenbanken wird eine „normale" Datenmodellierung für NoSQL-Systeme nicht ausreichend sein. Ein Datenbankentwurf für Big Data muss zur Erreichung von Performanz und Skalierbarkeit immer auch von der Abfrageseite her durchdacht werden. Das kann wie bereits geschrieben bedeuten, dass Daten unter Umständen mehrfach in verschiedenen Tabellen gespeichert werden müssen. Schlimmstenfalls kann sogar eine sogenannte Polyglot Persistence aus verschiedenen Systemen (wie beispielsweise eines sogenannten Wide-Column Stores und einer Suchmaschine) erforderlich werden, wenn es Anforderungen für Abfragen gibt, die ein System alleine nicht performant genug erfüllen kann. In komplexeren Architekturen werden daher oft zusätzlich sogenannte Queuing-Systeme als Puffer verbaut (vgl. Abschnitt 10.5).

10.3.2.2 Überblick

In den folgenden Abschnitten werden die wichtigsten Datenbankparadigmen jenseits der klassischen relationalen Datenbanken erläutert und mögliche Anwendungsfälle skizziert.

> Es gibt einzelne Datenbanken, die verschiedene Paradigmen kombinieren und daher im Fachjargon als Multi-Model-Datenbanken bezeichnet werden (wie z. B. ArrangoDB oder auch die SAP-HANA). Diese erkaufen sich ihre Flexibilität durch eine höhere Komplexität und unter Umständen eine verringerte Performance. Die SAP geht daher bei ihrer HANA-Datenbank den Weg, die Daten im Arbeitsspeicher zu halten, um eine möglichst hohe Performance zu erzielen.

Tabelle 10.4 gibt einen Überblick zu gängigen NoSQL-Systemen aus der Open-Source-Welt, die weltweit vielfach produktiv eingesetzt werden.

Tabelle 10.4 Übersicht gängiger NoSQL-Datenbanken aus der Open-Source-Welt

Datenbank	Paradigma	Stärken	Schwächen	CAP-Einordnung
ArangoDB	Multi-Model	Hohe Flexibilität und gute Benutzbarkeit	Schwächere Performance	CP
Cassandra	Wide-Column	Hohe Schreibgeschwindigkeit und gute Skalierbarkeit	Stark eingeschränkte Suchmöglichkeiten, dadurch eventuell nötige Redundanzen beim Speichern von Daten	AP und „tunable“
Elasticsearch	Suchmaschine	Schnelle Textsuche	Schwerfällig beim Indexieren sowie beim Failover	CP
HBase	Wide-Column	Nutzung des HDFS	Für „kleinere“ Operationen hohe Latenzen, Abhängigkeit zu HDFS	CP
Kafka	Key-Value (Queue)	Optimal als Pufferspeicher für hohe Schreiblasten	Recht komplex in Installation und Betrieb	„tunable“
MongoDB	Document	Einfaches und flexibles Datenmodell, reichhaltige Abfragemöglichkeiten	Minimale Join-Möglichkeiten, Einschränkung der Dokumentgröße, großer Speicherverbrauch im Betrieb	CP

Datenbank	Paradigma	Stärken	Schwächen	CAP-Einordnung
Neo4j	Graf	Optimierung für Grafen, leicht lernbare Abfragesprache, ACID-Compliance	Erst in jüngster Zeit horizontal skalierbar, Speicherung von Zusatzdaten dafür nötig	CP
Redis	Key-Value	Schnelle und einfache In-Memory-Datenbank mit guten Betriebseigenschaften	Plattenpersistenz kann die Performance einschränken, schlechte Anfrage- und Aggregationsmöglichkeiten	CP

10.3.2.3 Key-Value-Datenbanken

Ein Key-Value Pair (dt.: Schlüsselwertpaar) ist die grundlegendste aller Strukturen in der Datenbankwelt. Daten müssen immer mit einem eindeutigen Schlüssel (Identifier) abgespeichert werden, damit sie wiedergefunden und zweifelsfrei identifiziert werden können. Einfache Beispiele für diese Art der Speicherung sind etwa ein Telefonverzeichnis, in dem Namen als Schlüssel und Telefonnummern als Wert betrachtet werden können, oder auch die Windows-Registry mit ihren unzähligen Konfigurationsparametern, zu denen ebenfalls unter einem Schlüsselnamen ein zugehöriger Wert gespeichert wird.

Im Gegensatz zu einem Telefonverzeichnis bleibt in einer Key-Value-Datenbank der Value im Fachjargon schemalos, d.h., es können dort beliebige Daten in einem beliebigen Format von Text über JSON bis hin zu Binärdaten abgespeichert werden, die Datenbank kümmert sich dabei nicht um Inhalt, sondern speichert ihn als eine Folge von Bytes. Das macht zwar das Handling dieser Daten für die Datenbank einfach(er), bringt für den Nutzer jedoch den Nachteil mit sich, dass in einer Key-Value-Datenbank üblicherweise nur einfache CRUD-Operationen (Create, Read, Update, Delete) zur Verfügung stehen. Daher kann nur auf den Schlüsseln gesucht werden, da Aufbau und Inhalt des Values aus Sicht der Datenbank unbekannt sind. Der Inhalt des Values muss bei Nutzung einer Key-Value-Datenbank also „on read" auf der Clientseite interpretiert werden und kann sich somit sogar von Datensatz zu Datensatz im Aufbau unterscheiden. Aufgrund ihrer Einfachheit skalieren Key-Value-Datenbanken sehr gut und bieten sich insbesondere in Umgebungen an, wo einfache Inhalte unter möglicherweise großen Lastanforderungen gespeichert werden müssen. Beispielhaft seien an dieser Stelle Warenkörbe in Online-Shops oder auch das Session-Management von großen Websystemen genannt.

Im Open-Source-Bereich wird in der Java-Welt gerne das Framework Hazelcast genutzt, da es die gängigen Java-Datenstrukturen mit minimalen Änderungen am Sourcecode in einem verteilten System zur Verfügung stellen kann. Auch Redis, der aktuell populärste Key-Value-Store bietet die Möglichkeit, jenseits von reinen Key-Value-Strukturen auch Listen (also verschiedene Werte mit dem gleichen Datentyp), Mengen (verschiedene, eindeutige Werte gleichen Typs) und auch Zähler (Counter) zu speichern. Auf den Plätzen zwei und drei im Ranking der populärsten Key-Value-Stores finden sich aktuell die kommerziellen Produkte von Amazon (DynamoDB) und Microsoft (Azure Cosmos DB).

10.3.2.4 Dokumentenbasierte DBs und Suchmaschinen

Wie der Name bereits nahelegt, speichern dokumentenbasierte Datenbanken ihre Daten statt in Zeilen von Tabellen in sogenannten Collections von Dokumenten. Die konkreten Einzeldaten wiederum werden in Dokumenten als eine Reihe von Key-Value-Paaren gespeichert. Auf den ersten Blick unterscheiden sie sich somit, abgesehen von der Benamung und der Art der Speicherung, nur wenig von relationalen Datenbanken.

Bei der Nutzung von dokumentenbasierten Datenbanken ist ein Schema jedoch nicht zwingend notwendig, sondern wird implizit erst beim Speichern eines jeden Dokuments festgelegt, weshalb es auch kein festgelegtes Speicherraster wie in einem relationalen Datenbanksystem geben kann. Das Speichern geschieht meistens, indem das Dokument im JSON-Format an die Datenbank gesendet und dort abgelegt wird. Bild 10.8 zeigt beispielhaft ein solches Dokument für eines der Restaurants aus Bild 10.6 zusammen mit eingebetteten Bewertungen, was wiederum eine Denormalisierung bedeutet.

```
{
  "_id" : 1,
  "Küche" : "Gut bürgerlich",
  "Strasse" : "Hauptstraße 17",
  "Ort" : "Mannheim",
  "ratings" : [
    {
      "User" : "kmayer"
      "Bewertung" : 5
      "Kommentar" : "Super lecker!"
    },
    { ... }
  ]
}
```

Bild 10.8
Beispielhaftes JSON-Dokument, wie es beispielsweise in MongoDB gespeichert werden könnte

Eine solche dokumentenbasierte Speicherung bietet sich zuvorderst aus nachfolgenden Gründen an:

1. wenn eine tabellenorientierte Speicherung zu vielen leeren Spalteneinträgen (Nullwerten) führen würde,
2. wenn häufig in einem Datensatz eine unbekannte Anzahl von gleichartigen Daten (wie beispielsweise mehrere Mail-Adressen) in Listenform gespeichert werden muss und
3. wenn Datenaggregationen (wie das Zusammenführen der zuvor angesprochenen Restaurants mit ihren Bewertungen) in relationalen Datenbanken zu verteilten Zugriffen auf mehrere Server führen würden.

Der größten Beliebtheit unter den Document Stores erfreut sich seit Jahren das Open-Source-System MongoDB (Mongo von engl. humongous für gigantisch). Mit DynamoDB, Azure Cosmos und Firebase finden sich auch die Cloud-Systeme von Amazon, Microsoft und Google auf vorderen Plätzen wieder.

> Ein wichtiger Unterschied zwischen Datenbanken und Suchmaschinen besteht bei der Auswertung von Suchanfragen. Datenbanken liefern alle Treffer bei auf ihnen ausgeführten Suchanfragen gleichwertig in ihrer Ergebnismenge zurück. Zudem umfassen diese Ergebnismengen bei Suche nach Schlüsselwerten oft nur ein Ergebnis (z. B. den Kunden mit einer bestimmten Kundennummer).

Bei Suchmaschinen ergibt sich noch eine ganz andere Herausforderung: Da hier gewöhnlich nach Schlüsselworten in einer großen Menge von Texten gesucht wird, kann eine extrem große Ergebnismenge die Folge sein (googlen Sie beispielsweise nach Computer, um ein Beispiel dafür zu sehen). Daher versuchen Suchmaschinen den Ergebnissen eine Reihenfolge zu geben und die relevantesten Ergebnisse zuerst zurückzuliefern. Googles Aufstieg zur populärsten Suchmaschine gelang genau aus dem Grund, weil der damals genutzte PageRank-Algorithmus oft verlinkte Seiten weiter oben zurücklieferte und so bessere Ergebnisse zur Verfügung stellte. Das mag ein Stück weit auch erklären, warum die sogenannte Enterprise Search sich in Fileshares von Unternehmen bis heute schwertut, hier gibt es schlicht keine Links, die für ein besseres Ranking jenseits von Suchbegriffen verwendet werden könnten. Das könnte auch einer der Gründe sein, warum Google seine Enterprise Search Appliance im Jahr 2019 endgültig eingestellt hat.

Doug Cutting ist bereits durch die Entwicklung von Hadoop untrennbar mit der Big-Data-Szene und ihrer Entwicklung verbunden. Er machte sich allerdings schon Jahre zuvor durch die Entwicklung der Suchmaschine Lucene einen Namen. Suchmaschinen sind von den Grundkonzepten betrachtet eng verwandt mit den Dokumentendatenbanken, da auch sie oftmals in JSON annotierte Dokumente abspeichern. Während sich alle anderen Datenbanken mit einer Suche nach Schlüsselworten in Texten bis heute schwertun und diese meist nicht besonders performant beherrschen, sind Suchmaschinen genau darauf optimiert. Sie legen für den Text aus Dokumenten von vornherein einen sogenannten inversen Index an, der ähnlich wie ein Index in einem Buch für jedes im Dokumenten-Corpus enthaltene Wort eine Liste mit Fundstellen enthält. Somit können Suchen nach Worten deutlich performanter ausgeführt werden als bei einer Datenbank, die die entsprechenden Spalten in jeder Zeile nach dem gewünschten Schlüsselwort durchsuchen muss. Mit Elasticsearch und Solr nutzen zwei der populärsten Open-Source-Suchmaschinen Cuttings Lucene als Kern, und mit Splunk kann aktuell nur ein einziger kommerzieller Anbieter einen vergleichbaren Marktanteil erreichen.

10.3.2.5 Wide-Column Stores

Relationale Datenbanken speichern ihre Tabellen zeilenweise hintereinander in einem festen Raster ab, sodass ein kompletter Datensatz (wie z. B. der eines Kunden) schnell am Stück geladen und durch die feste Rasterbreite auch schnell gefunden werden kann.

Diese Vorgehensweise bietet sich besonders an, wenn das Hauptaugenmerk auf der transaktionalen Verarbeitung (OLTP = Online Transaction Processing) einzelner Datensätze liegt, so wie das bis ungefähr in das Jahr 2000 meistens der Fall war, wenn beispielsweise einzelne Kundendatensätze angelegt, gesucht oder verändert werden mussten. Hintergrund dieser Vorgehensweise waren die damals vorherrschenden HDDs mit drehenden Magnetplatten, die sequenziell hintereinander angeordnete Daten deutlich schneller lesen bzw. schreiben können als solche, die über verschiedene Sektoren der Platte verteilt abgelegt waren.

Eine solche zeilenorientierte Speicherstruktur ist jedoch nicht besonders performant, wenn statt einzelner Datensätze einzelne Spaltenwerte über alle Datensätze gelesen werden müssen, etwa weil alle einzelnen Rechnungssummen für die Ermittlung des Jahresumsatzes aufsummiert werden sollen. Man spricht hier von Online Analytical Processing (OLAP). In diesem Fall ist es praktischer, jeweils die Werte aller Rechnungssummen hintereinander weggespeichert zu haben, was Datenbanken mit einer sogenannten spaltenorientierten Speicherung umsetzen können. Diese findet sich heute zuvorderst in Data Warehouses, deren Fokus von Natur aus auf die OLAP-Verarbeitung gerichtet ist, und wird auch heute von einzelnen relationalen Datenbanken wie MariaDB bei Nutzung des sogenannten ColumnStore-Moduls unterstützt. Diese Art der Speicherung ist **nicht** mit den NoSQL-Wide-Column-Stores (manchmal auch Wide Columnar Databases oder Column Family Databases genannt), die in diesem Abschnitt beschrieben werden, zu verwechseln.

Ähnlich wie Document Stores zielen auch Wide-Column Stores darauf ab, zusammengehörende Daten gemeinsam in einer sogenannten Partition zu speichern, und verzichten daher ebenfalls auf eine Normalisierung. Betrachten wir abermals das Beispiel der Restaurants und ihren Bewertungen, so würde jedes Restaurant in einer eigenen Partition gespeichert und die Bewertungen in einer gewünschten (beispielsweise absteigenden) Reihenfolge direkt damit zusammen. Somit werden alle relevanten Daten für ein Restaurant gemeinsam gespeichert und sind schnell zugreifbar. Wie bei den Document Stores ist jedoch die Flexibilität für andersgeartete Abfragen sehr stark eingeschränkt.

Wide-Column Stores eignen sich aufgrund dieses Vorgehens auch gut zum Speichern von Log- und Sensordaten (oft auch Zeitreihendaten genannt), wie sie im Umfeld von großen Web- oder auch IoT-Systemen milliardenfach anfallen. Hier könnten beispielsweise eine Server- oder Sensor-ID sowie ein Timestamp als Partition Key verwendet werden, um Nutzdaten in einer Partition zusammenzufassen. Für Zeitreihendaten gibt es zudem spezielle Datenbanken, wie beispielsweise InfluxDB oder TimescaleDB als eine Erweiterung der relationalen Postgres-Datenbank. Während erstere gerade eine neue Abfragesprache ohne zu große SQL-Ähnlichkeit eingeführt hat, wird letztere voll SQL-kompatibel angesprochen. Beide punkten durch eine für den Anwendungsfall optimierte Performance und können gerade bei Datenaggregationen auf Zeitreihen die Wide-Column Stores oft weit in den Schatten stellen.

Ein bekannter Wide-Column Store ist das im Hadoop-Umfeld beheimatete Apache HBase, das auch direkt das HDFS eines Hadoop-Clusters als verteilte Storage Engine verwendet und beispielsweise die Replikation von Daten darüber abwickelt. HBase wurde auf Basis eines Papers aus dem Jahr 2008 (Chang et al. 2008) Googles BigTable nachempfunden, da jenes lange nicht öffentlich verfügbar war. Mit einem Modul mit dem vielsagenden Namen Apache Phoenix verfügt HBase inzwischen auch über eine SQL-Schnittstelle, die eine gute Anbindung an alle gängigen Programmiersprachen ermöglicht. Eine gute Einbindung in das Hadoop-Ökosystem versteht sich darüber hinaus von selbst. Das ist auch direkt die zentrale Abwägung für die Nutzung von HBase: Seine Verwendung drängt sich insbesondere auf, wenn ohnehin bereits ein Hadoop-Cluster (siehe Abschnitt 10.4.1) in einer Systemumgebung vorhanden ist. Ohne einen solchen Cluster ist eine leichter zu installierende Alternativen wie Apache Cassandra zu empfehlen. In den einschlägigen Rankings sind diese beiden Open-Source-Systeme ganz vorne zu finden, andere Anbieter spielen bis heute keine größere Rolle.

10.3.2.6 Graphdatenbanken

Die in den frühen 2000er-Jahren erblühenden sozialen Netzwerke brachten eine neue Herausforderung für Datenbanken mit sich: das Finden von Freunden. Um Freundesnetzwerke in einer Datenbank zu speichern, erfordert das relationale Paradigma sogenannte Join-Tabellen, in denen eine Verbindung zweier Nutzer über deren User-IDs sowie eventuell weitere benötigte Metadaten wie die Art der Beziehung oder deren Anfangsdatum gespeichert werden.

Zum Finden der Verbindungen einer Person muss nun ein Scan über die gesamte Tabelle angestrengt werden. Dieser lässt sich zwar durch die Verwendung einer Indexierung erheblich beschleunigen, erfordert aber dennoch den individuellen Zugriff auf alle gefundenen Datensätze, um dann über die gefundenen User-IDs auf die Daten des jeweiligen Gegenübers zugreifen zu können. Noch einmal aufwendiger wird das Finden von Freunden von Freunden über einen Join auf die Freundestabelle, und spätestens bei einem weiteren Schritt zu den Freunden von Freunden von Freunden mit zwei Join-Operationen macht die Nutzung einer relationalen Datenbank auf großen Datensätzen nur noch wenig Freude.

Da die in der Mathematik und Informatik schon lange intensiv betrachteten Graphen eine Möglichkeit sind, Netzwerkstrukturen zu speichern, erlebten Graphdatenbanken in dieser Zeit einen großen Schub. Hier können beispielsweise Personen als Knoten und Verbindungen zwischen ihnen als Kanten des Graphen gespeichert werden. Sowohl an Knoten als auch an Kanten können jeweils Nutzdaten in Form von Key-Value-Paaren gespeichert werden. Ein wichtiges Argument für diese Gruppe ist zudem eine an Graphen angepasste Abfragesprache, die es beispielsweise bei Neo4j, der bis dato am weitesten verbreiteten Graphdatenbank, erlaubt, Suchen in ihrer Abfragesprache Cypher quasi textuell zu „zeichnen". Zwar unterstützen auch eine Reihe von Multi-Model-Datenbanken wie Microsofts Azure Cosmos DB Abfragen auf Grafen, aufgrund des sehr speziellen Paradigmas ist ihre Nutzung jedoch meist auf die Speicherung von Netzwerkstrukturen beschränkt.

■ 10.4 Verarbeitung großer Datenmengen

Sind Daten erst einmal erfolgreich in einem verteilten Dateisystem oder einer verteilten Datenbank angekommen, zeichnet sich bei deren Verarbeitung eine weitere Herausforderung ab, die naiv betrachtet zunächst eher harmlos daherkommt: Die Daten sind doch bereits verteilt, so sollte es doch kein Problem darstellen, auf verschiedenen Servern identische Analysen auf den Daten zu fahren und die Ergebnisse dort zu speichern?

Diese Annahme ist nur teilweise korrekt, da die Daten nicht immer dort verarbeitet werden können, wo sie auch abgelegt sind, und zudem viele Auswertungen und Analysen eine „Kreuzung" von Daten von verschiedenen Ablageorten notwendig machen. Durch diese würde eine unorganisierte Parallelverarbeitung von Daten dazu führen, dass Ergebnisse von mehreren Knoten eines Clusters unter Umständen gleichzeitig auf ein und denselben Eintrag einer Datenbank geschrieben werden müssten, was die Schreib-Performance empfindlich beeinträchtigen könnte (vgl. Abschnitt 10.3.1).

Den ersten Schritt hin zu einer breiten Verfügbarkeit einer geordneten Parallelverarbeitung von Daten machte etwa Mitte der 2000er-Jahre das Hadoop-Framework, das ursprünglich von Lucene-Entwickler Doug Cutting als Teil eines Web-Crawlers für Suchmaschinen entwickelt worden war. Cutting ließ sich dabei von zwei Veröffentlichungen von Google zu einem verteilten Dateisystem (Ghemawat/Gobioff/Leung 2003) und einem Paradigma zur verteilten Datenverarbeitung namens MapReduce (Dean/Ghemawat 2008) inspirieren. Beides zusammen in einem Cluster zu installieren, ist eine sehr sinnvolle Überlegung, da die Daten in einem verteilten Dateisystem bereits verteilt gespeichert werden und so nicht erst bei Verarbeitungsbeginn importiert werden müssen, wie das bei früheren Systemen der Fall gewesen ist. So können Bottlenecks bei Verarbeitungsbeginn effektiv verhindert werden.

Nachdem Cutting selbst zu Yahoo gewechselt war, wurden Dateisystem und MapReduce-Implementierung unter dem Namen Hadoop weiterentwickelt und hoch skalierbar gemacht, bevor sie schließlich als Open-Source-System an die Apache Foundation übergeben wurden. Seither sind Hadoop-Installationen mit mehreren Tausend Servern im Einsatz (Hamilton 2010), und ein Hadoop-Cluster galt zumindest den größten Teil der 2010er-Jahre wohl auch als eine Art Statussymbol für Big-Data-Fähigkeiten. An dieser Stelle sei jedoch nicht verschwiegen, dass damals viele Firmen zwar für viel Geld entsprechende Cluster unterhielten, aber im Grunde oft nicht so genau wussten, was sie damit anfangen sollten.

Nicht zuletzt in Ermangelung pragmatisch nutzbarer Alternativen wurde Big-Data-Verarbeitung mit Hadoop jedoch trotz des gewöhnungsbedürftigen MapReduce-Paradigmas zu einem durchschlagenden Erfolg, und um Hadoop herum entwickelte sich ein bis heute breit genutztes Ökosystem. Angefangen von kommerziell vertriebenen und unterstützten Distributionen wie denen von MapR oder Cloudera bis hin zu zahlreichen Tools, die den Umgang mit Hadoop erleichtern sollen. Die Bekanntesten davon habe ich in Tabelle 10.5 beispielhaft aufgelistet.

Tabelle 10.5 Beispielhaft ausgewählte Erweiterungen von Hadoop

Name	Zweck
Apache Pig	Scripting-Erweiterung für Hadoop, die von der komplexen MapReduce-Programmierung abstrahiert
Apache Hive	Data-Warehouse-Erweiterung, das SQL-basierte Abfragen und Analysen auf HDFS-Daten ermöglicht
Apache Sqoop	Import/Export-Werkzeug zum Datenaustausch zwischen HDFS und Datenbanken
Apache Ambari	Web-Oberfläche zur Verwaltung von Hadoop-Clustern

Nach wie vor sind Hadoop und vor allem das zugehörige verteilte Dateisystem HDFS aus der Big-Data-Welt nur schwer wegzudenken, insbesondere in den letzten gut zehn Jahren haben sich jedoch eine Reihe weiterer Plattformen entwickelt, die Hadoops Status als alleinige Verarbeitungsplattform für große Datenmengen massiv herausgefordert haben.

Tabelle 10.6 fasst ausgehend von der Batch-Verarbeitung mit Hadoop die drei wichtigsten heute verfügbaren Verarbeitungsparadigmen für große Datenmengen zusammen und nennt jeweils beispielhaft einige Open-Source-Produkte.

Tabelle 10.6 Big-Data-Verarbeitungsparadigmen

Paradigma	Besonders geeignet für	Eigenschaften	Mögliche Werkzeuge
Batch-Verarbeitung  (Tankschiff)	gelegentliche Verarbeitung sehr großer Datenmengen, beispielsweise die Auswertung aller wöchentlichen Umsätze einer Firma	lange Latenzzeiten (Stunden bis Tage)	Apache Hadoop Apache Spark Apache Flink
Microbatch-Verarbeitung  (Tanklaster)	regelmäßige Verarbeitung größerer Datenmengen, beispielsweise stündliche Auswertung von News-Meldungen	kürzere Latenzzeiten (Sekunden bis wenige Minuten)	Apache Spark Apache Flink
Stream-Verarbeitung  (Pipeline)	fortlaufende Datenanlieferung und sofortige Verarbeitung jedes einzelnen Datensatzes, beispielsweise zur Erkennung von betrügerischen Kreditkartentransaktionen	Echtzeitverarbeitung unter einer Sekunde möglich	Apache Flink Apache Storm Apache Samza

Der eingangs dieses Kapitels bereits genutzte Vergleich mit Rohöl bietet sich auch an dieser Stelle an: Die in Hadoop praktizierte Batch-Verarbeitung lässt sich gut mit dem Löschen der Ladung eines Tankschiffs vergleichen, da Hadoop üblicherweise mit extrem großen Datenmengen, die beispielsweise monatlich, wöchentlich oder täglich ohne zu große Laufzeitanforderungen ausgewertet werden können, genutzt wird.

Sogenannte Micro-Batches laufen mit sehr viel kleineren Datenportionen deutlich öfter (z. B. alle paar Minuten) und können daher gut mit einem Tanklaster verglichen werden, dessen Ladung vergleichsweise schnell abgepumpt werden kann. Relativ jung in diesem Dreiklang ist die sogenannte Stream-Verarbeitung, die sich, um im Bild zu bleiben, gut mit einer Öl-Pipeline vergleichen lässt. Dort werden große Datenmengen kontinuierlich als eine Art von Strom angeliefert und müssen möglichst ohne Verzögerung durch die nötigen Verarbeitungsschritte weitergeleitet werden.

10.4.1 Batch-Verarbeitung

Alle aktuellen (Open-Source-)Frameworks zur Big-Data-Verarbeitung bieten auch heute noch Möglichkeiten zur Batch-Verarbeitung (zu Deutsch etwa Stapelverarbeitung) von Daten an. Dafür wird zunächst eine signifikante Menge von Rohdaten gesammelt, um diese in einem Rutsch verarbeiten zu können, was je nach Sammeldauer zu Latenzzeiten von Stunden oder sogar Tagen führen kann. Ferner führt es oft auch dazu, dass Batch-Jobs mit allen bereits zuvor verarbeiteten Daten von Neuem ausgeführt werden, sobald nennenswert neue Daten hinzugekommen sind.

Für eine parallele Verarbeitung benötigen alle Frameworks Zugriff auf ein verteiltes Dateisystem und nutzen dazu meist das HDFS von Hadoop. Die Grundidee dazu ist, Daten schon beim Speichern gleichmäßig im HDFS eines Clusters zu verteilen, sodass die Eingangsdaten beim Ausführen eines Batch-Jobs direkt auf dem Knoten verarbeitet werden können, auf dem sie auch abgelegt worden sind.

Während beispielsweise Apache Spark und Apache Flink gut parallelisierbare funktionale Programmierkonstrukte nutzen, um die Verarbeitungslogik für Batch-Jobs zu implementieren, nutzt Hadoop – wie bereits mehrfach angesprochen, das MapReduce-Paradigma (Dean/Ghemawat 2008). Dieses zerlegt in einem Map-Schritt zunächst die Eingangsdaten auf allen beteiligten Servern so, dass sie im Reduce-Schritt anhand eines gemeinsamen Merkmals auf jeweils einem Server zusammengefasst und ausgewertet werden können. In dieses nicht gerade intuitiv verständliche Schema müssen alle MapReduce-basierten Verarbeitungen hineingepresst werden, was zu zahlreichen Herausforderungen führt, für die sich zwischenzeitlich zahlreiche Best Practices (wie das Secondary-Sorting-Pattern etc.) etabliert haben. Da diese in erster Linie während der Entwicklung wichtig sind, sei an dieser Stelle auf die entsprechende Fachliteratur verwiesen. Eine beispielhafte MapReduce-Implementierung für das Zählen von (digitalen) Spielkarten habe ich für weitergehend Interessierte in einem Online-Video (Hummel 2022) genauer erläutert.

10.4.2 Micro-Batch- und Stream-Verarbeitung

Der entscheidende technische und konzeptuelle Unterschied von Micro-Batches und Streams zu den „klassischen" Batches ist der, dass die beiden Erstgenannten kein Ende haben, einmal angestoßen laufen sie kontinuierlich so lange weiter, bis sie eventuell manuell abgebrochen werden. Sie verarbeiten ankommende Daten also kontinuierlich: eine Stream-Pipeline immer sofort, sobald Daten eintreffen, ein Micro-Batching-System meistens zeitgesteuert alle Daten, die sich beispielsweise innerhalb von fünf Minuten angesammelt haben.

Das bedeutet aus konzeptueller Sicht, dass klassische Batches gewöhnlich darauf ausgelegt sind, aus einer abgeschlossenen Menge von Eingabedaten alle gewünschten Analyseergebnisse zu berechnen, ohne dazu auf Zwischenergebnisse oder Daten von außerhalb des Batch-Prozesses zuzugreifen. Sowohl Micro-Batch- als auch Streaming-Systeme müssen hingegen Mechanismen zum Verwalten von Zwischenergebnissen vorhalten, je nach Datenmenge, Systemausstattung und genauer Aufgabenstellung kann das intern im Arbeitsspeicher erfolgen oder es muss auf externe Speichersysteme zurückgegriffen werden. Wichtig ist es in diesem Kontext, durch ein Routing anhand eines Schlüssels Datensätze mit gleichem Schlüssel (also beispielsweise alle Transaktionen einer Kreditkarte) immer auf dem gleichen Rechnerknoten zu verarbeiten, damit zugehörige Zwischenergebnisse dort im Arbeitsspeicher gehalten werden können. Auch die gefürchteten „random writes" lassen sich vermeiden, wenn Daten mit identischem Schlüssel immer auf dem gleichen Knoten verarbeitet werden.

Bei der zuvor beschriebenen fortlaufenden Verarbeitung von Datenströmen wird es oft auch notwendig, diese künstlich zu selbst definierten „Mini-Batches" zusammenzufassen, im Fachjargon spricht man hier von Windows (also von Fenstern auf einen Ausschnitt der Daten), die beispielsweise benötigt werden, um geschäftliche Regeln erfüllen zu können. So könnte eine solche lauten, dass mehrere gestückelte Überweisungen auf ein Konto von einem anderen Konto innerhalb eines 12-Stunden-Fensters zur Geldwäscheprüfung vorgemerkt werden müssen, wenn sie zusammen einen Betrag von 10 000 Euro übersteigen. Daher müssen in der Verarbeitungspipeline pro Konto für das benötigte Zeitfenster die benötigten Zwischenergebnisse vorgehalten werden, was zu einem entsprechend hohen Speicherbedarf führen kann.

10.5 Big-Data-Referenzarchitekturen

Auch im Big-Data-Kontext wird das Rad nicht jedes Mal neu erfunden, sondern es haben sich Referenzarchitekturen etabliert, die immer wieder neu zum Aufbau von Big-Data-Systemen eingesetzt werden. Da sich das Deployment von Systemen mehr und mehr in die Cloud verlagert und das Thema Betrieb bzw. DevOps dort mittlerweile (fast) zur Routine geworden ist, möchte ich in diesem Abschnitt nur kurz die wichtigsten logischen Referenzarchitekturen und deren Eigenschaften ansprechen. Zur Nutzung von Containersystemen wie Docker oder virtuellen Maschinen auf Basis von beispielsweise VMWare in der Cloud, die on demand mit Kubernetes und ähnlichen Systemen in Cloud-Infrastrukturen hochgefahren werden können, sei auf entsprechende Spezialliteratur wie Domingus und Arundel (2019) verwiesen.

In den Architekturen von Big-Data-Anwendungen zeigt sich abermals die historische Entwicklung dieses Gebiets: Wurden anfangs einzelne Hadoop-Jobs mit langen Laufzeiten genutzt und oft per Hand angestoßen und ausgewertet, haben sich die Anforderungen in jüngerer Zeit deutlich in Richtung schneller, d. h. oft in Echtzeit verfügbarer Analyseergebnisse verschoben.

Noch 2015 prägte Nathan Marz mit seinem Buch (Marz/Warren 2015) die Idee der sogenannten Lambda-Architektur, die primär für die Batch-Verarbeitung großer und abgeschlossener Datenmengen vorgesehen war. Doch auch die Lambda-Architektur enthält neben einem Batch Layer einen sogenannten Speed Layer, um insbesondere noch nach Beginn eines lang laufenden Batch-Jobs eingehende Rohdaten in ein Analyseergebnis hineinrechnen zu können (vgl. Bild 10.9). Dazu müssen die Ergebnisse beider Layer zur Abfragezeit miteinander verrechnet werden. In der Praxis wird der nächste Batchlauf meist zeitnah nach Abschluss des vorherigen gestartet, sodass die jeweiligen Views nur so lange benötigt werden, bis die nächste Analyse abgeschlossen ist.

Ein Vorteil der Lambda-Architektur liegt entsprechend darin, dass in jedem Batchlauf alle relevanten Daten (mit entsprechendem Aufwand) neu verarbeitet werden und somit auch Änderungen bzw. Fehlerkorrekturen in der Verarbeitungslogik berücksichtigt bzw. durch später hinzugekommene Daten entstandene Unschärfen automatisch korrigiert werden.

Die Lambda-Architektur bürgerte sich entsprechend vor allem im Umfeld von Hadoop-Plattformen ein, wo oft versucht wurde, einen Speed Layer mit selbst gebauten Lösungen oder auf Basis früher Streaming-Systeme (wie Apache Storm etc.) zusätzlich zu implementieren. Damit liegt auch ihr Hauptnachteil direkt auf der Hand, ein ohnehin schon komplexes verteiltes System wird durch zwei getrennte Verarbeitungsschienen mit unterschiedlichen Frameworks und Code-Basen nochmals komplexer gemacht.

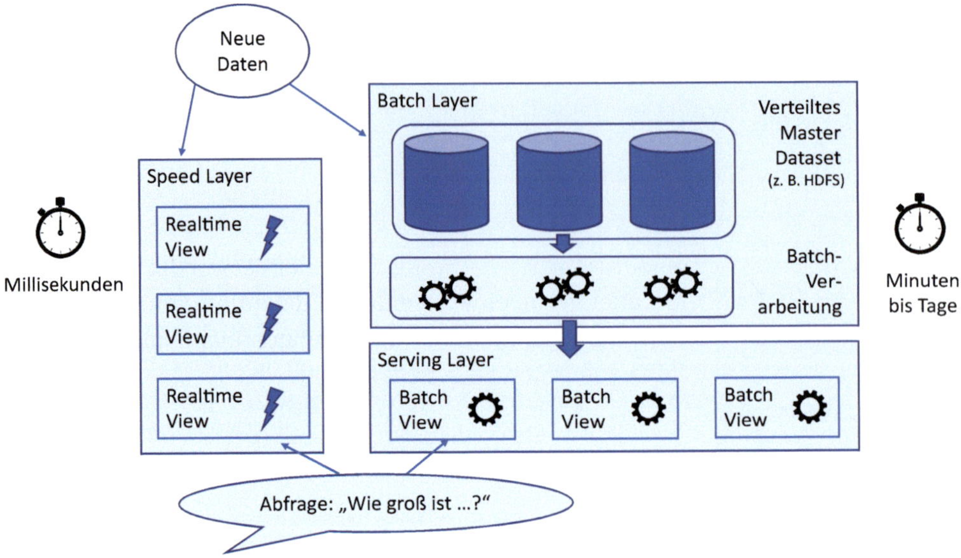

Bild 10.9 Schematische Darstellung der Lambda-Architektur (nach Marz/Warren 2015)

Dieses Problem wurde von Jay Kreps, einem damals bei LinkedIn beschäftigten Entwickler, und seinen Kollegen schon früh erkannt. Sie entwickelten dort das Queuing-System Kafka und die sogenannte Kappa-Architektur (Kreps 2014) als Gegenentwurf. Auch diese dürfen heute als einigermaßen erfolgreich gelten, da Kreps heute CEO der Firma Confluent ist, die kommerzielle Big-Data-Lösungen rund um Kafka anbietet, und sich die Kappa-Architektur als Grundidee für die Echtzeitverarbeitung von großen Datenströmen fest etabliert hat.

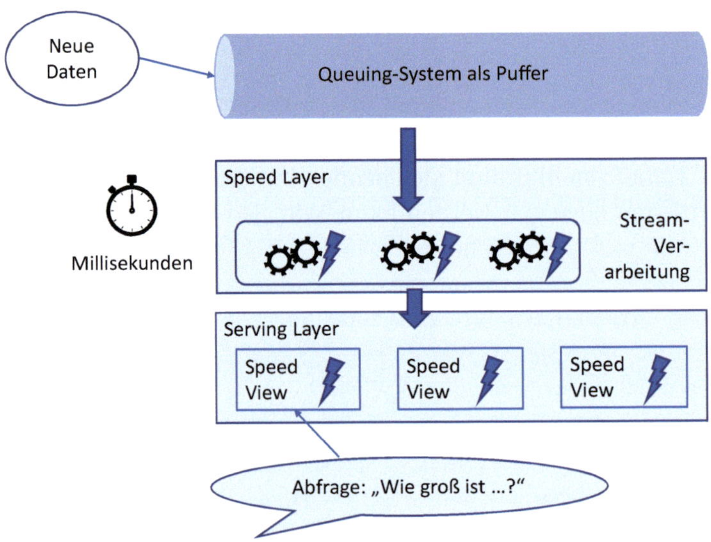

Bild 10.10 Schematische Darstellung der Kappa-Architektur (in Anlehnung an Kreps 2014)

Die ursprüngliche Kappa-Architektur (siehe Bild 10.10) ähnelt zunächst einer Lambda-Architektur ohne Batch Layer und damit auch ohne Master Dataset. Wobei Kreps in seiner Ursprungsvariante tatsächlich noch eine dauerhafte Speicherung der Rohdaten und auch eine Initialisierungsmöglichkeit für das System durch einen Batch-Job vorgesehen hatte. Tatsächlich ist der Datendurchsatz von modernen Streaming-Systemen meist so enorm, dass eine dauerhafte Speicherung der Rohdaten oder gar eine Neuverarbeitung nicht mehr machbar und aufgrund der schnellen Verarbeitung auch gar nicht notwendig ist. Daher verwendet man gerade in Queuing-Systemen wie Kafka gerne eine sogenannte Retention Time (dt. Aufbewahrungsfrist) von z. B. einer Woche, nach der die Rohdaten aus dem System gelöscht werden, um Platz für neue Daten zu schaffen.

Eine neuere Variante der Kappa-Architektur wird von Confluent zwischenzeitlich als „Stream Architecture" vermarktet und sieht ein Queuing-System wie Kafka als möglichen Puffer zwischen mehreren Verarbeitungsschritten vor, sodass die Ausgaben einer Stream-Verarbeitung problemlos zu Eingaben einer weiteren Verarbeitungsstufe werden können. Auffällige Ähnlichkeiten eines solcherart aufgebohrten Streaming-Systems zum Anfang der 2000er-Jahre gehypten aber kaum nachhaltig genutzten Enterprise Service Bus (ESB), sind sicherlich nicht nur zufällig. Konzeptuell sind die Unterschiede zu modernen Streaming Architectures, wie sie neben Confluent mit Kafka auch von Amazon mit Kinesis oder Microsoft mit Azure Event Hubs promotet werden, jedenfalls nur gering. Ob die zuletzt genannten Werkzeuge durch Import- und Export-Plug-ins zu vielen gängigen Drittsystemen die Nutzung von SQL-Befehlen und REST-basierten Schnittstellen sowie mit einer durch Cloud-Betrieb besseren Resilienz eine größere Akzeptanz werden erzielen können, wird die Zukunft zeigen.

■ 10.6 Resilienz in Big-Data-Systemen

In einem verteilten Big-Data-System drängt sich schnell die Frage auf, wie (Teil-) Ausfällen und Datenverlusten begegnet werden kann, wie also die Resilienz, d. h. die Widerstandskraft gegen ungeplante, aber unvermeidliche Ausfälle erhöht werden kann. Eine zentrale Rolle bei der Lösung dieser Frage spielt die Replikation von Daten auf mehrere Server im System, sodass auch dann weiterhin alle Daten zur Verfügung stehen, wenn ein oder gar mehrere Knoten ausfallen oder durch Netzwerkprobleme nicht erreichbar sein sollten.

Super-GAU und Ausfallwahrscheinlichkeit

Ich erinnere mich noch gut an meine Statistikvorlesung im Studium, in der wir mit den Daten der Atomindustrie die Wahrscheinlichkeit eines Super-GAU berechnet hatten. Selbst eine recht geringe Wahrscheinlichkeit in einem einzelnen Kraftwerk summiert sich bei einer großen Anzahl von Kraftwerken beängstigend schnell zu einer realen Gefahr, die von den in den letzten Jahrzehnten aufgetretenen Atomunfällen einprägsam bestätigt wurde.

Ganz ähnlich ist es mit der Ausfallwahrscheinlichkeit von Servern in einem großen Cluster. Ein einzelner Server mag nur eine geringe Fehlerwahrscheinlichkeit von beispielsweise 1 % pro Jahr aufweisen, bereits in einem Cluster mit nur 100 Maschinen ergibt sich auf Basis der folgenden Formel eine bemerkenswerte jährliche Fehlerwahrscheinlichkeit von 63,4 % für den Ausfall mindestens eines Knotens, Netzwerkstörungen, die den Betrieb ebenfalls beeinträchtigen, noch gar nicht miteingerechnet:

$$P_{\text{Fehler im Cluster}} = \left(1 - p_{\text{Fehler eines Knotens}}\right)^{\text{Anzahl der Knoten}}$$

Entsprechend müssen auf viele Knoten verteilte Systeme über eine ausreichende Resilienz gegen ungeplante Ausfälle verfügen.

Weiter entfernt voneinander stehende Knoten, die sich beispielsweise in verschiedenen Bereichen eines Rechenzentrums oder sogar in verschiedenen Rechenzentren befinden, erhöhen die Ausfallsicherheit etwa bei Bränden, bringen im Gegenzug jedoch auch erhöhte Netzwerklaufzeiten mit sich. Interessant sind zudem die sich ergebenden Fragestellungen, wie viele Kopien der Daten gespeichert werden sollen und wie der Zugriff darauf koordiniert werden kann.

Während Ersteres eine Entscheidung ist, die neben der Datensicherheit direkte Auswirkungen auf den Betrieb eines Big-Data-Systems hat – ohnehin bereits große Datenmengen werden beispielsweise mindestens nochmals um einen Faktor Drei vergrößert –, ist die Koordination der Replikation in erster Linie eine Frage für die Entwicklung von Big-Data-Systemen. So haben viele (NoSQL-)Datenbanken einen Master-Slave-Ansatz gewählt, bei dem nur über den Master-Knoten geschrieben werden kann. Dieser kümmert sich beim Schreiben um die Replikation der Daten auf seine Slaves (vgl. auch Abschnitt 10.3.1), während beim Lesen zur Lastverteilung meist gleichberechtigt auf alle Knoten zugegriffen werden kann. Ein gleichberechtigtes Schreiben über alle Knoten im System erlaubt auch beim Schreiben eine bessere Lastverteilung und vor allem auch eine bessere (Schreib-)Verfügbarkeit, erzeugt allerdings intern einen höheren Koordinationsaufwand und wird daher nicht von allen Datenbanken unterstützt.

Bei selbst entwickelten Big-Data-Systemen, die unter Umständen auf komplexe Pipelines zur Datenverarbeitung oder gar aus Performance-Gründen auf eine sogenannte Polyglot Persistence aus verschiedenen Datenspeichern zurückgreifen müssen, kommt noch die Herausforderung einer eigenen Transaktionsverwaltung dazu. Was soll etwa passieren, wenn ein Datensatz in einem Teilsystem erfolgreich verarbeitet werden konnte und in einem anderen nicht (siehe z.B. Kleppmann 2017)?

Die einfachste Lösung dieser Frage ist die Verwendung von idempotenten Operationen in einer Verarbeitungskette, sodass Operationen im Fehlerfall mehrfach wiederholt ausgeführt werden können. Eine idempotente Operation liefert immer das gleiche Ergebnis, egal, wie oft sie ausgeführt wird. Die Ermittlung der Wortanzahl für ein Dokument ist beispielsweise idempotent, sollen allerdings die Wortanzahlen vieler Dokumente aufsummiert werden, würden wiederholte Verarbeitungsversuche eines Dokuments den Zählerstand verfälschen.

Entsprechend gibt es für verteilte Systeme die Notwendigkeit, die Semantik bei der Verarbeitung von Daten zu spezifizieren, also festzulegen, wie in einem System mit der fehlerhaften Verarbeitung eines Datensatzes umgegangen werden soll. Tabelle 10.7 erläutert die drei theoretischen Möglichkeiten dazu.

Tabelle 10.7 Verarbeitungssemantiken in verteilten Systemen

Semantik	Erklärung	Konsequenzen
At most once	Fire and forget, ein Datensatz wird genau einmal verarbeitet, auf Fehler wird nicht reagiert.	Datensätze können verloren gehen; niedriger Implementierungsaufwand.
At least once	Ein Datensatz wird im Fehlerfall mehrfach in das System gesendet.	Ein Datensatz kann im System beispielsweise mehrfach gezählt werden, daher sollten Operationen idempotent sein; Implementierung eines Retry-Mechanismus und gegebenenfalls auch eines „Circuit Breakers“ notwendig, um endlose Verarbeitungsversuche zu vermeiden.
Exactly once	Das System sorgt dafür, dass ein Datensatz garantiert genau einmal verarbeitet wird bzw. im Fehlerfall keine „Rückstände“ der Verarbeitung im System verbleiben.	Daten werden entweder verarbeitet oder nicht, es geschehen aber garantiert keine unerwünschten Verfälschungen in den Ergebnissen; eine Transaktionsverwaltung oder Sicherungspunkte für das System müssen unterstützt werden; vgl. auch ACID im Abschnitt 10.3.1.

Da auch Datensätze selbst fehlerhaft sein können (Stichwort Veracity aus dem 5-V-Modell) oder ein Teilsystem komplett ausfallen könnte, ist bei At least once und Exactly once die Implementierung eines sogenannten Circuit Breakers sinnvoll, um endlose Verarbeitungsversuche von fehlerhaften Daten vermeiden zu können.

Eine ausreichende Menge an Testdaten für Big-Data-Systeme ist in der Praxis oft nur schwer bis gar nicht zu bekommen. Das macht die Qualitätssicherung in der Entwicklung von Big-Data-Systemen (Hummel et al. 2018) nochmals schwieriger und erfordert ein starkes Vertrauensverhältnis zwischen Entwicklern und Nutzern von solchen Systemen. Eine hochgradig iterative Entwicklung und regelmäßige Testläufe mit speziellen Testdaten im Produktionssystem, wie sie beispielsweise bei Netflix durchgeführt werden (Jones 2018), sind zwei nützliche Maßnahmen, die Abhilfe für dieses Dilemma bringen können.

10.7 Probabilistische Datenstrukturen in Big-Data-Systemen

Unter dem Eindruck großer Datenmengen und oft limitierter Hardware-Ressourcen ist es sinnvoll, nicht nach perfekter Genauigkeit zu streben, wenn eine gute Näherung ebenso ausreichend sein kann. Dieses Grundprinzip hat sich bereits bei der Nutzung von Eventual Consistency in vielen NoSQL-Systemen bewährt und hat ferner zur Entwicklung verschiedener Algorithmen bzw. Datenstrukturen geführt, die mithilfe probalistischer Techniken den Umgang mit großen Datenmengen erheblich erleichtern. Tabelle 10.8 gibt eine Übersicht mit den wichtigsten Aspekten. Technisch interessierte Leserinnen und Leser finden weitere Details hierzu in Hummel, 2023.

Tabelle 10.8 Big-Data-Algorithmen

Name	Zweck	Vorteile	Nachteile	Beispielhafte Nutzungen	Quelle
HyperLogLog	Wie viele einzigartige Elemente sind in einer Menge enthalten? (Kardinalität)	Große Speicherersparnis, gute Verteilbarkeit, Pseudonymisierung der Daten	Ungenauigkeit von ca. 3 %	Für Anzahl der Suchergebnisse in Elasticsearch oder für verteiltes count(distinct) in PostgreSQL	(Flajolet et al. 2007)
Bloom Filter	Ist ein Element in einer Menge enthalten? (Mitgliedschaft)	Zeit- und Speicherersparnis, Pseudonymisierung der Daten, gut einstellbare Genauigkeit	Falsch positive Ergebnisse möglich, Löschen von Datensätzen nicht	Zur Vermeidung von Plattenzugriffen in Cassandra und HBase	(Bloom 1970)

Name	Zweck	Vorteile	Nachteile	Beispielhafte Nutzungen	Quelle
Count-Min Sketch	Wie oft ist ein Element in einer Menge enthalten?	Große Zeit- und Speicherersparnis, gut einstellbare Genauigkeit	Bei geringen Frequenzen große Überschätzungen möglich	In der Anfrageoptimierung von Datenbanken	(Cormode/Muthukrishnan 2004)
T-Digest	Bestimmung von Perzentilwerten (wie beispielsweise Median)	Sehr gut skalierbar, Vermeidung einer zeitraubenden Sortierung von großen Datenmengen	Mögliche Unschärfe in den Randbereichen, Qualität noch nicht theoretisch bewiesen	Perzentilberechnung in Postgres und Elasticsearch	(Dunning 2021)

Der Algorithmus mit dem ikonischen Namen HyperLogLog (Flajolet et al. 2007) wird überall da gerne genutzt, wo eine Zahl eindeutiger Elemente ermittelt werden muss. Das könnte beispielsweise für die Zählung eindeutiger Besucher einer Webpräsenz interessant sein. Möchte man diese Zählung für jede Unterseite durchführen, kann dies bei einer hohen Besucheranzahl und vielen Unterseiten schnell zu einem enormen Speicherbedarf führen, da dafür jede Besucher-ID (also z.B. die IP-Adresse) auf jeder Unterseite gespeichert werden müsste. HyperLogLog erledigt diese Aufgabe bei einer Unschärfe von gewöhnlich unter 5 % mit einem deutlich geringeren und vor allem konstanten Speicherbedarf.

Der Bloom Filter (Bloom 1970) zielt darauf ab, festzustellen, ob ein Element in einer Menge enthalten sein kann. Das kann beispielsweise vor dem Durchsuchen einer großen Datenbank sehr hilfreich sein, da aufwendige Scans der gesamten Datenbank vermieden werden können, wenn schon vorher klar ist, dass ein gewünschter Datensatz nicht enthalten ist. Falsch positive Ergebnisse sind bei einem Bloom Filter nicht ausgeschlossen, weil es zu Überlappungen der darin gespeicherten Bit-Signaturen von Werten kommen kann. Immerhin sind falsch negative Ergebnisse unmöglich. Ein großer Nachteil des originalen Bloom Filters ist ferner, dass einmal darin gespeicherte Werte nicht wieder gelöscht werden können, da es zu Überlappungen in den Bit-Signaturen kommen kann. Diesen Nachteil gleichen neuere Varianten und auch der sogenannte Count-Min Sketch (Cormode/Muthukrishnan 2004) bei einem höheren Speicherbedarf wieder aus, da hier auch wieder heruntergezählt werden kann. Falsch positive Ergebnisse und ein Überschätzen der echten Anzahl sind allerdings auch bei den neueren Ansätzen möglich. Einen Vorteil haben alle gemeinsam, da sie Daten intern auf Hashwerte abbilden, ist es im Sinne des Datenschutzes nicht möglich, zu rekonstruieren, welche Daten bereits gesehen und gespeichert wurden. Nur für die Anfrage nach einem konkreten Datum kann eine passende Einschätzung zurückgegeben werden.

Zum Abschluss dieses Abschnitts sei noch der T-Digest-Algorithmus (Dunning 2021) erläutert, der dafür entwickelt wurde, Perzentile, also beispielsweise Quartile oder den Median, auf einem großen numerischen Datenstrom bestimmen zu können. Es könnte beispielsweise eine Vorgabe sein, 95 % aller Zugriffe auf eine große Webpräsenz mit mehreren Millionen Zugriffen pro Stunde mit einer Latenz von unter 100 ms abzuwickeln. Das ist bei einer großen Datenmenge eine viel komplexere Aufgabe, als es sich zunächst anhören mag, da beispielsweise der Median immer das mittlere Element in einer Datenmenge ist, was eine beständige Sortierung der Daten erfordert. Sehr große Datenmengen können aber oft nicht einmal vollständig gespeichert, geschweige denn sortiert werden, sodass uns auch der T-Digest-Algorithmus nur eine gut „skizzierte" Näherungslösung der Verteilung anbieten kann. Intern werden dazu die wichtigsten „Umrisse" der Datenverteilung abgespeichert, sodass selbst große Datenmengen mit einem recht geringen Speicherbedarf analysiert und z. B. als Histogramm abgebildet werden können.

10.8 Die wichtigsten Punkte in Kürze

- Big Data wird es, wenn die Daten aus Gründen der schieren Menge (Volume), der benötigten Verarbeitungsgeschwindigkeit (Velocity) oder ihrer Vielfalt (Variety) nicht mehr auf einem Server verarbeitet werden können.
- Big-Data-Technologien haben sich nach einem anfänglichen Hype und einem darauffolgenden Tal der Tränen zu zuverlässigen Arbeitspferden der heutigen Datenverarbeitung entwickelt.
- Big-Data-Systeme werden üblicherweise horizontal skaliert, also bei Bedarf auf weitere Server verteilt. Das erfordert eine intelligente Verteilung der Daten nach ihrem Schlüssel, um sogenannte Random Writes zu vermeiden.
- Durch eine Verteilung auf viele Maschinen können sich selbst kleine Ausfallwahrscheinlichkeiten einzelner Komponenten leicht zu einem signifikanten Risiko für das Gesamtsystem aufsummieren.
- Resilienz gegen Ausfälle einzelner Systemteile erfordert eine Replikation der Daten auf mehreren Servern sowie die Möglichkeit eines Failovers der Datenverarbeitung, um den Ausfall von Komponenten kompensieren zu können.
- Verschiedene Arten von NoSQL-Datenbanken beheben gezielt Schwächen von relationalen Datenbanken beim Speichern großer Datenmengen und skalieren dadurch meist wesentlich besser. Sie sind dafür oft nur für sehr spezielle Anwendungsfälle (wie Zeitreihen oder Graphen) optimal nutzbar oder erfordern das mehrfache Speichern der ohnehin schon extrem großen Datenmengen, um Abfragen mit maximaler Performanz durchführen zu können.

- Große Datenmengen werden üblicherweise entweder portionsweise (als Batch oder Micro-Batch) und mit entsprechenden Latenzzeiten oder als fortlaufender Datenstrom verarbeitet. Für beide Ansätze haben sich in der Open-Source-Welt verschiedene Verarbeitungs-Frameworks, wie Hadoop, Spark oder Flink, für die von verschiedenen Firmen auch kommerzieller Support angeboten wird, etabliert.
- Zum Aufbau von Big-Data-Systemen stehen verschiedene Referenz-Architekturen, wie die Lambda-, die Kappa- oder die Stream-Architektur zur Verfügung.
- Zur effizienteren Verarbeitung großer Datenmengen wurden sogenannte probabilistische Datenstrukturen (wie HyperLogLog oder Bloom-Filter) entwickelt, die auf Kosten leichter Unschärfen beispielsweise beim Zählen von Daten, eine wesentlich bessere Performanz und eine geringere Speicherauslastung bieten.

Literatur

7wData (2016): „From Farming To Big Data: The Amazing Story of John Deere", *https://7wdata.be/business-analytics/from-farming-to-big-data-the-amazing-story-of-john-deere*

Bird, Ian et al.: „Update of the Computing Models of the WLCG and the LHC Experiments", in: *Technical Report CERN-LHCC-2014-014*

Bitkom (2015): *Leitfaden: Big Data und Geschäftsmodell-Innovationen in der Praxis: 40+ Beispiele. https://www.bitkom.org/sites/default/files/file/import/151229-Big-Data-und-GM-Innovationen.pdf*, abgerufen am 25.11.2022

Bloom, Burton H. (1970): „Space/Time Trade-offs in Hash Coding with Allowable Errors", in: *Communications of the ACM* Vol. 13, S. 636 - 646

Brewer, Eric (2017): „Inside Cloud Spanner and the CAP Theorem", *https://cloud.google.com/blog/products/databases/inside-cloud-spanner-and-the-cap-theorem*, abgerufen am 25.11.2022

Brewer, Eric (2000): „Towards robust distributed systems", in: *ACM Principles of Distributed Computing* Vol. 7, S. 7 - 10

Chang, Fay et al. (2008): „Bigtable: A distributed storage system for structured data", in: *ACM Transactions on Computer Systems* Vol. 26, Iss. 4. S. 1 - 26

Cherepanova, Elizaveta et al. (2021): „The ATLAS EventIndex using the Hbase/Phoenix storage solution", in: *Distributed Computing and Grid-technologies in Science and Education*

Cormode, Graham; Muthukrishnan, Shan (2004): „An improved data stream summary: The count-min sketch and its applications", in: *Latin American Symposium on Theoretical Informatics*, Heidelberg

Datenschutz Hamburg (2021): „Informationen zum Datenleck bei Facebook", *https://datenschutz-hamburg.de/pages/fb-leak*, abgerufen am 25.11.2022

Dean, Jeffrey; Ghemawat, Sanjay (2008): „MapReduce: Simplified Data Processing on Large Clusters", in: *Communications of the ACM* Vol. 51, Iss. 1, S. 107 - 113

Domingus, Justin; Arundel, John (2019): *Cloud Native DevOps With Kubernetes: Building, Deploying, and Scaling Modern Applications in the Cloud.* Sebastopol

Dunning, Ted (2021): „The t-digest: Efficient estimates of distributions", in: *Elsevier Software Impacts* Vol. 7

Elm, Kirstin von (2017): „Bestände optimieren mit Big Data", *https://www.stores-shops.de/technology/bestaende-optimieren-mit-big-data*, abgerufen am 25.11.2022

Flajolet, Philippe et al. (2007): „HyperLogLog: the analysis of a near-optimal cardinality estimation algorithm“, in: *Analysis of Algorithms*, Juni, S. 127 – 146

Ghemawat, Sanjay; Gobioff, Howard; Leung, Shun-Tak (2003): „The Google file system“, in: *ACM Symposium on Operating Systems Principles*, S. 29 – 43

Haerder, Theo; Reuter, Andreas (1983): „Principles of transaction-oriented database recovery“, in: *ACM Computing Surveys* Vol. 15, Iss. 4, S. 287 – 317

Hamilton, James: „Hadoop Summit 2010“, *https://perspectives.mvdirona.com/2010/07/hadoop-summit-2010*, abgerufen am 25.11.2022

Hummel, Oliver (2023): „Auch mal Fünfe gerade sein lassen: Wie probabilistische Datenstrukturen daten-intensive Systeme besser skalierbar machen“, in: *Informatik Aktuell*, 2023/03

Hummel, Oliver (2022): „MapReduce und Hadoop mit Java-Code verständlich erklärt“, *https://www.youtube.com/watch?v=Us3qqdyxRgg*, abgerufen am 25.11.2022

Hummel, Oliver et al. (2018): „A Collection of Software Engineering Challenges for Big Data System Development“, in: *IEEE Euromicro Conference on Software Engineering and Advanced Applications (SEAA)*, S. 362 – 369

Jones, Nora (2018): „Testing in Production the Netflix Way“, *https://launchdarkly.com/blog/testing-in-production-the-netflix-way*, abgerufen am 25.11.2022

Kemper, Alfons; Eickler, André (2015): *Datenbanksysteme. Eine Einführung*. 10. Auflage, Berlin

Kleppmann, Martin (2017): *Designing Data-Intensive Applications*. Boston

Kreps, Jay (2014): „Questioning the Lambda Architecture“, *https://www.oreilly.com/radar/questioning-the-lambda-architecture*, abgerufen am 25.11.2022

Marr, Bernard (2015): „How Big Data Drives Success At Rolls-Royce“, *https://www.forbes.com/sites/bernardmarr/2015/06/01/how-big-data-drives-success-at-rolls-royce*, abgerufen am 25.11.2022

Marz, Nathan; Warren, James (2015): *Big Data. Principles and best practices of scalable realtime data systems*. Shelter Island

Oreščanin, Dražen; Hlupić, Tomislav (2021): „Data Lakehouse-a Novel Step in Analytics Architecture“, in: *IEEE International Convention on Information, Communication and Electronic Technology*

Reinsel, David; Gantz, John; Rydning, John (2018): „The Digitization of the World“, *https://www.seagate.com/files/www-content/our-story/trends/files/idc-seagate-dataage-whitepaper.pdf*, abgerufen am 25.11.2022

Stonebraker, Michael (2009): „The ‚No SQL‘ Discussion Has Nothing to Do With SQL“, *https://cacm.acm.org/blogs/blog-cacm/50678-the-no-sql-discussion-has-nothing-to-do-with-sql/fulltext*, abgerufen am 25.11.2022

11 Datenkompetenz: Warum es ohne Soft Skills nicht geht

Benedikt Haag und Andreas Gadatsch

Die Anforderungen an die heutige Berufswelt werden zunehmend umfangreicher und dynamischer. Neben den fachlichen Fähigkeiten rücken die berufsübergreifenden, zwischenmenschlichen Kompetenzen immer mehr in den Vordergrund. Dabei wachsen die Anforderungen an diese sogenannten Soft Skills stetig an.

In diesem Beitrag erfahren Sie:

- Was bedeutet der Begriff Soft Skill und wie unterscheidet er sich vom Hard Skill?
- In welche Kategorien lassen sich Soft Skills untergliedern und strukturieren?
- Welche Soft Skills sind im Zusammenhang mit Datenkompetenz von besonderer Bedeutung?
- Wie lassen sich Soft Skills messen?
- Wie können Soft Skills gelernt und weiterentwickelt werden?

11.1 Die Unterscheidung zwischen Soft und Hard Skill

Skills, Fähigkeiten, Kompetenzen und Qualifikationen - dies alles sind Begriffe, welche häufig zu lesen und doch in ihrer Bedeutung nicht immer eindeutig sind. Während sie in einem Zusammenhang noch synonym verwendet werden, werden sie im nächsten dafür eingesetzt, eine Unterscheidung zu verdeutlichen. Um also zu verstehen, was die Begriffe Hard Skill und Soft Skill bedeuten, kann es helfen, diese Bezeichnungen zunächst einzusortieren und voneinander abzugrenzen.

Skill: Der Begriff Skill ist ein Anglizismus, welcher mittlerweile tief im deutschen Sprachgebrauch verwurzelt ist. In der Regel wird der Begriff mit Fähigkeit, Können, Geschick oder auch Sach-, Fachkenntnis und Erfahrenheit übersetzt. Als Oberbegriff kann er dabei sowohl für die Begriffe Fähigkeit als auch Kompetenz stehen.

Fähigkeit: Eine Fähigkeit ist eine geistige oder praktische Anlage, die dazu befähigt, eine bestimmte Tätigkeit auszuüben. Es handelt sich dabei häufig um erlernte Fertigkeiten, die in Form von Fachwissen und Fachkenntnissen zum Vorschein kommen. Im Englischen wird hierfür in der Regel der Begriff Hard Skill verwendet, welcher auch im Deutschen Anwendung findet.

Kompetenz: Eine Kompetenz stellt in der Regel eine Persönlichkeitseigenschaft dar, welche unabhängig von fachlichen Fähigkeiten ist. Im Zusammenspiel mit den fachlichen und berufsbezogenen Fähigkeiten ermöglicht sie wirksames Handeln. Aus dem Englischen wurde hierfür der Begriff Soft Skill übernommen. Dieser stellt das Gegenstück zu den bereits erwähnten Hard Skills dar. Man unterscheidet bei Soft Skills meistens zwischen methodischen, sozialen und persönlichen (oder personalen) Kompetenzen.

Qualifikation: Der Begriff Qualifikation beschreibt die Eignung einer Person für eine bestimmte Tätigkeit. Erfüllt also eine Person die Anforderungen an eine Stellenausschreibung hinsichtlich der Fähigkeiten/Hard Skills und Kompetenzen/Soft Skills, dann ist sie für diese Stelle qualifiziert. Die Qualifikation setzt sich demnach aus der Kombination von Soft Skills und Hard Skills zusammen.

Bei den Begriffen Fähigkeit und Kompetenz gibt es einen Überschneidungsbereich. Dies ist daher abzuleiten, dass auch Soft Skills erlernt und gezielt eingesetzt werden können. Sie weisen also Eigenschaften von Hard Skills auf. Es ist daher nicht verwunderlich, dass im Alltag die Begriffe Fähigkeit und Kompetenz teilweise synonym verwendet werden. In der praktischen Anwendung ist es somit wichtig, darauf zu achten, wie die Begriffe im jeweiligen Kontext eingesetzt werden. Wenn beispielsweise in einer Stellenausschreibung eine Unterscheidung zwischen fachlichen und sozialen Fähigkeiten gemacht wird, so können diese Begriffe entsprechend für Hard und Soft Skills stehen.

Als Arbeitgeber ist es notwendig, die Unterscheidung der Begriffe zu verstehen, da man nur so gezielt nach spezifischen Anforderungen suchen und diese darüber hinaus entsprechend kommunizieren kann. Aus der Perspektive des Bewerbers kann dieses Wissen ebenfalls hilfreich sein. Ein Verständnis dafür kann helfen, die Anforderungen zu verstehen und die eigene Qualifikation besser zu beurteilen.

11.2 Soft-Skill-Kategorien

Die Anforderungen an die Akteure der heutigen Arbeitswelt werden zunehmend größer. Neben den fachlichen Fähigkeiten rücken zunehmend transversale - also fachübergreifende - Kompetenzen in den Fokus. Nur noch selten kommt es vor, dass in Stellenanzeigen lediglich nach berufsbezogenen Fähigkeiten gesucht wird. In der Regel werden darüber hinaus soziale und kommunikative Kompetenzen als Anforderungen für die Stellenbesetzung genannt. Doch während es bei Hard Skills leichtfällt, einzuschätzen, inwieweit man eine Anforderung erfüllt, gestaltet sich dies bei Soft Skills wesentlich schwieriger. Zudem ist oft unklar, welche Arten transversaler Kompetenzen es überhaupt gibt.

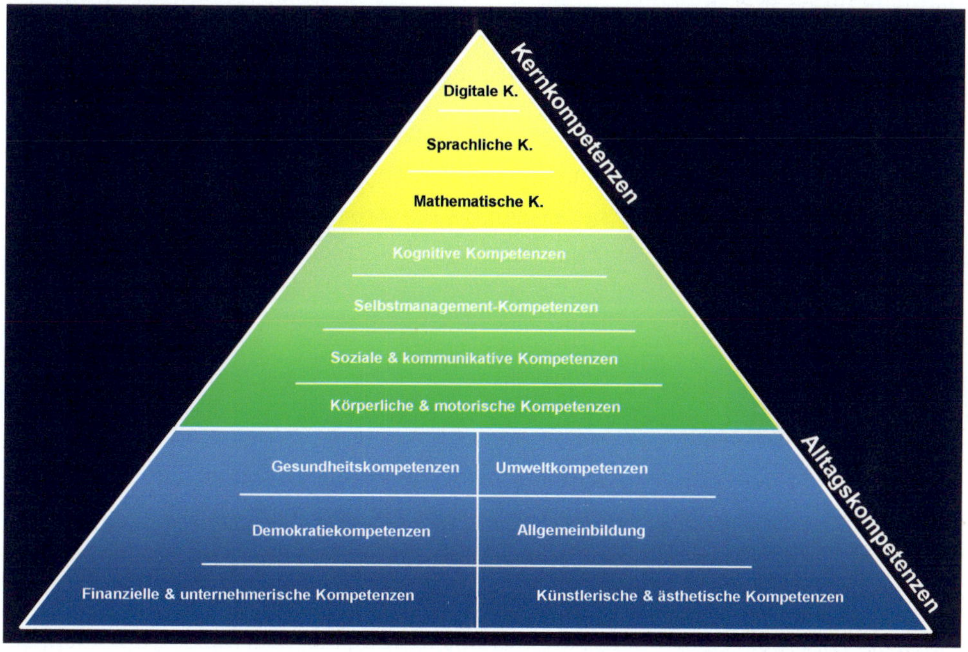

Bild 11.1 Soft-Skill-Kategorien nach ESCO (in Anlehnung an Noack et al. 2022)

Um diesem Problem entgegenzuwirken und den Arbeitgebern sowie -nehmern eine bessere Kommunikation über Fähigkeiten, Kompetenzen, Qualifikationen und Berufe zu schaffen, wurde von der Europäischen Union die Plattform ESCO entwickelt. ESCO steht für European Skills, Competences and Occupations.

Bild 11.1 zeigt die verschiedenen Kategorien und Ausprägungen der transversalen Skills, wie sie von der ESCO beschrieben wurden. Zu erkennen ist, dass man sechs verschiedene Kompetenzkategorien unterscheidet: Kernkompetenzen, kognitive

Kompetenzen, Selbstmanagementkompetenzen, soziale und kommunikative Kompetenzen, körperliche und motorische Kompetenzen sowie Alltagskompetenzen. Die sechs Kategorien lassen sich in 24 Cluster unterteilen. Die unterschiedlichen Cluster setzen sich wiederum aus insgesamt 95 Kompetenzen zusammen. Diese umfangreiche Klassifikation von Soft Skills ermöglicht es, ein klares Verständnis über die Zusammensetzung einzelner Kompetenzen zu erhalten.

Um ein besseres Verständnis für die verschiedenen Kategorien zu entwickeln, werden diese im Folgenden genauer erläutert.

Kernkompetenzen

Die Kernkompetenzen bilden die Basis, um mit anderen Menschen zu interagieren sowie sich zu bilden und weiterzuentwickeln. Zu ihnen zählen Sprachkenntnisse, mathematische und digitale Grundkompetenzen. Die Sprachkenntnisse umfassen die Kommunikation durch Lesen, Schreiben, Sprechen und Hören in einer Mutter- oder Fremdsprache. Mittels mathematischer Kompetenzen sollen die grundlegenden Anforderungen des Lernens und Arbeitens erfüllt werden. Hierfür bedarf es eines Verständnisses für Zahlen, Muster und Formen sowie für die mathematische Sprache, für Symbole und Logik. Als dritte Kernkompetenz wird die digitale Grundkompetenz aufgeführt. Sie beschreibt die Arbeit mit digitalen Geräten und Anwendungen. Im Rahmen derer sollen Menschen in der Lage sein, einfache digitale Aufgaben, wie die Informationssuche im Internet, das Bedienen einer Hardware oder das Anwenden von Standardmaßnahmen zum Schutze personenbezogener Daten und der Privatsphäre durchzuführen.

Kognitive Kompetenzen

Die kognitiven Kompetenzen umfassen die geistigen Vorgänge des Sammelns, Konzeptualisierens, Analysierens, Synthetisierens und/oder Bewertens von Informationen. Sie sollen dazu befähigen, Informationen zu verarbeiten, zu planen und zu organisieren, Probleme zu lösen sowie innovativ zu handeln. Die Informationsverarbeitung beinhaltet dabei das Auswerten, Eingeben, Aufzeichnen, Transkribieren und Aktualisieren von Daten in manuellen oder digitalen Informationssystemen. Die Planung und Organisation umfasst das Erreichen von Zielen unter Einhaltung von Zeit- und Budgetvorgaben durch Anleiten von Tätigkeiten, Zeitmanagement sowie Koordinierung von Gruppen oder Einzelpersonen. Das Lösen von Problemen beinhaltet die Entwicklung und die Umsetzung von Lösungen für praktische Probleme, welche bei der Ausführung von Arbeiten auftreten. Kreativität und Innovationsfähigkeit soll dazu befähigen, neue Ideen zu entwickeln oder durch die Kombination bestehender Ideen neue Lösungen zu schaffen.

Selbstmanagementkompetenzen

Die Kompetenzen des Selbstmanagements beschreiben das Verstehen und Kontrollieren eigener Grenzen. Diese Selbsterkenntnis kann zur Bewältigung verschiedener Tätigkeiten eingesetzt werden. Durch effizientes Arbeiten werden eine proaktive Herangehensweise, Resilienz und Lernbereitschaft ermöglicht. Das effiziente Arbeiten umfasst die Minimierung des Arbeits-, Zeit- und Kostenaufwands bei der eigenständigen Erreichung von Zielen. Eine proaktive Herangehensweise ist die Befähigung, Chancen und Probleme frühzeitig zu erkennen und diese durch vorausschauendes Handeln zu nutzen oder zu beseitigen. Resilienz meint die Kompetenz, Herausforderungen und schwierige Umstände zu bewältigen und Auswege aus diesen zu finden. Lernbereitschaft ist die positive Einstellung gegenüber neuen, unbekannten Herausforderungen sowie die Anwendung von Maßnahmen, um aus Schwierigkeiten zu lernen.

Soziale und kommunikative Kompetenzen

Die sozialen und kommunikativen Kompetenzen umfassen Elemente, die eine positive und produktive Zusammenarbeit mit anderen Menschen realisieren. Ermöglicht wird dies durch Kommunikationsfähigkeit, Unterstützung anderer, Zusammenarbeit in Teams und Netzwerken, Führungskompetenzen sowie ein werteorientiertes Handeln. Die Kommunikationsfähigkeit beinhaltet das Artikulieren und Austauschen von Informationen, Ideen oder Gedanken sowie die Kompetenz, Diskussionen zu führen, um Meinungsverschiedenheiten zu beseitigen. Das Cluster „Unterstützung anderer“ bezieht sich auf die Anleitung und Unterstützung von Personen mit weniger Erfahrung oder geringerem Wissensstand sowie die Unterstützung von Menschen in Not. Die Teamfähigkeit umfasst die erfolgreiche Integration in eine Gruppe sowie die produktive Unterstützung derselben. Die Führungskompetenz beinhaltet das Können, andere anzuleiten, zu führen und zu motivieren. Die Durchführung von Arbeiten unter Berücksichtigung anerkannter Verhaltensgrundsätze wie Recht/Unrecht, Fairness, Transparenz, Unparteilichkeit sowie Verhalten gegenüber anderen beschreibt das werteorientierte Handeln.

Körperliche und motorische Kompetenzen

Körperliche und motorische Kompetenzen bestehen aus der Ausübung von Tätigkeiten, welche manuelle Geschicklichkeit, Beweglichkeit und/oder Körperkraft erfordern. Besonders in anspruchsvollen und gefährlichen Umgebungen bedarf es Ausdauer und Durchhaltevermögen. Dazu gehören grob- und feinmotorische Kompetenzen sowie aktive und passive Widerstandskraft. Ersteres bezieht sich im engeren Sinne sowohl auf das Bewegen oder Tragen von Gegenständen als auch die fachgerechte Nutzung von Geräten, Werkzeugen und Technologien. Letzteres beschreibt die Reaktions- und Anpassungsfähigkeit an veränderte oder gefährliche physische Bedingungen.

Alltagskompetenzen

Unter dem Begriff der Alltagskompetenzen sammeln sich verschiedene Fähigkeiten, welche durch Verarbeitung und Nutzung von Wissen und Informationen eine aktive Bürgerschaft und Teilnahme an der Gesellschaft ermöglichen. Sie umfassen die Cluster Gesundheit, Umwelt, Demokratie, Kultur, Finanzen sowie den Gebrauch von Allgemeinwissen.

11.3 Die Bedeutung von Soft Skills in der Arbeitswelt

In diesem Abschnitt wird auf die Bedeutung von Soft Skills für die Arbeitswelt eingegangen. Es soll verdeutlicht werden, wie stark sich die Nachfrage nach Soft Skills verändert hat und welche Soft Skills am bedeutendsten sind.

Das World Economic Forum (WEF) veröffentlicht in regelmäßigen Abständen einen Bericht unter dem Titel *The Future of Jobs Report*. Hier werden von Experten aktuelle Trends und Themen in der Arbeitswelt analysiert und ausgewertet. Auf dieser Basis werden anschließend Prognosen zur zukünftigen Entwicklung der Arbeitswelt erstellt. Unter Einfluss des umfangreichen Wandels im Zuge der Corona-Pandemie wurde im Jahr 2020 der letzte Report verfasst. Dieser zeigt, dass sowohl der Bedarf als auch die Nachfrage nach Soft Skills zunehmend steigen. In Bild 11.2 ist zu erkennen, dass für zahlreiche Soft Skills ein starkes Wachstum in den kommenden Jahren erwartet wird. Allen voran der Soft Skill des kritischen Denkens und der Analyse. Diesem folgend die Problemlösung, das Selbstmanagement sowie die Arbeit mit Menschen und die Kommunikationsfähigkeit. Hieraus lässt sich eindeutig ein Trend ableiten.

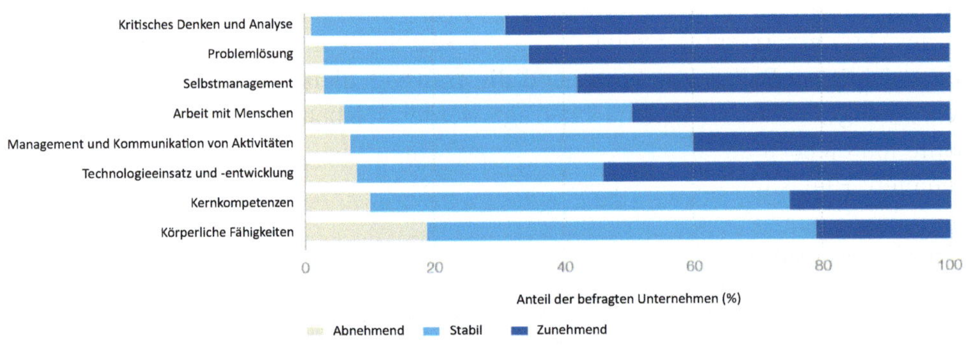

Bild 11.2 Kompetenzgruppen mit wachsender Bedeutung bis 2025 (World Economic Forum 2020)

Dieser spiegelt sich ebenfalls in den Top 15 Skills bis 2025 wider. Hier führt das WEF analytisches Denken und Innovation als den bedeutendsten Skill auf. Diesem schließen sich die Lernfähigkeit, Problemlösung, kritisches Denken sowie Kreativität an. Neu hinzugekommen sind Kompetenzen des Selbstmanagements wie aktives Lernen, Belastbarkeit, Stresstoleranz und Flexibilität (Bild 11.3).

1	Analytisches Denken und Innovation
2	Aktives Lernen und Lernstrategien
3	Komplexe Problemlösung
4	Kritisches Denken und Analysieren
5	Kreativität, Originalität und Initiative
6	Führung und sozialer Einfluss
7	Technologieeinsatz, Überwachung und Steuerung
8	Technologiedesign und -programmierung

9	Belastbarkeit, Stresstoleranz, Flexibilität
10	Argumentation, Problemlösung und Ideenfindung
11	Emotionale Intelligenz
12	Fehlerbehebung und Benutzererfahrung
13	Serviceorientierung
14	Systemanalyse und -bewertung
15	Überzeugung und Verhandlung

Bild 11.3 Die Top 15 Skills bis 2025 (vgl. World Economic Forum 2020)

Die ansteigende Bedeutung von Soft Skills für den deutschen Arbeitsmarkt bestätigt zudem eine Studie der Bertelsmann Stiftung aus dem Jahr 2022. Um fundierte Aussagen bezüglich der Relevanz transversaler Kompetenzen zu tätigen, wurden mehr als 48 Millionen Online-Jobanzeigen analysiert und ausgewertet. So konnte herausgefunden werden, dass die durchschnittliche Anzahl geforderter Soft Skills ca. sechs beträgt.

Die fünf am häufigsten nachgefragten Kompetenzen sind

- Einsatzbereitschaft (50 %),
- Teamfähigkeit (36 %),
- Selbständigkeit (27 %),
- Deutschkenntnisse (23 %),
- Verlässlichkeit (22 %).

In der Gesamtbetrachtung zeigt sich, dass Soft Skills in der Arbeitswelt eine immer wichtigere Rolle einnehmen und die transversalen Kompetenzen in Jobausschreibungen immer mehr nachgefragt werden. Neben der Gesamtbetrachtung sollte man jedoch auch immer einen spezifischen Blick auf die jeweiligen Stellen behalten. Hier kann die Nachfrage nach Soft Skills von der Allgemeinheit abweichen. Im Folgenden sollen die relevantesten Soft Skills für den Bereich Datenkompetenz vorgestellt werden.

11.4 Soft Skills für Datenkompetenz

In diesem Kapitel werden die spezifischen Soft Skills, die für die übergeordnete Kompetenz „Datenkompetenz" notwendig sind, dargestellt. Nachdem bereits in Abschnitt 11.3 eine umfassende Gesamtbetrachtung vorgenommen wurde, soll diese nun auf den Bereich Datenkompetenz übertragen werden. Dabei werden konkrete Soft Skills ermittelt und im Detail betrachtet.

„Daten sind das neue Öl." Dieses Zitat ist häufig eines der ersten, welches man im Zusammenhang mit der Bedeutung von Daten hört. Das maschinelle Sammeln, Auswerten und Nutzen von Daten hat das Leben auf der Erde bereits bedeutend beeinflusst und verändert. Zu den wertvollsten Unternehmen gehören immer mehr Datenfirmen, wie Meta, Alphabet oder Amazon. In diesem Zusammenhang stellt Datenkompetenz einer der wichtigsten Schlüsselkompetenzen der nächsten Jahre dar. Dies lässt sich daran erkennen, dass Berufsfelder wie KI-Spezialist, Data Scientist oder Data Engineer zunehmend an Bedeutung gewinnen (World Economic Forum 2020). In erster Linie benötigt die Datenkompetenz einige Fachkompetenzen. Dazu zählen Kenntnisse der Mathematik, der Statistik sowie der Programmierung. Mit ihnen soll eine Person dazu befähigt sein, Daten

- zu erfassen,
- zu erkunden,
- zu managen,
- zu kuratieren,
- zu analysieren,
- zu visualisieren.

Doch die rein fachliche Betrachtung ist oft nicht genug. Ein Data Scientist hat darüber hinaus die Aufgabe, neue Use Cases zu identifizieren, Daten zu interpretieren und zu kommunizieren. Diese Soft Skills bilden den Rahmen, um mit den Daten richtig zu arbeiten. Miloradov, Rakic und Marjanovic (2022) analysierten die wichtigsten Soft Skills für Datenkompetenz. Hierfür wurden Umfragedaten aus insgesamt 20 europäischen und nordafrikanischen Ländern ausgewertet. Die Autoren fassten die fünf wichtigsten Soft Skills in einer Rangfolge der Wichtigkeit nach zusammen:

1. Datenevaluation,
2. kritisches Denken,
3. Problemlösung,
4. Kommunikation,
5. lernen, zu lernen.

Wie zu erkennen ist, bestätigt dies die Prognosen des WEF-Reports aus dem Jahr 2020 aus Abschnitt 11.3. Um zu verstehen, was diese Soft Skills speziell umfassen, werden sie im Folgenden erläutert.

Datenevaluation

Die Datenevaluation gehört zu den wichtigsten Fähigkeiten eines Data Scientist. Hiermit ist nicht die technische Umsetzungsfähigkeit gemeint, sondern die Kompetenz, Daten zu verstehen und mit ihnen zu arbeiten. Die Auswertung und Bewertung von Daten stellt im Bereich Data Science eine der zentralen Tätigkeiten dar. Daher ist es nicht verwunderlich, dass die Arbeit mit Daten ein essenzieller Bestandteil der Soft Skills für Datenkompetenz ist. Eine Person mit Datenkompetenz kann beispielsweise Daten den spezifischen Zielen und Anforderungen des Managements entsprechend auswerten und nutzen (Miloradov/Rakic/Marjanovic 2022).

Kritisches Denken

Kritisches Denken zählt zu den wichtigsten Skills einer datenkompetenten Person. Im Rahmen von Datenkompetenz geht es nicht nur darum, Daten zu erkunden und zu verstehen, sondern ebenso, zu wissen, welche Fragen gestellt werden müssen, um zu einem bestimmten Ergebnis zu gelangen. Zudem muss die Person in der Lage sein, die vorliegenden Daten sowie die daraus gewonnenen Erkenntnisse kritisch zu prüfen, um ihre Richtigkeit sicherzustellen. Der Soft Skill aktiviert das analytische Denken, die Muster- sowie die Fehlererkennung.

Problemlösung

Die Problemlösung bzw. das lösungsorientierte Arbeiten ist ein zentraler Soft Skill innerhalb der Datenkompetenz. Das elementare Konzept der Data Science besteht darin, Wissen aus Daten zu schöpfen, um Geschäftsprobleme zu lösen. Aus dieser Tatsache leitet sich zwangsläufig der Bedarf nach lösungsorientiertem Arbeiten ab. Der Data Scientist muss in der Lage sein, praktische Lösungen unter Verwendung verschiedener Techniken und Herangehensweisen zu entwickeln (Ismail/Abidin 2016). Der bereits erwähnte Soft Skill des kritischen Denkens hängt eng mit dem lösungsorientierten Arbeiten zusammen.

Kommunikation

Ein oftmals unterschätzter Soft Skill ist die Kommunikation. Dennoch zeigt sich immer wieder, dass besonders diese Kompetenz von größerer Bedeutung ist. Im Rahmen einer systematischen Literaturanalyse bezüglich der am häufigsten genannten Skills eines Data Scientist belegte die Kommunikation den dritten Platz. Daraus lässt sich ableiten, dass ein Data Scientist das Bindeglied zwischen dem Business und der IT darstellt. In dieser Funktion modelliert er Daten, entwickelt sinnvolle Maßnahmen und visualisiert Ergebnisse. Dies alles muss ein Data Scientist so entwerfen und kommunizieren können, dass es auch Nicht-Data-Scientists, wie beispielsweise Personen aus dem Topmanagement, verstehen und nachvollziehen. Mithilfe einer ausgeprägten Kommunikationsfähigkeit können komplizierte Sachverhalte in einfacher und verständlicher Art vermittelt werden (Ismail/Abidin 2016).

Lernen, zu lernen

Ein ebenfalls wichtiger Soft Skill im Bereich Datenkompetenz ist die Lernfähigkeit. Aufgrund der Schnelllebigkeit der heutigen Zeit entstehen immer wieder neue Trends, Tools oder Techniken. Bereits nach wenigen Jahren kann gelerntes Wissen überholt sein. Es ist daher notwendig, diesem Wandel zu folgen, um jederzeit auf dem aktuellsten Wissensstand zu sein. In einer aus dem Jahr 2019 stammenden Studie von Kaggle gaben lediglich 2 % der befragten Data Scientists an, keine Medien zur Weiterbildung zu nutzen. Dies unterstreicht den hohen Bedarf an Lernfähigkeit im Bereich Datenkompetenz (Kaggle 2019).

■ 11.5 Messung von Soft Skills

In den vergangenen Abschnitten wurde dargelegt, welche Arten von Soft Skills es gibt und welche im Bereich Datenkompetenz von besonderer Bedeutung sind. Dieser Abschnitt soll sich nun der Frage widmen, wie Soft Skills gemessen werden können.

Zu Beginn ist es jedoch sinnvoll, zu verdeutlichen, wer ein Interesse daran hat, Soft Skills zu messen. In der Regel sind dies sowohl Arbeitgeber als auch Arbeitnehmer. Dabei betrachten beide Parteien die Thematik aus unterschiedlichen Perspektiven. Das Interesse des Arbeitgebers entsteht durch das Auftreten eines Bedarfs an Soft Skills bei den Mitarbeitenden. Zeigt sich beispielsweise, dass das Vorhandensein des Soft Skills „kritisches Denken" die Erfüllung einer Tätigkeit durch einen Mitarbeitenden fördert, so hat der Arbeitgeber ein erhöhtes Interesse daran, diesen Bedarf zu decken. Zum einen kann der Arbeitgeber nun bereits vorhandene Mitarbeitende weiterbilden, um die geforderten Soft Skills zu entwickeln. Zum anderen kann durch eine Stellenausschreibung gezielt nach Personen gesucht werden, welche den entsprechenden Soft Skill besitzen. Um herauszufinden, ob eine Person bereits einen Skill besitzt oder diesen erlernen kann, muss er zunächst gemessen werden. Dies liegt in dem Fall also im Interesse eines Arbeitgebers. Demgegenüber steht der Arbeitnehmer. Dieser versucht die Anforderungen des Arbeitgebers zu erfüllen, um beispielsweise im Rahmen einer Bewerbung erfolgreich zu sein. Hierfür muss der Arbeitnehmer zunächst wissen, welche Soft Skills er besitzt. Darüber hinaus ist die Kenntnis der eigenen Stärken und Schwächen eine gute Basis, um die Stärken bewusst einzusetzen und an den eigenen Schwächen zu arbeiten. Hieraus entsteht die Motivation des Arbeitnehmers, Soft Skills zu messen.

Allerdings gestaltet sich die Messung von Soft Skills wesentlich schwieriger als beispielsweise die eines Hard Skills. Trotz einer anwachsenden Bedeutung von Soft Skills lassen sich nur eine überschaubare Anzahl von Methoden identifizieren. Emeritus, eine Online-Bildungsplattform, welche hochwertige Online-Kurse von renommierten Universitäten anbietet, nennt in diesem Zusammenhang vier Methoden: Selbsteinschätzungs-Tools, 360-Grad-Feedback, Mitarbeiterengagement-Umfrage und die Entwicklung definierter Rubriken (Chatterjee 2022). Diese werden im Folgenden kurz erläutert:

- **Selbsteinschätzungs-Tools:** Selbsteinschätzungsinstrumente sind ein schnelles und beliebtes Mittel zur Messung von Soft Skills wie Empathie, Teamfähigkeit, Kommunikation und Problemlösung. In der Regel wird diese Methodik in Form von Umfragen und Fragebögen umgesetzt.
- **360-Grad-Feedback:** Feedback-Instrumente sind eine beliebte Methode, um Beiträge von den Personen zu sammeln, welche sich häufig mit der zugrunde liegenden Thematik auseinandersetzen. Sie bieten einen umfangreichen Einblick und können bei der Messung von Soft Skills effektiv eingesetzt werden.
- **Mitarbeiterengagement-Umfrage:** Eine Möglichkeit, um die Soft Skills einer Führungskraft zu messen, ist der Einsatz einer Mitarbeiterengagement-Umfrage. Im Rahmen derer wird eine Umfrage unter den Mitarbeitenden bezüglich ihres Engagements für die jeweilige Führungskraft durchgeführt. Sie kann Aufschluss über die Kompetenzen der Führungskraft geben, eine gesunde Arbeitsdynamik am Arbeitsplatz zu schaffen.
- **Entwicklung definierter Rubriken:** Die Entwicklung umfassender Rubriken, in welchen außergewöhnliche, akzeptable sowie inakzeptable Soft Skills definiert werden, kann bei der Bewertung von Antworten eines Bewerbers im Rahmen eines Bewerbungsgespräches unterstützen.

11.6 Ansätze zur Entwicklung von Soft Skills

Die Messung der Soft Skills offenbart Stärken und Schwächen verschiedener Kompetenzen einer Person. Im Rahmen einer strukturellen Erhebung innerhalb eines Unternehmens können hierdurch sogenannte Kompetenzlücken aufgedeckt werden. Diese gilt es für das Unternehmen durch Weiterentwicklung des Personals oder durch Neueinstellungen zu beseitigen. Die Methoden zur Weiterentwicklung von Soft Skills sind dabei vielfältig. Diese können sein:

- interne und externe Seminare,
- Inter- und Supervision,

- Erfahrungsaustausch- und Lerngruppen,
- Team- und Einzelcoachings,
- Lernpartnerschaften,
- Mentoring,
- Impuls-Referate (Moser 2018).

Für eine Weiterentwicklung auf privater Ebene, um sich beispielsweise für einen spezifischen Job zu qualifizieren, kann der folgende Leitfaden der Post University (2021) unterstützen:

1. **Festlegung des zu entwickelnden Soft Skills**

   Zu Beginn ist es sinnvoll, sich die eigenen Stärken bewusst zu machen sowie herauszufinden, welches Ziel verfolgt wird. Möchte man sich beispielsweise auf einen bestimmten Job vorbereiten, so kann schon im Vorfeld herausgefunden werden, welche Soft Skills bereits vorhanden sind und welche noch entwickelt werden müssen.

2. **Nutzung von Feedback**

   Da eine Selbsteinschätzung immer ein einseitiges Bild darstellt, empfiehlt es sich, Feedback einzuholen. Das Feedback kann dabei von engen Freunden oder Mentoren eingeholt werden. Diese neue Außenperspektive kann helfen, blinde Flecken in der Selbstwahrnehmung aufzudecken.

3. **Verlassen der Komfortzone**

   Stellt ein bestimmter Soft Skill eine Schwäche dar, so ist für die Weiterentwicklung oftmals auch das Verlassen der Komfortzone eine Voraussetzung. Eine introvertierte Person kann sich beispielsweise durch die Teilnahme an Gruppenaktivitäten in Situationen bringen, die sie normalerweise meidet. Da das Verlassen der Komfortzone häufig eine Herausforderung darstellt, empfiehlt es sich, kleinschrittig vorzugehen.

4. **Selbstreflexion**

   Eine aktive und regelmäßige Selbstreflexion ist ein gutes Mittel, um die Weiterentwicklung zu verfolgen. In der heutigen schnelllebigen Zeit wird die Selbstreflexion immer häufiger vernachlässigt, dabei kann die Retroperspektive zu neuen Erkenntnissen über die Veränderung des eigenen Verhaltens und die Wirkung auf andere führen.

5. **Nutzung von Online-Kursen**

   Die Nutzung von Online-Kursen, um der Entwicklung von Soft Skills einen Lernpfad zu geben, ist eine bewährte Methodik. Im Internet finden sich bereits zahlreiche kostenlose wie auch kostenpflichtige Kurse. Häufig werden Online-Kurse auch im Rahmen der Weiterbildung in Unternehmen eingesetzt.

11.7 Die wichtigsten Punkte in Kürze

- Als Hard Skills bezeichnet man erlernte Fähigkeiten, welche ermöglichen, eine spezifische Aufgabe zu erledigen. Sie können leicht nachgewiesen und gemessen werden.
- Soft Skills sind Persönlichkeitseigenschaften, welche unabhängig von fachlichen Fähigkeiten sind. Zusammen mit den Hard Skills ermöglichen sie wirksames Handeln.
- Soft Skills lassen sich in sechs Kategorien mit insgesamt 24 Clustern unterteilen. Die Kategorien helfen dabei, ein gemeinsames Verständnis für die einzelnen Kompetenzen zu erhalten.
- Der Bedarf an Soft Skills erlebt ein starkes Wachstum. Zu den wichtigsten transversalen Kompetenzen der nahen Zukunft zählen analytisches Denken und Innovation, Lernfähigkeit, Problemlösung, kritisches Denken sowie Kreativität.
- Die fünf relevantesten Soft Skills für den Bereich Datenkompetenz sind Datenevaluation, kritisches Denken, Problemlösung, Kommunikation sowie lernen, zu lernen. Besonders die Kommunikationsfähigkeit wird häufig in diesem Zusammenhang erwähnt.
- Die Messung von Soft Skills bildet die Grundlage, um neue Soft Skills zu entwickeln oder bereits vorhandene zu verbessern. Innerhalb eines Unternehmens gibt es verschiedene Möglichkeiten, die Messung umzusetzen. Dazu zählen Selbsteinschätzungs-Tools, 360-Grad-Feedback, Mitarbeiterengagement-Umfragen sowie die Entwicklung definierter Rubriken.
- Für die Entwicklung von Soft Skills innerhalb eines Unternehmens kann auf verschiedene Methoden zurückgegriffen werden. Hierzu zählen Seminare, Coachings, Mentoring oder Lernpartnerschaften. Im privaten Umfeld empfiehlt es sich, die Soft Skills mithilfe von Online-Kursen zu entwickeln. Darüber hinaus können Selbstreflexion und Feedback den Prozess unterstützen.

11.8 Literatur

Chatterjee, Deyasini (2022): „Wondering How to Effectively Measure Soft Skills? This Guide Can Help!“, *https://emeritus.org/blog/measure-soft-skills-effectively/*, abgerufen am 28. 11. 2022

Europäische Kommission (Hrsg.): ESCO-Webseite, *https://esco.ec.europa.eu/de*, abgerufen am 28.11.2022

Ismail, Nur Amie; Abidin, Wardah Zainal (2016): „Data Scientist Skills“, in: *IOSR Journal of Mobile Computing & Application* Vol. 3 (4), S. 52 - 61

Kaggle (Hrsg.) (2019): „Kaggle's State of Data Science and Machine Learning 2019“, San Francisco

Miloradov, Maja; Rakic, Slavko; Marjanovic, Ugljesa (2022): „Towards digital economy through data literate workforce“, in: *WWW '22: Companion Proceedings of the Web Conference 2022*, S. 417 - 422

Moser, Michaela (2018): *Bedeutung von Soft Skills in einer sich wandelnden Unternehmenswelt. Eine Studie zu dem besonderen Stellenwert von Kompetenzen im Personalmanagement*. Köln

Noack, Martin; Ziegler, Matthias; Müller, Johannes (2022): *Kompetenzwandel in Krisenzeiten. Welche Soft Skills jetzt zählen*. Gütersloh

Post University (Hrsg.) (2021): „Soft Skills need sharpening? 10 Ways to improve Soft Skills“, *https://post.edu/blog/7-ways-to-sharpen-your-soft-skills/*, abgerufen am 28. 11. 2022

World Economic Forum (Hrsg.) (2020): *The Future of Jobs Report 2020*. Genf

Der Herausgeber

Prof. Dr. **Michael Lang** ist Professor für Wirtschaftsinformatik an der Technischen Hochschule Nürnberg. Seine Forschungs- und Lehrschwerpunkte liegen in den Bereichen Digitale Transformation, Business Analytics und IT-Management. Zu diesen Themen hat er zudem 25 Fachbücher veröffentlicht. Vor seiner aktuellen Tätigkeit war Herr Prof. Dr. Lang in diversen Fach- und Führungspositionen beschäftigt und zugleich Lehrbeauftragter für Projekt- und IT-Management an verschiedenen Hochschulen. Zuletzt war er als Führungskraft bei einem der größten IT-Dienstleistungsunternehmen Europas tätig.

Die Autor:innen

Prof. Dr. **Robert Butscher** ist seit 2022 Professor für Wirtschaftsinformatik, insbesondere Business Intelligence und Data Analytics, an der Technischen Hochschule Würzburg-Schweinfurt (THWS). Davor war er viele Jahre im Entwicklungs- und Vorstandsbereich der IT-Genossenschaft DATEV eG für Analytics-Produkte und für den Aufbau datengetriebener Geschäftsmodelle verantwortlich.

Prof. Dr. **Andreas Gadatsch** ist Inhaber der Professur für BWL, insb. Wirtschaftsinformatik, Direktor im Institut für Management (IFM), Leiter des Data Innovation Labs sowie des Masterstudiengangs Innovations- und Informationsmanagement der Hochschule Bonn-Rhein-Sieg. Die Hauptarbeitsgebiete in Forschung, Lehre und Beratung sind IT-Management, IT-Controlling und Geschäftsprozessmanagement. Die aktuellen Projekte beschäftigen sich aus verschiedenen Perspektiven mit Aspekten der Digitalisierung. Er ist Autor von über 350 Publikationen zur Wirtschaftsinformatik, davon 29 Bücher, z. T. in mehreren Auflagen.

Benedikt Haag ist wissenschaftlicher Mitarbeiter und Mitglied des Data Innovation Labs der Hochschule Bonn-Rhein-Sieg. Sein Forschungsschwerpunkt liegt im Bereich Data Literacy und Future Skills. In diesem Zusammenhang wirkte er auch bei der Entwicklung eines Data Literacy Curriculums mit. Außerdem absolviert er den Masterstudiengang „Innovations- und Informationsmanagement". In einem aktuellen Forschungsprojekt beschäftigt er sich insbesondere mit der automatisierten Lernpfadgenerierung mittels ML-Algorithmen.

Prof. Dr. **Oliver Hummel** ist seit 2017 Professor für Big Data an der Hochschule Mannheim und leitet aktuell auch das Gründungszentrum ebendort. Er beschäftigt sich schon seit seiner Diplomarbeit am Deutschen Forschungszentrum für Künstliche Intelligenz (DFKI) mit der Entwicklung von Systemen zum Speichern, Auffinden und Analysieren großer Datenmengen. Vor seinem Ruf an die Hochschule leitete er u.a. die Entwicklung einer skalierbaren semantischen Middleware in einem gewachsenen Start-up und war Vertretungsprofessor für Softwaretechnik am Karlsruher Institut für Technologie (KIT).

Stefan Karg studierte Elektro- und Informationstechnik an der TU München. Nach einer Karriere im Telekommunikationsbereich ist er seit 2008 als Sachverständiger, Auditor und Berater mit den Schwerpunkten technischer Datenschutz und Informationssicherheit tätig. Aus dem Einsatz an der Schnittstelle zwischen Technik und Recht ist er mit Theorie und Praxis von Datenschutz und Datensicherheit in mittleren und großen Unternehmen bestens vertraut. E-Mail: *infosec@itk-experts.de*

Dr. **Christiana Klingenberg** ist Expertin für Datenmanagement, Datenqualität und Data Governance. Seit vielen Jahren unterstützt sie Unternehmen unterschiedlicher Branchen bei Datenmanagement-Projekten. Dabei erarbeitet sie mit den Unternehmen passende Maßnahmen für ein nachhaltiges Datenqualitätsmanagement sowie Data Governance und setzt diese unter Berücksichtigung technischer und organisatorischer Aspekte um. E-Mail: *christianaklingenberg@gmail.com*

Prof. Dr. **Beate Navarro Bullock** ist Professorin für Data Science und Datenbanksysteme an der Technischen Hochschule Ingolstadt. Sie studierte Wirtschaftsinformatik an der Berufsakademie Stuttgart, bei der IBM Deutschland und im Master an der Humboldt-Universität zu Berlin. Nach ihrer Promotion in Informatik an der Universität Würzburg verbrachte sie mehrere Jahre als Beraterin und Entwicklerin in den Bereichen Data Warehouse und Datenanalyse in der Wirtschaft, bevor sie an die Hochschule wechselte.

Prof. Dr. **Oliver Schwarz** leitet den Studiengang Business Analytics, Controlling & Consulting (M. Sc.) an der Hochschule Heilbronn. In seinem Masterstudiengang lehrt er die Fächer empirische Wirtschaftsforschung, Data Science sowie Künstliche Intelligenz und Maschinelles Lernen. Er promovierte in Statistik und Ökonometrie an der Universität Freiburg und war mehrere Jahre hauptberuflich in der Pharmaindustrie in den Bereichen Database Marketing und Data Mining tätig.

Prof. Dr. **Kristin Weber** ist Professorin an der Technischen Hochschule Würzburg-Schweinfurt (THWS). Sie lehrt u. a. Informations- und Datenmanagement, IT-Organisation, Data Literacy sowie Information Security Management. An der Universität St. Gallen promovierte sie über Lösungsansätze zur Verbesserung der unternehmensweiten Datenqualität. Dr. Weber ist Autorin, Referentin und Beraterin für Data Governance, Datenqualität, Stammdatenmanagement und Security Awareness sowie ISMS.

Prof. Dr. **Roland Zimmermann** ist Architekt für die Gestaltung analytischer IT-Systeme. Bestandteile von Lösungen sind die Indikatordefinition (Erfolgsfaktoren-basiert), das Datenmanagement (Quellenanalyse, Integrationskonzepte, Automatisierungslösungen), die Konzeption integrierter Analytiklösungen (multidimensionale Analysen, Process Mining und KI-basiertes Maschinelles Lernen) sowie die Ergebnispräsentation (Informationsdesign, Interaktionskonzepte, UI/UX).

Index

N

O

P

R

S

T

U

V

W

Z